COURS ÉLÉMENTAIRE

DE PHYSIQUE

A L'USAGE

DES ÉCOLES PROFESSIONNELLES, DES ÉCOLES NORMALES
ET DES ASPIRANTS AUX BACCALAURÉATS

PAR

AM. JACQUET

PROFESSEUR SPÉCIAL DE SCIENCES MATHÉMATIQUES
ET PHYSIQUES

AVEC 260 FIGURES INTERCALÉES DANS LE TEXTE

PARIS

AUG. BOYER ET Cᶦᵉ, LIBRAIRES-ÉDITEURS

RUE SAINT-ANDRÉ-DES-ARTS, 49

COURS ÉLÉMENTAIRE

DE PHYSIQUE

A L'USAGE

DES ÉCOLES PROFESSIONNELLES, DES ÉCOLES NORMALES ET DES ASPIRANTS AUX BACCALAURÉATS

PAR

AM. JACQUET

PROFFESEUR SPÉCIAL DE SCIENCES MATHÉMATIQUES ET PHYSIQUES

AVEC 260 FIGURES INTERCALÉES DANS LE TEXTE

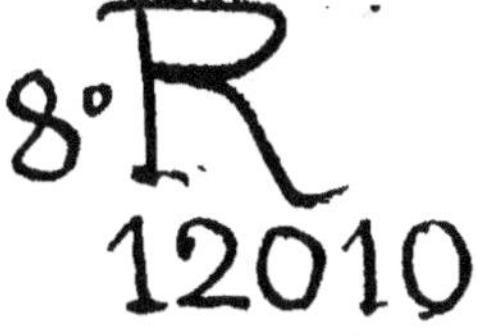
8° R
12010

PARIS

AUG. BOYER ET Cⁱᵉ, LIBRAIRES-ÉDITEURS

RUE SAINT-ANDRÉ-DES-ARTS, 49

Tous droits réservés.

OUVRAGES DU MÊME AUTEUR

RECUEIL DE PROBLÈMES DE PHYSIQUE

Suivis de questions de Théorie ; contenant en outre des problèmes de Chimie, des Tables des poids spécifiques, coefficients de dilatation, etc., et les principes sur lesquels reposent les formules.

Livre de l'Élève.. 1 fr. 50
Livre du Maître, comprenant le livre de l'Élève et les solutions raisonnées des problèmes.. 3 fr.

EXERCICES ET PROBLÈMES D'ARITHMÉTIQUE

Présentant progressivement les difficultés du Calcul et des Opérations; les diverses formes employées dans les énoncés, et de nombreuses applications aux connaissances utiles avec des données exactes et positives.

Premier degré : 660 Problèmes, Exercices et Applications à l'Arithmétique élémentaire, depuis la Numération jusqu'aux Fractions inclusivement. — Livre de l'Élève. Prix : cartonné, 1 fr.; Livre du Maître ou Solutions raisonnées, 50 c.

Deuxième degré : 1,200 Problèmes et Exercices appliqués à l'Arithmétique supérieure, depuis les Fractions jusqu'aux Logarithmes, avec une Table analytique des Applications scientifiques. — Livre de l'Élève, 1 fr. 50 c. — Solutions raisonnées, 1 fr.

COULOMMIERS. — Typog. A. MOUSSIN.

PRÉFACE

Le domaine de la Physique se rattache à tout ce qui frappe nos sens. Nous subissons l'influence de la chaleur, du froid, de la sécheresse, de l'humidité, de la pression de l'air ; nos regards témoignent de la diversité des couleurs ; nous entendons les éclats de la foudre, et nous assistons au spectacle de ses terribles et singuliers effets ; les nuages qui s'amoncellent au-dessus de notre horizon sont dissipés par le souffle des vents ou se résolvent en pluies abondantes ; l'atmosphère qui nous entoure est soumise à de perpétuelles agitations, comme les flots de l'océan ; ici l'eau se convertit en vapeur, plus loin la vapeur se condense et revient à son état primitif. Rien de tout cela n'a lieu sans mouvement, rien de tout cela n'est étranger à la physique.

Par des observations bien conçues et bien dirigées, souvent aidées par la bonne fortune, nous sommes parvenus à assujettir la nature à nos besoins, en reproduisant à notre gré les phénomènes qu'elle nous a révélés. Surprenant ses secrets, nous avons fait mille prodiges. C'est ainsi que, combinant les propriétés de certains corps avec celles des rayons lumineux, nous sommes venus en aide à la faiblesse de notre vue ; c'est ainsi que nous avons donné à l'industrie une force motrice à la fois souple et puissante ; que nous avons permis au marin d'abandonner la côte sans craindre de s'égarer ; que nous avons garanti nos demeures des assauts de l'orage ; et que la mesure du temps a acquis une précision qu'elle ne dépassera sans doute jamais.

Comment alors concevoir l'instruction, même l'instruction modeste des campagnes, sans y associer l'explication de ces faits multipliés qui se lient en quelque sorte à notre existence !

Le *Cours élémentaire* que nous offrons à la jeunesse a été rédigé dans le triple but de satisfaire aux exigences des programmes universitaires pour les baccalauréats ès lettres et ès sciences, au cadre des études des écoles professionnelles et à celui des écoles normales primaires.

L'élève pourra, dans une première lecture, laisser de côté les parties imprimées en petits caractères. Nous faisons la même réflexion au sujet des formules un peu compliquées ; mais nous ne saurions trop l'engager à vérifier les applications de celles qu'il aura étudiées, et à consulter notre *Recueil de problèmes et exercices* qui est, nous pourrions dire, le complément de notre cours.

Nous avons apporté un soin particulier à l'exposé des formules, ainsi qu'à l'historique des points fondamentaux de la Physique ; et nous nous sommes efforcé, dans l'ordre et l'expression des idées, de seconder avec fruit l'intelligence et le bon vouloir des jeunes gens studieux.

Am. JACQUET.

COURS ÉLÉMENTAIRE

DE PHYSIQUE

CHAPITRE PREMIER

NOTIONS PRÉLIMINAIRES

§ 1. — DÉFINITIONS

1. Matière. — On doit comprendre sous le nom de *matière* tout ce qui peut affecter nos sens.

Cette définition devient générale si l'on admet que la chaleur, la lumière, l'électricité, le magnétisme ne sont que des effets de la matière, et que les couleurs ne sont que des modifications de la lumière.

2. Corps. — On appelle *corps* toute portion limitée de la matière. Tout corps occupe dans l'espace indéfini une certaine étendue qui constitue son *volume*. L'air, l'eau, la terre sont des corps.

Quand un corps, tel que l'or, le fer, le cuivre, ne contient qu'une seule espèce de matière, on lui donne le nom de corps *simple* ou *élémentaire*; si, comme le marbre, le laiton, l'alcool, le gaz d'éclairage, il est formé de divers éléments, il prend le nom de corps *composé*.

3. Atomes, Molécules. — Les corps sont formés par l'agglomération d'une infinité de points matériels infiniment petits, impalpables, inaccessibles à nos sens, et auxquels ou a donné le nom d'*atomes* (du mot grec *atomos*, insécable). On distingue, dans la science, deux sortes d'atomes : ceux qui, conformément à l'étymologie du mot, sont considérés comme la dernière limite de la division de la matière, et conservent le nom d'*atomes proprement dits;* et ceux qui, également impalpables, représentent des groupes d'atomes, et ont, pour ce motif, le nom particulier de *molécules.* Ces derniers sont divisibles par les moyens de la chimie.

D'ailleurs, on emploie indifféremment l'une ou l'autre de ces expressions, quand il ne s'agit que d'exprimer les parties moindres des corps.

4. Phénomène. — Dans le langage vulgaire, un phénomène est un fait, un objet extraordinaire, anormal, qui tient du prodige ; dans le langage scientifique, ce mot signifie simplement une modification quelconque, qui survient dans la nature ou l'état d'un corps. Les changements les plus ordinaires qui se produisent autour de nous, sont autant de phénomènes; par exemple, la pluie, la gelée, la foudre, l'arc-en-ciel, l'ébullition de l'eau, la chute des corps graves, l'ascension des corps légers, etc.

5. Agents physiques. — Aucun phénomène n'existe autrement que par le mouvement, s'il n'est pas le mouvement lui-même. Or, le mouvement ne saurait avoir lieu sans une cause efficiente. C'est cette cause des modifications que subissent les corps, que l'on appelle *agent physique.* Ces agents ou *forces naturelles* sont en petit nombre; on les borne à ce qui suit : l'*attraction*, la *chaleur*, la *lumière* et l'*électricité*; le *magnétisme* étant actuellement reconnu comme un simple corollaire de l'électricité.

En dehors de ces causes premières auxquelles il faut remonter pour l'explication des phénomènes que nous constatons ou que nous provoquons, nous devons mentionner une cause d'un autre ordre, c'est celle qui réside dans l'activité spontanée des êtres animés.

6. Attraction. — Le terme général d'*attraction* désigne la force ou le principe qui fait que tous les corps tendent mutuellement l'un vers l'autre, et adhèrent étroitement jusqu'à ce qu'une autre force vienne les séparer.

L'attraction est appelée *attraction* ou *gravitation universelle,* quand on la considère relativement à l'action réciproque des corps célestes ; *attraction terrestre* ou *pesanteur,* quand elle s'applique à l'action de la terre sur les corps qu'elle sollicite à tomber ; *attraction moléculaire,* quand elle tend à rapprocher les molécules des corps.

7. Cohésion. Affinité. — On donne à l'attraction moléculaire le nom de *cohésion,* quand elle s'exerce sur des molécules homogènes; c'est-à-dire de même nature; et celui d'*affinité*, quand elle tend à unir des molécules de nature différente. La cohésion est donc la force qui retient unies les particules d'une même substance. Elle n'a pas la même énergie dans tous les corps; faible dans les liquides, nulle dans les gaz, elle est plus ou moins sensible dans les solides. On peut en général avoir une idée de son intensité, dans une substance, par l'effort qu'il faut faire pour rompre cette substance.

L'eau pure est le résultat de la combinaison de deux gaz, appelés l'un *oxygène*, et l'autre *hydrogène*. La force qui retient unis ces deux gaz est la force d'*affinité*; tandis que la tendance qu'ont les particules d'eau à former des globules, quand elles sont abandonnées à elles-mêmes, est due à la force de *cohésion* ou, en d'autres termes, à la force d'*agrégation*.

8. **Des trois états de la matière.** — Les corps peuvent se présenter à nous sous trois états différents : l'état *solide*, l'état *liquide* et l'état *gazeux*.

Les corps *solides* sont ceux dont on ne peut séparer les parties sans un certain effort. Ils ne varient dans leur volume et leur forme que sous l'influence d'une cause étrangère.

Les corps *liquides* sont ceux dont les parties, extrêmement mobiles, glissent aisément les unes sur les autres. Leur force de cohésion est si faible qu'ils n'ont pas de forme particulière, et qu'ils adoptent celle des vases qui les contiennent.

Les corps *gazeux*, appelés encore *gaz*, *fluides élastiques*, *fluides aériformes*, sont ceux dont les molécules sont mobiles et tendent toujours à s'écarter. La cohésion est complétement nulle dans les gaz; et, de plus, ils font des efforts constants pour se répandre dans un plus grand espace. Si, par exemple, on introduisait dans un vase clos et vide une certaine quantité d'air, ce gaz se répandrait également dans toute la capacité du vase.

On donne aux gaz et aux liquides le nom commun de *fluides*, à cause de la mobilité de leurs molécules; mais on peut noter cette différence, que les premiers ne se conservent pas dans des vases ouverts, tandis que ceux-ci s'y maintiennent longtemps, et n'en sortent à la longue que par l'effet de l'évaporation.

Un même corps peut prendre les trois états, suivant les conditions dans lesquelles il est placé. L'eau, qui, dans les conditions ordinaires, est à l'état liquide, passe facilement à l'état de glace ou de vapeur, par des variations de tempé-

rature peu considérables. Le mercure, ce métal remarquable qui a tant préoccupé l'esprit des chercheurs de la
pierre philosophale, le mercure est liquide; il se solidifie à
40 degrés au-dessous de zéro, et se réduit en vapeur à 350
degrés du thermomètre à air.

§ 2. — PROPRIÉTÉS GÉNÉRALES DES CORPS

9. On entend par *propriétés* des corps les qualités, les
caractères qui les distinguent, qui les déterminent. Les
unes sont *particulières*, c'est-à-dire spéciales à tel ou tel
corps. Ainsi, la *dureté*, la *transparence*, l'*opacité*, la *ténacité*, la
couleur, la *flexibilité*, la *légèreté*, la *fragilité*, etc., sont des
propriétés particulières. Le soufre est jaune, le charbon est
noir; le caillou est dur, la craie est tendre; le cristal est
transparent, la faïence est opaque.

Les autres sont *générales*, c'est-à-dire communes à tous
les corps. Ce sont : l'*étendue*, l'*impénétrabilité*, la *divisibilité*, la
compressibilité, la *dilatabilité*, l'*élasticité*, la *porosité*, la *mobilité*
et l'*inertie*.

Les deux premières, l'étendue et l'impénétrabilité, sont
des propriétés essentielles; car, sans elles, on ne pourrait
concevoir l'existence des corps.

10. **Étendue.** — L'*étendue* est la propriété dont jouit tout
corps d'occuper une certaine partie de l'espace.

On considère, dans l'espace que les corps occupent, trois
dimensions, que l'on désigne par les noms de *longueur*,
largeur et *profondeur* ou *épaisseur*. Un corps ne saurait être
privé de l'une de ces dimensions sans cesser d'exister; mais
on peut, par abstraction, n'envisager que les limites qui le
terminent et qui, n'ayant pas d'épaisseur, sont des *surfaces*.
Et si le corps, comme un dé à jouer, par exemple, présente
plusieurs faces, chacune a, dans le lieu où elle se joint à
une autre, ses limites, qui n'ont ni épaisseur ni largeur,
et qu'on nomme *lignes*. Enfin ces dernières ont elles-mêmes,
aux endroits où elles se rencontrent, leurs limites ou leurs
extrémités qui n'ont ni épaisseur, ni largeur, ni longueur, et
qui s'appellent *points*.

La propriété de l'étendue est évidente pour les solides et
les liquides. Pour se convaincre qu'elle n'est pas moins
vraie pour les gaz, il suffit de plonger un verre renversé
dans l'eau, et d'observer que ce liquide n'y pénètre pas, à
cause de l'air qui y est contenu.

11. Vernier. — Nous nous servons, pour mesurer les longueurs, du mètre et de ses subdivisions. Or, dans certains cas, on a besoin d'une évaluation inférieure au millimètre. On a recours alors à différents procédés de précision, parmi lesquels se trouve l'emploi du *vernier*.

Supposons, en exagérant les dimensions, qu'une règle AB (fig. 1) servant à mesurer les longueurs, soit divisée en millimètres, et que la tige à mesurer *mn* réponde, sur la règle, à 2 divisions augmentées d'une fraction. Pour évaluer cette fraction à moins d'un dixième de millimètre d'erreur, on construira une seconde règle CD d'une longueur de 9 millimètres, et divisée en 10 parties égales ; on fera glisser cette règle, appelée *vernier*, le long de la règle AB, jusqu'à ce que son extrémité s'appuie contre l'extrémité *n* de la tige. Si alors la coïncidence des règles a lieu, comme sur notre figure, à la deuxième division du vernier, on en conclut que la fraction cherchée est de $\frac{2}{10}$ de millimètre. En effet, cette fraction est la différence entre deux divisions de la règle supérieure et deux divisions de la règle inférieure, et nous savons que les divisions de celle-ci sont plus faibles de $\frac{1}{10}$ de millimètre, puisqu'elles ne valent que $\frac{9}{10}$ de millimètre.

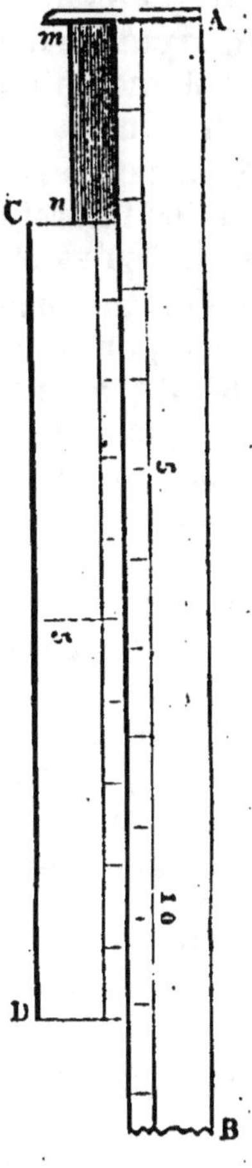

Fig. 1.

S'il arrivait qu'aucune des divisions du vernier ne coïncidât avec celles de la grande règle, on s'arrêterait à celle qui s'approcherait le plus de la coïncidence, et l'erreur en plus ou en moins que l'on commettrait serait toujours moindre que la moitié d'un dixième de millimètre.

On peut faire des verniers qui donnent des vingtièmes, des trentièmes, etc., de millimètre ; mais pour l'œil nu, on ne peut guère dépasser le vingtième ou le vingt-cinquième.

On applique aussi cet instrument aux graduations des arcs de cercle. Il tire son nom de celui de son inventeur, Pierre

Vernier, géomètre français qui vécut sous Henri IV et Louis XIII.

12. Impénétrabilité. — L'*impénétrabilité* est la propriété en vertu de laquelle deux corps ne peuvent occuper en même temps la même place.

Si je plonge ma main dans un vase plein d'eau, il s'échappe un volume de liquide égal à celui de ma main. Donc l'eau est impénétrable, dans le sens de notre définition.

Si le café pénètre dans un morceau de sucre, il se loge dans les interstices moléculaires, mais il ne remplace pas les molécules elles-mêmes.

Si l'on fait un mélange de 1,000 litres d'eau et de 1,078 litres d'alcool, on obtient un volume total de 2,000 litres seulement. Il y a eu contraction dans les parties matérielles de ces corps, comme cela existe pour beaucoup d'autres mélanges et certaines combinaisons. Cette contraction prouve simplement que les parties matérielles des corps ne se touchent pas, et qu'elles peuvent se rapprocher ou s'éloigner, suivant les circonstances dans lesquelles elles se trouvent.

Le clou qu'on enfonce dans une pièce de bois écarte, refoule les particules du tissu végétal, et se substitue à leur place; mais là où s'est fixé le clou, il ne se trouve plus la moindre particule ligneuse.

Les exemples que l'on pourrait invoquer comme infirmant le principe d'impénétrabilité ne sont donc que des contradictions apparentes. Ils s'expliquent tous naturellement, par les effets si multipliés de l'absorption et du déplacement.

13. Divisibilité. — La *divisibilité* ou la propriété dont jouissent tous les corps de pouvoir être subdivisés en parties très-petites, est encore regardée comme une propriété générale, mais non essentielle de la matière.

Une ligne, quelque petite qu'elle soit, a toujours deux extrémités, et conséquemment un milieu. On peut donc la diviser en deux parties, chaque partie en deux autres, et ainsi de suite indéfiniment, sans jamais arriver à une fraction égale à zéro.

Si on coupe les parallèles AB, CD (fig. 2) par la perpendiculaire EF, on pourra mener, d'un point G, des lignes Gm, Gn, Go, Gp.... dans toute la longueur de CD prolongée jusqu'à l'infini, de manière à diminuer de plus en plus l'espace compris entre le point E et le point v, par exemple, où ces lignes successives rencontreront EF. Il est évident, d'après la définition des lignes parallèles, que la fraction Ev de la droite EF ne deviendra jamais nulle.

Le célèbre mathématicien et savant philosophe S'Gravesande donne, dans ses *Eléments de Physique*, une autre démonstration.

Soient les deux lignes CD, EF (fig. 3) perpendiculaires à une troisième AB. Si d'un point de CD comme centre, on fait passer une circonférence par EF et le point C, l'intersection *a* sera d'autant plus près de E que

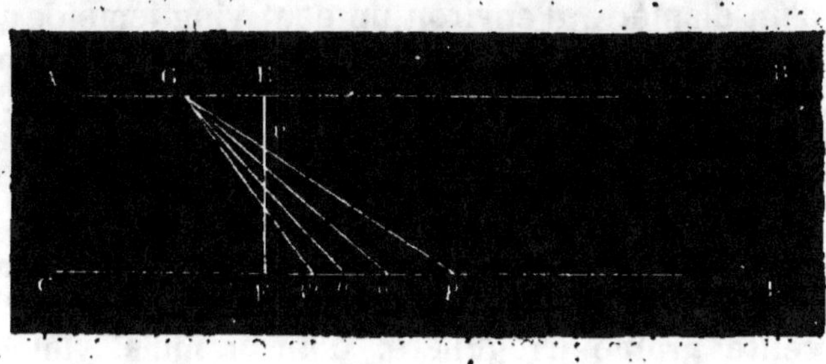

Fig. 2.

le rayon sera plus grand. Comme on peut augmenter CD indéfiniment, il en résulte que l'espace *a*E pourra devenir infiniment petit ; mais il ne deviendra pas nul ; car il faudrait pour cela que la circonférence vînt se confondre avec la tangente AB, ce qui serait contraire à la définition de la tangente au cercle.

On cite une foule d'exemples

Fig. 3.

pour attester l'extrême divisibilité de la matière.

On sait que le microscope nous découvre des animalcules qui s'agitent, guerroient entre eux, dévorent d'autres êtres plus petits et moins robustes, et remplissent enfin toutes les fonctions indispensables à la vie, y compris la locomotion. Si déjà nous ne reconnaissons leur existence qu'à l'aide de verres grossissants, que dirons-nous de l'exiguïté de leurs organes, de leurs vaisseaux, des sucs qui les pénètrent?

Chez l'homme et la plupart des mammifères, les globules du sang sont circulaires et aplatis en forme de disques, d'un diamètre d'environ un cent vingtième de millimètre. Ils se composent d'une enveloppe colorée en rouge et d'un noyau central incolore. Qu'on juge de la ténuité de l'épaisseur de l'enveloppe!

La *cochenille* est un petit insecte qui vit sur plusieurs espèces de *cactus*, au Mexique, au Brésil, à la Jamaïque, à Saint-Domingue, etc. On la fait périr dans l'eau bouillante, et on la dessèche au soleil. Elle prend alors l'aspect d'une petite graine irrégulière, d'un cramoisi violet. On en fait une décoction que l'on traite par la crème de tartre, pour obtenir une belle matière colorante connue sous le nom de *carmin*. Un centigramme de ce carmin suffit pour rougir sensiblement 100 kilogrammes d'eau. Il se trouve ainsi divisé en dix millions de parties.

Une surface qui a été polie à l'aide de la poussière d'émeri ou de diamant, doit nécessairement présenter des traces variées et nombreuses de cette poussière; cependant ces traces ne sont perceptibles ni à l'œil ni au toucher.

Wollaston est parvenu à faire, avec 1 gramme de platine, un fil d'une longueur de 20 kilomètres. Pour arriver à ce résultat, il fixait un fil de platine dans l'axe d'un moule cylindrique, coulait dans ce moule de l'argent fondu, et passait à la filière le nouveau fil ainsi obtenu. Quand ce dernier avait perdu le plus possible de son diamètre, il était plongé dans l'eau-forte, qui, dissolvant l'argent, sans attaquer le platine, mettait à nu un fil extrêmement délié, à peine perceptible à l'œil nu.

On voit par ces exemples, que nous pourrions multiplier, que la matière peut échapper à nos sens avant de cesser d'être divisible; mais dirons-nous pour cela qu'elle est divisible à l'infini?

Aristote semble être le premier qui ait éveillé cette question, qui ne peut être résolue par les seuls efforts du raisonnement. Bien que nos moyens mécaniques aient reculé prodigieusement les limites de la division des corps, et que nous puissions imaginer, au moins par la pensée, des limites plus reculées encore, les recherches modernes de la chimie paraissent avoir mis hors de doute que la divisibilité de la matière a des limites infranchissables, et que les corps sont formés de parties premières, mobiles mais inaltérables, indivisibles et impénétrables.

14. **Porosité.** — Tous les corps présentent dans leur masse de petits espaces vides appelés *pores*, dont l'existence constitue la *porosité* de la matière.

Nous avons dit, à propos de l'impénétrabilité, qu'en faisant un mélange d'eau et d'alcool, on a un volume final moindre que la somme des volumes constituants. Réaumur avait constaté que 2/3 d'eau avec 1/3 d'esprit-de-vin, c'est-à-dire d'alcool, perdent 1/20 du volume total.

L'acide sulfurique, ce liquide corrosif et onctueux que les anciens avaient nommé *huile de vitriol*, a, comme l'alcool, une très-grande avidité pour l'eau : 50 volumes d'acide et 50 volumes d'eau se réduisent à 97 volumes.

Ces phénomènes de contraction n'auraient pas lieu si les molécules des corps étaient entièrement adhérentes. Le volume sous lequel les corps nous apparaissent n'est donc, en réalité, qu'un volume *apparent*.

Les progrès seuls de la science, unis à l'observation des faits, ont amené à reconnaître comme générale cette porosité *intermoléculaire*, qu'il faut distinguer de la porosité accidentelle et sensible, qui consiste dans ces interstices plus ou moins prononcés qui rendent les corps perméables aux gaz, aux liquides et même aux solides suffisamment divisés.

C'est dans ce dernier sens habituellement que l'on conçoit la porosité, en prenant pour exemples la pierre ponce, le bois, les membranes, la terre de pipe, les laves, tous les tissus organisés des êtres vivants, etc.

Les substances minérales offrent parfois, sous ce rapport, des particularités remarquables. Il existe des agates qui, étant sèches, sont opaques, et qui, mises dans l'eau, laissen échapper des bulles d'air et deviennent transparentes. Ces pierres, appelées pour cette raison *hydrophanes* (en grec *hydôr*, eau, *phainô*, je brille), contiennent naturellement de petites cavités, qui, pleines d'air, font dévier la lumière et empêchent la translucidité. Pleines d'eau, elles altèrent peu, au contraire, la marche des rayons lumineux.

Le grès, cette roche de sable agglutiné dont on pave nos rues, se laisse traverser à la longue non-seulement par l'humidité, mais par des parcelles limoneuses qui en noircissent l'intérieur.

Quand un œuf cesse d'être frais, et qu'il est abandonné à lui-même, il s'est formé à l'un de ses bouts une chambre, qui s'est remplie d'air à mesure qu'elle s'est agrandie. Si on met cet œuf dans l'eau, sous la cloche d'une machine pneumatique (105), on voit l'air sortir de la coquille et s'en détacher peu à peu. Or, la présence de ce gaz ou plutôt de l'oxygène qu'il contient, accélère la putréfaction. Il faut donc, pour conserver les œufs, les mettre à l'abri du contact de l'atmosphère; ce que l'on obtient en les tenant plongés dans divers liquides, et notamment dans un lait de chaux, composé de 10 parties d'eau et de 1 partie de chaux. On reconnaît alors que la texture poreuse de la coquille permet à la chaux d'arriver jusqu'aux membranes sous-jacentes, et de former avec elles des composés à la fois imperméables et imputrescibles.

Les métaux eux-mêmes sont poreux. On rappelle souvent à ce sujet le résultat d'une expérience faite autrefois par des savants de Florence. En exerçant une forte pression sur une boule d'or remplie d'eau, ils remarquèrent que ce liquide suintait sur les parois du métal, sans avoir d'autre issue que les pores de ces parois.

15. **Compressibilité.** — Tous les corps sont *compressibles*, c'est-à-dire que, soumis à une pression extérieure suffisante, ils sont tous réduits à un volume plus faible.

Cette propriété est des plus apparentes dans les gaz. Nous aurons mainte occasion, dans la suite, de la mettre en évidence et de l'étudier. Contentons-nous de parler du *briquet à air*.

Dans un tube de verre à parois épaisses (fig. 4), ouvert à l'une de ses extrémités et fermé à l'autre par une monture en cuivre bien mastiquée, on introduit une tige armée d'un piston. L'air, qui primitivement occupait tout le tube, n'en occupe plus qu'une fraction d'autant moindre que l'on pèse plus énergiquement sur la poignée de la tige.

Pour faire de cet instrument un briquet, il suffit de fixer au-dessous du piston un morceau d'amadou, et de refouler l'air très-vivement. Le brusque rapprochement des molécules de l'air développera assez de chaleur pour enflammer le corps combustible.

Les solides sont beaucoup moins compressibles que les gaz.

L'expérience des savants florentins citée plus haut n'avait

pas été faite pour prouver que l'or est poreux, mais bien pour vérifier si, comme on l'a cru longtemps, l'eau est incompressible. On démontre en géométrie que si l'on change la forme d'une sphère sans changer sa surface, on diminue son volume, et conséquemment sa capacité, si elle est creuse. Or, il est évident que le liquide contenu dans la boule a pu éprouver une certaine compression, tout en expulsant au dehors une petite portion de sa substance. On avait donc eu tort de conclure à l'incompressibilité complète de l'eau, sur ces simples données.

Nous dirons plus loin (53) comment on a repris cette question, et par quelles expériences décisives on est parvenu à la résoudre.

C'est en vertu de la compressibilité des métaux qu'on frappe des médailles et des pièces de monnaie.

Les colonnes de fonte, de pierre, de bois qui supportent de grandes charges, ne tardent pas à diminuer de longueur; et pour assurer la solidité des constructions, on a été obligé de déterminer, par l'expérience, les poids sous lesquels les matières employées s'écrasent, et les raccourcissements produits par des poids moindres que ceux qui occasionnent l'écrasement. Dans certains corps, tels que le bois et les corps cristallisés, la résistance à la compression varie suivant le sens dans lequel on l'exerce.

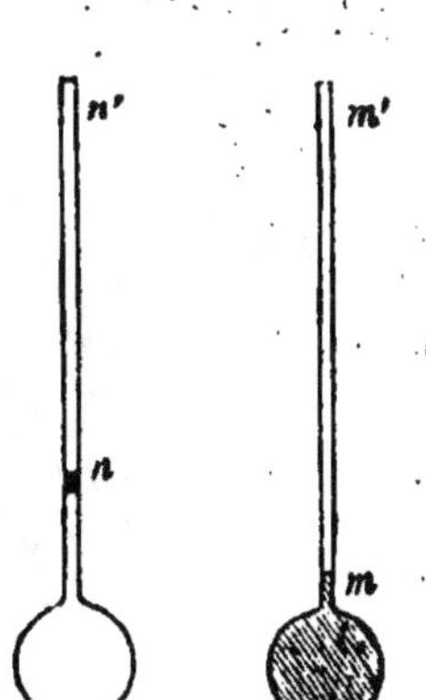

Fig. 4.

L'écrouissement des métaux est une application de la compressibilité. En écrouissant un métal, c'est-à-dire en le battant à froid, on rapproche ses molécules, on diminue son volume, on le rend plus dense (72).

16. Dilatabilité. — Puisque les corps sont compressibles, ils doivent être dilatables. En effet, tous les corps ont la propriété d'augmenter de volume sous l'influence de la chaleur, et de se contracter par le refroidissement.

Fig. 5. — Fig. 6.

Les gaz se dilatent avec une facilité extrême. Pour le

prouver, on prend un tube de verre très-long, d'un diamètre de 2 à 3 millimètres et terminé par une boule d'un diamètre de quelques centimètres. Si on introduit dans le tube une goutte de liquide coloré n (fig. 5), elle tendra à prendre la position n' et à franchir l'orifice, dès qu'on approchera la main de la boule. Afin de faire pénétrer la petite colonne liquide dans le tube, on plonge l'extrémité de celui-ci dans le liquide, après avoir préalablement échauffé un peu la boule. On laisse alors refroidir l'appareil, et l'air, en se contractant, laisse après lui un vide que le liquide remplit.

En répétant cette dernière opération plusieurs fois, on peut aisément remplir de liquide l'appareil tout entier et s'en servir pour démontrer la dilatabilité des liquides. Supposons que le niveau se soit arrêté en m (fig. 6), et qu'on échauffe la boule, le niveau tendra à s'élever en m' ; et, si la température est suffisamment augmentée, le liquide jaillira au dehors.

Les liquides se dilatent beaucoup moins que les gaz, mais ils se dilatent plus que les solides.

17. On constate la dilatation des solides par la chaleur, au moyen de deux expériences souvent répétées dans les cours de physique expérimentale.

La première consiste à chauffer des barres métalliques et à mesurer leur allongement à l'aide de l'instrument (fig. 7) appelé *pyromètre à cadran*.

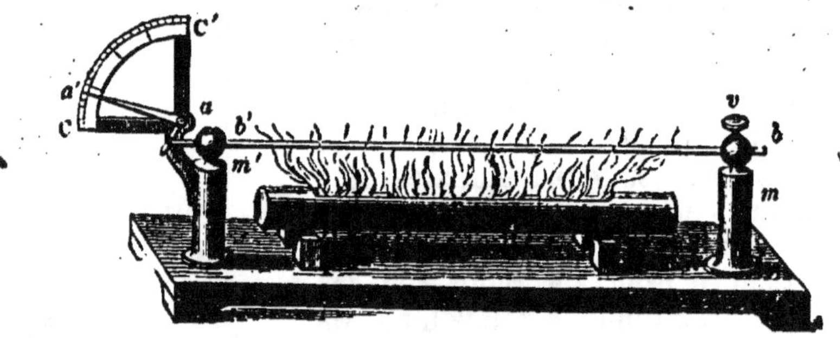

Fig. 7.

Il se compose de deux montants m, m', percés supérieurement de manière à recevoir une barre métallique bb'. Le montant m est muni d'une vis de pression v destinée à fixer l'une des extrémités de la barre, tandis que le montant m' porte un cadran divisé sur lequel se meut une aiguille coudée *aa'*. La barre étant, d'un côté, mobile et en adhérence avec le plus petit bras de l'aiguille, et étant arrêtée, de l'autre côté, par la vis de pression, on la chauffe en brûlant de l'alcool dans un réservoir *r* placé au-dessous. L'extrémité libre de la barre fait mouvoir l'aiguille dans le sens CC', et lui fait parcourir un nombre de divisions d'autant plus grand que la chaleur est plus forte et la barre plus dilatable.

18. Pour démontrer la dilatation en volume, on se sert du *pyromètre de S'Gravesande* (fig. 8), appelé aussi *anneau de S'Gravesande*. C'est tout simplement un anneau de métal, dans lequel passe à frottement une sphère de cuivre, à la température ordinaire. Si on chauffe cette sphère, elle augmente de volume, et ne peut plus traverser l'anneau, à moins qu'on ne la laisse refroidir.

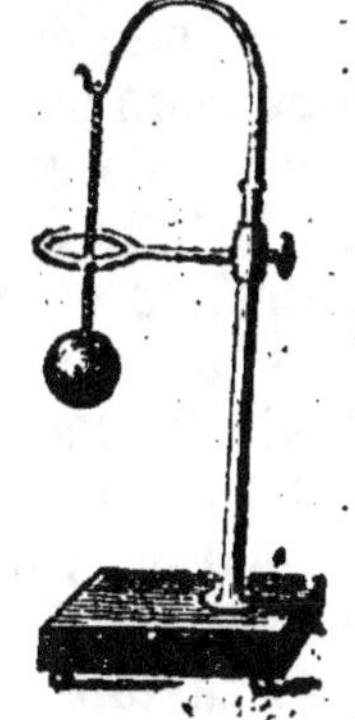

Fig. 8.

Certaines substances, comme la terre glaise, le plâtre, le bois, se rétrécissent au feu. Les argiles infusibles se contractent et diminuent de volume lorsqu'on les soumet à l'action d'une puissante chaleur : elles éprouvent alors ce qu'on appelle le *retrait*. Les exemples de cette nature ne contredisent en rien la loi générale. Ils s'expliquent soit par l'évaporation des fluides contenus dans les substances exposées au feu, soit par un changement d'état dans leur agrégation moléculaire. Il est à remarquer d'ailleurs que, dans aucun de ces cas, le volume primitif ne revient par le refroidissement.

19. **Élasticité.** — On entend par ce mot la propriété en vertu de laquelle tous les corps tendent à reprendre leur forme, leur état primitif, quand la cause qui change cet état vient à cesser.

Ce sont les gaz qui jouissent au plus haut degré de cette propriété : aussi leur a-t-on donné le nom de *fluides élastiques*.

Qu'on presse une vessie pleine d'air, elle reviendra à son premier état dès qu'on cessera de la presser. Si, après avoir abaissé le piston du briquet à air, on l'abandonne à lui-même, il ne tardera pas à remonter vers son point de départ ; et il arriverait jusqu'à ce point même, si le frottement n'était pas une cause de résistance.

La force qui tend à produire le retour des atomes vers leur situation primitive de repos, s'appelle la *force élastique du corps* ou son *ressort* ; elle est égale et opposée à la force qui produit leur déplacement. On dit que l'élasticité est *parfaite* lorsque le corps, abandonné à lui-même, reprend exactement sa forme primitive; on dit qu'elle est *imparfaite*, quand il ne fait que s'en rapprocher d'une certaine quantité.

Les liquides sont aussi très-élastiques; mais comme ils sont très-peu compressibles, la démonstration en est plus difficile. Si, après les avoir soumis à une pression considérable, on les ramène à la pression primitive, ils reprennent absolument le même volume.

L'élasticité varie suivant les solides ; assez prononcée dans les uns, elle est à peine sensible dans les autres.

Si, sur un plan de marbre enduit d'une légère couche d'un corps gras et noir, on laisse tomber une bille d'ivoire ou d'agate, la bille éprouve une dépression, et forme sur le plan l'empreinte d'un cercle d'autant plus grand que la chute a eu lieu de plus haut. En plaçant, au contraire, la bille avec la main, doucement et sans choc, l'empreinte se réduit à un point; ce qui prouve que la bille ne se relève qu'après avoir été aplatie, et qu'elle ne rebondit qu'en vertu du ressort des molécules qui reviennent vivement à la place d'où elles ont été un instant repoussées.

Les solides les plus remarquables par leur élasticité sont : le caoutchouc, l'acier, l'ivoire, la baleine, le cuivre, le marbre, le verre, le crin, la laine, la plume, etc. On cite ordinairement parmi les corps mous, c'est-à-dire dénués presque entièrement d'élasticité, l'argile plastique et le plomb.

Le plomb est en effet un métal d'un très-faible ressort. Ce ressort toutefois est loin d'être nul ; car si on exerce une traction légère sur une tige de ce métal, la tige revient dans son premier état. Si la traction a été trop forte, les molécules ont été froissées et le corps ne se redresse plus.

Cette dernière remarque faite à propos du plomb est, on peut le dire, applicable à tous les autres solides. Quand on dépasse un certain degré d'écartement, le solide conserve, au moins en partie, la déformation qu'on lui a fait subir.

Qu'une pluie abondante tombe sur un champ de blé, les tiges seront bientôt courbées, mais elles ne tarderont pas à se redresser, quand la pluie aura cessé. Mais si celle-ci a été trop violente, les tiges resteront courbées, quelquefois même entièrement abattues.

Foulez l'herbe d'une pelouse, soit avec les pieds, soit avec un rouleau, elle se redressera; si vous répétez souvent ou longtemps cette opération, l'herbe restera affaissée, et finira même par être anéantie.

La figure d'un corps élastique, on le voit, s'altère au moment du choc ou de la compression, et c'est en cela qu'il se rapproche d'un corps mou; mais cette altération ne subsiste plus quand la force compressive cesse d'agir, et qu'elle n'a pas trop écarté les molécules de leur position.

Dans les fluides, c'est-à-dire dans les gaz et les liquides, les molécules jouissant d'une grande mobilité, l'élasticité ne peut être développée que par la compression. Dans les solides, elle peut être développée par *compression*, par *tension* ou *traction*, par *flexion* et par *torsion*.

20. **Mobilité.** — La *mobilité* est la propriété qu'ont les corps de pouvoir être déplacés, c'est-à-dire mis en mouvement.

Le *mouvement* est l'état d'un corps qui change de position dans l'espace.

Le *mouvement absolu* serait celui d'un corps dont les diverses positions seraient comparées à des points rigoureusement fixes; ce qui supposerait la possibilité d'un *repos absolu*. Or, l'état actuel de la science constate que rien n'est en repos dans notre système planétaire, pas même le soleil, et qu'il n'est pas téméraire d'affirmer qu'il en est de même pour le reste de l'univers.

Nous ne devons donc reconnaître que le repos *apparent* ou *relatif*; le mouvement ne doit donc être aussi qu'*apparent* ou, en d'autres termes, *relatif*.

Dans son mouvement de translation autour du soleil, la terre parcourt dans l'espace 30 et quelques kilomètres par seconde. Nos édifices, qui nous paraissent immobiles, se trouvent donc transportés, en vingt-quatre heures, à une distance de plus de deux millions et demi de kilomètres. Ces édifices, ces arbres, ces montagnes, tous les objets enfin qui restent sous l'œil de l'observateur avec l'apparence du repos, sont emportés avec lui et conservent entre eux et avec lui les mêmes rapports de situation et d'éloignement.

Si l'observateur marche, son repos relatif vis-à-vis des objets qui l'environnent n'existe plus, et il a deux mouvements relatifs, l'un par rapport à ces objets, l'autre par rapport au soleil. Le mouvement relatif deviendrait triple pour le marin qui se promènerait sur le pont d'un navire en marche; et il deviendrait quadruple pour une mouche, qui, en ce moment, ferait des évolutions sur les épaules du marin. On pourrait évidemment pousser plus loin ces suppositions.

Par l'effet d'une illusion, on transporte souvent dans l'objet en repos le mouvement auquel on est soi-même soumis. C'est ainsi qu'en regardant de la portière d'un wagon, et en fixant les yeux sur un objet immobile, un arbre, une maison, un réverbère, on croit voir cet objet fuir ou s'approcher; et que l'illusion est d'autant plus frappante que la vitesse du wagon est plus grande.

On appelle *trajectoire* d'un point en mouvement la ligne que parcourt ce point dans l'espace.

Le point dont on considère le mouvement prend le nom de *mobile*.

Le mouvement est *rectiligne* ou *curviligne*, selon que la trajectoire du mobile est une ligne droite ou une ligne courbe.

Le mouvement *uniforme* est celui dans lequel le mobile parcourt des espaces égaux dans des temps égaux.

On l'exprime par la formule $e = vt$, dans laquelle on représente l'espace par e, la vitesse par v, le temps par t. On tire de là les valeurs

$$v = \frac{e}{t}, \qquad t = \frac{e}{v}.$$

On nomme *vitesse* l'espace que parcourt un corps dans l'unité de temps. Dans le mouvement uniforme, la vitesse est le rapport *constant* entre l'espace parcouru et le temps employé à le parcourir.

La nature offre peu d'exemples du mouvement uniforme, et il est difficile de l'obtenir artificiellement. La terre tourne autour de son axe d'un mouvement rigoureusement uniforme; aussi est-ce en comparant à ce mouvement celui des appareils qui nous servent à mesurer le temps que nous pouvons vérifier leur marche et la rectifier.

L'unité de temps est, suivant les cas, la seconde, la minute, l'heure, le jour, etc.

Ex. I. — Une locomotive fait 62 kilomètres à l'heure; quel chemin parcourra-t-elle en neuf heures et demie?

$$e = 62 \times 9,5 = 589 \text{ kil.}$$

Ex. II. — Quelle est la vitesse d'une locomotive qui a franchi en cinq heures un espace de 205 kilomètres?

$$v = \frac{205}{5} = 41 \text{ kil. par heure.}$$

Ex. III. — Quel temps la lumière doit-elle mettre pour venir du soleil à la terre, la distance de ces deux astres étant de 38,375,000 lieues de 4 kilomètres, et la vitesse de la lumière étant de 77,000 lieues par seconde?

$$ t = \frac{38375000}{77000} = 498 \text{ sec.} = 8 \text{ min. } 18 \text{ sec.} $$

Lorsque les espaces parcourus dans des temps consécutifs égaux sont inégaux, on dit que le mouvement est *varié*. On dit alors qu'il est *accéléré*, si la vitesse va en augmentant; et qu'il est *retardé*, si elle va en diminuant.

Le mouvement est appelé *périodique*, quand il se compose de périodes semblables et ayant la même durée, quelle que soit d'ailleurs la nature du mouvement pendant la période elle-même. On en voit un exemple dans la manière dont progressent les aiguilles d'une montre.

Le mouvement *uniformément varié* est celui dans lequel les vitesses varient régulièrement de quantités égales dans des temps égaux. La quantité constante dont varie la vitesse par chaque unité de temps est désignée sous le nom d'*accélération*.

Soit a la vitesse primitive d'un point matériel, g l'accélération ; l'expression de la vitesse, au bout d'un temps t, sera évidemment,

$$ (1) \qquad v = a + gt, $$

et, si le point matériel part du repos,

$$ v = gt. $$

La quantité g étant constante, la vitesse ne doit varier qu'en raison de la variation du temps, d'où la loi :

Dans le mouvement uniformément accéléré, la vitesse acquise par un corps partant de l'état de repos est proportionnelle au temps.

La vitesse au milieu du temps t est égale à $a + \frac{gt}{2}$. Or, si l'on considère deux instants, l'un dans la première moitié du mouvement, l'autre dans la seconde, à égale distance du milieu, la vitesse correspondante du premier sera plus petite que $a + \frac{gt}{2}$; celle qui correspond au second sera plus grande, mais exactement de la même quantité. L'espace parcouru par le mobile pendant le temps t sera donc le même que si la vitesse avait été constante pendant tout cet intervalle et égale à $a + \frac{gt}{2}$. Comme, dans le mouvement uniforme, l'espace est égal à la vitesse multipliée par le temps, on aura pour formule de l'espace parcouru,

$$ e = \left(a + \frac{gt}{2} \right) t, $$

ou

$$ (2) \qquad e = at + \frac{gt^2}{2}; $$

et, si le point matériel part du repos,

$$e = \frac{gt^2}{2}.$$

Ce qui donne pour seconde loi fondamentale :

Dans le mouvement uniformément accéléré, l'espace parcouru par un mobile partant de l'état de repos est proportionnel au carré du temps employé à le parcou.ir.

Si le mouvement était uniformément retardé, c'est-à-dire si les variations de vitesse avaient lieu en sens contraire du mouvement initial du point, les formules (1) et (2) relatives au mouvement uniformément accéléré deviendraient :

$$(3) \qquad v = a - gt,$$
$$(4) \qquad e = at - \frac{gt^2}{2}.$$

Le *mouvement curviligne* est celui qui est décrit par un mobile qui parcourt une ligne courbe. Il peut être considéré comme une suite de mouvements en ligne droite continuellement interrompus. Un corps en mouvement et abandonné à lui-même marche en ligne droite, en vertu de cette loi de Newton : « Un corps immobile persiste à l'état de repos, et un corps rendu mobile persiste à l'état de mouvement uniforme et en ligne droite, jusqu'à ce qu'une force motrice change leurs états. » Pour qu'il suive une ligne courbe, il faut qu'il soit à chaque instant sollicité par une force intérieure à la courbe qui le détourne de la direction du dernier élément qu'il vient de parcourir. On donne à cette force le nom de *force centripète.* Si cette force s'anéantissait instantanément, le mobile quitterait la courbe suivant une tangente à cette courbe. Supposons qu'on attache un corps pesant à un fil rigide et inextensible, et qu'on imprime à celui-ci un mouvement de rotation autour d'un point fixe, le corps décrira une circonférence autour de ce point fixe. Dans ce cas, le fil remplace la force centripète ; il agit donc en tirant à chaque instant vers le centre le mobile qui, sans lui, s'échapperait suivant la tangente. Mais en vertu d'un axiome fondamental de mécanique, c'est-à-dire en vertu du principe de l'égalité de l'action et de la réaction, le mobile réagit sur le fil et lui donne une tension proportionnée. On donne à cette tension le nom de *force centrifuge* [1].

Le mouvement *circulaire* ou de *rotation* d'un corps est un mouvement par lequel tous les points de ce corps décrivent

Huyghens est le premier qui ait considéré la force centrifuge. Il en exposa d'abord la nature sans démonstration dans son *Horologium oscillatorium.* Il en développa ensuite les principes dans son *De vi centrifuga.*

autour d'un axe fixe des circonférences de cercle dont le plan est perpendiculaire à cet axe. Nous en avons des exemples nombreux dans les roues de machines et les roues hydrauliques. Tous les points de notre globe exécutent d'ailleurs ce mouvement autour de la ligne imaginaire qui joint les pôles et qu'on appelle *axe de la terre*.

21. **Inertie**. — La mobilité et l'inertie sont deux propriétés corrélatives. L'inertie est la propriété qu'ont les corps de rester dans l'état où ils sont, quel qu'il puisse être, mouvement ou repos. Si un corps est en mouvement, c'est en vertu d'une force qui agit ou qui a agi. Si rien ne vient contrarier la marche de ce corps, il persistera indéfiniment dans sa direction et son intensité de mouvement.

D'après cette définition, on pourrait croire qu'il existe des cas où un corps une fois mis en mouvement doit subir indéfiniment l'impulsion qui lui a été donnée. On ne verrait pas pourquoi, alors, nous ne produirions pas ce qu'on a tant cherché infructueusement, le mouvement perpétuel.

Il y a deux causes principales qui tendent à éteindre le mouvement : la *résistance des milieux* et le *frottement*.

La résistance des milieux a elle-même plusieurs causes auxquelles il faut avoir égard. Nous en citerons quatre.

1° La *viscosité du milieu*. — On sait, par exemple, qu'il est plus difficile de mouvoir un corps dans des sirops ou des huiles que dans de l'eau ordinaire.

2° La *densité du milieu*. — Si vous faites mouvoir deux pendules, l'un dans une caisse d'eau, l'autre dans une caisse d'air, le premier s'arrêtera beaucoup plus promptement que le second. Newton rapporte dans ses *Principes mathématiques de la Philosophie naturelle*, que la résistance au mouvement est 13 fois 2/3 plus grande dans le mercure que dans l'eau.

3° La *surface du mobile*. — Plus le mobile a de surface, plus il rencontre de parties résistantes dans un même temps. Une feuille de papier qui tombe met plus de temps quand on la laisse toute déployée que si elle est en masse. Un corps plat que l'on jette dans l'eau la traverse plus difficilement si on le place sur sa plus grande surface que si on lui fait présenter le côté, parce que, la force étant la même, la résistance a changé.

4° La *vitesse du mobile*. — Dans un même temps, le mobile dérange un plus grand nombre de parties matérielles. Cette résistance croît comme le carré de la vitesse du corps en mouvement.

Le frottement étant une cause de résistance, on avait étudié les principes de son intensité, et on avait admis que cette intensité était proportionnelle à l'étendue de la surface frottante. Amontons est le premier qui ait reconnu, par des expériences directes, la fausseté de cette idée si unanimement acceptée. Coulomb a confirmé cette rectification, après des expériences scrupuleuses et multipliées, et a constaté les deux lois suivantes :

1° *L'intensité du frottement est indépendante de l'étendue des surfaces frottantes.*

2° *L'intensité du frottement est proportionnelle à la pression.*

Coulomb a reconnu de même que le *frottement est constant pendant le mouvement et par suite indépendant de la vitesse.* Quant à l'intensité absolue du mouvement, elle est un peu plus faible pendant le mouvement qu'au départ.

Il est impossible de donner aux corps un poli parfait. Tous les corps polis sont couverts d'une infinité de petites aspérités plus ou moins prononcées, suivant le travail auquel ils ont été soumis, suivant la structure qui leur est propre.

On distingue deux espèces de frottement.

Le frottement de la première espèce est celui qui résulte de l'application totale d'une surface qui glisse sur une autre.

Le frottement de la seconde espèce, appelé *frottement de roulement*, provient de l'application successive des différentes parties d'un corps aux parties correspondantes d'un autre corps. Il est beaucoup plus faible que le précédent, auquel, pour ce motif, on le substitue dans une foule de circonstances. Coulomb a constaté que, si l'on fait mouvoir un rouleau cylindrique sur un plan horizontal, l'intensité du frottement est sensiblement proportionnelle à la pression exercée par le rouleau sur le plan, et en raison inverse du diamètre du rouleau.

On voit d'après ces faits que, pour le transport des fardeaux, le roulement est préférable au glissement, et que c'est avec raison qu'on fait mouvoir des poutres, des blocs de pierre, après les avoir préalablement appuyés sur des rouleaux. On voit en outre que plus les diamètres des roues des voitures sont grands, moins le cheval qui les traîne doit avoir de peine.

Il se passe sous nos yeux une foule de phénomènes qui sont autant de preuves de l'inertie de la matière.

Si une locomotive suivie d'un convoi vient à rencontrer brusquement un obstacle qui l'arrête, les wagons, persévérant dans le mouvement qu'ils possèdent, se heurtent avec fracas, et produisent des secousses d'autant plus terribles qu'ils sont plus nombreux et plus chargés.

Si un cheval courant au galop s'arrête tout à coup, le cavalier qui le monte est projeté en avant.

C'est de la même manière qu'il faut expliquer la cause qui lance quelquefois des personnes hors d'une voiture, quand celle-ci éprouve un arrêt brusque.

Quand on descend d'une voiture en marche, il faut pencher le haut du corps en sens contraire du mouvement de la voiture, au moment même où l'on pose les pieds sur le sol. En effet, toutes les parties du corps possédant un certain mouvement, et les pieds seuls étant réduits à l'immobilité, la partie supérieure du corps continue à obéir à l'impulsion donnée; ce qui occasionne des chutes fréquentes et parfois très-dangereuses.

§ 3. — SCIENCES PHYSIQUES. PHYSIQUE. CHIMIE

22. Les sciences physiques (du grec *physis*, nature) ont pour objet l'étude de tous les corps qui existent dans la nature.

Elles comprennent : l'*Astronomie*, qui s'occupe des mouvements célestes, des phénomènes qu'on observe dans le ciel, et de tout ce qui a rapport aux astres; l'*Histoire naturelle*, qui a pour objet l'étude de tous les corps vivants ou bruts qui sont répandus à la surface de la terre ou qui en constituent la masse; la *Physique*, qui a pour but l'étude des phénomènes qui n'apportent dans l'état des corps que des modifications passagères, n'altèrent pas leur nature et cessent avec la cause qui les a produits; la *Chimie*, qui a pour objet l'étude des phénomènes qui apportent des changements permanents dans la nature des corps.

L'*Histoire naturelle* se subdivise en : *Botanique*, ou étude des plantes; *Zoologie*, ou étude des animaux; *Géologie*, ou étude des roches qui constituent le globe; *Minéralogie*, ou étude des substances minérales qui composent ces roches.

La physique et la chimie se prêtent constamment un mutuel appui; leur domaine toutefois est distinct.

Qu'on chauffe légèrement un morceau de glace, il ne tardera pas à se liquéfier. Qu'on chauffe, à la température de l'ébullition, le liquide ainsi obtenu, il se convertira en vapeur. Qu'on analyse l'eau sous ces trois états, solide, liquide et gazeux, elle offrira toujours la même composition; et donnera invariablement un volume d'oxygène sur deux volumes d'hydrogène. La chaleur n'a donc produit aucune autre altération que celle de la forme. Cette altération en outre n'est pas permanente; car si on refroidit le récipient dans lequel on a recueilli la vapeur d'eau, elle se dépose bientôt en gouttelettes, pour passer de là à l'état de glace, si l'abaissement de température est suffisant. Il est évident, par notre définition, que cette série de phénomènes se rapporte à la physique.

Avant de se servir du gaz d'éclairage pour gonfler les aérostats, on se servait de l'hydrogène, qui est le plus léger de tous les gaz connus. Pour le préparer, on mettait dans des tonneaux du fer, de l'eau et de l'acide sulfurique. L'eau se décomposant sous l'influence simultanée de l'acide et du métal, son hydrogène se dégageait en abondance. Que s'était-il formé? Un gaz et un sel, dont les caractères sont tout différents de ceux des substances employées. C'est donc là un phénomène chimique.

§ 4. — DES FORCES

23. Les corps ne peuvent ni se donner le mouvement, ni se l'ôter. Ils ne quittent de l'état de repos ou de mouvement que par l'effet d'une cause étrangère. Cette cause, quelle qu'elle soit, prend le nom de *force* ou *puissance*.

On appelle donc *force, toute cause de mouvement ou de modification de mouvement;* en d'autres termes, *toute cause qui tend à entraîner un point matériel suivant une certaine direction.* Sans avoir égard à la force en elle-même, nous concevons clairement que son action dépend avant tout de sa direction et de son intensité.

On appelle quantité de mouvement d'une force le produit de la masse sur laquelle elle agit par la vitesse que celle-ci possède au moment considéré. Les physiciens définissent ordinairement *la masse* d'un corps *la quantité de matière qu'il renferme.* Il y a trois caractères fondamentaux à observer dans une force : 1° le *point d'application*, ou le point du corps où la force agit directement; 2° la *direction*, c'est-à-dire la ligne droite suivant laquelle elle tend à entraîner son point d'application; 3° l'*intensité*, ou l'énergie avec laquelle elle s'exerce.

L'intensité d'une force peut être représentée par des nombres ou par une ligne droite prise dans sa direction. Les forces peuvent donc être soumises au calcul comme toutes les autres grandeurs.

Le point d'application d'une force peut être transporté en un point quelconque de sa direction sans que son effet soit modifié, pourvu que ce nouveau point soit invariablement lié au premier; c'est-à-dire, en d'autres termes, si une force appliquée à un point déterminé d'un corps solide tire ou pousse ce corps suivant une direction, il est permis de considérer cette force comme si elle était immédiatement appliquée à tout autre point du corps, pris sur la direction de cette force; ou même à tout autre point pris au dehors du corps, sur sa direction, pourvu que ce point soit invariablement uni au corps.

En effet, les différentes parties du corps étant unies ensemble, une d'elles ne peut prendre une direction sans que toutes les autres y participent.

Un point matériel ne peut prendre plusieurs directions à la fois, quel que soit le nombre des forces qui le sollicitent. Je conclus de là que plusieurs forces peuvent être remplacées par une seule. Cette force unique, capable de produire le même effet que plusieurs forces combinées, est appelée *résultante*, et celles-ci sont appelées *composantes*.

Deux forces sont *égales* si, appliquées à un même point et directement opposées, elles se détruisent et se font équilibre. Un corps est en *équilibre* quand les forces qui tendent à modifier son état de mouvement ou de repos, se neutralisent mutuellement.

On dit encore que deux forces sont égales, quand elles produisent le même effet dans les mêmes circonstances. L'action d'une force sur un corps est indépendante de l'état de repos ou de mouvement de ce corps. Il résulte de là que, si plusieurs forces agissent simultanément sur un même corps, chacune d'elles produit le même effet que si elle était seule.

24. Composition des forces parallèles. — Lorsque plusieurs forces agissent sur un point dans le même sens et suivant la même direction, *la résultante est égale à la somme des composantes;* car chacune d'elles ayant son effet comme si les autres n'existaient pas, le point doit nécessairement se mouvoir comme s'il était sollicité par une force unique égale à leur somme.

Si les forces agissent les unes dans un sens, les autres dans un sens contraire, *la résultante est égale à la différence de la somme des forces qui agissent dans un sens et de la somme des forces qui agissent dans l'autre; elle a d'ailleurs le sens de la plus grande de ces deux sommes.*

Si deux forces quelconques, P et Q (fig. 9), parallèles et de même sens, sont appliquées aux extrémités A et B d'une droite rigide, ces deux forces ont une résultante R qui est égale à leur somme, leur est parallèle et a son point d'application C en un point qui partage la droite AB en deux parties inversement proportionnelles aux composantes P et Q.

On a donc $\dfrac{P}{Q} = \dfrac{BC}{AC}$.

Si, par exemple, la force représentée par AP est le tiers

Fig. 9

de la force représentée par BQ, la distance BC sera le tiers de la distance AC.

De même que l'on compose en une seule deux forces parallèles qui agissent à des points donnés d'une ligne, on peut aussi décomposer une force R, appliquée en un point d'une droite inflexible, en deux autres qui lui soient parallèles, et qui soient appliquées à des points donnés.

Un nombre quelconque de forces parallèles et agissant dans le même sens, étant appliquées à des points donnés de position et liés entre eux, il est toujours facile de déterminer la résultante de toutes ces forces. Il ne s'agit que de chercher la résultante et le point d'application de deux d'entre

elles, puis de chercher une résultante entre la résultante
obtenue et une troisième force, et ainsi de suite.

25. Composition des forces concourantes. — On appelle
forces *concourantes* des forces dont les directions concourent
en un même point.

On démontre en statique que *si deux forces concourent en un
même point sous un angle quelconque, la résultante est représentée
en grandeur et en direction par la diagonale du parallélogramme
construit sur ces forces.*

Supposons que deux forces P et Q (fig. 10) soient appliquées
à un même point O et qu'elles soient dirigées suivant OP
et OQ. Représentons
leurs intensités res-
pectives par les lon-
gueurs *Om* et *On;*
menons du point *m*
une parallèle à OQ,
et du point *n* une pa-
rallèle à OP; ces
droites, en se ren-
contrant en un point
r, détermineront un
parallélogramme
Omrn, dont la dia-
gonale *Or* représen-
tera en grandeur

Fig. 10.

et en direction la résultante des deux forces proposées.

On désigne cette construction sous le nom de *parallélogramme des forces.*

Pour déterminer la résultante d'un nombre quelconque de
forces dont les directions, comprises ou non dans un même
plan, concourent en un même point, il suffit de chercher la
résultante de deux d'entre elles, de prendre la résultante de
cette résultante avec une autre force, et ainsi de suite.

Si toutes les forces sont comprises dans un même plan, la
résultante générale sera aussi comprise dans ce plan.

Pour décomposer une force en deux autres appliquées au
même point, on construit le parallélogramme des forces en
prenant pour éléments les directions des composantes et la
droite qui représente la force proposée.

Étant données, par exemple, une force Or et deux directions OP, OQ, situées dans le même plan que Or, nous mène-
rons par le point *r* des parallèles *rm*, *rn* aux directions don-

nées; les longueurs O*m*, O*n* représenteront les intensités des composantes. On peut résoudre le problème par le calcul, attendu que, dans le parallélogramme O*mrn*, on connaît la diagonale O*r* et les angles; que, dans le triangle O*rn*, on connaît l'angle *n*O*r* qui est donné, et l'angle *n*r*O qui est égal à l'angle connu *r*O*m*. Le calcul du triangle O*rn* donne non-seulement O*n*, mais O*m* qui est égal à *rn*.

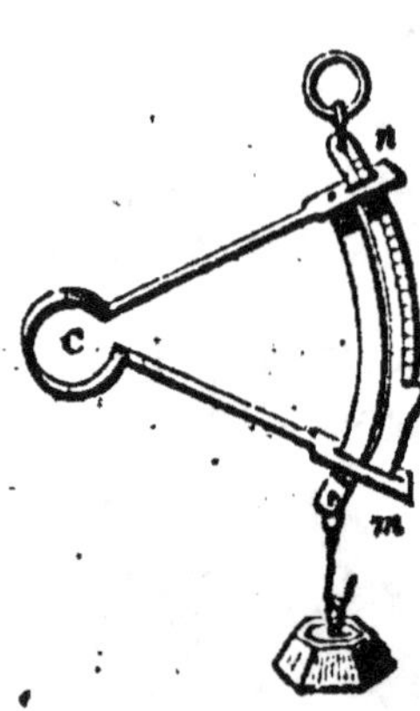

Fig. 11.

26. Dynamomètres. — On donne le nom de *dynamomètres* à plusieurs appareils qui servent à mesurer l'intensité des forces. Nous ne parlerons que du *peson à ressort*, du *dynamomètre de Leroy*, du *dynamomètre de Poncelet* et du *dynamomètre à cadran*.

Le *peson à ressort* (fig. 11) consiste en une lame d'acier recourbée en forme de V, dont les branches se rapprochent plus ou moins, suivant l'effort exercé. Deux arcs métalliques glissent l'un contre l'autre. L'arc extérieur porte la graduation. Il est fixé en *m* à la branche *mc*, passe librement en *n* dans une ouverture pratiquée dans la branche *nc*, et se termine par un anneau.

L'arc intérieur fixé à la branche *nc* traverse la branche *mc* et se termine par un crochet auquel on suspend le poids qu'il s'agit d'évaluer.

Pour graduer l'instrument, on suspend successivement au crochet des poids de 1, 2, 3... grammes ou kilogrammes, suivant la force du ressort, et on marque chaque fois, sur l'arc extérieur, les points où s'arrête la branche. Il ne reste plus qu'à subdiviser les intervalles compris entre les points obtenus.

Fig. 12.

Le dynamomètre de Leroy (fig. 12) consiste en un ressort en hélice, logé dans un tube auquel il est fixé par son extrémité supérieure, tandis que son autre extrémité s'appuie sur un disque *d*, muni, à son centre, d'une tige graduée *td* terminée par un anneau.

Le tube porte un crochet destiné à recevoir le corps à peser. Les poids que l'on suspend à ce crochet font descendre le tube et mettent à découvert les graduations de la tige. Pour connaître le poids du corps à peser, on n'a qu'à lire sur cette tige le trait de division qui est à l'affleurement de l'ouverture.

Le dynamomètre de Poncelet (fig. 13) se compose de deux ressorts arqués en sens contraire et réunis à leurs extrémités par des bandes articulées *bb'*. Les ressorts portent, à leur milieu, l'un un anneau, l'autre un crochet. L'application d'une force produit un écartement qui est mesuré d'après des graduations marquées sur deux règles faisant flèches avec les arcs des ressorts.

Fig. 13.

Voici une autre forme de dynamomètre des plus simples et des plus répandues :

Une lame de ressort (fig. 14) dont l'épaisseur est proportionnée à l'intensité des forces qui doivent agir, est fixée invariablement par une de ses extrémités à une pièce dépendant du cercle métallique MM; l'autre extrémité *r* est libre et porte une tige verticale dont la partie moyenne, façonnée en crémaillère, engrène avec un pignon.

L'axe de ce pignon est muni d'une aiguille *aa'* qui parcourt les divisions tracées sur la circonférence du cercle. Si l'on suspend un poids P à l'extrémité libre de la tige à crémaillère, le ressort s'infléchira, et l'extrémité *a'* de l'aiguille parcourra sur le cadran un nombre de divisions d'autant plus grand que le poids appliqué sera plus fort. Cet appareil est connu sous le nom de *dynamomètre à cadran*.

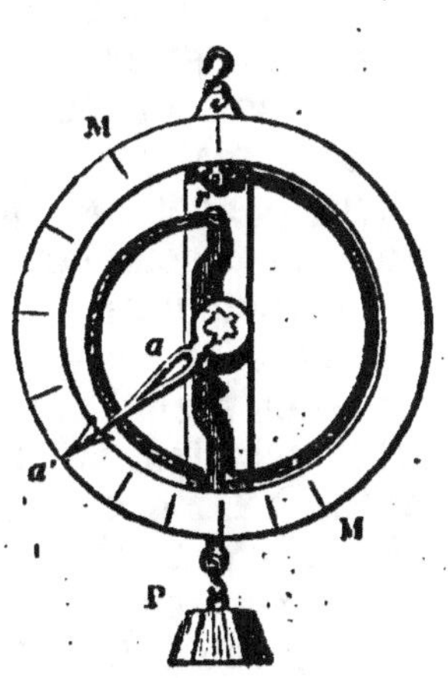

Fig. 14.

CHAPITRE II

PESANTEUR

---

27. Lois générales de l'attraction. — Plusieurs philosophes de l'antiquité, tels que Démocrite, Anaxagore, Epicure, avaient entrevu la gravitation universelle.

A des époques plus rapprochées, des géomètres illustres, tels que Copernic, Képler, Galilée, Fermat, Hook et quelques autres en ont pressenti, sinon formulé, les principes. Copernic attribuait la sphéricité des corps célestes à la tendance de leurs parties à se réunir; mais il n'alla pas jusqu'à admettre l'action des corps célestes entre eux. Képler pensait que tous les corps sont pesants, qu'ils ne sont légers que relativement, que la matière est soumise au phénomène de l'attraction, mais que celle-ci, qu'il appelait *gravité*, ne s'exerce qu'entre des corps semblables.

Le docteur anglais Hook, l'inventeur des montres de poche (on ne connaissait avant lui que les horloges et les pendules), l'un des premiers membres de la Société royale de Londres, et le principal auteur des *Transactions philosophiques*, fit paraître à Londres, en 1674, un *Essai pour prouver le mouvement de la Terre*, dans lequel il établissait les trois principes suivants : 1° tous les corps célestes ont non-seulement une attraction ou gravitation vers leurs propres centres, mais une attraction mutuelle; 2° tous les corps qui ont un mouvement simple et direct continuent à se mouvoir en droite ligne, si quelque force, dont l'action est constante, ne les contraint pas de décrire un cercle, une ellipse ou quelque autre courbe plus compliquée; 3° l'attraction est d'autant plus puissante que les corps qui s'attirent sont plus près l'un de l'autre.

En 1687, une douzaine d'années après la publication de l'Essai de Hook, Newton publia en latin ses *Principes mathé-*

matiques de la philosophie naturelle, ouvrage où se trouve exposée victorieusement la vraie théorie de l'attraction universelle qui repose sur les deux lois suivantes :

1° *Tous les corps de la nature s'attirent l'un l'autre en raison directe des masses ;*

2° *L'attraction varie en raison inverse du carré des distances.*

En observant que la cause qui produit la chute des corps terrestres, agit toujours sur eux, à quelque hauteur qu'ils puissent être, Newton fut porté à croire que cette action s'exerçait jusqu'à des distances indéfinies, et que ce pouvait bien être elle qui contre-balançait la force centrifuge engendrée par la révolution de la lune autour de la terre. Il pensa en outre que l'intensité devait diminuer en raison de la distance, bien que cette variation d'intensité fût peu sensible à la surface de la terre. En comparant les temps périodiques des planètes autour du soleil avec leurs distances, il trouva que les forces centrifuges, et par conséquent les forces centripètes qui les contrebalancent, sont en raison inverse des carrés des distances. Bientôt, à l'aide de puissants moyens de calcul dont il fut en partie le créateur, il parvint à établir son système du monde, et à donner la démonstration théorique des lois de Képler.

Disciple et continuateur de Tycho-Brahé, Képler, s'appuyant sur les observations de son maître et sur les siennes, avait découvert les véritables lois du mouvement des planètes, mais il n'avait pu que les énoncer. C'est à Newton qu'il était réservé de les démontrer.

Ces lois sont au nombre de trois : 1° *les planètes décrivent des ellipses dont le soleil occupe un des foyers ; 2° les aires décrites par un rayon vecteur mené du centre du soleil au centre de la planète, sont proportionnelles aux temps ; 3° les carrés des temps des révolutions des planètes sont proportionnels aux cubes des grands axes de leurs orbites.*

C'est en 1618, après vingt-deux ans d'observations et d'efforts, que Képler acheva sa précieuse découverte en proclamant la troisième loi, qui était la plus féconde, comme elle était la plus difficile à constater.

Les géomètres français, parmi lesquels il faut surtout désigner Laplace, ont continué l'œuvre de Képler et de Newton. Ils sont parvenus à expliquer, par le principe de gravitation universelle, tous les phénomènes du système du monde, et à donner aux tables astronomiques une admirable précision.

2.

28. Direction de la pesanteur. — On appelle spécialement *pesanteur* la force en vertu de laquelle les corps tendent à se diriger vers le centre de la terre. Tous les corps, sans exception, sont soumis à cette loi. Si quelques-uns, tels que la fumée, les nuages, le duvet, les ballons remplis d'hydrogène, paraissent s'y soustraire, c'est uniquement parce qu'ils sont refoulés, à la manière du morceau de bois que l'eau refoule à sa surface.

La pesanteur agit sur tous les points matériels dont se compose un corps. Si, en effet, elle agissait plutôt sur un point que sur un autre, comment se ferait-il que si l'on casse un objet en deux, les morceaux tombent aussi vite et de la même manière l'un que l'autre? Si même on réduit cet objet en poussière, les parcelles qui en résultent obéissent toutes aux lois de la pesanteur; ce qui n'aurait pas lieu si la pesanteur s'exerçait plutôt sur un point matériel que sur un autre.

29. Lorsqu'un corps est abandonné à lui-même, il se dirige sensiblement vers le centre de la terre. Pour déterminer cette direction, qui d'ailleurs est donnée par la chute libre des corps, il suffit de suspendre à un point fixe un fil qui porte un corps pesant. Ce petit appareil (fig. 15) est connu sous le nom de *fil à plomb*. C'est ordinairement, en effet, une balle, un cylindre ou un cône tronqué de plomb qui fait fonction de corps pesant. Quand, après quelques oscillations, le plomb est devenu immobile, le fil indique la direction dans laquelle se trouve le centre de la terre, et donne ce qu'on appelle la *verticale* du lieu de l'observation.

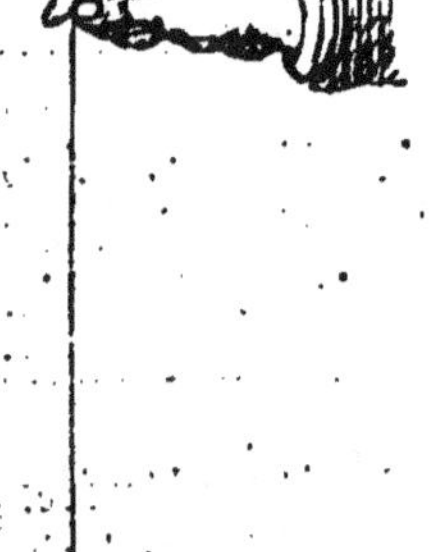

Fig. 15.

Une *verticale* est donc une ligne qui suit la direction du fil à plomb. Le plan qui lui perpendiculaire est appelé *plan horizontal*, et l'on donne le nom de *ligne horizontale* à toute ligne qui est située dans ce plan. Le mot *horizontal* signifie parallèle à l'horizon.

On dit que la verticale est une perpendiculaire à la surface des eaux tranquilles. On admet alors que cette surface n'est pas très-étendue. Si on suspend un fil à plomb au-dessus d'un bassin contenant du mercure, on voit que l'image du fil envoyée par le mercure est dans le prolongement de ce fil;

ce qui n'arriverait pas si le fil était incliné par rapport à la surface du mercure. On peut faire cette expérience avec un liquide quelconque, pourvu qu'il puisse suffisamment réfléchir la lumière.

Puisque notre globe est à peu près sphérique, des verticales passant par des lieux différents ne sauraient être parallèles. Ainsi, une verticale menée à l'un des pôles ferait un angle droit avec la verticale menée à l'équateur. Les verticales menées entre ces deux limites feraient entre elles des angles qui varieraient avec la latitude. Mais, dans la pratique et même dans la théorie, nous considérons comme parallèles les verticales des lieux dont la distance est peu appréciable relativement aux dimensions de la terre.

30. **Lois de la pesanteur ou lois de la chute des corps.** — 1ʳᵉ LOI. — *Tous les corps tombent dans le vide avec la même vitesse.*

Quand on laisse tomber des corps de nature ou de forme différente, on remarque qu'ils n'arrivent pas tous à terre avec la même vitesse. Cependant la pesanteur agit séparément et indistinctement sur toutes les molécules de chacun d'eux. A quoi tient cette contradiction apparente au principe de gravité? Supposons qu'on fasse le vide dans un grand tube de verre (fig. 16), c'est-à-dire qu'au moyen d'un instrument appelé *machine pneumatique*, on enlève, autant que possible, l'air qu'il contient; supposons en outre que l'on ait mis dans ce tube des objets très-lourds avec des objets très-légers, par exemple du platine, de l'or, du plomb avec du liége, de la moelle de sureau, de la plume; si on tient le tube verticalement, tantôt dans un sens, tantôt dans l'autre, tous les objets, quels qu'ils soient, tomberont en même temps et arriveront en même temps au bas de la course. Si on répète l'expérience en faisant rentrer l'air en partie, la différence de vitesse augmente proportionnellement avec la quantité d'air qui rentre.

On doit conclure de là que toute espèce de matière est également attirée par la terre, et que la différence de vitesse dans la chute des corps doit être uniquement attribuée à la résistance des milieux qu'ils traversent.

Fig. 16.

La résistance de l'air est en raison directe de la surface

que lui présente le corps qui tombe; mais quand le corps est lourd, cette résistance se répartit sur un plus grand nombre de molécules, et est conséquemment moins sensible. On considère comme corps lourds ceux qui, sous un même volume, renferment une plus grande quantité de matière.

Il est donc démontré que la vitesse de la chute d'un corps ne dépend ni de sa masse ni de sa nature.

2e LOI. — *La vitesse acquise par un corps qui tombe librement est proportionnelle à la durée de sa chute.*

3e LOI. — *L'espace parcouru par un corps qui tombe est proportionnel au carré du temps employé à parcourir cet espace.*

Les lois de la pesanteur ont été découvertes par Galilée. Pour confirmer ou plutôt pour étudier la première loi, il laissa tomber du haut de la tour de Pise des boules égales d'or, de plomb, de cuivre, de porphyre et de cire. Toutes les boules touchèrent le sol presque en même temps. La cire seule éprouva un retard un peu notable; mais Galilée observa que ce retard n'était pas proportionnel à la différence entre son poids et celui des autres corps. Newton acheva de prouver que la résistance de l'air est la seule cause de ces différences de vitesse, en faisant l'expérience dans le vide.

En plaçant un corps léger sur un corps lourd, et en laissant tomber le tout, on voit qu'ils arrivent à terre en même temps, s'ils sont disposés de manière que le premier soit protégé par le second. Qu'on applique, par exemple, une rondelle de papier sur une pièce de monnaie de manière que la rondelle ne dépasse pas les bords de la pièce, les deux objets tomberont sans se séparer, si on a soin de les faire tomber à plat.

Pour constater les deux dernières lois, Galilée avait imaginé de faire rouler un corps sur un plan incliné, afin de ralentir le mouvement, sans cependant en altérer la nature.

31. **Plan incliné.** — On dit qu'un plan est *incliné*, quand il fait avec un plan horizontal un angle moindre qu'un angle droit.

Soit AM un plan horrizontal, et AN un autre plan faisant avec lui un angle aigu (fig. 17). D'un point C pris dans ce dernier, menons la verticale CP, puis, du pied de cette verticale, menons DP perpendiculaire à l'instersection AB des deux plans. Si alors nous joignons les points C et D, la droite CD sera perpendiculaire à AB. Cette droite est ce qu'on nomme la *ligne de plus grande pente* du plan incliné; c'est suivant elle que descendrait un point matériel soumis à l'action de la pesanteur.

La *hauteur* d'un plan incliné est la perpendiculaire CP abaissée de son sommet sur le plan horizontal ; la droite CD représente sa *longueur* et PD sa base.

Supposons qu'un corps VV' repose sur le plan incliné dont CD représente la section suivant la ligne de plus grande pente. Supposons que, pour neutraliser son poids, c'est-à-dire pour empêcher sa chute, on applique une puissance suffisante S. L'équilibre étant ainsi obtenu, la résultante de cette force S et de la force R, qui sollicite le corps à tomber,

Fig. 17.

sera représentée par la perpendiculaire au plan. Si l'on exprime ces forces par des longueurs, on construira le parallélogramme *m o n t ;* puis, en observant que les triangles *m o n,* C D P sont semblables, on a $\dfrac{mo}{on} = \dfrac{CD}{CP}$; et en représentant par P le poids du corps, par p ce qu'il devient sur le plan incliné, par l la longueur CD du plan, par h sa hauteur CP, on obtient la proportion $\dfrac{P}{p} = \dfrac{l}{h}$ ou $\dfrac{p}{P} = \dfrac{h}{l}$, qui peut s'énoncer ainsi :

La force qui tend à faire tomber un corps suivant un plan incliné est à la force qui tend à le faire tomber librement, dans le rapport de la hauteur du plan à sa longueur.

On voit qu'on peut varier à volonté la vitesse du corps qui tombe, et qu'elle a pour limites la vitesse de la chute libre et le repos.

Quand un corps tombe de C en D, l'espace qu'il parcourt dans le sens de la base du plan est égal à PD, et l'espace qu'il parcourt dans le sens de la hauteur est égal à PC. Ce rapport des espaces parcourus étant indépendant du point de départ du mouvement, on dira :

1° Le chemin parcouru dans le sens de la hauteur du plan est au chemin parcouru dans le sens de la longueur, pendant le même temps, dans le rapport de la hauteur du plan à sa longueur;

2° Le chemin parcouru dans le sens de la base du plan est au chemin parcouru pendant le même temps, dans le sens de la longueur, dans le rapport de la base du plan à sa longueur.

Ce que nous disons sur le plan incliné suffit pour faire concevoir le parti que Galilée a dû en tirer, dans ses recherches sur les lois de la pesanteur.

32. Machine d'Atwood. — La résistance de l'air croissant avec la vitesse du mobile, il est évident que, pour éviter cette cause de perturbation, il faudrait faire, dans le vide, les expériences relatives à la chute des corps. Mais, au lieu de chercher à opérer dans le vide, on a préféré, ce qui d'ailleurs est suffisant pour la vérification des lois, ralentir le mouvement, de manière à rendre presque nul l'accroissement de la résistance de l'air. C'est cette considération qui avait permis à Galilée d'établir ses convictions à l'aide du plan incliné; car à cette considération d'une résistance à peu près uniforme du fluide se joignait celle de la diminution même de la vitesse, qui donnait à l'observateur la possibilité de suivre la marche du mobile.

Un physicien anglais, Georges Atwood, qui est mort en 1807, a construit, vers la fin du siècle dernier, un appareil qui donne des résultats beaucoup plus exacts que le plan incliné. Il se compose essentiellement d'une poulie très-mobile O (fig. 18) sur laquelle passe un fil de soie très-fin soutenant à ses extrémités deux masses égales M, M'. Le poids du fil pouvant être négligé, les deux masses se feront équilibre, en quelque position qu'elles se trouvent, car il n'y aura aucune raison pour que l'une soit entraînée par l'autre.

Mais si à l'une d'elles on ajoute une petite masse m, l'équilibre sera immédiatement rompu, et le système entier se mettra en mouvement; la masse M' descendra, tandis que la masse M montera.

Or, la petite masse m est la seule force agissante; le mouvement est donc beaucoup plus lent que si elle tombait librement, puisqu'elle entraine avec elle les deux autres masses. D'ailleurs, la cause

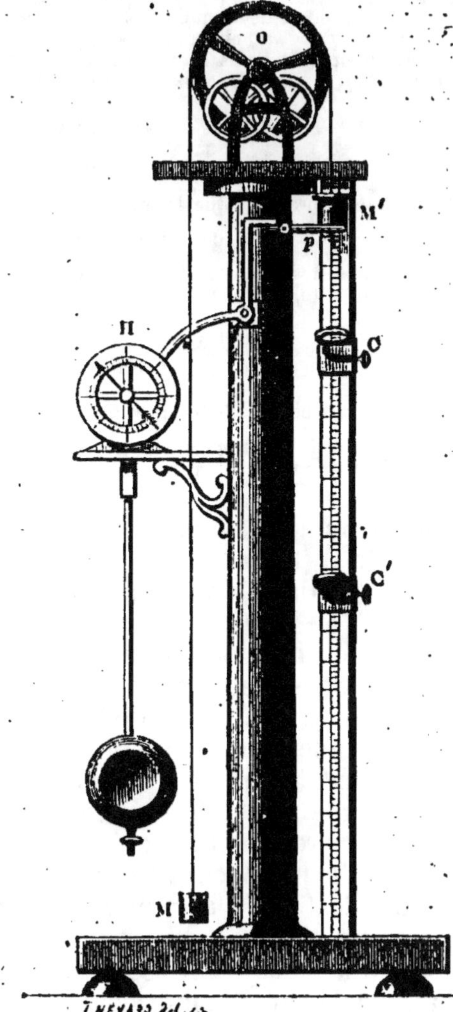

Fig. 18.   Fig. 19.

du ralentissement étant constante, les lois du mouvement ne seront pas altérées. Si le poids m, par exemple, est la vingtième partie de la somme des masses mises en mouvement, la force de la pesanteur qui agira sur lui sera vingt fois moindre que s'il était seul.

Soit v la vitesse acquise, au bout d'une seconde, par la masse m tombant librement, et v' sa vitesse acquise au bout du même temps quand elle est liée aux masses M, M'. En représentant par q la quantité de mouvement qui, nous le savons, est égale au produit de la masse par la vitesse, nous aurons, pour le corps tombant librement, $q = mv$, et, pour le système entier, $q = (m + 2M) v'$. Mais la force représentée par le poids m restant la même, la quantité de mouvement doit rester la même; il vient donc $mv = v' (m + 2M)$, ou

$$(a) \qquad v = v' \frac{m + 2M}{m}.$$

Il résulte de cette expression que le mouvement du système est lié par un facteur constant $\frac{m + 2M}{m}$ à celui du corps m tombant librement, et que, dans l'un et l'autre cas, les lois des vitesses et des espaces parcourus doivent se trouver les mêmes. De la relation (a) nous tirons

$$v' = \frac{vm}{m + 2M}.$$

Si nous faisons $m = 1$ et $M = 9,5$, nous aurons $v' = \frac{v}{20}$. La vitesse sera vingt fois plus petite que si le poids m tombait librement. Il est donc facile de ralentir le mouvement dans un rapport donné.

33. Description de la machine d'Atwood. — Une colonne supporte la poulie O (fig. 19) dont l'arbre repose sur les jantes croisées deux à deux de quatre roues égales. L'arbre de la poulie roulant au lieu de glisser, sur le contour des roues, en les faisant tourner lentement, l'intensité du frottement est presque entièrement anéantie. L'un des poids M' descend le long d'une règle verticale divisée en millimètres et munie de deux curseurs que l'on peut fixer à différentes hauteurs, au moyen de vis de pression. L'un de ces curseurs C porte une plaque annulaire qui se laisse traverser par la masse M', tout en retenant le poids additionnel m, quand il est employé dans l'expérience; l'autre au contraire C' porte une plaque pleine destinée à arrêter M' au point où l'on veut que sa course se termine.

Une horloge à secondes H est fixée à la colonne de l'appareil. Sa roue d'échappement communique avec un système de levier aboutissant à une planchette p, qui reçoit la masse M' surmontée de son poids additionnel. Il résulte de là que le système se met en mouvement au moment où le pendule commence à osciller.

34. Loi des espaces. — Plaçons sur la planchette la masse

M′, chargée du petit corps m, et après quelques essais fixons le curseur plein à l'endroit où la masse arrive au bout d'une seconde. Cherchons de même, par des tâtonnements successifs, les points de la règle où la masse viendra choquer le curseur, après deux, trois, quatre.... secondes. Si nous comparons les distances de ces points au zéro de l'échelle verticale, nous reconnaîtrons qu'elles seront entre elles dans le rapport des nombres 1, 4, 9, 16.....

Supposons, par exemple, que le mobile ait parcouru 10 divisions dans la première seconde, le curseur aura été successivement placé, dans notre expérience, à la 10ᵉ, à la 40ᵉ, à la 90ᵉ, à la 160ᵉ... division.

En répétant l'expérience avec des poids additionnels différents, on obtient des vitesses différentes; mais il reste également démontré que les *espaces parcourus sont proportionnels aux carrés des temps employés à les parcourir.*

35. Loi des vitesses. — Pour démontrer *que les vitesses sont proportionnelles aux temps*, on place le curseur annulaire à une distance telle du zéro, qu'il soit atteint au bout d'une seconde par les deux masses m et M′ réunies; puis on place le curseur plein à une distance du premier double de la distance de celui-ci au zéro. Si alors on laisse descendre le système, la masse additionnelle, qui a une forme allongée, est arrêtée par l'anneau; et, à partir de ce moment, le système ne se meut plus qu'en vertu de la vitesse acquise. Le mouvement devient uniforme, et si l'on observe l'espace parcouru en une seconde, on aura la vitesse du système, au moment même où la petite masse m a été arrêtée. On observe alors que la masse M′ rencontre le curseur plein au bout de deux secondes. La distance des deux curseurs donne donc la vitesse acquise au bout d'une seconde. Si on laisse tomber le système pendant deux secondes, avant d'arrêter le poids additionnel, on reconnaît que l'espace parcouru pendant une seconde, à partir de ce moment, est double de celui qu'on avait obtenu dans l'expérience précédente; et ainsi de suite.

Plaçons le curseur annulaire à la division 10, et le curseur plein à la division 30. Le système arrivant au premier point au bout d'une seconde, arrivera au deuxième au bout de deux secondes. La vitesse acquise au bout d'une seconde est donc égale à vingt divisions de l'échelle. Si nous répétons l'expérience en plaçant le curseur annulaire à la division 40, et le curseur plein à la division 80, on voit que les masses *m* et M′ atteignent le premier point au bout de deux secondes, et que la masse M′ seule arrive au second point au bout de la troisième seconde. La vitesse acquise au bout de deux secondes est donc égale à 40, c'est-à-dire au double de celle qui est acquise en une seconde. Enfin, en plaçant successivement le curseur annulaire à la 90e, à la 160e division, on ne ferait que confirmer la loi.

Ces expériences montrent également qu'en général , *la vitesse acquise au bout d'une unité de temps est le double de l'espace parcouru pendant cette première unité de temps.* En effet, l'espace parcouru pendant la première seconde étant égal à 10 divisions, l'espace parcou-

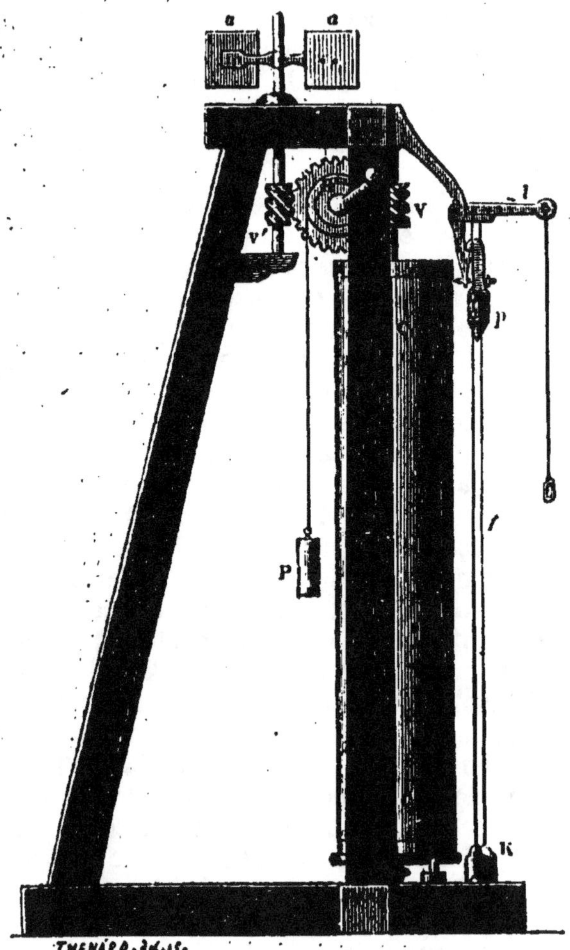

THÉNARD. del.

Fig. 20.

ru pendant la deuxième seconde est égal à 20 divisions ; donc, la vitesse acquise au bout d'une seconde est le double de l'espace parcouru avant la suppression de la masse additionnelle.

36. Machine à indications continues. — Cette machine est due
à MM. Poncelet et Morin. La machine d'Atwood offre toutes les conditions désirables pour la facilité des opérations comme pour la précision des résultats; mais
elle ne fonctionne pas d'après la chute d'un corps libre et isolé, et conséquemment
l'observation n'est pas *directe*. Ensuite l'observation n'est pas continue; elle ne
peut avoir lieu que pour un nombre entier de secondes. C'est pour répondre à ces
deux objections, qui d'ailleurs n'infirment en rien l'exactitude des conclusions,
qu'on a inventé l'appareil à indications continues.

Cet appareil se compose essentiellement (fig. 20) d'un cylindre vertical CC en

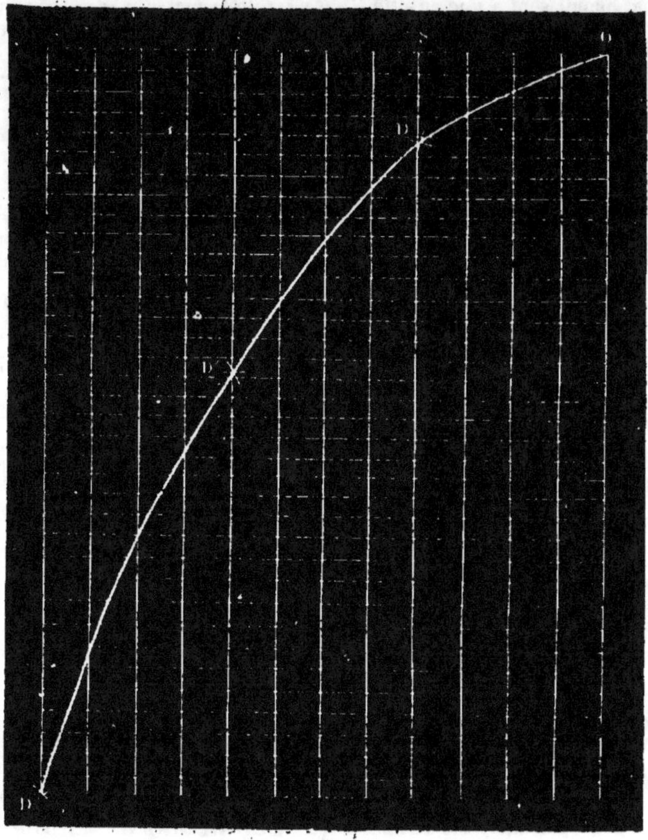

Fig. 21.

bois, que l'on recouvre d'une feuille de papier, et d'un poids cylindro-conique *p*
muni d'un crayon dont la pointe s'appuie sur le papier. On conçoit que si on fait
descendre le poids pendant que le cylindre tourne sur son axe, le crayon tracera
une courbe sur la surface à laquelle il adhère. C'est cette courbe même qui donne
les éléments des lois à vérifier.

Le cylindre reçoit un mouvement uniforme de rotation autour de son axe par la
chute d'un gros poids P. La corde qui soutient ce poids s'enroule autour d'un
tambour muni d'une roue dentée R, qui engrène par une vis sans fin V avec
l'axe du cylindre, et par une autre vis sans fin V' avec l'axe du volant à ailettes
aa.

Le volant a pour but de régulariser le mouvement du cylindre et de le rendre uniforme au bout d'un certain temps. Un levier à mentonnet *l* retient la masse *p*; il est terminé par une fourchette qui empêche le crayon de toucher le papier quand la masse est au repos et de s'émousser par un contact prolongé. Au moment où, en appuyant sur le levier *l*, on laisse partir la masse *p*, un ressort presse la pointe du crayon contre le cylindre, sans toutefois produire un trop grand frottement. On attend, pour opérer, que le mouvement du cylindre soit devenu uniforme, ce qui a lieu quand le poids a parcouru les 2/3 ou les 3/4 de sa course. Afin de tenir le corps cylindro-conique à une distance constante du cylindre, on l'arme d'oreilles qui glissent sur deux fils métalliques verticaux *f*. Ces fils, bien tendus, aboutissent à une cuvette K où s'arrête la masse *p* après sa chute.

La feuille de papier étant développée sur un plan, on reconnaît que les distances des différents points de la courbe figurative du mouvement à la droite horizontale qui passe par son origine, sont entre elles comme les carrés des distances de ces mêmes points à la verticale menée par le point de départ. Cette verticale est l'axe de la courbe, et la courbe est une *parabole*.

Supposons que par l'origine O (fig. 21) on mène une droite horizontale et qu'on prenne sur cette droite des longueurs égales OS, SS', S'S''. Le mouvement du cylindre étant uniforme, les perpendiculaires SD, S'D', S''D'', abaissées jusqu'à la rencontre de la courbe, exprimeront les espaces parcourus pendant un, deux, trois intervalles de temps. Or, on constatera par l'examen de la feuille, que S'D' est quadruple de SD, que S''D'' est égal à neuf fois SD. La vérification est plus prompte quand le papier dont on recouvre le cylindre est subdivisé par des traits verticaux et horizontaux équidistants.

On peut prendre sur l'horizontale OS'' d'autres points que S, S', S'', dont les distances au point de départ O soient dans le rapport des nombres 1, 2, 3, 4, etc.; les conclusions seront toujours les mêmes.

Le tracé de la courbe ODD'D'' permet également de constater que les vitesses sont proportionnelles aux temps.

37. Formules relatives aux lois de la pesanteur. — La pesanteur est une force accélératrice constante, et le mouvement des corps qui tombent librement est un mouvement uniformément accéléré. Si on représente par *g* l'accélération due à la pesanteur, c'est-à-dire l'accélération qu'elle produit en une seconde, c'est-à-dire enfin le double de l'espace parcouru pendant la première seconde de chute, on aura pour formules de la chute des corps,

$$(1) \quad v = gt. \qquad (2) \quad e = \frac{1}{2} gt^2. \qquad (3) \quad v = \sqrt{2ge}.$$

La troisième formule est très-souvent employée; elle exprime la vitesse acquise en fonction de l'espace parcouru. On la tire des deux précédentes par l'élimination de *t*.

38. Poids. Centre de gravité. — Le *poids* d'un corps est la somme de toutes les forces égales de la pesanteur, qui agissent sur tous ses points. C'est encore la pression qu'il exerce sur l'obstacle qui l'empêche de tomber; et s'il est suspendu, c'est la traction qu'il exerce sur le point de suspension de la corde qui le retient. On peut donc dire que le poids d'un corps se mesure par l'effort qu'il faut employer pour le soutenir.

On appelle *centre de gravité* d'un corps le point unique par lequel passe constamment la résultante des diverses actions de la pesanteur.

Qu'on fasse tourner un corps sur lui-même, d'une manière quelconque, son centre de gravité occupera toujours le même point de sa masse. La place du centre de gravité ne dépend absolument que de la disposition relative des molécules. Cette disposition des molécules restant la même, le centre de gravité ne change pas ; mais si elle est susceptible de varier, comme cela existe pour les corps vivants, le centre de gravité se déplace.

Le centre de gravité peut n'être pas situé dans le corps lui-même. Il n'est alors qu'un simple point géométrique et idéal. Ainsi il se trouve au centre de la circonférence d'une couronne, d'un anneau, d'un cerceau, bien qu'il n'y existe aucun point matériel qui puisse le représenter.

Quand un corps est *homogène*, c'est à-dire s'il a partout la même densité, la position de son centre de gravité est uniquement subordonnée à sa figure. Il résulte de là que les centres de gravité de deux corps homogènes semblables sont semblablement situés. Si le centre de gravité est invariablement lié avec le corps, il est le point d'application de la force qui tiendrait le corps en équilibre.

Dans un corps formé de parties hétérogènes, le centre de gravité est déterminé principalement par les parties les plus lourdes. Ainsi, qu'un cylindre soit formé de deux cylindres égaux, l'un en fer, l'autre en liége, il est évident que le centre de gravité se trouvera en un certain point situé dans le premier.

Il existe un certain nombre de cas dans lesquels l'homogénéité et la forme géométrique des corps permettent d'assigner la place du centre de gravité sans qu'on soit obligé d'avoir recours à une méthode expérimentale. Dans une circonférence, un cercle, une sphère, une ellipse, un ellipsoïde, il est au centre de la figure ; dans un triangle, il est, en partant d'un sommet quelconque, aux deux tiers de la ligne qui joint ce sommet au milieu du côté opposé ; dans une pyramide, il est placé, à partir du sommet, aux trois quarts de la droite qui joint le sommet au centre de gravité de la base ; dans un cône droit, il est, à partir du sommet, aux trois quarts de son axe ; dans un cylindre droit, il est au milieu de la droite qui joint les centres des bases ; dans un cube, un parallélipipède, un parallélogramme, il est au point de rencontre des diagonales.

Quand il s'agit du centre de gravité d'un triangle, d'un parallélogramme, d'un cercle, on ne considère que la surface, en faisant abstraction de l'épaisseur, que l'on suppose alors très-petite.

Quand le manque d'homogénéité ou de régularité empêche

de déterminer le centre de gravité par les seuls principes
de la géométrie et de la statique, on a recours à la méthode
suivante.

Suspendons un corps quelconque C (fig. 22) par l'un de
ses points h, à l'aide d'un fil vh. L'équilibre étant bien établi, le centre de gravité devra se trouver sur le prolongement de vh, c'est-à-dire sur la verticale qui passe par le
point de suspen-
sion. Si alors nous
suspendons le
corps par un autre
point h', le centre
de gravité devra
également se trou-
ver sur le pro-
longement du fil
vh'. Puisqu'il doit
être placé à la fois
sur les prolonge-
ments hb et $h'b'$,
le point de ren-

Fig. 22.

contre g sera le centre cherché. On conçoit que ce procédé
n'est pas toujours praticable ; mais si l'on peut suivre à peu près
la direction des prolongements hb et $h'b'$, on connaîtra approximativement le centre de gravité qui est à leur point
d'intersection.

Il est toujours permis de supposer le poids d'un corps
concentré en son centre de gravité. Aussi est-il souvent très-
utile, indispensable même de connaître ce dernier pour les
divers éléments matériels qui entrent dans la construction
des machines.

39. Equilibre des corps pesants. — Nous savons qu'on entend
par équilibre d'un corps l'état de repos produit sous l'influence de forces dont les effets se neutralisent.

*Pour qu'un corps suspendu librement par un point fixe soit en
équilibre, il faut et il suffit que le centre de gravité et le point de
suspension soient sur une même ligne verticale.* En effet, il ressort
de ce que nous avons dit qu'un corps pesant quelconque est
formé d'une infinité de particules dont chacune est sollicitée
par la pesanteur ; que la somme de toutes ces actions parallèles et égales peut être remplacée par une force unique appliquée en un certain point ; que cette force unique représente
le *poids* du corps ; que le point où elle est appliquée est appelé

centre de gravité ou centre des forces parallèles dues à la pesanteur. Soit *g* (fig. 23) ce point où se concentre tout le poids du corps, et soit *o* le point de suspension. Nous pourrons considérer le corps comme un véritable fil à plomb dont *g* sera la masse pesante liée au point *o* par le système invariable des molécules du corps, système qui remplace le fil... Or, la position d'équilibre du fil à plomb est la ligne verticale; donc, le corps proposé ne sera en équilibre qu'autant que les points *o* et *g* seront sur une même ligne verticale...

Fig. 23.

Pour qu'un corps appuyé par un point sur un plan horizontal soit en équilibre, il faut et il suffit que le point d'appui soit sur la même verticale que le centre de gravité. En effet, la résultante ou force unique qui tend à faire tomber le corps, agit suivant la verticale qui part de son centre de gravité; elle sera annulée toutes les fois qu'elle rencontrera le point d'appui, et il faudra que cette condition existe, car autrement, ne rencontrant pas de résistance, elle entraînera le centre de gravité vers le sol.

Pour qu'un corps, reposant sur un plan par plus de deux points non en ligne droite, soit en équilibre, il faut et il suffit que la verticale qui passe par le centre de gravité tombe dans l'intérieur du polygone convexe le plus simple qui aurait les points de contact pour sommets. Il est évident en effet que, dans ce cas, la pesanteur n'a pas d'autre action que de presser le corps contre le plan.

Le centre de gravité tend toujours à se placer le plus bas possible. Ce principe est facile à constater par l'expérience; il est d'ailleurs une conséquence des définitions données précédemment. Les exemples suivants en sont une application.

Supposons posé sur un plan incliné BCD (fig. 24) un cylindre de bois S contenant près de sa surface et d'un seul côté une masse de plomb *p*. Il est évident qu'alors le centre de gravité n'est pas sur l'axe du cylindre, mais en un certain point *c* en dehors de cet axe. Si l'on place le cylindre de manière que la verticale *cr* du centre de gravité tombe au-dessus du point d'appui A, le centre de gravité tendra à descendre jusqu'à ce qu'il se trouve dans la direction verticale du point d'appui. Le cylindre remontera alors le long du

plan et occupera la position S', où il se maintiendra en équilibre, à moins que la résistance du frottement ne soit trop
faible pour l'empêcher de glisser. Dans cette position d'équilibre, le centre de gravité sera le plus bas possible, et sa
verticale cr' passera par le nouveau point de contact A'.

Fig. 24.

C'est par le même principe qu'il faut s'expliquer comment
un équilibriste fait remonter un plan incliné à une boule sur
laquelle il appuie les pieds, de manière que la verticale du
centre de gravité passe toujours un peu au-dessus du point de contact de la boule avec le plan.

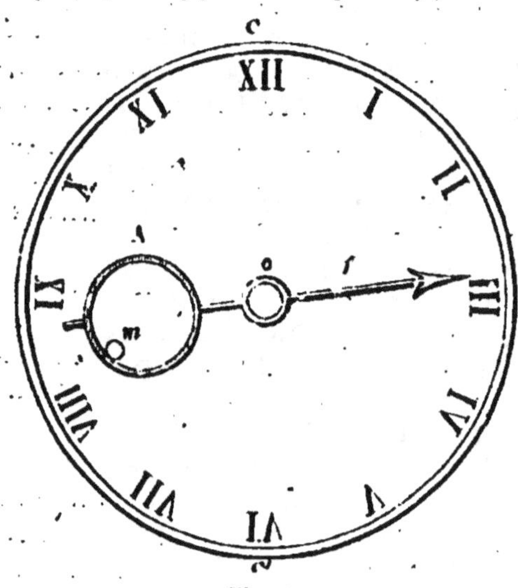

Fig. 25.

40. Horloge magique.
— On a donné ce nom à une
horloge dans laquelle on voit
mouvoir une aiguille sans cause
apparente de mouvement.

Elle se compose (fig. 25) d'un
anneau creux A, dans l'intérieur
duquel circule une masse m, de
manière à déplacer constamment
le centre de gravité. L'anneau
tourne autour d'un point o, auquel il est invariablement lié. Si,
en effet, le centre de gravité d'un
corps mobile autour d'un axe se
déplace d'une manière continue,
le corps se déplace lui-même
pour prendre à chaque instant
la position qui convient à l'équilibre stable. Une flèche f fixée à
l'axe de rotation parcourra suc-
cessivement toutes les divisions d'un cadran cc'; et si le mouvement d'horlogerie
qui fait marcher la masse m lui fait effectuer une révolution entière en douze
heures, la flèche accomplira aussi sa révolution dans le même temps.

41. Équilibre stable, instable, indifférent. — L'équilibre est *stable* quand, après avoir été un peu troublé, il tend à se rétablir par l'action seule de la pesanteur ; il est *instable* ou *instantané* quand, pour peu qu'on le trouble, il ne revient plus à son premier état ; il est *indifférent* quand il se maintient, après avoir été rompu dans un sens quelconque.

Lorsqu'un corps est en équilibre, son centre de gravité se trouve toujours le plus haut ou le plus bas possible. Dans le premier cas, l'équilibre est *instable* ; il est *stable* dans le second.

Si un corps est mobile autour d'un axe, il faut, pour que l'équilibre existe, que l'action de la pesanteur soit détruite ; ce qui ne peut arriver qu'autant que le centre de gravité se trouve sur l'axe même, ou sur la verticale qui passe par cet axe. Dans le premier cas, l'équilibre est *indifférent* ; dans le second, il est *instable*, si le centre de gravité est au-dessous de l'axe ; et il est *stable* dans la position contraire. L'équilibre doit avoir lieu dans toutes les positions possibles, c'est-à-dire doit être *indifférent* pour toutes les roues de mécanisme qui ne servent qu'à la transmission du mouvement. S'il n'en était pas ainsi, ces roues tendant constamment à prendre l'équilibre qui leur serait propre, mettraient de la perturbation dans le mouvement qu'elles doivent simplement transmettre.

Si un corps est suspendu par un point, son équilibre est *stable* quand le centre de gravité *g*, comme dans la figure 22, est situé au-dessous du point de suspension ; il est *instable* dans le cas contraire. En effet, pour le premier cas, si l'on écarte le centre de gravité de la verticale qui passe par le point de suspension, il y revient de lui-même, la pesanteur le rappelant à sa position d'équilibre ; tandis que, dans le second cas, le centre de gravité est le plus haut possible ; il ne peut donc que descendre, pour peu qu'on le dérange ; l'action de la pesanteur tend à l'écarter de la verticale avec laquelle il ne peut plus coïncider qu'en venant se placer au-dessous du point de suspension, après avoir décrit autour de lui une demi-circonférence.

L'équilibre instable ne peut réellement exister qu'en théorie, puisque le centre de gravité et le point d'appui se réduisent par le raisonnement à deux points mathématiques, et que conséquemment un déplacement même inappréciable du centre de gravité le fait sortir de la verticale et lui fait perdre la condition d'équilibre. Pour l'obtenir, il faut ou diminuer la mobilité du centre de gravité par les résistances passives telles que les frottements, par exemple, ou la ramener constamment dans la verticale du point d'appui, comme le fait un jongleur qui tient un objet en équilibre sur le bout de son doigt ou qui fait tourner une assiette à l'extrémité d'un bâton.

Quand le centre de gravité se confond avec le point de suspension, le corps peut tourner sur lui-même sans que l'équilibre soit détruit; l'équilibre est donc alors *indifférent*.

Il est facile, à l'aide de ce qui précède, de nous rendre compte d'un certain ordre de particularités qui s'offrent communément à notre attention.

Une voiture doit toujours être chargée de telle sorte que la verticale du centre de gravité passe entre les deux roues, quels que soient les cahots auxquels elle puisse être exposée. Elle est sujette à verser, même par l'effet d'une faible secousse, si elle est trop élevée relativement à l'écartement des roues, si le centre de gravité de la charge n'est pas le plus bas possible et à égale distance des roues. On conçoit que le moindre choc imprévu suffit pour jeter en dehors des points d'appui la verticale du centre de gravité quand cette verticale est trop près de l'une des roues ou que le centre de gravité est placé trop haut. Il arrive souvent des accidents dans les diligences dont les impériales sont, au mépris de ces principes, surmontées de fardeaux d'une masse considérable et mal répartie.

Plus la base de sustentation est développée, plus l'équilibre est ferme. Le centre de gravité de l'homme étant situé vers le milieu de la région inférieure du bassin, les conditions d'équilibre sont les plus favorables quand les pieds sont suffisamment écartés l'un de l'autre (fig. 26, A), de manière à donner au polygone de sustentation *abcd* la surface la plus étendue sans que toutefois la position du corps soit forcée. Les conditions d'équilibre deviennent au contraire défavorables, quand les pieds sont très rapprochés (fig. 26, B); la station

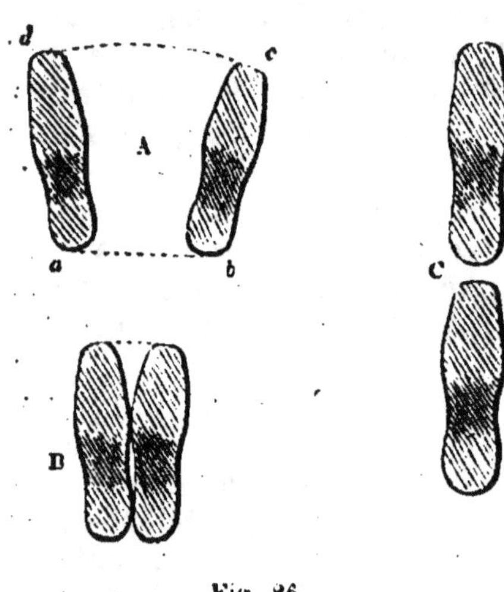

Fig. 26.

devient même très-pénible quand les pieds sont posés sur une même ligne droite (fig. 26, C).

Quand on se tient sur un pied, on est obligé de se pencher du côté du pied sur lequel on s'appuie, afin de maintenir le centre de gravité dans la verticale du point de contact avec le sol. Quand on porte un fardeau sur les épaules, on se penche en avant, afin de ramener entre les points d'appui la verticale du centre de gravité, verticale que le fardeau tend à faire tomber en arrière. Les personnes qui ont le ventre proéminent se cambrent en marchant ; celui qui porté un seau d'eau de la main droite s'incline du côté gauche ; celui qui monte une côte escarpée se penche en avant ; c'est l'inverse pour celui qui la descend.

On parle souvent des tours de Pise et de Bologne qui, en s'enfonçant en partie dans le sol, ont perdu leur position verticale. Ces tours restent debout parce que leur centre de gravité s'est maintenu au-dessus de la base de sustentation.

On connaît ces figurines grotesques qui reviennent d'elles mêmes à la position verticale, quand on les incline. Elles sont faites avec une substance légère, telle que du carton creux, du sureau, et contiennent à la base une matière lourde, du plomb par exemple. Tout mouvement qu'on leur imprime, à moins toutefois de les renverser, relevant le centre de gravité, celui-ci ne tarde pas à reprendre sa position primitive après quelques oscillations.

42. Intensité de la pesanteur. — L'intensité de la pesanteur est l'énergie plus ou moins prononcée avec laquelle s'exerce l'attraction terrestre. Elle se mesure par la vitesse qu'acquiert, au bout d'une seconde, un corps tombant dans le vide et partant du repos.

Cette intensité n'est pas la même dans toutes les parties du globe. Elle va en augmentant de l'équateur aux pôles : 1° parce que le rayon de la terre va en diminuant de l'équateur aux pôles ; 2° parce que la force centrifuge, qui atteint son maximum à l'équateur, devient entièrement nulle aux pôles.

La terre peut être considérée comme un ellipsoïde de révolution, aplati aux pôles et renflé à l'équateur. La science admet que la force centrifuge provenant de son mouvement de rotation autour de son axe a dû lui donner cette forme, à l'époque où elle était encore à l'état fluide. L'aplatissement qui en est résulté, c'est-à-dire le rapport de la différence des deux axes au grand axe est de $\frac{1}{2}\frac{0}{9}$. Ainsi le grand axe étant représenté par une longueur de 299 mètres, le petit le serait par une longueur de 298 mètres. Bien que la figure de notre globe ne diffère pas beaucoup d'une sphère, la pesanteur doit nécessairement être plus intense dans les lieux de sa surface qui sont les moins éloignés de son centre.

La force centrifuge, à l'équateur, est environ la 289ᵉ partie de l'intensité de la pesanteur, c'est-à-dire de 9,8088. Il en résulte que, 289 étant le carré de 17, la force centrifuge neutraliserait l'action de la pesanteur si la terre tournait 17 fois plus vite, puisque la force centrifuge varie proportionnellement au carré de la vitesse.

La pesanteur variant en raison inverse du carré de la distance au centre de la terre, son intensité doit être plus forte au niveau de la mer que sur le sommet des hautes montagnes, mais en général la différence d'altitude ne présente pas de différences appréciables dans les intensités.

43. Pendule. — On appelle ainsi tout corps pesant qui oscille autour d'un point de suspension.

Nous distinguerons deux sortes de pendules : le *pendule simple* et le *pendule composé*.

Le *pendule simple* consiste en un point matériel pesant, suspendu à un point fixe, au moyen d'un fil inextensible (fig. 27).

Considérons le pendule CM, dont M soit le point matériel et C le point de suspension. Supposons que de cette position d'équilibre nous l'amenions dans la position CM'. Si alors nous l'abandonnons à lui-même, il tendra immédiatement à reprendre la direction verticale. Or, la pesanteur M'b, qui agit en M', peut être décomposée en deux forces, l'une suivant le prolongement M'a, détruite par la résistance du fil, l'autre suivant M'c, perpendiculaire à CM' et tangente à l'arc M'M. La composante M'c sollicite seule le point matériel à revenir en M'. En outre, elle diminue à mesure que le pendule se rapproche de la verticale. L'intensité de la pesanteur étant représentée par M'b, l'intensité de la composante qui fait descendre le corps pesant est successivement M'c, mn .... et devient de plus en plus petite jusqu'en M, comme les angles M'bc, mon, égaux respectivement aux angles M'CM, mCM, deviennent de plus en plus petits. Le mouvement accéléré de M' en M est produit par une force continue, mais il n'est pas uniformément accéléré, puisque cette force décroît à chaque instant.

Ramené au point M, le pendule continue sa marche en vertu de la vitesse acquise, et décrit un arc MM'' égal à MM'. La composante de la pesanteur agit alors en sens contraire du mouvement, comme l'indique la direction des tangentes M''o', m'n'; ensuite elle va toujours en augmentant jusqu'à ce que la vitesse soit entièrement détruite. La force continue qui retarde le mouvement étant la même que celle qui l'avait accéléré, il est évident que la vitesse du mobile doit devenir nulle en un point M'' situé à la même hauteur que le point M' au-dessus du point M de la verticale.

Quand le mobile arrive en M'', il a fait une *oscillation*. Après

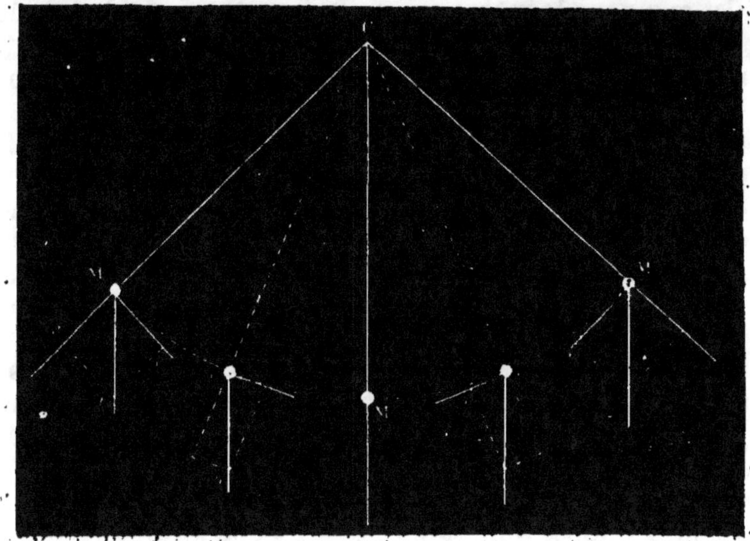

Fig. 27.

un repos presque imperceptible comme celui d'une pierre qui est sur le point de tomber, après avoir été lancée verticalement, il revient sur ses pas, remonte jusqu'en M', pour descendre de nouveau. Il parcourrait ainsi indéfiniment l'arc M'MM'', par un mouvement continu de va-et-vient, s'il oscillait dans le vide absolu, et si l'axe de suspension ne donnait lieu à aucun frottement; mais il est impossible de satisfaire entièrement à ces conditions.

On appelle donc *oscillation* le mouvement d'un pendule suivant l'arc qu'il décrit. L'*amplitude* de l'oscillation est l'arc décrit M'MM'' ou l'angle M'CM'' qui lui correspond. La *longueur* du pendule simple est la distance du point de suspension au point matériel. Le pendule dont il s'agit n'existe pas; il n'est que théorique; aussi le désigne-t-on encore par les noms de *pendule idéal* ou *géométrique*. On ne se sert donc en réalité que du *pendule composé*, appelé aussi *pendule physique*.

Le pendule *composé* consiste en une tige mobile autour d'un axe horizontal, et supportant une masse métallique à laquelle on donne ordinairement la forme d'une lentille. On le suspend à l'aide d'un prisme triangulaire en acier, nommé *couteau*, reposant par une arête sur un plan horizontal de matière dure.

Dans un pendule composé, ce n'est pas la longueur proprement dite qu'il faut considérer, mais bien la *longueur d'oscillation*, c'est-à-dire la longueur du pendule simple qui ferait ses oscillations dans le même temps. En effet, les points les plus rapprochés de l'axe de suspension oscillent moins rapidement que s'ils étaient libres, tandis que l'inverse a lieu pour les points les plus éloignés, puisqu'il est constaté par l'expérience que la durée des oscillations d'un pendule augmente avec sa longueur. Il existe donc des points intermédiaires situés sur une droite parallèle à l'axe de suspension qui oscillent comme s'ils étaient libres. La droite sur laquelle ils sont situés est l'*axe d'oscillation*, et la *longueur d'oscillation* est la distance de cet axe à celui de suspension. C'est la longueur du pendule simple correspondant.

44. Lois du pendule. — On rapporte que Galilée se trouvant dans la cathédrale de Pise observa que les oscillations d'une lampe suspendue à la voûte diminuaient d'amplitude, en conservant toujours la même durée. Après s'être assuré, par des expériences précises, de l'exactitude de ce fait pour de petites amplitudes, il ne tarda pas à reconnaître que la durée de l'oscillation augmente ou diminue avec la longueur du pendule.

Ces deux lois découvertes par Galilée peuvent être établies *à priori* par l'analyse des circonstances du mouvement du pendule simple. On démontre, en *mécanique rationnelle*, que, pour une amplitude d'excursion assez petite, la durée des oscillations est exprimée par la formule

$$t = \pi \sqrt{\frac{l}{g}},$$

dans laquelle t désigne la durée d'une oscillation, π le rapport de la circonférence au diamètre, c'est-à-dire la valeur 3,14159.., l la longueur du pendule, g l'intensité de la pesanteur, c'est-à-dire, à Paris, le nombre $9^m,8088$, qui est égal au double de l'espace que parcourt un corps dans la première seconde de sa chute.

On peut énoncer les lois du pendule dans les termes suivants :

*1° Pour un même ndule et dans un même lieu, les petites oscil-
lations sont isochrones, c'est-à-dire ont la même durée.*

Pour vérifier cette loi, on suspend une balle de plomb à l'extrémité d'un fil très-fin d'une longueur de 1 mètre environ; et
l'on fixe le fil par son autre extrémité; ensuite on écarte un peu
le pendule de sa posi-
tion d'équilibre et on le
laisse osciller. Suppo-
sons qu'on ait compté
120 oscillations pendant
les deux premières
minutes, on comptera
encore 120 oscillations
pendant les deux mi-
nutes suivantes , et
ainsi de suite tant que
le mouvement sera
perceptible. Nous ad-
mettons, pour que les
résultats soient exac-
tement identiques,
qu'on ne les note qu'à
partir du moment où
l'amplitude ne mesure
guère que trois degrés
environ.

La résistance de l'air,
en ce cas, n'empêche
pas l'isochronisme; car
si elle diminue la vi-
tesse dans la première
moitié de l'oscillation,
elle diminue par cela

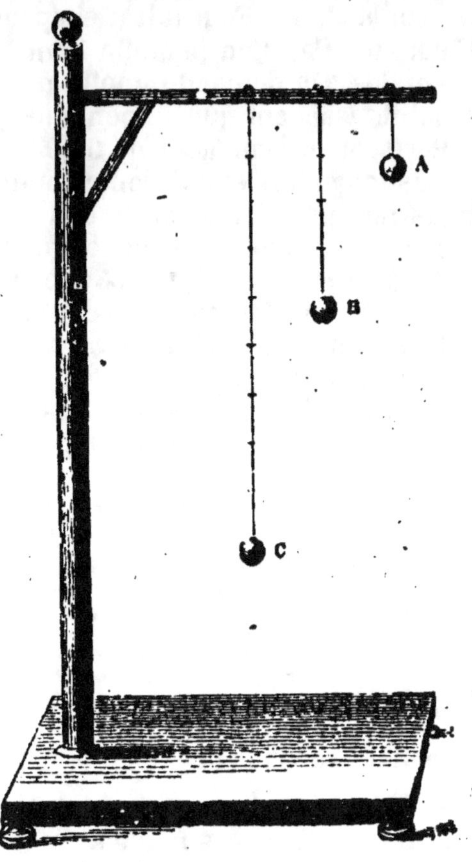

Fig. 28.

même l'étendue de la demi-oscillation ascendante. L'amplitude va donc en décroissant, mais la durée reste la même.

*2° La durée de l'oscillation est proportionnelle à la racine car-
rée de la longueur du pendule.*

Ainsi, la longueur d'un pendule étant faite successivement
de 1, 4, 9, 16, 25 décimètres, suivant les carrés de la série
naturelle des nombres, la durée des oscillations sera dans le
rapport des racines carrées de ces nombres, c'est-à-dire
comme 1, 2, 3, 4, 5.

Pour vérifier par l'expérience, on suspend à un même axe

(fig. 28) plusieurs pendules A, B, C, qui soient dans les rapports que nous indiquons, et on les fait osciller. On remarqué que si le pendule A a une durée d'oscillation marquée par 1, la durée de B est 2, et celle de C est 3.

Problème. — Pour prouver la rotation de la terre autour de son axe, M. Foucault a suspendu sous le dôme du Panthéon de Paris un pendule dont les oscillations duraient 8 secondes. On demande quelle devait être la longueur de ce pendule, sachant que le pendule qui oscille en une seconde, à Paris, a une longueur de $0^m,993855$.

Les longueurs étant proportionnelles aux carrés des temps, nous aurons la réponse à cette question en multipliant le carré de la durée par la longueur du pendule à seconde, c'est-à-dire 64 par 0,993855; ce qui donne, pour le pendule employé, une longueur de $63^m,606$.

3° *La durée des oscillations est en raison inverse de la racine carrée de l'intensité de la pesanteur.*

L'intensité de la pesanteur se mesure par la vitesse acquise pendant la première séconde de la chute.

$$\text{La formule } t = \pi \sqrt{\frac{l}{g}} \text{ donne } g = \frac{\pi^2 l}{t^2}.$$

La lettre g représentant l'accélération due à la pesanteur, l la longueur, à Paris, du pendule à seconde, c'est-à-dire du pendule qui fait une oscillation dans une seconde, et t étant égal à 1, nous aurons

$$g = (3,14159)^2 \times 0^m,993855 = 9^m,8088.$$

Il suit de là que l'espace parcouru par un corps dans la première seconde de sa chute, à Paris, est égale à $\dfrac{9^m,8088}{2} =$ $4^m,9044$. Cassini et Borda ont trouvé cette valeur en 1700, par des expériences faites à l'observatoire de Paris, à l'aide d'un pendule d'une longueur de 4 mètres. Ces expériences ont été répétées par d'autres savants, notamment par Biot, Arago, Mathieu et Bouvard ; et elles ont donné le même résultat.

L'intensité de la pesanteur allant en augmentant de l'équateur au pôle, la longueur du pendule à seconde va également en augmentant; ainsi, elle est de $0^m,9961$ au Spitzberg, à la latitude 79°, et elle n'est que de $0^m,9911$ à l'île Rawak, près de l'équateur.

4° *La nature de la substance du corps qui oscille est sans influence sur la durée de l'oscillation.*

Que l'on suspende successivement à un fil très-fin des

boules de buis, de cuivre, de plomb, d'ivoire ou de platine, on n'observera pas de différence sensible dans la durée de l'oscillation. La résistance de l'air ne rend la différence sensible que pour des corps légers et des amplitudes un peu prononcées. Quand on opère dans le vide, l'expérience est toujours d'une exactitude complète, et elle confirme un fait déjà constaté, que la pesanteur agit de la même manière sur tous les corps, de quelque nature et de quelque forme qu'ils soient.

45. Application du pendule aux horloges. — On se servait autrefois, pour mesurer le temps, de *sabliers* ou de *clepsydres*. Les sabliers se composent (fig. 29) de deux vases en verre disposés symétriquement l'un au-dessous de l'autre et communiquant entre eux par une très-petite ouverture. L'intérieur contient du sable fin et sec, en quantité insuffisante pour remplir entièrement l'un des vases. Quand l'appareil est à l'état de repos et dans une position verticale, le sable est amoncelé dans le vase inférieur. Si alors on retourne l'appareil de manière à lui donner une position verticale inverse, le sable s'écoule peu à peu dans l'autre vase, pendant un intervalle de temps qui peut servir d'unité.

Fig. 29.

Les clepsydres étaient d'une construction analogue à celle des sabliers; mais elles avaient une plus grande précision, parce que, basées sur l'écoulement de l'eau, elles offraient, pour les intervalles de temps, une uniformité plus rigoureuse, et permettaient d'établir des subdivisions exactes sur les différences de niveau.

Après avoir découvert les propriétés du pendule, Galilée eut l'idée d'appliquer à la mesure du temps l'isochronisme des oscillations. Si, en effet, on donne au pendule une longueur telle qu'il fasse une oscillation par seconde, il ne s'agit que de compter le nombre des oscillations pour connaître le temps écoulé. On peut même adapter au pendule un mécanisme qui, au moyen d'une aiguille, indique à chaque instant le temps écoulé et dispense de compter les oscillations une à une; mais un appareil de cette sorte ne tarderait pas à s'arrêter, par l'effet simultané de la résistance de l'air et des frottements. Il faut donc appliquer au système un moteur qui lui restitue à chaque instant la quantité d'impulsion détruite par les résistances.

En 1657, Huyghens fit connaître le moyen de résoudre cette question par la disposition suivante (fig. 30). Un poids P tend à mettre en mouvement une roue de rencontre R dont toutes les dents sont inclinées dans le même sens. Une pièce *aoa'*, appelée *échappement à ancre*, oscille, autour

Fig. 30.

d'un axe horizontal *oo'*. Elle est terminée inférieurement par deux facettes planes inclinées en sens contraire, et portant, quand l'appareil est au repos, sur deux des dents de la roue. L'axe *oo'* est muni d'une tige *o'f* terminée par une fourchette *f* entre les branches de laquelle passe la tige du pendule *l*. Quand le pendule est immobile, les crochets de l'ancre empêchent la roue de tourner; mais si on le fait osciller, les crochets laissent alternativement échapper une dent d'un côté et de l'autre. La roue ne tourne donc pas d'un mouvement continu. A chaque intermittence, la dent qui abandonne l'ancre glisse sur la facette de l'un des crochets, et par cette faible pression, redonne au pendule la force d'impulsion qui lui est enlevée par les résistances.

LEVIERS

46. On appelle *levier* une barre rigide AB mobile autour d'un point fixe C, nommé *point d'appui* (fig. 31).

Si deux forces P et A, situées dans le même plan, sont appliquées aux extrémités du levier, on pourra toujours les composer en une force unique OR, passant par le point fixe C et par le point de rencontre O des directions des composantes.

Dans l'état d'équilibre, on observe ce qui suit :

1° *Les directions des trois forces, c'est-à-dire de la résultante et des composantes, sont dans un même plan.*

2° *Les deux forces P, ou la puissance, et Q, ou la résistance, tendent à faire tourner le levier en sens contraire autour du point d'appui.*

3° *Les deux forces P et Q sont réciproquement proportionnelles aux perpendiculaires abaissées du point d'appui sur leurs directions.*

Ainsi, on aura $\dfrac{P}{Q} = \dfrac{Cm}{Cn}$. Les droites *Cm* et *Cn* sont appelées les *bras* du levier. La troisième condition d'équilibre peut donc encore s'énoncer ainsi :

Les intensités des deux forces sont en raison inverse de leurs bras de levier.

La proportion qui précède nous donne $P \times Cn = Q \times Cm$;

Fig. 31.

d'où nous concluons que les *moments* des forces par rapport au point d'appui sont égaux. On entend par *moment* d'une force par rapport à un point le produit de cette force par la distance de sa direction au point considéré.

Quand les forces sont parallèles, les bras de levier sont sur le prolongement l'un de l'autre.

On distingue habituellement trois genres de leviers, d'après les diverses positions occupées par le point d'appui et les points d'application des deux forces.

Dans *le levier du premier genre*, la puissance et la résistance sont de part et d'autre du point d'appui.

On en voit un exemple dans l'emploi de la pince pour le déplacement des blocs de pierre. On glisse l'extrémité aplatie de cette barre de fer sous le bloc que l'on veut soulever et l'on pèse sur l'autre extrémité, en prenant pour point d'appui un corps dur quelconque A (fig. 32). Le rapport de la force motrice P à la résistance R dépend du rapport des longueurs PA et AR des bras de levier. Plus la masse qu'il s'agit de mouvoir est pesante, plus il faut augmenter le rapport $\frac{AP}{AR}$; et comme on peut l'augmenter indéfiniment, il est évident qu'il

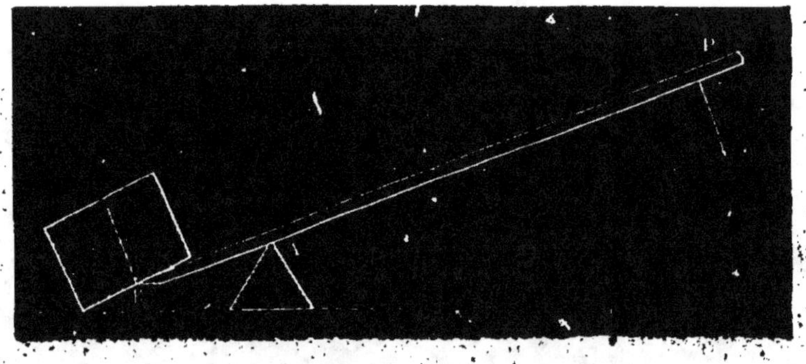

Fig. 32.

n'y a, pour ainsi dire, pas de limite dans l'avantage que l'on peut donner à la puissance; mais il est évident aussi que le levier finirait par se briser. Ensuite la vitesse de déplacement de la résistance deviendrait de plus en plus petite.

Dans *le levier du second genre*, la résistance se trouve entre le point d'appui et la puissance (fig. 33).

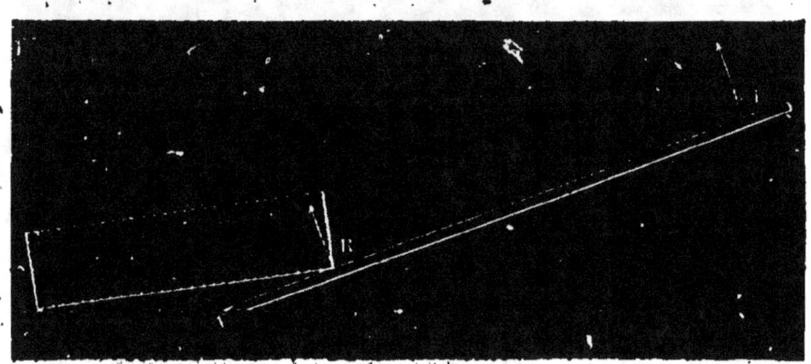

Fig. 33.

L'avantage est toujours du côté de la puissance.

Le couteau de boulanger est un levier du second genre. C'est une lame reposant par son tranchant sur une planche horizontale. L'une de ses extrémités est percée d'un trou que traverse un petit axe fixe autour duquel elle est mobile

verticalement. Ce petit axe est le point d'appui. De l'autre
côté est un manche sur lequel s'applique la puissance. Quant
à la résistance, qui est le pain à couper, elle est placée entre
les deux extrémités de l'appareil. Les bras de levier étant
égaux aux distances du point d'appui au point d'application
de chacune des deux forces, le bras de levier de la puissance est toujours plus grand que celui de la résistance; et
plus celle-ci est rapprochée du point d'appui, plus le pain est
facile à couper.

Le casse-noisette est un levier du même genre. Il en est
de même de la rame d'un bateau; le point d'appui est l'eau
sur laquelle porte le plat de la rame, la puissance est le
bras du rameur, la résistance est l'ensemble du bateau et de
l'eau qu'il faut déplacer.

Dans *le levier du troisième genre* (fig. 34), la force motrice
agit entre le point d'appui et la résistance.

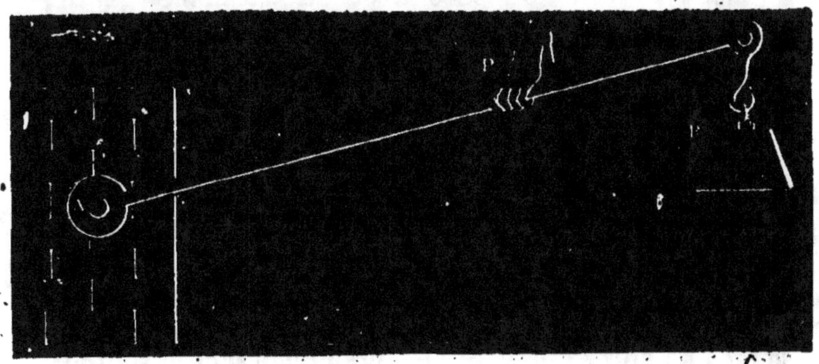

Fig. 34.

L'avantage est toujours du côté de la résistance; car son
bras de levier est toujours plus grand que celui de la puissance. Le troisième genre est donc défavorable à la force
motrice; mais en revanche, il est favorable à la vitesse; et
en l'employant, *on gagne en temps ce que l'on perd en force.*

Quand un tourneur ou un repasseur de couteaux met le
pied sur la pédale qui communique avec la manivelle de sa
roue, il donne un exemple de levier du troisième genre; son
pied représentant la puissance, et l'extrémité fixe de la pédale étant le point d'appui.

L'avant-bras de l'homme représente encore un levier du
troisième genre. Il est articulé sur le bras ou humérus, de
manière à pouvoir s'infléchir sur lui ou s'étendre. Un muscle

appelé *biceps* (fig. 35) a son insertion supérieure *i'* à l'omoplate, qui est un des deux os de l'épaule, et son insertion inférieure *i* au radius *r*, qui est l'os antérieur de l'avant-bras. Quand l'avant-bras se replie, c'est par l'effet d'une contraction du biceps, qui est alors une puissance dont le point d'application se trouve entre le point d'appui, qui est à l'articulation du coude, et la résistance, qui est à la main.

Fig. 35.

L'économie animale offre de nombreux exemples des divers genres de leviers; car les os du squelette représentent, dans tous les mouvements, de véritables leviers soumis aux lois ordinaires de la mécanique; et les muscles, ces organes actifs des mouvements, sont autant de puissances prêtes à agir. Les leviers du second et du troisième genre, surtout ceux du troisième, sont les plus répandus. Les muscles ne s'insèrent en général qu'obliquement, et à une très-petite distance de l'os qu'ils doivent faire mouvoir; ce qui est très-défavorable à la force motrice, mais très-avantageux pour la rapidité des mouvements.

C'est par l'action des muscles postérieurs du cou que nous tenons la tête droite. Quand cette action cesse ou se ralentit, comme chez une personne qui sommeille assise sur un fauteuil, la face se porte en avant et tend à obéir à la pesanteur, en se penchant sur la poitrine. Nous avons donc là un levier du premier genre, les muscles insérés à l'occiput représentant la puissance, le poids de la face étant la résistance, et la partie supérieure de la colonne vertébrale le point d'appui.

Le pied, dans une personne qui marche, nous fournit un exemple de levier du second genre. Le point d'appui est en avant, la puissance a son application au talon, c'est-à-dire à l'insertion du tendon d'Achille, la résistance est représentée par le poids du corps, qui porte verticalement sur l'articulation du tarse avec la jambe, c'est-à-dire entre le point d'appui et la puissance.

Le levier se retrouve, sous une forme ou sous une autre, dans toutes les machines, dans les plus simples comme dans celles dont le mécanisme est le plus compliqué.

BALANCES

47 Les *balances* sont des appareils qui servent à déterminer le poids des corps. Elles sont, en général, fondées sur la
théorie du levier.

Il importe de ne pas confondre les mots *poids* et *pesanteur*.
Le poids est la somme des actions exercées par la pesanteur sur toutes les molécules d'un corps; tandis que la pesanteur est la force même qui agit sur chacune des molécules.

Le poids dépend de la masse du corps, c'est-à-dire de la
quantité de matière qu'il contient; il ne dépend du volume
qu'autant que l'on compare des corps de même nature. De ce
que, par exemple, un litre d'eau distillée pèse 1 kilogramme,
nous conclurons que 2 litres pèsent 2 kilogrammes, 3 litres
3 kilogrammes, etc.; mais nous ne dirons pas, pour ce motif,
que 3 litres de mercure doivent peser 3 kilogrammes.

Avant la création du système métrique, les mesures de
poids les plus usitées, en France, étaient : la *livre*, qui valait
16 *onces*; l'once, qui valait 8 *gros*; le gros, qui valait 72 *grains*.
Actuellement, l'unité principale des mesures de poids est le
gramme, qui est le poids (dans le vide) d'un centimètre cube
d'eau distillée prise à son maximum de densité, c'est-à-
dire à la température de 4 degrés centigrades au-dessus de
zéro. Les multiples du gramme sont : le *décagramme*, qui
vaut 10 grammes ; l'*hectogramme*, qui vaut 10 décagrammes
ou 100 grammes; le *kilogramme*, qui vaut 10 hectogrammes
ou 1,000 grammes. Ses sous-multiples sont : le *décigramme*,
ou dixième de gramme; le *centigramme*, ou centième de
gramme; le *milligramme*, ou millième de gramme.

Le kilogramme vaut 18,827 grains, 15.
La livre vaut 9,216 grains.
Donc, la livre vaut 0^k,489505847.
Et le kilogramme 2 livres, 042870510.

La balance ordinaire consiste en un levier du premier genre
dont le point d'appui est au milieu, et aux extrémités duquel
on suspend des bassins ou plateaux destinés à recevoir,
l'un des poids gradués, l'autre les objets à peser. La tige
rigide qui forme le levier est appelée *fléau*. Elle est traver-
sée, en son milieu, par un prisme d'acier appelé *couteau*,
qui repose, par son arête inférieure, sur deux petites surfaces planes et bien polies. Une aiguille fixée perpendiculaire-

ment au milieu du fléau oscille sur un cadran gradué ; elle
retombe au zéro de la graduation, toutes les fois que la balance est en parfait équilibre.

Pour qu'une balance soit juste, il faut :

1° *Que les bras du fléau soient exactement égaux ;*

2° *Que la balance demeure en équilibre quand les plateaux sont
vides ;*

3° *Que le centre de gravité du fléau se trouve sur la verticale qui
passe par le point de suspension, et qu'il soit situé un peu au-dessous de ce point.*

Les bras du fléau doivent être, dans tous leurs points,
symétriques l'un de l'autre ; autrement, les poids qui se feraient équilibre ne seraient pas égaux. Si le centre de gravité était au point de suspension lui-même, des poids égaux
tiendraient la balance en équilibre dans toutes les positions ;
on dirait alors que la balance est *indifférente.* S'il était au-
dessus du point de suspension, l'équilibre serait instable ;
et on dirait, en ce cas, que la balance est *folle.*

On dit qu'une balance est *paresseuse,* quand de petites différences de poids ne la font pas osciller ; dans le cas contraire, on dit qu'elle est *sensible.*

Pour augmenter la sensibilité d'une balance, on rend le
fléau très-léger et très-long, et l'on fait en sorte que son centre de gravité soit le plus près possible du point d'appui,
tout en restant au-dessous de ce point. En outre, le couteau
doit reposer sur des plans d'agate ou d'acier trempé, pour
que le frottement soit inappréciable ; les plateaux doivent
être très-mobiles autour de leur point de suspension ; et
l'aiguille doit être très-longue, afin que les oscillations soient
plus apparentes.

48. Balance de précision. — Le fléau *ff'* est traversé par des
couteaux en son milieu *o* et à ses deux bouts (fig. 36) ; celui
du milieu repose sur deux plans d'agate placés dans un
même plan horizontal, à la partie supérieure d'un pied solide
P bien vertical qui soutient le poids du système. Les deux autres couteaux *c, c'* supportent les bassins *b, b'.* Le système
de suspension de ceux-ci consiste en un double crochet,
portant un anneau, auquel on fixe à volonté, par un troisième
crochet, les chaînes ou fils qui soutiennent chacun des bassins.

Dans un autre genre de construction, le fléau a la forme
d'un losange allongé, ce qui lui donne, dans le sens de sa
tranche, une très-grande rigidité ; en outre, il est souvent
découpé et vidé, afin que son poids fatigue moins le cou-

teau de suspension. De même, ses extrémités se terminent par une espèce d'étrier formant biseau, et sur lequel s'accroche une S en acier dont le bord inférieur est aussi taillé en biseau, de manière que les deux pièces ne se touchent que par un point. A cette S sont fixés les fils métalliques qui portent les plateaux: Ce mode de suspension, comme le précédent, a pour but de donner aux parties oscillantes une plus grande mobilité.

Les bassins ou plateaux sont en platine ou en argent, ou au moins en cuivre argenté ou doré, pour qu'ils ne s'altèrent point à l'air.

Au milieu du fléau est fixée une longue aiguille perpendiculaire à sa longueur, qui tombe au zéro d'une division d tracée sur le pied de la balance, quand le fléau est horizon-

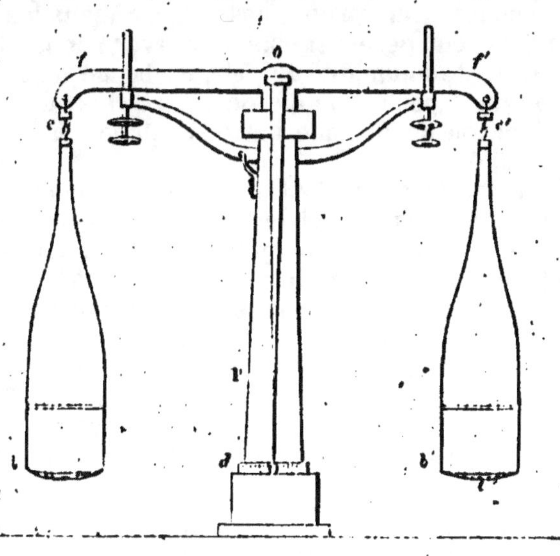

Fig. 36.

tal, et qui est entraînée d'un côté ou de l'autre, en restant toujours à angle droit avec le fléau quand celui-ci commence à osciller. Dans les balances ordinaires, l'aiguille indicatrice est quelquefois dirigée de bas en haut; mais il convient, pour rendre ses écarts plus sensibles, de la diriger de haut en bas, parce qu'alors on peut lui donner une plus grande longueur.

Pour empêcher le couteau de suspension de s'émousser par une pression continue, quand la balance ne fonctionne pas, on soulève le fléau, au moyen de deux fourchettes que l'on fait monter à volonté par le jeu d'un petit mécanisme très-simple caché dans le support. On peut même, pour fortifier les précautions, décrocher les plateaux, afin de ménager leurs pièces de suspension et celles des extrémités du fléau.

On sait que, pour peser un corps, on le place dans l'un des plateaux de la balance, et que l'on met dans l'autre des poids connus, en quantité suffisante pour que le fléau soit horizontal, ou que du moins, ce qu'on observe dans la pratique, l'aiguille fasse des oscillations égales de part et d'autre du zéro du cercle de division.

Pour éviter, autant que possible, les perturbations produites par les agitations de l'air ambiant, on enferme l'instrument dans une cage vitrée qui présente seulement les ouvertures nécessaires pour qu'on puisse placer les poids et les corps que l'on veut peser; et pour préserver l'appareil de l'action oxydante de l'humidité de l'air, on laisse séjourner dans la cage une capsule remplie de chaux vive ou de chlorure de calcium, ou de quelque autre substance propre à absorber l'humidité.

Dans les balances dont on se sert continuellement, et surtout dans celles qui doivent supporter des charges susceptibles de fatiguer considérablement les couteaux, on arrondit plus ou moins ces derniers; on ne leur laisse pas le même degré de finesse que dans les balances de précision.

Certaines balances sont tellement sensibles que, chargées de deux milligrammes dans chaque plateau, elles trébuchent pour une différence d'un seul milligramme. Pour d'autres, qui ne s'emploient que pour faire de très-petites pesées, la différence est appréciable à un quart de milligramme.

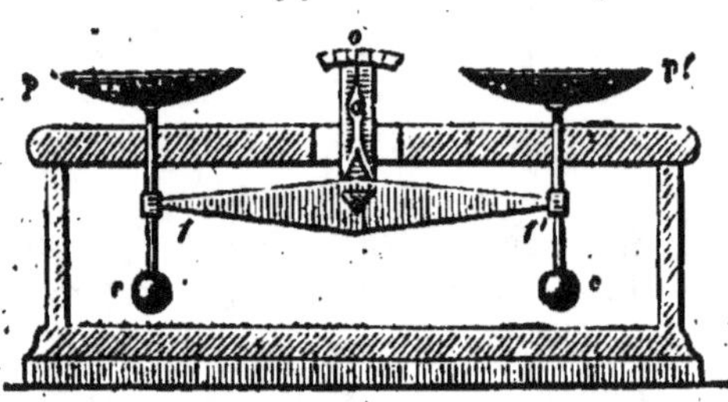

Fig. 37.

49. Balance de Roberval. — On donne ce nom à une balance, fort usitée dans le commerce, dans laquelle les plateaux P, P' sont fixés au-dessus des extrémités du fléau ff'. Elle présente l'avantage de donner une facilité très-grande pour placer les objets sur les plateaux, parce qu'elle évite l'embarras des fils ou chaînes que l'on emploie dans l'autre procédé. Pour que l'équilibre de la balance puisse devenir stable dans cette condition, il faut nécessairement que le centre de gravité se maintienne au-dessous du point de suspension des plateaux. Pour arriver à ce but, on emploie ordinairement deux genres de construction. On se contente de mettre un contre-poids c, comme l'indique la figure 37, au-dessous de chacun des plateaux; ou les plateaux (fig. 38) sont fixés à des tiges verticales articulées aux extrémités d'un levier mobile autour d'un axe placé en son milieu, de telle sorte que, dans toutes les positions du fléau, les côtés

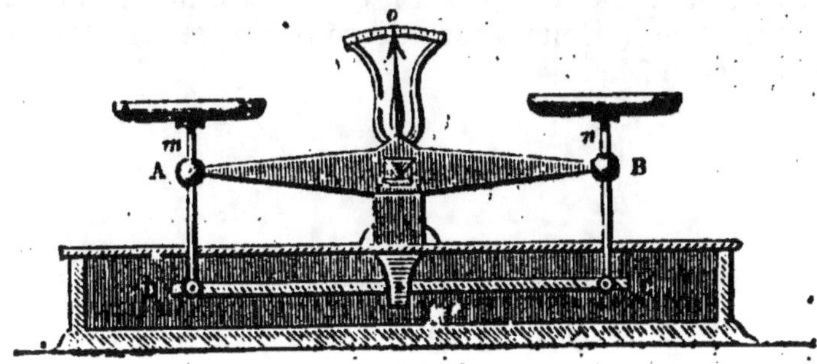

Fig. 38.

m n du parallélogramme ABCD sont toujours dans la direction verticale.

50. Méthode de la double pesée de Borda. — Quand une balance n'est pas juste, on place le corps dont on veut connaître le poids dans l'un des plateaux, et l'on place dans l'autre une quantité suffisante de grenaille de plomb, pour obtenir l'équilibre. Ensuite on enlève le corps, et l'on met à sa place des poids gradués, jusqu'à ce que l'équilibre soit établi de nouveau. Il est évident qu'alors la somme des poids gradués représente exactement le poids du corps considéré. Tel est le procédé que l'on emploie pour peser avec une balance fausse; on en attribue l'invention à Borda, physicien, géomètre et marin très-distingué, né à Dax en 1733, mort à Paris en 1799.

51. Romaine. — On appelle ainsi une balance (fig. 39) qui se compose d'un levier à bras inégaux A B mobile autour d'un axe o et suspendu à ce point par un crochet c. Un second crochet c', quelquefois un plateau, destiné à porter le corps à peser, est fixé sur le petit bras, à une certaine distance de l'axe. Sur le long bras se meut un corps p, que, dans l'opération, on arrête au point juste où il met le fléau en équilibre. On lit le résultat de la pesée sur des divisions tracées sur ce plus long bras du levier. On voit que l'appareil est construit d'après ce principe du levier, que les poids p, P sont inversement proportionnels aux distances qui séparent leur point d'application du point d'appui o. Pour le graduer, on suspend successivement au crochet c' des poids connus et de plus en plus forts, tels que 1 kilog., 2 kilog., 3 kilog.; et l'on fait une coche sur le bras oB, dans tous les endroits où le *peson p* rend le fléau horizontal. La romaine ne s'emploie pas pour des pesées délicates, parce que les graduations sont rarement faites avec soin, et qu'en outre le mode de suspension ne permet guère de constater exactement l'horizontalité du fléau.

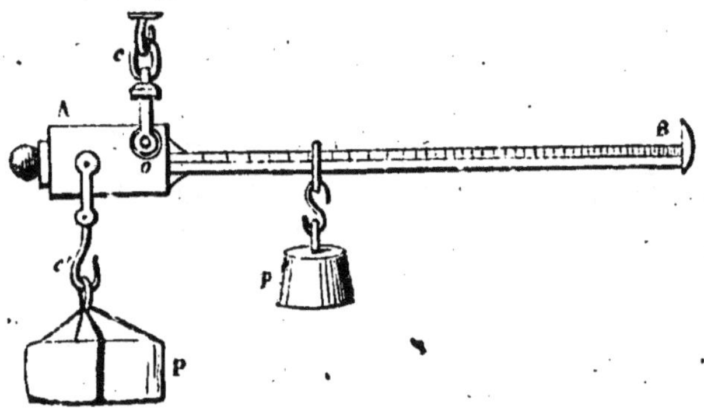

Fig. 39.

On donne aussi quelquefois à cette balance le nom de *peson*, qui s'applique également au corps mobile seul, et à d'autres appareils dont nous avons parlé précédemment (26). Le nom de *balance romaine* ou simplement *romaine* lui vient de ce que les Romains en faisaient particulièrement usage.

52. Balance-bascule. — Cet instrument, que l'on appelle aussi *balance de Quintenz*, du nom de son inventeur, est très-employé dans les maisons de commerce, les messageries, les gares de chemins de fer, pour peser les ballots et objets d'un poids considérable. On l'emploie également avec succès pour peser les diligences et les voitures chargées de bois ou de houille ou de toute autre matière lourde et volumineuse. On lui donne alors ordinairement le nom de *bascule* ou de *pont à bascule*. Il offre pour avantage principal la facilité de faire équilibre aux fardeaux avec des poids dix fois ou cent fois plus petits. On dit, dans le premier cas, que la balance est *au dixième*, et, dans le second, qu'elle est *au centième*. Le principe étant le même pour toutes, nous nous contenterons de décrire la balance de Quintenz, la plus répandue.

Cette balance se compose (fig. 40) d'un fléau AB à bras inégaux, mais de longueur invariable, s'appuyant en O sur un support vertical S, portant à l'extrémité B du plus long bras le plateau P qui reçoit les poids gradués, et portant, à l'autre bras, les tringles Mt, At' qui constituent le système de suspension du plateau P', destiné à recevoir les ballots à peser. Le plateau P' repose, par un prisme triangulaire n sur une barre dont l'une des extrémités b est fixe, tandis que l'autre s'appuie sur la tringle At'. En outre, le plateau P' est muni d'un montant mm', à angle droit, qui, par l'intermédiaire d'une barre vt, s'appuie sur la tringle Mt.

Supposons maintenant que le levier bt' soit égal à cinq fois la longueur de bn, que le rapport de AO à MO soit le même,

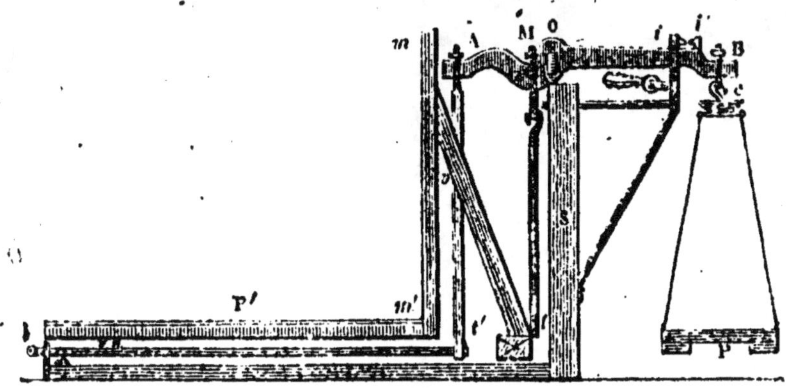

Fig. 40.

et que la longueur OB soit égale à dix fois OM. La charge du plateau P' se répartit, également ou inégalement, peu importe, entre les deux points n et t. La charge du point t se transmet intégralement en M; tandis que la charge qui porte en n devient cinq fois plus faible en t' et conséquemment en A. Mais cette seconde partie de la charge du plateau agit à une distance AO du point de suspension cinq fois plus grande que MO; elle a donc cinq fois plus d'effet que si elle agissait en M. Il résulte donc de là que la totalité de la charge se transmet au point M du fléau; et que le bras OB étant 10 fois plus grand que MO, on établira l'équilibre en mettant sur le plateau P le dixième du poids du fardeau à peser.

On s'assure de l'horizontalité du fléau au moyen de deux index i, i' dont l'un est fixé au support, et dont l'autre fixé au fléau doit se trouver en regard du premier. Avant de com-

4.

mencer la pesée, on a soin d'établir l'horizontalité en mettant des poids dans une petite coupe placée en c au-dessus du plateau.

Quand on ne se sert pas de l'appareil, on soulève le fléau de manière à ménager les axes de suspension.

CHAPITRE III

HYDROSTATIQUE

---

53. La *Mécanique* a pour objet l'étude des lois de l'équilibre et du mouvement. On divise de là cette science en deux parties principales : la *Statique*, qui a pour objet la recherche des conditions d'équilibre, et la *Dynamique*, qui s'occupe des conditions de mouvement. S'il s'agit de fluides, la première partie prend le nom d'*Hydrostatique*, la seconde celui d'*Hydrodynamique*.

L'*Hydrostatique* est donc la partie de la mécanique qui traite de l'équilibre des liquides.

Ce qui caractérise les liquides, c'est d'une part leur peu de compressibilité, et d'autre part leur parfaite élasticité et la grande mobilité de toutes leurs particules qui tendent toujours à se mettre le plus bas possible.

On démontre la compressibilité des liquides en remplissant d'eau un cylindre de cristal fermé d'un côté, et terminé de l'autre par un corps de pompe dans lequel on fait mouvoir un piston, au moyen d'une vis de pression. Si l'appareil étant rempli d'eau, on fait tourner la vis, le piston descend ; ce qui ne pourrait avoir lieu si le liquide ne se réduisait pas à un moindre volume. J. Canton avait démontré, dès 1761, la compressibilité de l'eau. Perkins, en 1819, avait répété l'expérience, à l'aide d'un appareil analogue à celui que nous venons de décrire et auquel il avait donné le nom de *piézomètre*, c'est-à-dire instrument propre à mesurer la pression, ou plutôt la compression (des mots grecs *piézô*, je presse, je comprime, *metron*, mesure). En 1823, Œrsted a modifié ce piézomètre et a fait sur la compressibilité des liquides des expériences qui, continuées par MM. Colladon et Sturm, Regnault, Grassi, ont fourni les données suivantes :

1° La diminution de volume des liquides est sensiblement proportionnelle à la pression; 2° la compressibilité varie avec la température, tantôt dans le même sens, comme dans l'alcool et l'éther, tantôt en sens contraire, comme dans l'eau.

La diminution produite par une pression d'une atmosphère est appelée *coefficient de compressibilité.* D'après les travaux de M. Grassi, le coefficient du mercure serait de 3 millionièmes, celui de l'eau de 50 millièmes, et celui de l'éther sulfurique de 111 millionièmes. Colladon et Sturm avaient trouvé à peu près le même chiffre pour l'eau, 5 millionièmes pour le mercure et 133 millionièmes pour l'éther sulfurique.

54. Principe de l'égalité de pression ou principe de Pascal. — Ce principe, signalé pour la première fois par Pascal, peut s'énoncer ainsi :

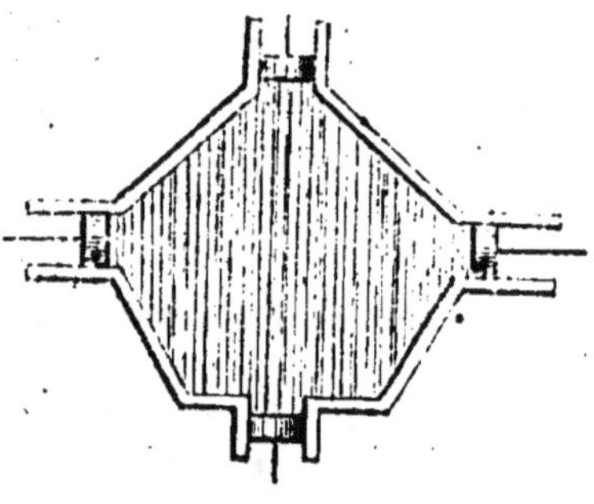

Toute pression exercée sur un point quelconque de la masse d'un liquide se transmet également dans tous les sens. Soit un vase de forme polyédrique (fig. 41), fermé de toutes parts et complétement rempli de liquide. Supposons que ses parois soient munies d'ouvertures cylindriques de même diamètre et fermées par des pistons très-mobiles. Supposons en outre, pour la rigueur de la démonstration,

Fig. 41.

que le liquide soit tout à fait incompressible et sans pesanteur. Si l'on exerce une pression quelconque sur l'un des pistons, cette pression se transmettra instantanément sur la face interne de tous les autres et les soulèvera; il faudra, pour les maintenir, exercer sur chacun d'eux un effort égal à celui qui aura été exercé sur le premier.

Si l'un des pistons avait une surface double ou triple, il faudrait un effort double ou triple pour le conserver en équilibre; ce que l'on exprime en disant que *la pression que supporte une surface est proportionnelle à son étendue.*

55. Presse hydraulique. — On désigne sous ce nom un appareil qui sert à soumettre à une forte pression des objets de différente nature, ou encore à produire des tractions puissantes. On l'emploie pour extraire le suc des betteraves, le suc des cannes à sucre, l'huile des graines oléagineuses;

pour fouler les draps, pour presser le papier, pour séparer
l'oléine de la stéarine dans la fabrication de la bougie, pour
la fabrication des ustensiles en fer battu, pour soulever ou
déplacer des masses d'un grand poids, pour éprouver les ca-
nons, pour essayer la résistance des câbles à la traction, etc.
L'idée en revient à Pascal, mais le mécanicien anglais
Bramah est le premier qui en ait rendu la construction applicable à l'industrie. Pascal est mort en 1662, et l'exécution
de la presse hydraulique de Bramah ne remonte qu'aux dernières années du dix-huitième siècle.

La presse hydraulique se compose essentiellement de

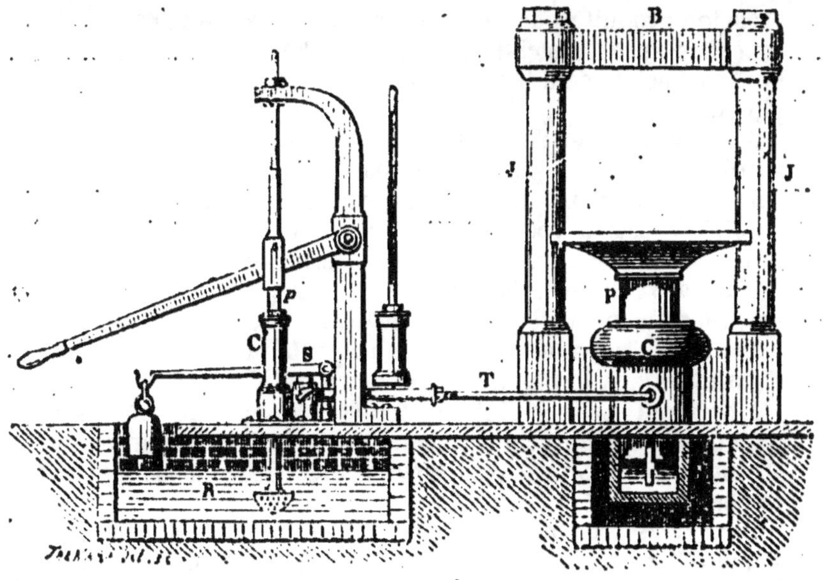

Fig. 42.

deux corps de pompe (fig. 42) de diamètres très-inégaux
C, C', communiquant ensemble par un tuyau horizontal T,
et munis chacun d'un piston *plongeur* P, *p*. Le petit piston *p*
est mis en mouvement par un levier auquel on applique un
moteur quelconque, animé ou mécanique. On peut toujours,
par le moyen de ce levier, multiplier la force du moteur.
Quand on soulève le piston *p*, l'eau contenue dans un réservoir R est aspirée, soulève u. s soupape et pénètre dans
le corps de pompe C'. Si alors on abaisse le piston, la soupape se ferme et l'eau est refoulée par le tuyau T dans le
grand corps de pompe C, après avoir soulevé une seconde

soupape qui s'oppose à son retour dans le petit corps de pompe. Cette opération étant suffisamment répétée, l'eau presse le piston P de bas en haut et le fait monter. La tablette qui couronne ce piston glisse verticalement entre des colonnes J, J qui la guident dans sa course; et ces colonnes soutiennent un chapeau B contre lequel la tablette du piston comprime la masse à presser.

La base du piston du grand cylindre peut être, par exemple, deux cents fois plus grande que celle du petit piston. Les pressions étant proportionnelles aux surfaces, un effort de 1 kil. exercé sur *p* fera équilibre à un effort de 200 kil. exercé sur P. Si en outre le bras de levier de la force motrice est cinq fois plus long que celui de la résistance, la pression produite par la tablette de P sera de 1,000 kil. On conçoit d'après ces chiffres quelle énorme pression peut être produite par le seul bras d'un homme de la force même la plus ordinaire.

Afin d'empêcher l'eau de se perdre entre le piston P et la paroi du corps de pompe, Bramah a placé un anneau en cuir embouti dans une gorge pratiquée au haut de cette paroi. La section verticale de cet anneau représente un U renversé. Il touche par son bord intérieur au piston et par son bord extérieur à la paroi de la gorge, de sorte que l'eau, en pressant le cuir de bas en haut, ne fait que l'appliquer davantage contre le piston et le corps de pompe, et se ferme d'autant mieux le passage qu'elle presse plus fortement.

L'appareil se complète par une soupape de sûreté S, maintenue par un poids suspendu à l'extrémité d'un levier. Quand la pression est trop forte, l'eau soulève la soupape et s'échappe.

Pour desserrer la masse comprimée, on vide le corps de pompe C' en retirant une vis qui n'est pas représentée dans notre dessin. Enfin, un *manomètre* (102) placé sur le trajet du tuyau T sert à mesurer la pression exercée.

56. Équilibre des liquides. — Pour qu'une masse liquide soumise à l'action de la pesanteur soit en équilibre, il faut :

1º *Que la surface libre du liquide soit en chaque point perpendiculaire à la direction de la pesanteur;*

2º *Que la pression soit la même dans toute l'étendue d'une même tranche horizontale.*

En effet, nous pouvons considérer la molécule *m* (fig. 43) située sur la surface liquide AB comme un mobile qui repose sur un plan incliné. La pesanteur agissant suivant *mp* pourra se décomposer en deux forces, l'une *mn* normale à la surface en *m*, et détruite par la résistance du liquide sous-jacent, l'autre *ms* qui tendra à entraîner la molécule dans la direction de A, c'est-à-dire vers la partie la plus déclive. Il est évident que le mouvement aura lieu tant que la normale *mn* ne se confondra pas avec *mp*, c'est-à-dire tant que la surface du liquide ne sera pas perpendiculaire à la direction de la pesanteur.

La surface des eaux tranquilles est donc plane et horizontale, quand toutefois elle a une étendue assez faible pour que les verticales de chacun de ses points puissent être considérées comme parallèles. Quant à la seconde condition d'équilibre, on la conçoit aisément en observant que toutes les molécules d'une même tranche horizontale sont également

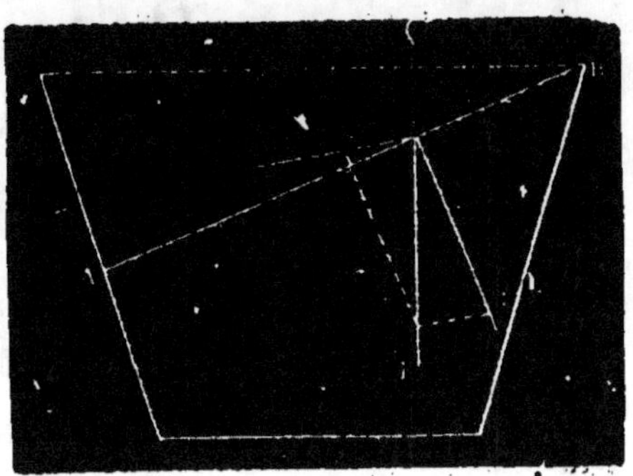

Fig. 43.

pressées par le poids des molécules qui les surmontent, et que cela n'existe qu'autant que la masse liquide est dans un repos complet.

57. Pression des liquides sur le fond des vases. — La pression sur le fond d'un vase est indépendante de la forme de ce vase et de la quantité absolue du liquide; ce qui peut s'énoncer ainsi : *La pression exercée par un liquide sur le fond d'un vase est égale au poids d'une colonne cylindrique de ce liquide ayant pour base le fond du vase et pour hauteur sa distance au niveau.*

La démonstration expérimentale de ce principe reconnu par Stevin, en 1585, se fait facilement au moyen de l'appareil de Haldat, appareil que nous allons décrire. Un tube coudé ABCD (fig. 44), ouvert à ses deux extrémités, est muni en A d'une garniture en cuivre sur laquelle on peut visser successivement des vases de verre sans fond *a*, *b*, *c*, *d*, de forme et de capacité différentes. On introduit dans le tube ABCD une certaine quantité de mercure qui s'élève au même niveau dans les deux branches, jusqu'à la hauteur du robinet *r*. Après avoir marqué le niveau *n* du mercure dans la branche CD, on visse successivement en A les vases a, b, c, d, et on les remplit d'eau jusqu'à un point fixe h. On remarque alors que, dans chacune de ces expériences, le mercure est invaria-blement re-foulé jus-qu'en un mê-me point n' que l'on mar-que à l'aide d'une bague mobile. Quand on passe d'une expérience à l'autre, on fait écouler l'eau par le robinet de décharge r.

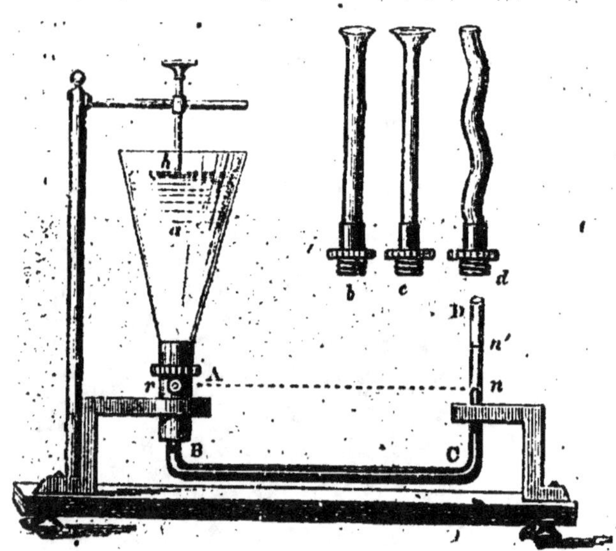

Fig. 44.

Or, la pres-sion exercée sur le fond, dans le cas du vase cylindrique b, est évidemment égale au poids du liquide qu'il contient; ce que l'on peut d'ailleurs dé-montrer directement de la manière suivante. On ferme le fond d'un tube t cylindrique de verre (fig. 45) au moyen d'un disque d tenu appliqué par un fil f attaché à l'une des extrémités du fléau d'une balance. A la tare qui est mise dans le plateau on ajoute un poids de 200 grammes,

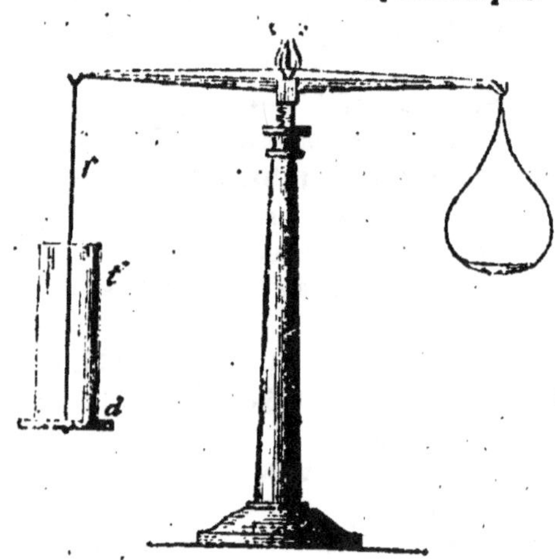

Fig. 45.

par exemple, puis on verse doucement de l'eau dans le tube jusqu'à ce qu'arrivée à une certaine hauteur, elle détache le disque et s'échappe. Si alors, prenant les dimensions de la base intérieure du tube et la hauteur de l'eau, on calcule le volume de l'espace cylindrique occupé par ce liquide, on aura pour résultat 200 centimètres cubes, qui représenteront un poids de 200 grammes; car on sait que le centimètre cube d'eau pure pèse 1 gramme.

58. Pression sur les parois latérales. — Les pressions latérales que les liquides exercent sur les parois des vases qui les contiennent, sont une conséquence du principe de l'égalité de pression. Elles agissent perpendiculairement à ces parois et avec une intensité d'autant plus grande que leur application est plus éloignée du niveau du liquide.

La pression exercée par un liquide sur une portion plane de la paroi latérale d'un vase est égale au poids d'une colonne liquide qui aurait pour base cette portion de paroi, et pour hauteur la distance de son centre de gravité au niveau du liquide.

Le point d'application de la résultante des pressions partielles sur les différents points de la paroi considérée, se nomme *centre de pression*. Il est toujours situé un peu au-dessous du centre de gravité, les pressions élémentaires qui forment la pression totale allant en augmentant avec la profondeur.

Ce qui précède nous permet d'expliquer les mouvements de recul produits par l'écoulement des liquides.

59. Chariot à réaction. — Un petit chariot (fig. 46) en cuivre très-mince, porté sur des roues très-mobiles, est entièrement rempli d'eau. Au bas de la paroi de derrière est pratiqué un orifice par lequel le liquide s'écoule, quand on veut mettre le chariot en mouvement. Quand

Fig. 46.

l'orifice est bouché, les pressions de dedans en dehors des tranches horizontales qui agissent sur toute l'étendue de l'orifice sont neutralisées par les pressions de même nature qui agissent sur l'élément opposé; mais au moment où l'écoulement commence, le chariot se met en marche en sens contraire de l'écoulement; chose toute naturelle, puisque la pression du liquide contre la paroi du devant n'est plus contre-balancée qu'en partie par la pression exercée contre la paroi de l'arrière. On connaît ce phénomène sous le nom de *réaction des liquides qui s'écoulent.*

60. On démontre encore expérimentalement le phénomène de réaction des liquides au moyen de l'appareil appelé *tourni-*

quet hydraulique (fig. 47), qui consiste simplement en un réservoir de verre ressemblant à une poire renversée et communiquant inférieurement par un robinet avec un tube horizontal deux fois coudé. L'appareil repose sur un pivot et

peut tourner autour d'un axe vertical.
On le remplit d'eau et on ouvre le
robinet. L'eau, en s'écoulant par les
extrémités du tube, fait tourner l'appareil dans le sens opposé à celui de
l'écoulement.

61. Pression de bas en haut. — Les
pressions se transmettant toujours
également dans tous les sens, la pression d'une tranche horizontale quelconque doit s'exercer de bas en haut
de la même manière que nous avons
vu qu'elle s'exerce de haut en bas sur

Fig. 47.

le fond du vase ou latéralement sur ses parois. Appliquons
un disque très-mince à l'ouverture inférieure d'un tube
(fig. 48), puis maintenant ce disque à l'aide d'un fil, plon-

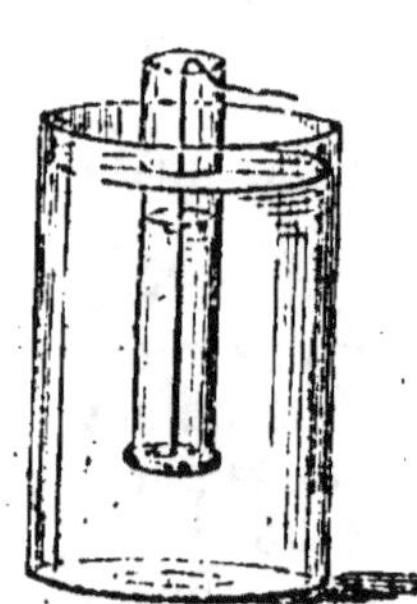

geons le tube verticalement dans un
vase plein d'eau. Le liquide appliquera
de lui-même l'obturateur contre les
bords du tube, et l'on pourra lâcher le
fil sans rien changer à l'équilibre. Mais
si l'on verse de l'eau dans le tube jusqu'à la hauteur du niveau, le disque
tombera; ce qui prouve que la pression
exercée de bas en haut est égale au
poids d'une colonne liquide ayant
pour base l'ouverture du tube et pour
hauteur la distance de cette base au

Fig. 48.

niveau. Cette pression de bas en haut, qu'on nomme *poussée
des liquides*, est nécessairement proportionnelle à la profondeur.

62. Tonneau de Pascal. — Pascal ajouta à un tonneau plein
d'eau un tuyau vertical de petit diamètre et d'une hauteur
de 12 mètres environ. Le tuyau ayant été également rempli,
le tonneau éclata. Cette rupture, on le voit, a été occasionnée
par les pressions exercées de dedans en dehors, pressions
dont la somme était égale au poids d'une colonne d'eau
ayant pour base la surface intérieure du tonneau, et pour
hauteur la distance du centre de gravité au niveau du liquide.

Mariotte signale, à ce propos, l'expérience suivante : On ajuste sur le fond supérieur d'un tonneau, mis à plat, un tuyau de 2 à 3 centimètres de diamètre et de 5 mètres environ de hauteur. On charge ce fond d'un poids de 350 à 400 kil., de manière à lui donner une concavité prononcée. Si l'on remplit d'eau à la fois le tube et le tonneau, non-seulement la concavité disparaît, mais le fond devient bombé. La pression qu'il éprouve alors de la part de l'eau, de dedans en dehors, est équivalente au poids d'une colonne de ce liquide ayant pour base la surface de ce fond et pour hauteur celle du tuyau.

63. Paradoxe hydrostatique. — Soient deux vases ABCD, ABEF de même base et de même hauteur (fig. 49), ayant, le premier, la forme d'un cône tronqué, le second, celle d'un cylindre. Si on les suppose remplis d'eau l'un et l'autre, la pression exercée sur le fond AB sera égale, pour le premier comme pour le second, au

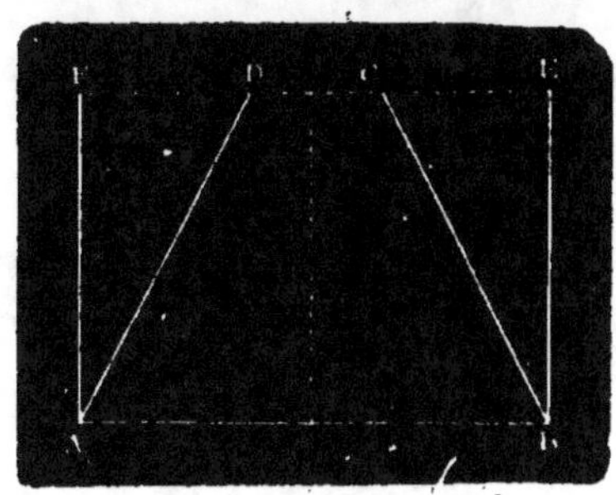

Fig. 49.

poids de l'eau contenue dans le cylindre. Or, il est évident que si, faisant abstraction du poids des vases eux-mêmes, on les place tour à tour pleins d'eau sur le plateau d'une balance, on trouvera une différence de poids exactement égale à celle que l'on trouverait géomé-

Fig. 50.

triquement, en cherchant la différence des volumes intérieurs des vases, et en évaluant les poids en grammes.

C'est cette distinction entre la pression produite sur le fond du vase et celle produite sur la balance que l'on signale habituellement sous le nom de *paradoxe hydrostatique*.

**64. Equilibre d'un même liquide dans les vases communi-

quants. — Pour qu'un liquide homogène soit en équilibre dans des vases qui communiquent ensemble, il faut qu'il s'élève dans tous ces vases à la même hauteur. On admet ici que les vases sont ouverts, et que rien n'empêche l'égalité des niveaux de s'établir.

Si, en effet (fig. 50), on fait communiquer avec un réservoir R des vases de capacité et de forme différentes, les surfaces libres du liquide ne tarderont pas à se fixer partout dans un même plan horizontal NN.

65. Niveau d'eau. — On donne ce nom à un instrument qui

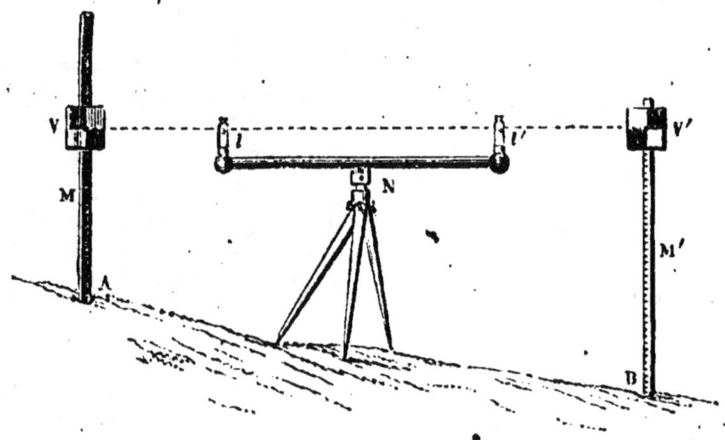

Fig. 51.

sert à déterminer les pentes de terrain, c'est-à-dire les différences de niveau. Il se compose (fig. 51) d'un tube métallique d'une longueur d'environ un mètre, et terminé par deux coudes auxquels sont fixés deux tubes ou fioles de verre. Quand on veut s'en servir, on le remplit d'eau, et on le dresse, au moyen d'une douille, sur un trépied dont les branches sont mobiles. Le liquide s'arrêtant à la même hauteur dans les deux fioles, la ligne de visée qui passe par les deux surfaces libres est horizontale. Afin que ces surfaces soient plus apparentes, on peint intérieurement la garniture des fioles avec un vernis rouge ou noir, qui donne à l'eau un léger reflet favorable à l'opération, sans détruire la transparence. Il faut éviter d'employer des tubes trop étroits ; car, en ce cas, l'eau, qui est de nature à mouiller le verre, s'élève le long de leurs parois d'une manière trop sensible, et donne à la visée une incertitude fâcheuse.

Pour connaître la différence de niveau entre deux points A et B, on dresse l'instrument N entre ces deux points, et l'on vise à droite et à gauche sur les *voyants* V, V' de deux règles divisées M, M', appelées *mires*, tenues verticalement. La différence des hauteurs auxquelles se trouvent les centres des voyants, quand ils coïncident avec la ligne de visée *ll'*, représente évidemment la différence de niveau des points considérés.

66. Niveau à bulle d'air. — Ce niveau, plus précis que le précédent, consiste en un tube de verre (fig. 52) un peu convexe à sa partie supérieure, et contenant de l'alcool coloré en rouge et une bulle d'air. Ce tube est renfermé dans un étui de cuivre qui repose sur une plaque de

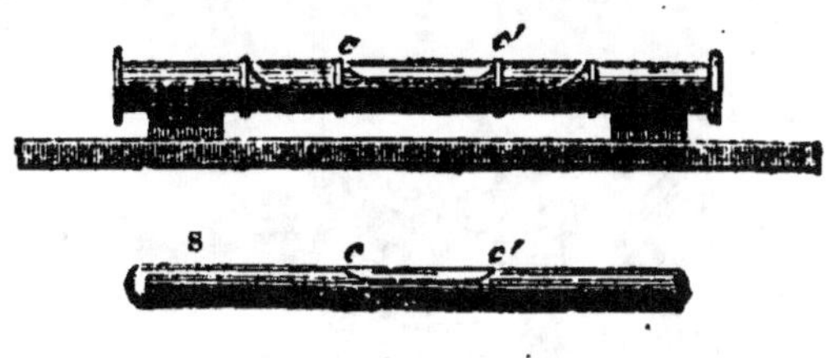

Fig. 52.

même métal. Pour reconnaître l'horizontalité d'une droite, on applique sur cette droite la plaque de l'instrument. La bulle d'air qui, alors, se porte au point le plus élevé, se loge exactement entre les deux cordons c, c', quand l'horizontalité est parfaite.

67. Principe de Torricelli. — Torricelli a déduit d'un grand nombre d'expériences que, si l'on pratique un orifice dans la paroi inférieure, supposée très-mince, d'un vase contenant un liquide, les molécules liquides situées au-dessus de cet orifice s'échappent, en vertu de la pesanteur, et sont remplacées par d'autres qui s'échappent à leur tour ; et que la vitesse que possèdent ces molécules, en s'échappant par l'orifice, est égale à celle qu'elles auraient acquise si elles étaient tombées librement du niveau du liquide jusqu'à l'orifice. En désignant par v cette vitesse, et par h la hauteur du niveau au-dessus de l'orifice, on aurait donc pour expression du principe ou de la règle de Torricelli : $v = \sqrt{2\,gh}$. Il en serait de même si l'orifice était pratiqué dans une paroi latérale; seulement on désignerait par h la hauteur du niveau au-dessus du centre de gravité de l'orifice.

Jets d'eau. — D'après le principe de Torricelli, la hauteur à laquelle s'élève l'eau qui jaillit d'un tube dirigé verticalement, devrait être égale à celle du niveau du réservoir ; mais les frottements, la résistance de l'air et la rencontre des gouttelettes qui retombent empêchent le jet d'arriver jusqu'à ce niveau. Pour avoir un jet d'eau qui s'élève à une grande hauteur, il faut : 1° que le réservoir soit placé dans un lieu relativement très-élevé ; 2° que le tuyau de conduite soit le plus court et le plus direct possible ; 3° que la quantité d'eau lancée soit assez considérable pour rendre moins sensible la résistance de l'air et du contour de l'orifice ; 4° que la *souche*, c'est-à-dire l'extrémité relevée du tuyau, soit un peu inclinée, afin que l'eau qui s'échappe ne retombe pas sur celle qui lui succède.

68. Puits artésiens. — Les *puits artésiens* ou *puits forés*

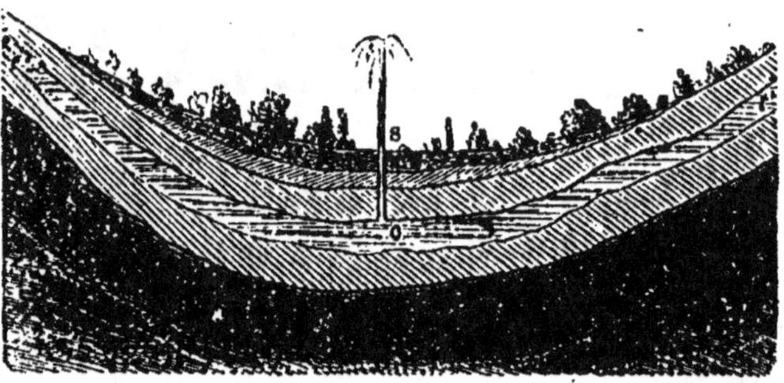

Fig. 53.

sont des trous fort étroits pratiqués dans le sol au moyen d'une sonde, et qui pénètrent jusqu'à la rencontre d'une nappe d'eau jaillissante. Il existe dans les terrains stratifiés, c'est-à-dire dans les terrains composés d'un certain nombre de couches superposées, d'immenses nappes d'eau souterraines sans cesse alimentées par l'infiltration des eaux pluviales. Cette infiltration ne pouvant avoir lieu qu'à travers des couches suffisamment perméables, elle ne s'opère que dans les endroits où les couches sont à nu par leur tranche, ce qui n'a lieu que sur le penchant des collines ou à leur sommet. Supposons qu'une couche de sable *tot'* (fig. 53) soit emprisonnée entre deux couches imperméables de glaise, les eaux pluviales pénétrant par la tranche *t* descendront le plan incliné *to*, en entraînant peu à peu la matière même qu'elles traverseront. Elles formeront ainsi un vide dans lequel s'accumulera une nappe liquide dont le niveau supérieur sera plus élevé que celui de la vallée. Si alors un trou de sonde est pratiqué en *s* à travers les terrains supérieurs jusqu'à la nappe aquifère, le liquide s'élèvera dans ce trou de sonde, à la hauteur du niveau conservé par la nappe sur les flancs de la montagne où elle a pris naissance.

On a cru longtemps que les réservoirs souterrains étaient formés par la mer, qui perdait sa salure en filtrant au travers des roches poreuses des continents.

La température des fontaines artésiennes est toujours supérieure à celle de la surface, à raison d'un degré centigrade pour chaque 20 à 30 mètres de profondeur.

Le puits de Grenelle, à Paris, donne par minute 4,600 litres d'eau à 28° et a une profondeur de 547 mètres. Un puits, à Tours, donne, 110 litres par minute à 17°,5; sa profondeur est de 140 mètres. Celui de Bages, près de Perpignan, fournit 2,000 litres par minute.

Les puits artésiens sont, dans quelques endroits, employés comme moteurs : ainsi, près de Béthune, au village de Gouéhem, on a percé dans une prairie quatre trous de sonde jusqu'à la profondeur de 40 mètres. Les eaux qui en jaillissent font tourner les meules d'un moulin, et servent encore à d'autres usages. Le puits de Tours, dont nous venons de parler, a été foré dans une manufacture de soie. L'eau qu'il fournit se décharge dans les augets d'une roue de 7 mètres de diamètre, qui met en mouvement tous les métiers de la manufacture.

Le forage des puits artésiens est loin de présenter toujours les mêmes difficultés. Suivant la nature des terrains, il marche avec une grande rapidité ou une lenteur désolante. Afin d'empêcher que les érosions des parois du canal ascensionnel, soit à l'état de sable, soit à l'état de petites roches, n'en diminuent le diamètre ou même ne le bouchent, et encore afin d'isoler la nappe d'eau pure qu'on se propose d'amener à la surface des nappes, de qualités souvent inférieures qui ont été traversées, on revêt le trou de sonde de tuyaux en bois ou en métal (fonte, fer ou cuivre). « Le tubage en bois, dit Arago, à qui nous empruntons en partie ces détails, n'est pas aussi défectueux qu'on pourrait l'imaginer. Dans le puits artésien de Lillers (département du Pas-de-Calais), il dure depuis plus de 700 ans. La base extérieure en chêne, celle qui déborde le sol, est la seule qu'on ait jamais eu besoin de réparer. Les tubes de métal ont toutefois l'avantage d'être beaucoup moins épais et de diminuer très-peu le diamètre du trou de sonde. »

Le plus ancien puits artésien connu est, dit-on, celui de Lillers, en Artois, qui aurait été établi en 1126, dans l'ancien couvent des Chartreux. Ces puits ont été appelés artésiens parce qu'en effet c'est dans la province d'Artois qu'ils ont été primitivement mis en usage.

69. Principe d'Archimède. — Quand un corps est plongé dans un liquide, il est pressé de toutes parts ; mais parmi les molécules qui agissent sur lui, les unes exercent des pressions horizontales qui se détruisent mutuellement, comme étant égales et de sens contraires ; les autres exercent des pressions verticales contraires et inégales dont la résultante, c'est-à dire la différence, est représentée par le poids d'un volume du liquide égal à celui du corps. C'est à cette force qui tend à soulever les corps plongés que l'on donne le nom de *force de poussée* ou simplement de *poussée* du liquide.

Le grand géomètre Archimède est le premier qui ait établi le principe sur lequel s'appuie l'équilibre des corps plongés dans les liquides. On énonce ordinairement ce principe dans les termes suivants : *Tout corps plongé dans un fluide perd une partie de son poids égale au poids du volume de fluide qu'il déplace.*

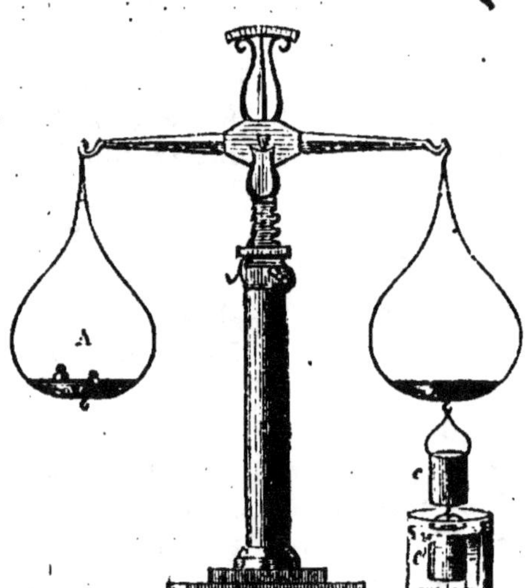

Fig. 54.

70. Balance hydrostatique. — Pour démontrer par l'expérience le principe que nous venons d'énoncer, on se sert le plus souvent de la balance *hydrostatique.* Cette balance (fig. 54), due à Galilée, ne diffère de la balance ordinaire que par un petit crochet fixé au-dessous de chacun des plateaux, et par une crémaillère qui permet, au moyen d'un pignon denté, d'élever ou d'abaisser le support du fléau. On accroche, l'un au-dessous de l'autre, à l'un des bassins, deux cylindres métalliques c, c', dont le premier c est vide et a une capacité exactement égale au volume du second c', qui est plein. Après avoir établi l'équilibre en plaçant des poids dans l'autre bassin, on descend le fléau de manière que le cylindre plein plonge tout entier dans un liquide. On remarque, après l'immersion, que l'équilibre n'existe plus entre les deux bassins, et que le bassin A l'emporte. Il suffit, pour rétablir l'équilibre, de remplir le cylindre creux c du liquide avec lequel on a opéré ; ce qui prouve que la force de poussée exercée par le liquide sur le cylindre c' est équivalente au poids du volume de liquide déplacé.

71. Equilibre des corps flottants et des corps plongés. — Quand un corps a une densité inférieure à celle de l'eau, il flotte à la surface, et la partie immergée déplace un volume d'eau dont le poids représente exactement celui du corps. Prenons un vase en fer-blanc percé, vers la partie supérieure, d'un petit trou auquel est adapté un tube. Versons de l'eau dans ce vase jusqu'au niveau du tube, et posons doucement à la surface une boule de cire. La boule ne s'enfoncera qu'en partie, et elle déplacera un volume de liquide qui s'échappera par le tube. Si l'on pèse la quantité de liquide qui se sera échappée, on reconnaîtra que son poids est précisément égal à celui de la boule. L'expérience faite avec tout autre liquide et un corps plus léger que ce liquide, amènera absolument le même résultat.

Le poids absolu d'un corps flottant, sa densité et le volume de la partie immergée, ont des rapports tels qu'il suffit de connaître deux de ces quantités pour déterminer la troisième. On peut ainsi calculer la charge d'un navire, en ayant égard à ce qu'on appelle les *lignes de niveau*.

Pour qu'un corps flotte, il faut que le centre de gravité de ce corps et le centre de poussée, c'est-à-dire le centre de gravité de l'eau déplacée, soient sur une même verticale. Il faut, pour que l'équilibre soit stable, que le centre de gravité soit au-dessous du centre de poussée. Dans le cas contraire, le corps flottant est sujet à chavirer à la moindre secousse. C'est pour cette raison qu'on a soin de lester les navires qui n'ont pas une charge suffisante.

Si un corps est de même densité que le liquide dans lequel il est plongé, il reste suspendu au milieu de la masse de ce liquide.

Un corps plus dense que le liquide descend au fond, en conservant l'excès de son poids sur le poids du liquide déplacé. On soulève plus aisément une pierre qui est dans l'eau qu'on ne la soulève quand elle en est sortie.

Dans de l'eau pure, un œuf tombe au fond ; dans de l'eau médiocrement salée, il reste en équilibre au milieu du liquide ; dans de l'eau fortement saturée de sel, l'œuf revient toujours à la surface.

72. Ludion. — On rencontre dans les carrefours des diseurs de bonne aventure qui font monter et descendre à volonté un petit pantin logé dans un bocal (fig. 55). Le pantin adhère à une ampoule en partie remplie d'air et présentant un petit orifice *o* à sa partie inférieure. Le bocal, presque rempli d'eau, est fermé par une peau de vessie ou toute autre membrane bien tendue. La quantité d'air que contient l'ampoule est telle que le système flotteur pèse un peu moins que l'eau qu'il déplace et se soutient, par conséquent, au haut du liquide. Quand on appuie la main sur la membrane, l'air du bocal se comprime, la pression se transmet au liquide et de là à l'air de l'ampoule. Cet air, en diminuant un peu de volume, permet à une petite quantité d'eau de pénétrer et d'augmenter ainsi le poids du système. Le pantin alors descend au fond du vase. Dès qu'on retire la main, l'air de l'ampoule reprend son volume primitif, en chassant l'eau qui s'est introduite, et le pantin remonte. Cette figurine est ordinairement en émail. Avec un peu d'habitude et des changements de pression presque imperceptibles, l'opérateur la fait arrêter à la hauteur que bon lui semble. Cet appareil, appelé *ludion*, a pour auteur le célèbre Otto de Guericke.

Fig. 55.

73. Vessie natatoire. — La plupart des poissons sont pourvus d'une poche membraneuse remplie d'air, avec excès d'azote, et logée dans la partie supérieure de l'abdomen. Cette poche, appelée *vessie natatoire*, se dilate ou se contracte par le jeu des côtes, et permet à l'animal de s'élever ou de s'enfoncer dans l'eau sans grand effort, par un simple changement de volume. On voit encore là une application du principe d'Archimède.

DENSITÉ ET POIDS SPÉCIFIQUE DES CORPS

74. La *densité* d'un corps est la masse ou la quantité de matière qu'il contient sous l'unité de volume ; c'est, en d'autres termes, le *rapport de sa masse à son volume.*

On nomme *poids spécifique* ou *densité relative*, le poids compris sous l'unité de volume.

Le poids spécifique diffère de la densité absolue comme le poids diffère de la masse.

Cette distinction étant une fois établie, nous nous servirons indifféremment des mots *poids spécifique* et *densité,* pour exprimer le *rapport du poids d'un corps au poids d'un même volume du corps choisi pour terme de comparaison.* Le terme de comparaison est, pour les solides et les liquides, l'eau distillée, prise à 4 degrés centigrades au-dessus de zéro, c'est-à-dire à son maximum de densité ; c'est à l'air que l'on rapporte les poids spécifiques des gaz.

MESURE DU POIDS SPÉCIFIQUE DE SOLIDES

75. Nous exposerons, pour cette mesure, les trois méthodes suivantes :

1º *Méthode de la balance hydrostatique.* — On suspend le corps, à l'aide d'un fil très-fin, au-dessous de l'un des plateaux de la balance. Après avoir établi l'équilibre, on abaisse la balance de manière que le corps vienne plonger entièrement dans de l'eau distillée, et on établit de nouveau l'équilibre. La différence entre les deux pesées représente évidemment le poids du volume d'eau déplacée. En appelant p la première pesée, p' la seconde, on exprimera le poids du volume d'eau égal à celui du corps par $p - p'$; ce qui donnera, si l'on désigne par d le poids spécifique :

$$d = \frac{p}{p - p'}$$

Supposons, par exemple, qu'un morceau de porcelaine de Sèvres pèse, dans l'air, 53^{gr},75, et dans l'eau, 28^{gr},75. Le poids de l'eau déplacée sera égal à 53^{gr},75 — 28^{gr},75, c'est-à-dire à 25 grammes. En divisant 53,75 par ce dernier nombre, on aura pour la densité cherchée, 2,15.

2º *Méthode du flacon.* — On pèse le corps avec le plus grand soin ; soit p le poids obtenu. On le place ensuite dans un même bassin de la balance, à côté d'un flacon rempli d'eau et fermé par un bouchon usé à l'émeri, et l'on établit l'équilibre : soit p' le poids du flacon et du corps réunis. On retire le flacon et l'on y introduit le corps, qui chasse un volume d'eau égal à son propre volume. On fait une troisième pesée dont le résultat p'' retranché du précédent donne le poids du liquide expulsé. Le poids spécifique du corps sera donc exprimé par la formule

$$d = \frac{p}{p' - p''}$$

En appelant p le poids du corps, P le poids du flacon rempli d'eau, P' le poids du flacon après l'introduction du corps, on aurait pour formule

$$d = \frac{p}{P + p - P''}$$

Exemple. On demande la densité du laiton, sachant que le morceau de laiton sur lequel on opère pèse 31^{gr},68, que le flacon rempli d'eau pèse 325 grammes, et qu'après l'immersion du métal, il pèse 347^{gr},68.

La dernière formule nous donnera

$$d = \frac{31,68}{325 + 31,68 - 347,68} = 3,52.$$

3° *Méthode de l'aréomètre.* — L'instrument dont on se sert est communément appelé *aréomètre* ou *balance de Nicholson*, ou encore *aréomètre-balance.* Il se compose d'un cylindre creux en cuivre ou en fer-blanc vernissé, terminé par deux cônes (fig. 56). Le cône supérieur porte une tige mince tt' surmontée d'un plateau P; le cône inférieur supporte une coupe faisant à la fois fonction de lest et de porte-objet. Sur le trajet de la tige tt', en a, se trouve le *point d'affleurement*, c'est-à-dire le point jusqu'où l'on doit enfoncer l'aréomètre, à chaque observation.

Pour chercher le poids spécifique d'un corps solide, on commence par plonger l'instrument dans une éprouvette remplie d'eau distillée; ensuite on met le corps solide dans le plateau P, et l'on ajoute de la cendrée ou une grenaille métallique quelconque, jusqu'à ce que le liquide arrive au point d'affleurement. On retire le corps et on le remplace par des poids gradués, en quantité suffisante pour que l'affleurement soit rétabli. Il est évident alors que ces poids représentent le poids du corps. Les poids gradués étant enlevés du plateau, on place le corps dans la coupe C, en ayant soin de faire dégager l'air qu'il pourrait entraîner avec lui. L'affleurement est troublé de nouveau;

Fig. 56.

on le rétablit en mettant en P des poids gradués qui représentent le poids du volume d'eau déplacé par le corps.

Pour opérer sur les corps plus légers que l'eau, on les retient sous un petit panier renversé, grillage en fil de fer que l'on adapte à la coupe C, au moment de l'expérience.

On se sert beaucoup de cet aréomètre pour chercher la densité des minéraux.

Exemple. Proposons-nous de chercher la densité du cristal de roche pur. Après avoir produit l'affleurement en ajoutant à l'échantillon, sur le plateau P, une quantité suffisante de grenaille de plomb, nous remplaçons cet échantillon par des poids gradués dont la somme est, supposons, de 13^{gr},265. Après avoir ôté les poids gradués, nous plaçons le morceau de cristal de roche dans le plateau inférieur C, et nous voyons qu'il faut ajouter 5 grammes sur le plateau supérieur pour qu'il y ait affleurement. Le poids de l'eau déplacée est donc de 5 grammes ; la densité cherchée sera donc égale à $\dfrac{13,265}{5} = 2,653$.

MESURE DU POIDS SPÉCIFIQUE DES LIQUIDES

76. Nous exposerons également trois méthodes :

1° *Méthode de la balance hydrostatique.* — On suspend au-dessous de l'un des bassins de la balance un corps qui ne soit pas attaquable par le liquide dont on veut connaître la densité. Après avoir établi l'équilibre avec de la tare mise dans l'autre bassin, on abaisse la balance de manière que le corps plonge entièrement dans le liquide. Le poids p, qu'il faudra ajouter au bassin qui soutient le corps, pour reproduire l'équilibre, indiquera le poids du liquide déplacé. Le poids p', qu'il faudra ajouter pour rétablir l'équilibre, si l'on plonge ensuite le corps dans l'eau distillée, indiquera le poids de l'eau déplacée. Mais dans l'un et l'autre cas, les volumes déplacés sont les mêmes ; le poids spécifique cherché sera donc égal au rapport de p à p'.

2° *Méthode du flacon.* — On pèse successivement un flacon vide, plein d'eau et plein du liquide, dont on désire connaître le poids spécifique. Soient p, p', p'' les trois poids obtenus, les différences $p' - p$, $p'' - p$ exprimeront les poids de volumes égaux d'eau et du liquide. Le poids spécifique de ce dernier sera donc égal au rapport $\dfrac{p'' - p}{p' - p}$.

3° *Méthode de l'aréomètre.* — L'aréomètre qu'on emploie

est dû à Fahrenheit. Il consiste (fig. 57) en un cylindre creux C muni inférieurement d'un petit réservoir R rempli de cendrée ou de mercure, et surmonté d'une tige terminée par un plateau P. Sur cette tige est marqué un point d'affleurement A.

Le poids p de l'instrument étant connu, on le plonge successivement dans le liquide dont on cherche la densité et dans l'eau distillée, en obtenant l'affleurement au moyen de poids gradués placés dans le plateau. Soient p' le poids nécessaire pour obtenir l'affleurement dans le liquide, et p'' le poids nécessaire pour l'obtenir dans l'eau, le poids du volume de liquide déplacé sera exprimé par $p + p'$, celui du volume d'eau par p p''. Les volumes étant égaux dans les deux cas au volume de l'aréomètre jusqu'au point d'affleurement, le poids spécifique cherché sera égal au rapport $\dfrac{p + p'}{p + p''}$.

Fig. 57.

L'aréomètre de Fahrenheit est ordinairement en verre. S'il était en métal comme l'aréomètre de Nicholson, on ne pourrait pas s'en servir, en opérant sur des liquides corrosifs, comme l'eau-forte, par exemple.

77. Aréomètres à poids constant. — On divise les aréomètres en deux classes : les aréomètres *à volume constant et à poids variable*, qui, comme ceux dont nous venons de parler, plongent toujours dans le liquide, de la même quantité, surchargés de poids qui varient avec la densité du liquide; et les aréomètres *à poids constant et à volume variable*, qui n'ont pas de point d'affleurement, qui conservent toujours le même poids et qui s'enfoncent d'autant moins dans un liquide que celui-ci est plus dense. Ces derniers aréomètres, dus à Archimède, ne donnent point les densités. Ils servent seulement à faire connaître le degré de concentration des dissolutions salines, des acides, des sirops, des liqueurs alcooliques, etc.

78. Aréomètre de Baumé. — Tous les aréomètres à poids constant consistent en un cylindre creux en verre, surmonté d'un tube et soudé par sa partie inférieure à une boule contenant du mercure ou de la grenaille de plomb. La graduation varie suivant qu'ils doivent être employés pour des liquides plus denses ou moins denses que l'eau. Dans le premier cas, ils prennent le nom de *pèse-sels* ou de *pèse acides*, et dans le second, celui de *pèse-liqueurs, pèse-acides*.

Pour construire un *pèse-sels* (fig. 58), on leste l'aréomètre

de manière qu'il enfonce dans l'eau distillée jusqu'au haut de
la tige. On marque un petit trait au point d'affleurement ; ce
sera le zéro de l'échelle. On marque ensuite 15,
au point d'affleurement obtenu dans une dissolution
formée de 85 parties d'eau sur 15 parties en poids
de sel marin. On divise l'intervalle en 15 parties
égales, et l'on continue la division au-dessous ; ces
divisions sont les degrés de l'instrument. Ces degrés sont le plus souvent marqués sur une petite
bande de papier que l'on roule sur elle-même dans
le sens de sa longueur et que l'on fixe dans le tube
avec un peu de cire. Il suffit, pour préparer cette
bande de papier, de prendre très-exactement sur le
tube la distance des traits 0 et 15.

Un aréomètre étant construit avec précision, on
s'en sert pour en graduer d'autres du même genre.
Après avoir déterminé le zéro, en les plongeant dans
de l'eau pure, on plonge ces aréomètres avec l'étalon dans un liquide d'une densité plus grande que
celle de l'eau ; on prend note de la division marquée sur l'étalon, et l'on a ainsi les éléments nécessaires pour achever la graduation.

Fig. 58.

Pour construire un *pèse-liqueurs* (fig. 59), on leste l'instrument de telle sorte qu'il s'enfonce jusqu'à la naissance de la tige, dans une dissolution de 90 parties
d'eau sur 10 parties de sel marin, et l'on marque 0
en ce point. On le plonge ensuite dans de l'eau distillée, et l'on marque 10 au point d'affleurement.
On divise la distance des deux points obtenus en dix
parties égales et l'on poursuit la division au-dessus.
Ceux dont on se sert dans le commerce ne sont
ordinairement gradués que jusqu'au 50ᵉ degré. Les
graduations de ces deux aréomètres de Baumé ont
l'inconvénient de ne pas coïncider l'une avec l'autre.
Les aréomètres *Bataves* n'ont qu'une même graduation pour les liquides plus denses ou moins denses
que l'eau. L'affleurement dans l'eau est marqué zéro et
a lieu au milieu de la tige. En plongeant l'instrument
dans l'eau salée, comme pour le pèse-sels de Baumé,
on marque 15° au point d'affleurement, et l'on poursuit
la division au-dessus du zéro.

Le *pèse-esprit* de Cartier, dont on se servait autrefois pour évaluer la richesse alcoolique d'un liquide, marquait

Fig. 59.

zéro dans l'eau pure et 44° dans l'alcool absolu. L'intervalle de ces deux points d'affleurement était divisé en 44 parties égales.

79. Alcoomètre centésimal de Gay-Lussac. — Les aréomètres précédents sont gradués arbitrairement, et ne peuvent indiquer que par le plus ou le moins les quantités d'alcool que contiennent des mélanges divers. L'instrument de Gay-Lussac donne, en centièmes du volume, la proportion d'alcool qui se trouve dans une liqueur. Il a la forme d'un aréomètre ordinaire. On le leste de manière que, dans l'alcool absolu, il s'enfonce jusqu'au sommet de la tige où l'on marque 100; puis on le plonge successivement dans des mélanges d'eau et d'alcool absolu contenant 0,95; 0,90; 0,85; 0,80; 0,75; etc., d'alcool. On marque les points d'affleurement et on divise les intervalles en cinq parties égales. Les indications de cet aréomètre ne sont exactes qu'autant que le liquide que l'on essaye est à une température de 15 degrés centigrades. Pour une température différente, on a recours à des corrections indiquées par des tables. En outre, son emploi n'est réellement applicable qu'aux mélanges d'alcool et d'eau. Si ces mélanges contiennent du sucre ou des sels, leur densité augmente et les indications deviennent fautives. On emploie alors le procédé suivant, proposé également par Gay-Lussac. On distille dans un petit alambic en cuivre 300 cent. cub. de la liqueur qu'on veut essayer. Quand on a recueilli dans une éprouvette graduée 100 cent. cub. du liquide distillé, on l'amène à la température de $+ 15^0$, et on l'essaye à l'aide de l'alcoomètre. Le tiers du nombre indiqué par l'instrument représente la teneur alcoolique de la liqueur essayée.

Dans l'alcoomètre centésimal, les distances entre les points de division ne sont pas égales; elles vont un peu en diminuant de zéro au n° 20, et en augmentant de plus en plus du n° 30 au n° 100. Quand on mêle de l'alcool avec de l'eau, il se produit une diminution du volume total des deux liquides, et cette diminution varie avec les proportions du mélange.

Il est bon de dire, à ce sujet, que l'alcool obtenu directement dans les distilleries est toujours mêlé d'eau. Le plus concentré en contient toujours 10 à 15 centièmes. On est obligé d'avoir recours à certains agents, tels que la chaux vive et le chlorure de calcium, pour enlever cette portion d'eau qui autrement résiste aux distillations les plus réitérées, et pour préparer l'alcool pur ou *absolu*. Quand le produit des distilleries ne contient que 50 à 55 centièmes d'alcool, ou l'appelle *eau-de-vie*; passé ce terme, on le désigne sous le nom d'*esprit-de-vin*.

80. Équilibre des liquides hétérogènes dans des vases communiquants. — Quand deux liquides, de densités différentes, communiquent ensemble par leur partie inférieure au moyen d'un tube horizontal, l'équilibre a lieu *quand les hauteurs des liquides sont entre elles en raison inverse de leurs densités.* En effet, pour qu'il y ait équilibre, il faut et il suffit qu'il existe dans le tube de communication une tranche liquide qui soit elle-même en équilibre, c'est-à-dire qu'elle soit également pressée de part et d'autre.

Appelons s la surface de cette tranche, h, h' les hauteurs, d, d' les densités des liquides. Les deux pressions opposées devant se faire équilibre, on aura

$$s \times h \times d = s \times h' \times d', \text{ ou } h \times d = h' \times d', \text{ ou enfin } \frac{h}{h'} = \frac{d'}{d}.$$

Pour démontrer expérimentalement ce principe, on se sert ord'nairement d'un tube recourbé fixé sur une planche graduée. Si l'on verse dans les branches du tube des liquides de densités différentes et qui n'aient pas d'action chimique l'un sur l'autre, on peut vérifier, à chaque instant de l'opération, que les hauteurs des colonnes liquides sont inversement proportionnelles à leurs densités. En opérant, par exemple, avec du mercure et de l'eau, la colonne d'eau serait treize fois et demie plus haute environ que celle du mercure faisant équilibre, la densité de ce métal étant de 13,596 à la température de 0°.

81. Équilibre des liquides superposés. — Quand on mêle ensemble plusieurs liquides hétérogènes qui ne sont pas de nature à se combiner entre eux, *ils se superposent dans l'ordre de leurs densités, le plus dense étant au fond; et les surfaces de séparation sont horizontales.* On a dans les cabinets de physique un tube de verre fermé par ses deux extrémités et contenant quatre liquides de densités différentes, tels que du mercure, une dissolution concentrée de carbonate de potasse, de l'alcool coloré en rouge, et de l'huile de pétrole. On donne à ce petit appareil le nom de *fiole aux quatre éléments.* Si, après l'avoir agité, on le laisse en repos, les liquides se superposent toujours, conformément au principe énoncé. On trouve de nombreuses applications de ce phénomène d'hydrostatique dans l'équilibre et le mouvement des eaux à la surface et dans les profondeurs du globe. Ainsi, à une distance quelquefois assez considérable au-dessus de l'embouchure des fleuves, l'eau douce est à la surface, tandis que l'eau de la mer, qui est plus lourde, forme les couches du fond.

82. Nous terminerons ce paragraphe en donnant les poids spécifiques des principaux corps solides ou liquides.

Poids spécifique des solides à 0°, celui de l'eau à 4° étant pris pour unité.

CORPS SIMPLES

Platine laminé	22,06	Fer fondu		7,20
Platine fondu	19,50	Étain fondu		7,29
Or fondu	19,26	Zinc fondu		6,86
Plomb fondu	11,35	Antimoine fondu		6,72
Argent fondu	10,47	Iode		4,95
Bismuth fondu	9,82	Sélénium		4,30
Cuivre laminé	8,95	Diamant		3,52
Cuivre fondu	8,85	Aluminium		2,67
Cadmium	8,69	Soufre		2,08
Nickel fondu	8,28	Phosphore		1,77
Manganèse	8,01	Sodium		0,97
Cobalt fondu	7,81	Potassium		0,86
Fer en barre	7,79			

CORPS COMPOSÉS

Bronze statuaire		8,95	Corail		2,68
Bronze des canons		8,46	Marbre ordinaire	2,65	2,75
Laiton		8,30	Cailloux		2,60
Acier		7,82	Pierre de liais	2,25	2,45
Grenat		4,21	Pierre à plâtre	2,20	2,65
Topaze orientale		4,00	Gypse		2,33
Topaze de Saxe		3,56	Houille compacte		1,33
Flint-glass anglais		3,33	Succin		1,08
Perles		2,75	Buis		0,91
Granit	2,65	2,75	Glace		0,86
Albâtre		2,70	Pommier		0,73
Ardoise	2,81	2,85	Peuplier		0,38
Émeraude		2,70	Liége		0,24

Poids spécifique des liquides à 0°, celui de l'eau à 4° étant pris pour unité.

Mercure	13,596	centré	1,208
Brome	2,966	Sulfure de carbone	1,263
Acide sulfurique concentré	1,841	Lait	1,030
Acide azotique concentré	1,451	Eau de mer	1,026
Acide chlorhydrique con-		Eau pure à 0°	0,999

Vin de Bordeaux.	0,991	Éther acétique.	0,868
Vin de Bourgogne. . . .	0,991	Naphte	0,817
Huile d'olive.	0,915	Alcool absolu	0,792
Essence de térébenthine.	0,869	Éther sulfurique.	0,715
Éther chlorhydrique. . .	0,8748		

CAPILLARITÉ

83. Quand on plonge dans de l'eau l'extrémité d'un tube de verre *capillaire t* (fig. 60), c'est-à-dire d'un petit diamètre, on voit le liquide monter dans le tube, au-dessus de son niveau, et se terminer par une surface concave c'. Si on plonge le même tube dans du mercure, il se produit un phénomène inverse. La colonne qui pénètre dans l'intérieur du tube ne monte pas même jusqu'au niveau de la masse liquide, et

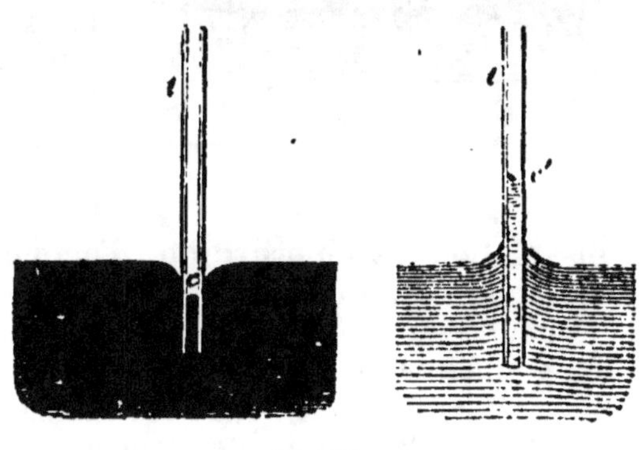

Fig. 60.

elle se termine par une surface convexe c. Il y a ascension quand le liquide est de nature à mouiller le tube, et dépression dans le cas contraire. Les ascensions et les dépressions, pour un même liquide, varient en raison inverse des diamètres des tubes. Elles varient aussi avec la nature du liquide, mais les hauteurs ne sont pas en raison inverse des densités. La chaleur atténue les phénomènes capillaires dans les tubes qui sont mouillés par le liquide, et les augmente dans ceux qui ne le sont pas. Ces phénomènes sont indépendants de la substance des tubes et de l'épaisseur de leurs parois.

Lorsqu'une lame est plongée dans un liquide et qu'elle est susceptible d'être mouillée, le liquide s'élève autour d'elle en présentant une surface concave; si elle n'est pas de nature à être mouillée, le liquide s'abaisse autour d'elle, en présentant une surface convexe. Ces surfaces courbes, surtout les surfaces hémisphériques produites dans l'intérieur des tubes, sont désignées sous le nom de *ménisques*.

Si l'on plonge dans l'eau deux lames de verre parallèles et peu distantes l'une de l'autre, on constate : 1° *que la hauteur à laquelle s'élève le liquide est la moitié de celle qu'il atteindrait dans un tube d'un diamètre égal à la distance des lames ;* 2° *que, conséquemment, les hauteurs entre deux lames sont en raison inverse de leurs distances.*

Si les deux lames verticales se coupent (fig. 61), le liquide s'élève d'autant plus haut qu'il est plus près de l'intersection des lames ; et sa surface libre *ss'* forme une branche d'hyperbole symétrique par rapport à la bissectrice *nb* de l'angle droit *snn'*.

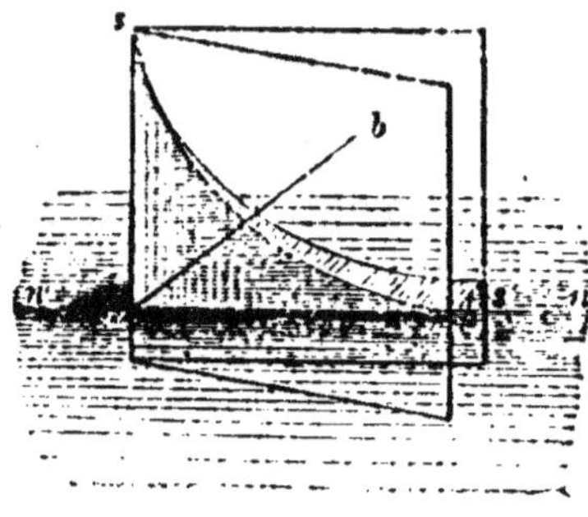

Fig. 61.

De tous les liquides purs, c'est l'eau qui s'élève le plus. Dans un tube de 1 millimètre de diamètre à une température de 18 degrés, l'eau s'élève à 30 millimètres, l'acide nitrique à 22 millimètres, l'alcool à 12 millimètres, une dissolution de chlorhydrate d'ammoniaque s'élève un peu plus que l'eau pure.

Quand deux corps flottants sont susceptibles d'être mouillés par le liquide sur lequel ils flottent, comme des balles de liége ou de bois sur l'eau, des balles d'étain sur du mercure, ils s'approchent l'un de l'autre, dès que leur distance est assez petite pour que les courbures du liquide se croisent. Il en est de même pour deux corps qui ne se mouillent pas, comme des balles de cire ou de liége enfumé sur l'eau, ou des balles de fer sur le mercure. Quand les deux flotteurs offrent des ménisques contraires, ils se repoussent dès que les ménisques viennent à se croiser.

Les phénomènes capillaires s'observent dans une infinité de circonstances. Les corps poreux peuvent être considérés comme des faisceaux de tubes plus ou moins fins, plus ou moins réguliers. Quand on les met en contact avec un liquide capable de les mouiller, ils l'élèvent à une hauteur quelquefois considérable. C'est en vertu de la capillarité, que le liquide imbibe rapidement un morceau de sucre qui le touche par un de ses points ; que l'eau monte de la partie la plus basse d'un monceau de sable jusqu'à son sommet ; qu'elle s'introduit entre les fibres du bois sec, qui se gonfle au point de rompre les pierres les plus dures dans lesquelles on l'engage sous forme de coin. Les mèches ordinaires de lampe, de chandelle, de bougie sont des faisceaux de fibres textiles juxtaposées, entre lesquelles l'huile, le suif, la cire montent comme entre de petites lames ou de petits tubes, de sorte que la partie de la mèche qui n'est pas plongée dans le liquide (le suif et la cire ne montent qu'après avoir été liquéfiés par la chaleur) ne tarde pas cependant à s'en imbiber.

Les phénomènes capillaires dépendent du rapport qui existe entre la cohésion du liquide et l'attraction du solide sur le liquide. Leur détermination théorique repose sur une discussion d'analyse mathématique qui ne peut être exposée ici.

84. Endosmose. Exosmose. — Quand on sépare deux liquides de nature différente par une cloison poreuse, telle qu'une membrane animale ou végétale, il se fait un transport opposé de ces liquides à travers les pores de la cloison. Ce transport est toujours plus abondant de la part de l'un des liquides; ce qui fait que le niveau s'élève d'un côté tandis qu'il s'abaisse de l'autre. On dit qu'il y a *endosmose* pour le liquide qui traverse la cloison le plus promptement et en plus grande abondance, et qu'il y a *exosmose* de la part de l'autre liquide. Ces dénominations sont dues à Dutrochet, qui a découvert les principales lois de ce phénomène qui a une grande analogie avec les phénomènes capillaires. Dutrochet a, de là, appelé *endosmomètre* un appareil qui lui servait à produire l'endosmose. Cet appareil consiste en un réservoir à parois poreuses, surmonté d'un tube de verre étroit. On remplit le réservoir d'un liquide qui passe moins rapidement que l'eau à travers les parois, tel que l'eau gommée, le lait, l'albumine, et l'on plonge ce réservoir dans un bassin d'eau. On observe alors que le liquide monte dans le tube et finit par s'en échapper, tandis que le niveau du bassin d'eau baisse de plus en plus, tout en recueillant une certaine quantité du liquide contenu dans le réservoir.

L'endosmose fait concevoir certains mouvements et échanges des sucs et liquides divers à travers les tissus et membranes des végétaux et des animaux.

CHAPITRE IV

DES CORPS GAZEUX

85. Les corps aériformes se divisent en deux classes : les gaz *proprement dits* et les *vapeurs*. Les gaz proprement dits peuvent bien, pour la plupart, être liquéfiés, quelquefois même solidifiés, quand on les soumet à de fortes pressions et à de grands abaissements de température, mais ils reviennent à leur état primitif aussitôt qu'ils retombent dans les conditions ordinaires. Les vapeurs, au contraire, ont pour condition normale d'exister à l'état de liquidité, et elles reprennent cet état, dès l'instant où cesse la cause qui les en a fait sortir.

Depuis qu'on est parvenu à liquéfier certains gaz, comme l'acide carbonique, l'acide sulfureux, on a distingué des gaz *non permanents*, tels que ceux-là, et des gaz *permanents*, tels que l'oxygène, l'azote, qui ont résisté jusqu'à présent à tous les essais qui ont été tentés pour leur faire quitter l'état aériforme. Le nom de gaz *non permanents* n'était auparavant appliqué qu'aux vapeurs.

Les gaz ont pour caractère spécial, par rapport aux autres corps, de tendre constamment à occuper un plus grand espace. Quand ils sont enfermés dans un vase, ils prennent entièrement la forme de ce vase, et exercent une pression constante sur ses parois. Cette pression constitue *leur tension ou force élastique.*

Cette force expansive peut être constatée par l'expérience suivante : On met sous le récipient d'une machine pneumatique une vessie fermée et contenant une petite quantité d'air. A mesure qu'on fait le vide, la vessie se gonfle; et elle revient à son volume primitif, dès le moment où on laisse rentrer l'air dans le récipient, c'est-à-dire où l'on rétablit la pression qui s'exerçait sur la surface extérieure de la vessie.

86. Tous les gaz sont pesants. — Aristote croyait que l'air est pesant. Il donnait pour preuve qu'une vessie pleine d'air est plus pesante qu'une vessie vide. Cette idée fut un objet de controverse, mais généralement rejetée jusqu'au temps de Galilée. Avant Galilée et même de son temps, on attribuait à l'horreur de la nature pour le vide la force qui fait monter un liquide dans un espace vide. Des fontainiers de Florence ayant remarqué que l'eau s'obstinait à ne pas monter au delà de 32 pieds ($10^m,39$), vinrent trouver Galilée, alors premier philosophe et premier mathématicien de Cosme II, grand-duc de Toscane. Le savant Florentin répondit que la nature n'avait horreur du vide quepour un certain espace, mais il trouva dans le fait pour lequel on l'interrogeait une nouvelle confirmation de la pesanteur de l'air, et l'explication décisive de la cause qui fait monter l'eau dans les corps de pompe. Il laissa à son disciple Torricelli le soin de prouver que cette cause n'est autre que la pression exercée par le poids de l'atmosphère.

Galilée constatait la pesanteur de l'air en pesant successivement un ballon rempli tantôt d'air ordinaire, tantôt d'air comprimé. Nous possédons, depuis l'invention de la machine pneumatique, un moyen plus direct. Il suffit de peser un même ballon, d'abord vide, ensuite plein d'air. On observe que le poids augmente. — La remarque est la même, si l'on substitue à l'air un gaz quelconque.

87. Principe de l'égalité de pression. — Les lois de l'hydrostatique s'appliquent à tous les fluides , soit liquides, soit gazeux, si ce n'est que les gaz sont éminemment compressibles et qu'ils sont doués de cette propriété appelée *force élastique*, par laquelle leurs molécules tendent toujours à s'écarter de plus en plus. Voici l'énoncé du principe de l'égalité de pression :

Toute pression exercée sur un point quelconque de la masse d'un gaz se transmet également dans tous les sens.

La démonstration expérimentale de ce principe peut être faite plus directement pour les gaz que pour les liquides, attendu que, eu égard à la faible densité des gaz et aux petites dimensions des vases avec lesquels on opère, on peut négliger entièrement les différences de pression provenant des différences des couches.

Au col allongé d'un matras (fig. 62) adaptons un piston

p, au moyen duquel nous puissions comprimer à volonté l'air qu'il contient. En divers points *a*, *b*, *c* de la paroi, fixons des tubes recourbés renfermant du mercure, ou du moins

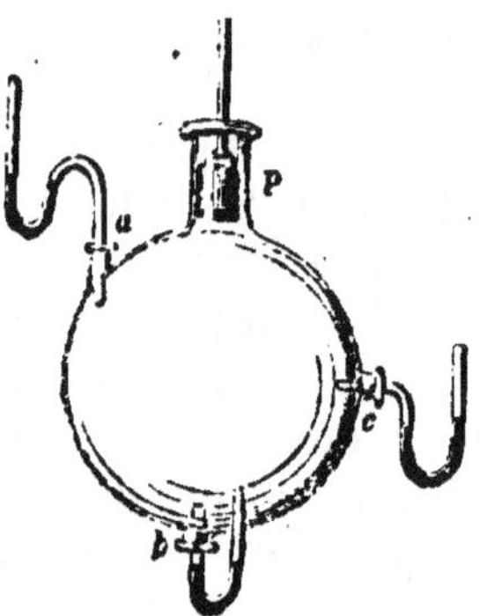

un même liquide, dans leur courbure. Toute pression exercée sur le piston donnera dans chacun des tubes les mêmes différences de niveau.

Une bulle de savon gonflée par l'air de la respiration ne doit sa forme arrondie qu'à l'égale transmission de pression du gaz insufflé.

De ce principe nous pouvons conclure, comme pour les liquides, que la *pression que supporte une surface est proportionnelle à l'étendue de cette surface.*

Fig. 62.

88. Équilibre des gaz. — Pour qu'une masse gazeuse soit en équilibre, il faut et il suffit *que la pression soit la même dans toute l'étendue d'une tranche horizontale.*

Cet équilibre n'existe jamais d'une manière absolue, à cause de l'extrême mobilité des molécules des gaz, et des nombreuses causes accidentelles qui en provoquent le déplacement.

89. Densité des gaz. — Les densités des gaz sont estimées ordinairement d'après celle de l'air, prise pour unité. Il suffit en général, pour les calculer, de remplir successivement un ballon d'air atmosphérique et du gaz soumis à l'expérience. Le rapport du poids de ce dernier à celui de l'air donne la densité cherchée.

Les différences extrêmes des densités des gaz sont inférieures à celles des solides et supérieures à celles des liquides. Ainsi, l'hydrogène pèse quatorze fois et demie moins que l'air, seize fois moins que l'oxygène et 64 fois moins que l'acide iodhydrique. Le platine pèse 92 fois plus que le liège ; et le mercure 19 fois plus que l'éther sulfurique.

Les variations de chaleur et de pression atmosphérique apportent dans la densité des gaz des changements si sensibles qu'elle doit être cherchée, sous ce rapport, par des procédés plus minutieux que lorsqu'il s'agit de la densité des liquides et surtout des solides. On exposera plus loin ces procédés.

PRESSION ATMOSPHÉRIQUE

90. On donne le nom d'*atmosphère* (des mots grecs *atmos*, vapeur, souffle, et *sphaira*, sphère) à la masse gazeuse qui enveloppe le globe, et qui s'élève avec une densité décroissante, à la hauteur de 50 à 60 kilomètres.

Les anciens considéraient l'air comme un élément. Ce n'est que vers le milieu du XVIIe siècle, qu'on commença à croire qu'il était un corps composé, et ce n'est que vers le dernier quart du siècle dernier, que Lavoisier en détermina la composition par une expérience à la fois ingénieuse, simple et concluante. Il fit bouillir du mercure dans un ballon muni d'un long col recourbé, plongeant dans un bain de mercure sous une cloche aux trois quarts remplie d'air.

Il prolongea cette ébullition jusqu'au douzième jour, mais il remarqua, dès le deuxième, que la surface du mercure de la cloche se couvrait de petites lamelles rouges, qui augmentèrent en nombre et en volume jusqu'à vers le septième jour. L'opération étant arrêtée, il reconnut que le sixième environ du gaz contenu dans la cloche avait été absorbé, et que la partie restante (*espèce de mofette*, selon ses expressions) était *incapable d'entretenir la combustion et la respiration*. D'un autre côté, les lamelles rouges, chauffées dans une cornue, se décomposèrent en mercure métallique et en un gaz *beaucoup plus propre que l'air ordinaire à entretenir la combustion et la respiration*. Lavoisier conclut de ses expériences que l'air *atmosphérique est composé de deux fluides élastiques de nature différente et, pour ainsi dire, opposée.* Le premier de ces fluides, découvert en 1772 par Rutherford, fut d'abord appelé *nitrogène;* c'est Guyton de Morveau qui lui a donné le nom *d'azote* qu'on emploie aujourd'hui; le second, signalé pour la première fois par Priestley, en 1774, porta successivement les noms d'air *déphlogistiqué*, d'air *pur*, d'air *vital*, de *corps comburant*, et est connu actuellement sous le nom *d'oxygène*.

L'air atmosphérique contient, à l'état de mélange et non à l'état de combinaison, 20,8 d'oxygène et 79,2 d'azote sur 100 parties en volume. Cette proportion est constante, à quelque hauteur et en quelque lieu que l'on recueille la portion d'air à analyser; mais il n'en est pas de même des deux autres principes, l'acide carbonique et la vapeur d'eau qui s'y trouvent constamment mélangés, dans des proportions variables. L'air atmosphérique contient de 3 à 6 dix-millièmes d'acide carbonique, et de 6 à 9 millièmes de vapeur d'eau. On y rencontre encore des traces de bien d'autres produits gazeux, mais qui ne sont pour ainsi dire qu'accidentels, parmi lesquels nous citerons l'hydrogène protocarboné, l'acide phosphorique, l'acide sulfhydrique, la vapeur d'iode, l'ammoniaque, l'acide nitrique. Ces deux derniers sont souvent engendrés par la foudre.

La pression atmosphérique se mesure comme celle des liquides; elle est égale au poids de la colonne verticale de fluide ayant pour base la surface pressée et pour hauteur la distance du centre de gravité de cette surface à la limite supérieure de l'atmosphère. On la constate par diverses expériences, notamment par celles du *crève-vessie*, des *hémisphères de Magdebourg*, du *coupe-pomme*, du *casse-vitre*, etc.

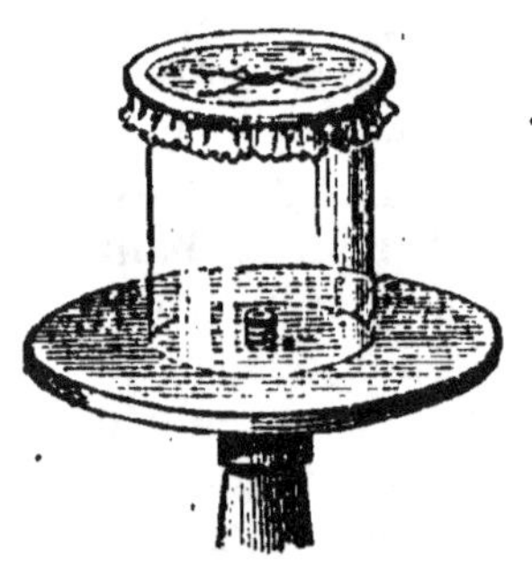

Fig. 63.

91. Crève-vessie. — On appelle ainsi, dans la physique expérimentale, une sorte de bocal de verre (fig. 63) dont le fond est ouvert comme le col, et peut s'appliquer étroitement sur un plan, par son pourtour. On place ce bocal sur le plateau d'une machine à faire le vide, et l'on ferme l'ouverture supérieure à l'aide d'une membrane mince et bien tendue. Au moment où l'on opère le vide dans le bocal, la membrane se déprime de dehors en dedans et elle ne tarde pas à se briser avec détonation, par l'effet de la pression de l'air extérieur qui n'est plus combattue par celle de l'air intérieur. On fait l'expérience du *casse-vitre* en substituant une lame de verre à la vessie ou à la baudruche dont on se sert pour le crève-vessie.

Fig. 64.

92. Hémisphères de Magdebourg. — On désigne sous ce nom deux hémisphères vides en cuivre (fig. 64), pouvant s'adapter exactement de manière à former une sphère dont l'intérieur communique par une douille à robinet avec le conduit d'une machine pneumatique. Quand le vide est fait, on ferme le robinet et l'on dévisse la douille. Si alors on cherche à séparer les hémisphères, on éprouve une résistance considérable et proportionnée à la surface du cercle suivant lequel ils s'adaptent l'un à l'autre. C'est une des expériences nombreuses par lesquelles Otto de Guericke, alors bourgmestre de Magdebourg, recherchait les effets de la pression atmosphérique, à l'aide de la machine pneumatique qu'il venait d'inventer. Ces expériences sur le vide furent imprimées en 1672, sous le titre *Experimenta nova Magdeburgica de spatio vacuo* (Nouv. expériences de Magdebourg sur l'espace vide). On y lit, liv. III, ch. XXXII, qu'il imagina d'unir ensemble deux hémisphères de métal de 3/4 d'aune de Magdebourg de diamètre, et qu'après avoir opéré le vide le mieux qu'il put, il les fit tirer en sens inverse par seize chevaux qui ne parvinrent pas à les séparer.

Pour prouver que ce phénomène a lieu par suite de la différence de pression qui existe intérieurement et extérieurement, Hawksbee imagina de mettre les hémisphères pleins dans un récipient et d'y condenser l'air ; les hémisphères prirent adhérence. Si l'on extrait l'air d'un récipient contenant les hémisphères vides, on peut facilement les détacher l'un de l'autre ; ils reprennent leur adhérence à mesure qu'on laisse rentrer l'air.

93. **Coupe-pommes.** — Un vase en verre de la forme d'une carafe est ouvert et peut s'appliquer inférieurement sur le plateau d'une machine pneumatique. Son goulot est muni d'un anneau tranchant sur lequel on place la pomme qui doit servir à l'expérience. Quand on fait le vide dans le vase, l'air extérieur n'étant plus contre-balancé par l'air intérieur, force la pomme à pénétrer avec bruit, la partie qui dépasse les bords étant détachée par le couteau circulaire.

Que le plus petit diamètre d'un œuf cuit dur et dépouillé de sa coque soit un peu plus grand que celui du goulot d'une carafe, sur lequel on le pose en guise de bouchon. Si on a préalablement échauffé l'air du vase, en y brûlant simplement un morceau de papier, l'œuf entrera brusquement dans le vase, car l'air intérieur se contractera par le refroidissement et ne fera plus équilibre à l'air extérieur.

Si, après avoir rempli d'eau une carafe ou même un verre ordinaire, on applique à son ouverture un obturateur léger, tel qu'une feuille de papier ou de carton, on pourra renverser le vase sans que l'eau s'en échappe. La pression atmosphérique agissant de bas en haut poussera l'obturateur dans le même sens ; et comme elle est supérieure au poids

de la colonne liquide, celle-ci sera maintenue dans sa position d'équilibre.

BAROMÈTRES

Le *baromètre* (du grec *baros*, poids, et *metron*, mesure) est
un instrument qui sert à mesurer la pression de l'atmosphère.

94. Le disciple de Galilée, Torricelli, pensa que si la pression de l'atmosphère était capable de faire monter l'eau dans
le vide jusqu'à 32 pieds, elle ne devrait faire monter le
mercure, qui est treize fois et demie plus lourd que l'eau,
qu'à une hauteur inversement proportionnelle à cette différence de densité. Il fit alors une expérience que l'on
répète aisément de la manière suivante : on prend un tube
de verre de 80 à 85 centimètres de long, fermé d'un bout
à la lampe d'émailleur ; on le remplit de mercure, et tenant
le doigt sur l'orifice, on le plonge verticalement dans une
cuvette pleine du même liquide ; au moment où l'on retire le
doigt, le mercure descend, et, après quelques oscillations,
il s'arrête à une hauteur d'environ 76 centimètres au-dessus
du niveau du contenu de la cuvette, en laissant un vide auquel on a donné le nom de chambre *barométrique*. On a conservé à ce tube, ouvert par l'une de ses extrémités, le nom
de *tube de Torricelli*. Cette expérience date de 1643. L'air
n'ayant pu pénétrer dans la partie fermée du tube, aucune
pression n'est exercée sur le sommet de la colonne ; le mercure ne s'élève donc qu'en vertu de la pression extérieure,
et comme cette pression n'est alors contre-balancée par rien,
on peut ainsi non-seulement constater la pression atmosphérique, mais la mesurer avec exactitude. Il est évident
que le poids de la colonne mercurielle fait équilibre au poids
d'une colonne d'air de même diamètre et d'une hauteur
égale à celle de l'atmosphère. Supposons que le tube ait
un centimètre carré de section intérieure, la colonne baro-
mérique aura un volume de 76 centimètres cubes. Un pareil
volume d'eau pèserait 76 grammes. La densité du mercure
étant de 13,596, le poids de la colonne de mercure sera
égal au produit de cette densité par 76 grammes, c'est-à-
dire à $1,033^{gr},206$. Ainsi, pour que la membrane du crève-
vessie pût résister entièrement, il faudrait, en admettant que la surface pressée fût d'un décimètre carré,
qu'elle pût supporter un poids de $1,033^{gr},206 \times 100$ ou
de $103^{k},3,206$.

La surface du corps humain étant, en moyenne, évaluée à 1mq,75 ou à 17,500 centimètres carrés, la pression qu'il supporte extérieurement serait égale à 18,077 kil. Cette charge qui pèse sur nous cesse de paraître exorbitante, quand on pense qu'elle est contre-balancée par la force élastique des fluides qui remplissent les cavités et les tissus de notre corps. Nous remarquerons même que nous sommes plus alertes et mieux à l'aise quand cette pression extérieure augmente que dans le cas contraire. Nous disons, dans ce dernier cas, *que l'air, que le temps est lourd;* c'est l'inverse que nous devrions dire.

L'expérience de Torricelli fut bientôt connue en France par la publication d'une lettre adressée d'Italie au père Mersenne, qui se mit en devoir, de concert avec Pascal, de vérifier le fait et de s'assurer, en variant les observations, si la vieille expression *la nature a horreur du vide* était réellement dénuée de sens. En 1646, Pascal répéta l'expérience, en se servant de vin rouge, au lieu de mercure, et d'un tube de 15 mètres, c'est-à-dire de 46 pieds environ de longueur; voulant reconnaître si en effet les hauteurs des colonnes seraient inversement proportionnelles aux densités. Il constata, comme il devait s'y attendre, que la colonne liquide s'arrêtait à une hauteur de 32 pieds environ, ou à 10m,40. Il pria ensuite son beau-frère Perrier d'observer, au Puy-de-Dôme, s'il y aurait une différence entre les hauteurs barométriques, au bas et au sommet de la montagne. Le 19 novembre 1648, Perrier prit d'abord position à Clermont, au jardin des Minimes, point le plus bas de la ville; puis il s'éleva, en notant de distance en distance les variations continues du baromètre, jusqu'à une hauteur de 500 toises (974 mètres). Afin que la comparaison fût exacte et qu'on n'eût pas à objecter les changements survenus dans l'atmosphère pendant le cours des observations, une personne était restée au lieu du départ avec un instrument absolument pareil à celui dont Perrier se servait. Il résultait de ces opérations que la colonne mercurielle avait baissé de plus en plus dans le tube à mesure qu'on s'était élevé au-dessus du niveau du sol, et que, sur une différence de niveau de 500 toises, le baromètre était descendu de 4 pouces (108 millim.). Pascal répéta lui-même cette expérience sur Notre-Dame de Paris, et sur la tour Saint-Jacques-la-Boucherie. Les nombreuses expériences décisives qu'il fit alors pour combattre les partisans obsti nés de la vieille école, sont consignées dans son *Traité de l'équilibre des liqueurs.*

On conçut, dès ce moment, qu'il serait possible de mesurer les hauteurs des montagnes à l'aide du tube de Torricelli. L'air étant 10,450 fois moins dense que le mercure, la dépression du mercure doit être 10,450 fois plus petite que la diminution dans la colonne d'air, c'est-à-dire que la hauteur de la montagne considérée. Réciproquement, la hauteur de la montagne est 10,450 fois plus grande que la dépression observée, c'est-à-dire que la différence des hauteurs barométriques. Supposons, par exemple, que la station inférieure donne une hauteur barométrique de $0^m,755$ et la station du sommet une hauteur barométrique de $0^m,675$, offrant ainsi une différence de $0^m,08$; la hauteur cherchée serait $0^m,08$ × 10450 ou 836 mètres. Il faut se hâter de dire que cette manière d'opérer ne donne des résultats assez exacts que pour des hauteurs qui ne dépassent pas une centaine de mètres, attendu que, suivant la loi commune à tous les fluides, l'air étant de moins en moins comprimé, diminue de densité à mesure qu'on s'élève, et qu'en outre cette loi se complique par les effets de l'abaissement de température qui va croissant dans les régions supérieures de l'atmosphère.

Laplace a donné une formule dans laquelle il tient compte des causes qui influent sur la densité des couches atmosphériques, notamment de la latitude du lieu et de la température de chacune des stations, au moment où l'on opère [1].

L'*Annuaire* du Bureau des Longitudes contient, pour calculer la hauteur des montagnes, d'après les observations barométriques, des tables qui sont dues à Oltmanns, et dont le calcul est plus élémentaire que celui qui résulte de la relation établie par Laplace.

95. Baromètre à cuvette. — Ce baromètre (fig. 65) n'est autre chose que le tube de Torricelli t plongé dans une cuvette c contenant assez de mercure pour que les oscillations de la colonne n'altèrent pas sensiblement le niveau primitif.

---

1. *Formule de Laplace.* Appelons X la différence de niveau des deux stations ; l la latitude du lieu de l'observation; H et T la hauteur barométrique et la température à la station inférieure; h et t les mêmes quantités à la station supérieure, on aura :

$$X = 18,303^m\,(1 + 0,002837.\ \cos 2\,l, \left(1 + \frac{2\,(T + t)}{1000}\right) \log \frac{H}{h}.$$

Il est important que le mercure et le tube ne contiennent
ni air ni humidité. On a soin, à cet effet, de faire bouillir
le liquide dans le tube même, en plaçant ce dernier, dans
une position inclinée, sur une grille en tôle,
et en chauffant successivement toutes ses
parties, en commençant par le bas. Afin
d'empêcher le mercure de s'échapper par
l'extrémité supérieure, on soude à cette extrémité une ampoule de verre que l'on détache après l'opération. Quand le tube a été
ainsi préparé, on le renver-
se, comme nous l'avons dit
plus haut, en tenant l'index
sur son orifice, dans une
cuvette de mercure égale-
ment purgé par l'ébullition.
On ferme l'ouverture de la
cuvette à l'aide d'une membrane qui soit perméable à
l'air, sans laisser passer le
mercure; ce qui permet d'incliner l'appareil sans inconvénient. Il ne reste plus qu'à
appliquer cet appareil le long
d'une planche en bois mu-
nie d'une échelle marquant
les centimètres et les millimètres. Il n'est pas néces-

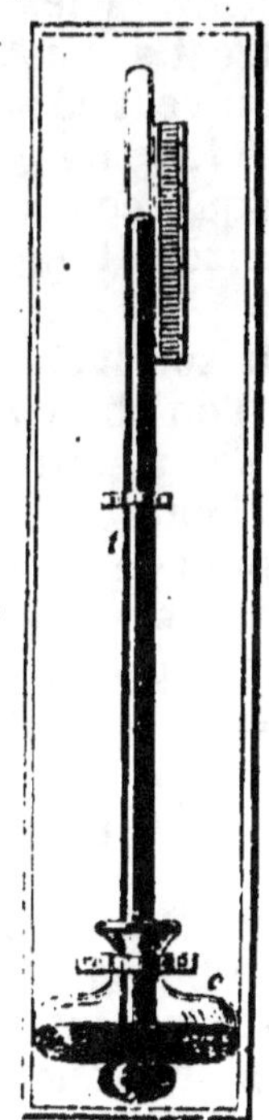

Fig. 63.

Fig. 65.

saire, surtout pour l'usage habituel, que cette graduation
soit tracée entièrement; on n'en trace que la partie supérieure; mais elle a toujours pour point de départ le niveau
du mercure dans la cuvette.

96. Baromètre de Fortin. — Ce baromètre (fig. 66) a une
cuvette cylindrique dont le fond est formé par une peau de
chamois qui repose sur un disque que l'on fait mouvoir
de bas en haut et de haut en bas, au moyen d'une vis V engagée dans une garniture. Cette disposition permet de ramener à volonté le niveau du mercure à un point fixe qui est
le zéro de l'échelle, et qui est indiqué par la pointe d'une
aiguille a verticale en ivoire. On établit ainsi un niveau
constant dans toutes les observations. Le tube est effilé à
son extrémité ouverte, afin que l'air ne puisse pas y pénétrer. La partie supérieure de la cuvette est garnie d'une

membrane ou percée de petites ouvertures qui permettent à l'air extérieur d'exercer sa pression, et ne se laissent pas traverser par le mercure.

Le tube est entouré dans toute sa longueur d'un étui métallique, portant deux fentes opposées, à travers lesquelles on peut voir le niveau de la colonne. C'est sur cet étui qu'est marquée la graduation ; et quand on veut connaître la hauteur barométrique, on fait glisser le long de la tige un curseur annulaire muni d'un vernier, jusqu'à ce que ses bords opposés soient sur le même plan horizontal que la surface du mercure.

Il faut qu'au moment de l'observation l'appareil soit maintenu dans une position bien verticale ; ce que l'on obtient en le suspendant, à la manière d'un pendule, par l'extrémité de sa tige. Si l'on veut transporter, sans crainte de le

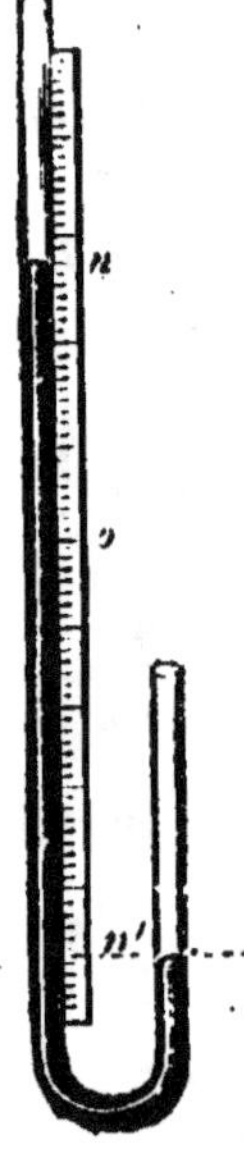

briser, un baromètre de Fortin, il suffit de soulever le fond de la cuvette à l'aide de la vis, jusqu'à ce que le mercure remplisse complétement le tube. La peau de chamois étant élastique, il convient en outre de conserver l'instrument renversé, afin que le tube reste constamment plein.

97. Baromètre à siphon. — Ce baromètre (fig. 67) est formé d'un tube recourbé en siphon. Les deux branches sont parallèles entre elles et d'un même diamètre. La plus grande est fermée ; l'autre, qui sert de cuvette, est ouverte. Après avoir introduit le mercure avec les précautions que nous avons indiquées, pour expulser l'air et l'humidité, on dresse l'instrument le long d'une tablette, qui porte une double graduation partant d'un point o situé entre les deux niveaux. L'une des échelles va en montant et l'autre en descendant. Pour connaître la distance des niveaux, c'est-à-dire la

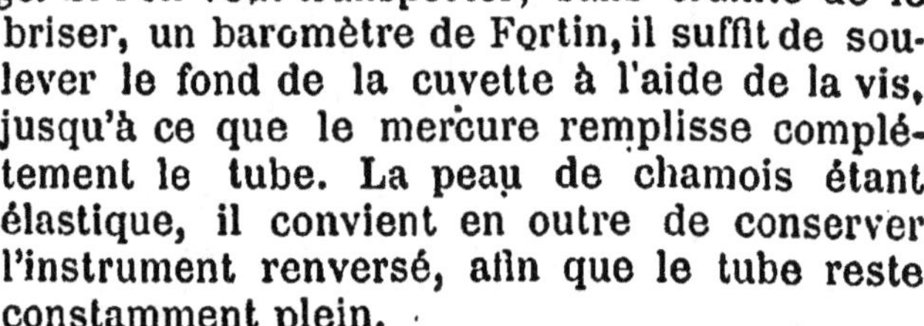

Fig. 67.

hauteur barométrique, on fait la somme des distances on et on'. Il est évident que cette somme est précisément la longueur de la colonne de mercure, soutenue par le seul effet de la pression atmosphérique.

On peut encore placer le zéro o' au bas de la courbure. Alors on fait partir de ce point, dans le même sens, une échelle pour chaque branche. La différence $o'n' — o'n$ donne la mesure de la hauteur barométrique.

98. Baromètre de Gay-Lussac (fig. 68). — Afin de rendre le baromètre précédent portatif, Gay-Lussac imagina de réunir les deux branches par un tube capillaire, destiné à empêcher l'air de pénétrer dans la chambre vide, quand on renverse l'instrument. Pour empêcher en outre le mercure de s'échapper, il ne laissa à la branche la plus courte qu'une ouverture conique très-étroite *o*. Cette ouverture permet à l'air d'entrer dans la branche, mais elle repousse le mercure, en vertu de sa capillarité.

Quand on renverse l'instrument, le liquide remplit la grande branche. Il ne doit rester dans la plus courte qu'un faible excédant ; car les mouvements brusques qu'il peut recevoir quand on voyage, suffiraient pour lui faire briser le tube, malgré la précaution que l'on aurait eue, et que l'on doit toujours avoir, de tenir le baromètre renversé et renfermé dans un étui. Le tube capillaire qui réunit les deux branches (le diamètre intérieur de ce tube ne doit pas dépasser 2 millimètres) a pour but d'empêcher la colonne de mercure de se diviser et de livrer passage à l'air. Cependant il arrive quelquefois que, par suite de secousses répétées, et surtout quand, dans les transports, l'instrument est horizontal ou peu incliné, des bulles d'air parviennent à entrer dans la grande branche. Bunten a remédié à cet inconvénient en interrompant le tube capillaire (fig. 69) par un renflement *r* dans lequel s'engage le prolongement de la partie supérieure, de telle sorte que, si une bulle d'air venait à s'acheminer vers la chambre barométrique, elle se logerait à l'aisselle *a* du prolongement, les bulles s'élevant toujours le long des parois. La présence de ces bulles n'a aucune influence sur les observations ; en outre, on peut les expulser aisément en chauffant le tube.

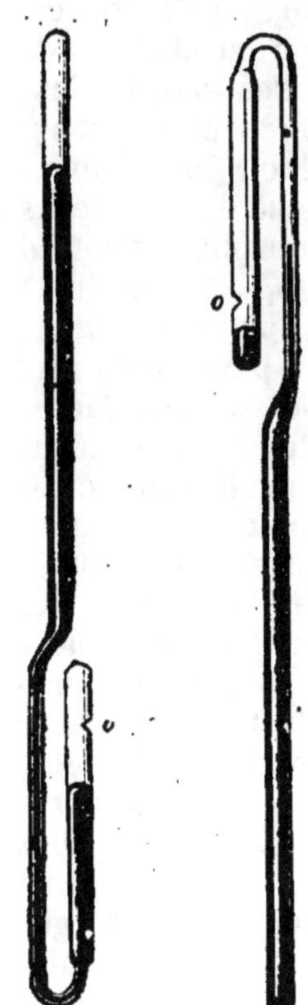

Fig. 68.

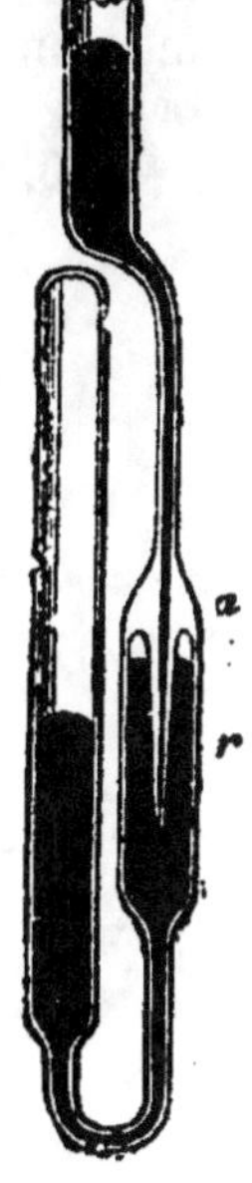

Fig. 69.

99. Baromètre à cadran. — On a remarqué, par des observations répétées, que le baromètre monte au-dessus de 76 centimètres quand il fait beau, et qu'il descend au-dessous de ce terme quand le temps est humide et pluvieux. On a imaginé alors de s'en servir pour prévoir les changements de temps. A Paris, le rapprochement des hauteurs barométriques avec les divers états de l'atmosphère a fourni les données suivantes : $0^m,785$, très-sec; $0^m,776$, beau fixe; $0^m,762$, beau; $0^m,758$, variable; $0^m,749$, pluie ou vent; $0^m,740$, grande pluie; $0^m,731$, tempête. Ces indications, que d'ailleurs il ne faut pas considérer comme des pronostics assurés, d'autant plus qu'en tous cas elles ne dévoileraient que l'état actuel de l'atmosphère, ces indications sont particulières à notre contrée. Les vents qui nous viennent du sud et du sud-ouest sont chauds et humides, conséquemment plus légers; ils font baisser le baromètre et nous apportent la pluie; ceux qui viennent du nord et du nord-est sont secs et plus lourds; ils font monter le baromètre et amènent le beau temps. Les tempêtes sont généralement annoncées par un abaissement brusque et plus ou moins prolongé. Tous les baromètres d'appartement donnent ces indications à côté des divisions de l'échelle.

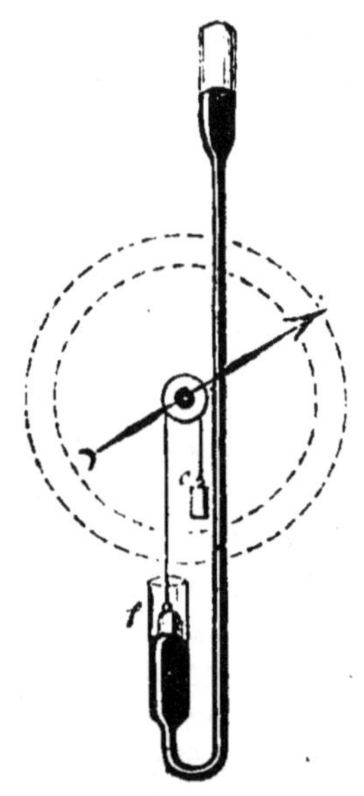

Fig. 70.

Le *baromètre à cadran ou à poulie* (fig. 70) consiste en un cadran solide derrière lequel est fixé un baromètre à siphon dont les deux branches sont de même diamètre. Sur le mercure de la branche ouverte repose un petit flotteur de fer *f* attaché à un fil de soie qui s'enroule sur une poulie très-mobile. Un contre-poids *c* un peu plus léger que le flotteur est suspendu à l'extrémité d'un second fil qui est enroulé en sens inverse. La poulie porte une aiguille qui se meut sur le cadran et en parcourt les divisions dans un sens ou dans l'autre, selon que le niveau du mercure, dans la branche la plus courte, s'élève ou s'abaisse, c'est-à-dire selon que le baromètre descend ou monte. Au pourtour du cadran sont écrits les mots *beau, variable, pluie,* etc.

100. Baromètre anéroïde.
— Les *baromètres anéroïdes*
(des mots grecs *a*, nég.,
rhéô, je coule), appelés
aussi *bar. sans liquide* et *bar.
métalliques*, se composent
essentiellement d'un tube
arqué de laiton *tt'* (fig. 71)
à parois minces et élastiques et dans lequel on a
fait le vide. Quand la
pression atmosphérique
augmente, les extrémités
du tube se rapprochent;
elles s'éloignent dans le
cas contraire. Elle sont

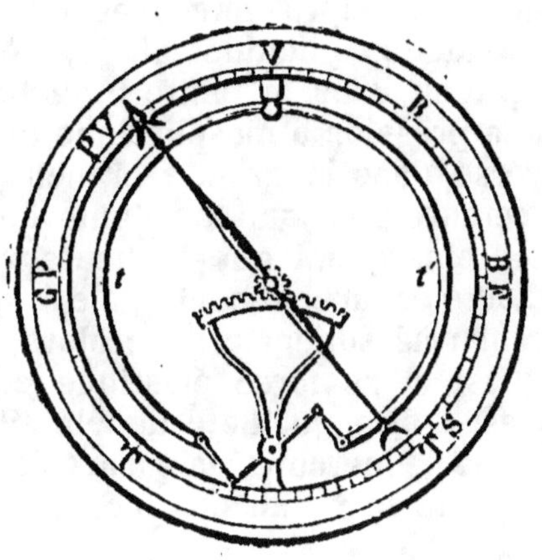

Fig. 71.

articulées à un levier mobile autour d'un axe passant par
son milieu. Cet axe fait mouvoir un secteur
denté qui engrène avec un pignon fixé à l'axe
d'une aiguille. On gradue l'instrument à l'aide
d'un baromètre à mercure. Le mode de transmission de mouvement n'est pas le même dans
tous ces baromètres; en outre, la section trans-
versale du tube a une forme plus ou moins
elliptique ou lenticulaire.

COMPRESSIBILITÉ DES GAZ

101. Loi de Mariotte. — Mariotte et Boyle, cé-
lèbres physiciens du dix-septième siècle, l'un
Français, mort à Paris en 1684, le second Irlan-
dais, mort à Londres en 1691, ont découvert en
même temps, chacun de leur côté, la loi de la
compression de l'air, que l'on appelle ordinairement *loi de Mariotte*, et qui s'énonce en ces
termes :

*Les volumes d'une même masse d'air sont inverse-
ment proportionnels aux pressions qu'elle supporte.*

Mariotte vérifiait cette loi au moyen d'un tube
recourbé et à branches inégales que l'on désigne encore sous le nom de *tube de Mariotte*
(fig. 72). La branche la plus longue est ouverte;
la plus courte est fermée. On introduit dans
cette dernière une certaine quantité d'air sec

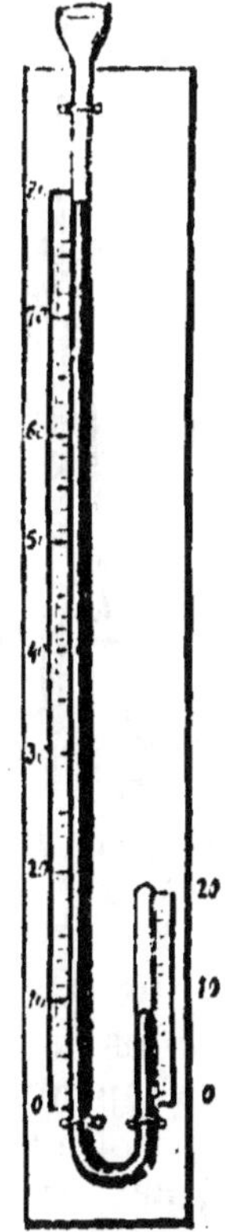

Fig. 72.

que l'on emprisonne avec du mercure, de manière que le
niveau de ce liquide soit le même de part et d'autre. L'air
contenu dans la petite branche fait évidemment équilibre
à la pression atmosphérique extérieure. Supposons que l'on
verse dans la grande branche une quantité suffisante de
mercure pour que le volume de l'air soit réduit de moitié;
on remarquera que la hauteur de la colonne de mercure
ajouté est absolument égale à la hauteur barométrique. L'air
renfermé supporte donc alors deux pressions atmosphériques; et sa force élastique équivaut à deux atmosphères,
c'est-à-dire qu'elle a doublé. Si on ajoute une seconde colonne de mercure égale à la colonne barométrique, le volume
de l'air se réduit au tiers de ce qu'il était primitivement.

Enfin, si l'on représente par v le volume de l'air soumis à la pression ordinaire
h, par v' le volume du même gaz soumis à la pression $h + h'$, on aura la relation :

$$\frac{v}{v'} = \frac{h + h'}{h}.$$

Fig. 73.

Dulong et Arago ont vérifié la loi de Mariotte jusqu'à une
pression de 27 atmosphères, en refoulant du mercure dans
deux tubes, l'un fermé et contenant de l'air sec, l'autre ouvert.

Des expériences plus récentes de M. Regnault, il résulte
que la loi n'est rigoureusement exacte pour aucun gaz, surtout
pour ceux qui se liquéfient le plus facilement par la compression. Pour de fortes pressions, l'air et l'azote se compri-
ment un peu plus que ne l'indique la loi; l'hydrogène, au contraire, diminue de compressibilité.

Pour vérifier la loi sur des pressions inférieures à celle de
l'atmosphère, on plonge verticalement dans une cuvette étroite,
profonde et remplie de mercure (fig. 73), un tube de Torricelli,
d'un mètre de longueur, gradué en parties d'égale capacité.
Ce tube contient une certaine quantité d'air sec. On l'enfonce
jusqu'à ce que le niveau du mercure soit le même en dedans
et en dehors. Alors la force élastique intérieure est égale à la
pression atmosphérique. On observe le nombre de divisions occupées par le gaz. Si on soulève le tube, l'air occupe un plus grand
espace et sa force élastique diminue; le mercure monte et
complète l'équilibre avec la pression extérieure. La force
élastique du gaz est donc devenue égale à celle de l'atmosphère
diminuée de la colonne de mercure qui s'est élevée dans le
tube au-dessus du niveau de la cuvette. Si, par exemple, le
volume primitif de l'air a été doublé, la force élastique a été
diminuée de moitié, et le mercure s'est élevé d'une hauteur
égale à la moitié de celle que marque le baromètre.

MANOMÈTRES

102. On appelle *manomètres* (des mots grecs *manos*, rare,
metron, mesure) des instruments dont on se sert pour mesurer
la tension des fluides élastiques. Varignon avait donné ce
nom à un appareil qu'il destinait à mesurer la raréfaction de
l'air; on l'applique maintenant à tout appareil propre à
mesurer les pressions exercées par les gaz ou les vapeurs.

103. Manomètre à air libre (fig. 74). — Un tube de cristal de 5 mètres environ de longueur est fixé verticalement le long d'une planche, et plonge inférieurement dans une cuvette de fer forgé G qui contient du mercure et peut être mise en communication par un tube à robinet avec une machine à vapeur. La vapeur arrive sur le mercure de la cuvette et le fait monter dans le tube à une hauteur proportionnelle à sa force élastique. Pour graduer le tube, on marque 1 au niveau primitif du mercure, 2 à une hauteur de $0^m,76$ au-dessus de ce niveau, puis 3, 4, 5 de 76 en 76 centimètres. Ces chiffres signifient 1, 2, 3, 4, 5 atmosphères. Au lieu de faire arriver la vapeur directement sur le mercure, on peut transmettre la pression par l'intermédiaire d'une colonne d'eau, afin de soustraire les parties mastiquées de la cuvette à l'action d'une température trop élevée. Les tubes de verre sont fragiles, et en outre le mercure les crasse promptement s'ils n'ont pas une certaine largeur. Quand on emploie un tube de fer (fig. 75), on le surmonte d'une poulie très-mobile, sur laquelle passe un fil portant, d'un côté, un flotteur de fer *f* qui repose sur le mercure, et de l'autre un contre-poids *c* un peu moins lourd que le flotteur. Ce contre-poids *c* parcourt des divisions écrites en sens inverse des précédentes. Pour que le flotteur monte et descende librement, le tube de fer doit être plus large que le tube de verre employé dans l'autre système.

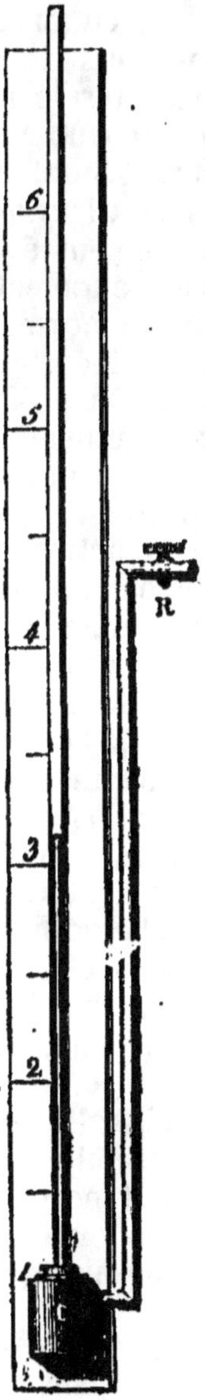

Fig. 74.

Fig. 75.

104. Manomètre à air comprimé (fig. 76). — Le manomètre dont nous venons de parler n'est appliqué qu'à des machines fixes, et d'ailleurs ses grandes dimensions le rendent souvent incommode. On lui substitue alors un appareil consistant en un tube de cristal, fermé à son extrémité supérieure, et plongeant par l'autre dans une boîte en fer ou en verre à demi pleine de mercure, ou encore dans un godet de verre enfermé dans un cylindre de bronze. Une tubulure latérale met le godet en communication avec la chaudière à vapeur. La pression de la vapeur fait monter le mercure dans le tube en comprimant l'air qu'il contient. Cette pression est évidemment égale à la colonne de mercure soulevée, augmentée de la pression de l'air comprimé. Au moyen de la loi de Mariotte, on peut graduer théoriquement le tube, s'il est cylindrique. On préfère ordinairement le graduer par comparaison, en faisant communiquer un récipient contenant de l'air comprimé avec la tubulure du manomètre à graduer et celle d'un manomètre à air libre. On comprime l'air du récipient progressivement, et on marque sur le premier instrument les indications fournies par le second. Il n'est pas nécessaire, en ce cas, que le tube soit cylindrique; on le rétrécit même souvent par le haut, afin que les divisions de l'échelle ne soient pas trop rapprochées pour les hautes pressions.

Fig. 76.

105. Manomètre Bourdon. — Cet appareil (fig. 77), d'un usage si commode pour les chaudières des locomotives, consiste en un tube de laiton *tt*, à parois minces et flexibles, contourné en spirale et aplati au laminoir, de manière que sa section représente une ellipse plus ou moins allongée. L'une de ses extrémités est fermée et libre, et porte ou fait mouvoir par un levier une aiguille qui indique sur un arc gradué la tension de la vapeur; l'autre extrémité est fixe et ouverte, et peut être mise en communication par un robinet avec la chaudière. La vapeur, en pénétrant, exerce sur la paroi intérieure du tube une pression qui a pour effet de le dérouler, et de faire

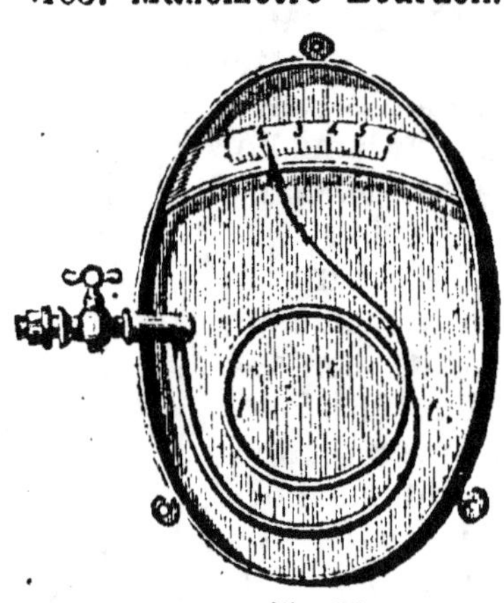

Fig. 77.

marcher l'aiguille dans le sens ascendant de la graduation. On établit cette graduation en faisant arriver, dans le tube, de la vapeur dont on connaît la pression, à l'aide d'un manomètre à air.

MACHINE PNEUMATIQUE

106. La *machine pneumatique* (du grec *pneuma*, air) est un appareil qui sert à raréfier l'air ou un gaz quelconque contenu dans un récipient. Elle a été inventée en 1650 par Otto de Guéricke. Cet infatigable expérimentateur avait entrepris une série d'observations sur les effets des diminutions ou augmentations de pression de l'air atmosphérique, observations provoquées sans doute par les résultats que venaient d'obtenir Torricelli, Pascal et quelques autres physiciens, de la découverte et de l'application du baromètre. Nous allons décrire l'appareil dont il se servait pour faire le vide; nous décrirons ensuite celui dont on se sert actuellement avec tous les perfectionnements qu'il a reçus.

De Guéricke faisait mouvoir dans un corps de pompe C bien cylindrique un piston (fig. 78) s'adaptant à frottement à la paroi intérieure et percé d'une cavité fermée par une soupape ou un clapet pouvant s'ouvrir de bas en haut. Le corps de pompe communique avec un tuyau deux fois recourbé à angle droit. Cette communication peut être interrompue ou établie à volonté au moyen d'un robinet R placé à la naissance du tuyau. Un pas de vis qui terminait ce dernier permettait d'y adapter un ballon muni d'un robinet. Suppo-

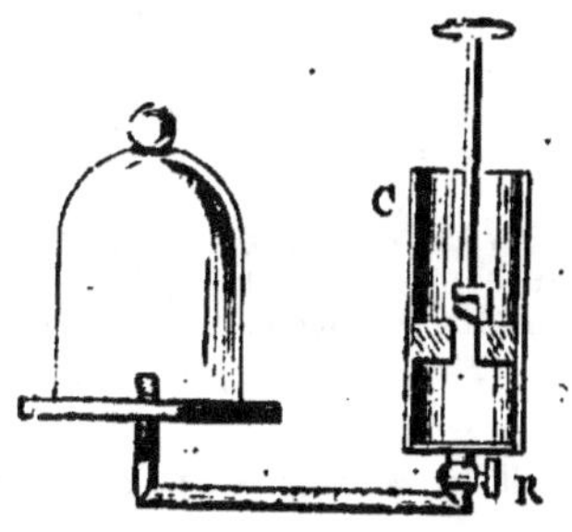

Fig. 78.

sons que le piston soit en contact avec le fond du corps de pompe, que les deux robinets soient ouverts et que le ballon ou récipient soit vissé sur l'extrémité du tuyau. Si nous soulevons le piston jusqu'au haut du corps de pompe, la pression de l'air extérieur appliquera fortement le clapet contre les bords de la cavité du piston, et celle-ci restera fermée; le gaz contenu dans le récipient et le tuyau se sera répandu en partie dans le corps de pompe et aura perdu une partie de sa force élastique, en même temps qu'il aura diminué de densité. Si, après avoir fermé le robinet du tuyau, nous abaissons le piston, le gaz qu'il comprime acquiert bientôt une élasticité suffisante pour vaincre la pression atmosphérique, soulever la soupape et s'échapper. En rouvrant le robinet R, et en soulevant de nouveau le piston, nous enlevons au récipient une nouvelle quantité d'air qui, comme précédemment, se précipite dans l'espace vide que nous lui offrons, et diminue encore d'élasticité et de densité.

En continuant la même opération, on ne parvient pas à faire le vide complet dans le récipient ; ce qui ne peut avoir lieu, puisque le procédé ne consiste pas à expulser l'air, mais à favoriser le développement de sa force expansive ; on produit seulement une raréfaction qui est d'autant plus grande que l'instrument est mieux conditionné.

On peut se rendre compte, après chaque coup de piston, de l'état de la force élastique du gaz contenu dans le récipient, quand on connaît sa capacité, celle du tuyau de communication et celle du corps de pompe. Soient V la capacité totale du récipient et du tuyau, v celle du corps de pompe, f la force élastique primitive, f' la force élastique après le premier coup de piston. Le volume V étant devenu $V + v$, on aura, d'après la loi de Mariotte, $\dfrac{f'}{f} = \dfrac{V}{V + v}$, ou $f' = f\,\dfrac{V}{V + v}$. Après le second coup de piston, on aura, de la même manière, $f'' = f'\,\dfrac{V}{V + v}$, et, en substituant à f' sa valeur connue, $f'' = f\left(\dfrac{V}{V + v}\right)^2$; et enfin après n coups de piston,

$$f_n - 1 = f\left(\frac{V}{V + v}\right)^n.$$

Soient $V = 5$ litres, et $v = 1$ litre. Il est évident que, le piston étant soulevé jusqu'au haut de sa course, la même masse d'air qui n'avait qu'un volume de 5 litres se trouve répartie dans un espace d'une capacité de 6 litres. Le volume occupé étant devenu les $\dfrac{6}{5}$ de ce qu'il était primitivement, la force élastique du gaz est devenue les $\dfrac{5}{6}$ de ce qu'elle était avant la levée du piston. Les conditions restant les mêmes, la force élastique, après un deuxième coup de piston, deviendra les $\dfrac{5}{6}$ des $\dfrac{6}{5}$ de ce qu'elle était primitivement, et ainsi de suite. Ce qui montre, conformément à la formule, que la force élastique ou la pression du récipient décroît suivant une progression géométrique dont la raison serait ici $\dfrac{5}{6}$, et dans la formule, $\dfrac{V}{V + v}$, quand le nombre des coups de piston augmente en progression arithmétique.

L'appareil dont nous venons de parler présentait plusieurs inconvénients, auxquels on a cherché à remédier. On conçoit d'abord qu'il devait être fort incommode d'être obligé de tourner le robinet du tube à chaque mouvement du piston. On a supprimé ce robinet, et on a appliqué à l'origine du

tube une soupape ouvrant de dehors en dedans du corps de
pompe.

La différence entre la pression extérieure et la pression
intérieure augmentant à chaque coup de piston, la manœuvre
de l'appareil devient de plus en plus pénible. On a fait dis-
paraître cet inconvénient en employant deux corps de pompe
parallèles, dont les pistons sont munis de tiges à crémaillères,
commandées par une roue dentée qui reçoit un mouvement
alternatif, au moyen d'un balancier, et fait descendre un des
pistons pendant que l'autre monte. On conçoit qu'alors les
pressions exercées par l'atmosphère sur les faces supérieures
des deux pistons se font équilibre, et qu'on n'a à vaincre que
la faible différence des pressions qui s'exercent sur les faces
inférieures. La force élastique du récipient diminuant de plus
en plus, il arrive un moment où elle est trop faible pour soulever la soupape du corps de pompe. On a imaginé alors de
fixer cette soupape à une tige que le piston fait un peu
monter ou descendre, à chacun de ses mouvements, de manière que la soupape soit ouverte ou fermée alternativement
sans l'intervention du gaz qui reste dans le récipient.

107. **Machine pneumatique à deux corps de pompe.** — Cette
machine se compose de
deux corps de pompe en
laiton, ou mieux en cristal
(fig. 79), contenant chacun
un piston formé de disques
en cuir gras, pressés entre
deux plaques métalliques,
au moyen de vis et d'é-
crous. Chaque piston p
porte à son centre une tige à
crémaillère c, c qui engrène
avec un pignon P qu'on fait
mouvoir de gauche à droite
et de droite à gauche, à
l'aide d'un levier LL. Dans
l'intérieur de chaque piston
est pratiquée une cavité
contenant une soupape co-
nique surmontée d'une pe-
tite tige. Cette tige glisse
dans une petite ouverture

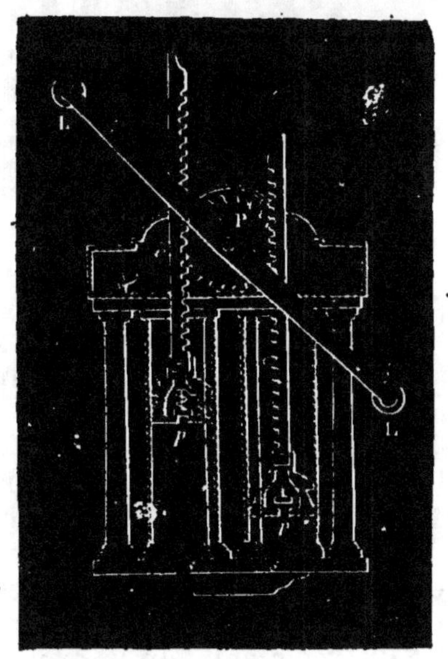

Fig. 79.

destinée à la diriger. Un ressort à boudin presse légère-

ment le cône contre les bords de l'orifice et sert à le tenir
fermé. Les cylindres sont fixés, à leur base, sur un support
en cuivre, et, à leur sommet, à une caisse qui renferme la roue
dentée avec laquelle engrènent les crémaillères. Ces cylindres
communiquent par leur partie inférieure avec un même tube,
dont l'extrémité, munie d'un pas de vis, vient s'ouvrir au

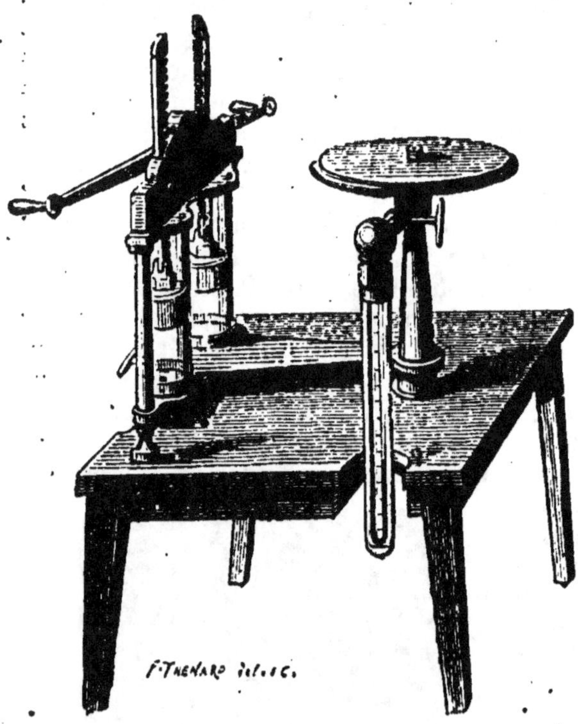

Fig. 80.

centre d'un disque ou plateau horizontal en verre, appelé *platine* (fig. 80). Chacune des branches du canal d'aspiration communique respectivement avec les corps de pompe, par une ouverture, conique, fermée par une soupape de même forme *s, s*. Cette soupape est fixée à une tige métallique qui traverse le piston à frottement dur, et présente à sa partie supérieure un arrêt ou petit renflement qui,
frappant contre la base supérieure du corps de pompe, ne
permet à la soupape de s'élever qu'à une très-faible hauteur.

Un robinet placé sur le trajet du conduit d'aspiration sert
à isoler le récipient du corps de pompe, et à laisser rentrer
l'air dans le récipient. Outre un conduit qui est perpendiculaire à son axe et qui établit communication entre les cylindres et la platine, quand la clef est placée horizontalement,
il possède un canal courbe dont on tourne l'orifice intérieur
du côté du récipient, après avoir retiré un bouchon métallique, quand on veut faire rentrer l'air.

Pour faire le vide dans une cloche, on la place sur la platine, après s'être assuré que ses bords sont parfaitement dressés et les avoir enduits de suif ou les avoir garnis d'une bande très-mince de caoutchouc. Toutes les pièces des deux corps de pompe étant symétriques, égales et liées entre elles, elles exécutent tour à tour les mêmes mouvements et produisent les mêmes effets. Supposons que l'un des pistons soit au bas de sa course, l'autre piston sera au haut de la sienne ; la soupape du premier corps de pompe étant fermée, l'autre soupape sera ouverte. Pendant tout le temps que le levier fonctionne, le gaz contenu dans le récipient continue à se raréfier sans interruption ; ce qui n'avait pas lieu avec un seul corps de pompe.

Le pas de vis qui termine le canal d'aspiration permet de faire le vide dans des vases de diverses formes, tels que des tubes, des ballons, qui sont munis de robinets.

Afin de vérifier le degré de raréfaction obtenu, on adapte à la machine une éprouvette en verre à parois épaisses pouvant communiquer avec le récipient et contenant un petit baromètre à siphon, appelé *baromètre tronqué* (fig. 81). La branche fermée et remplie de mercure n'a que 15 à 20 centimètres de hauteur. Tant que l'air du récipient a une force élastique supérieure à celle que mesurerait cette colonne de 15 à 20 centimètres, le mercure reste immobile ; mais passé ce terme, il descend d'un côté et s'élève de l'autre. La différence de hauteur des niveaux fait apprécier la force élastique, au moyen d'une graduation tracée sur une tablette. Si le vide absolu était possible, les deux niveaux coïncideraient; mais les bonnes machines laissent encore une différence de 2 millimètres. Cette limite de raréfaction provient de ce qu'il reste toujours, au-dessous du piston arrivé au bas de sa

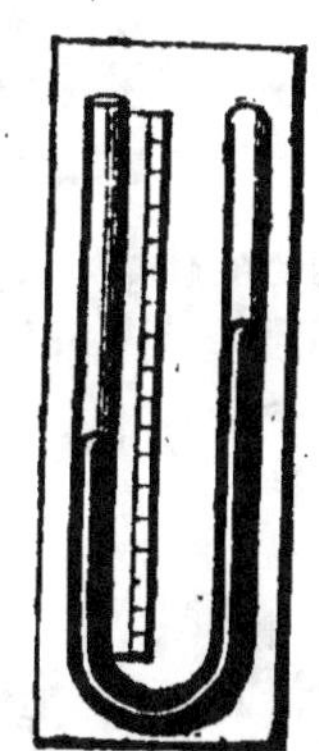

Fig. 81.

course, un petit espace, appelé *espace nuisible*, qu'on ne peut annuler entièrement. Avec les machines perfectionnées par M. Babinet, et appelées *machines à double épuisement*, on obtient le vide à 1 millimètre.

La *machine pneumatique à double effet* de Bianchi est construite avec un seul corps de pompe fermé dans sa partie supérieure. Le récipient communique avec les deux faces du piston, de telle sorte que celui-ci fait le vide en montant et en descendant.

108. On se sert dans les laboratoires, pour enlever le gaz contenu dans un vase, d'un petit appareil (fig. 82) formé,

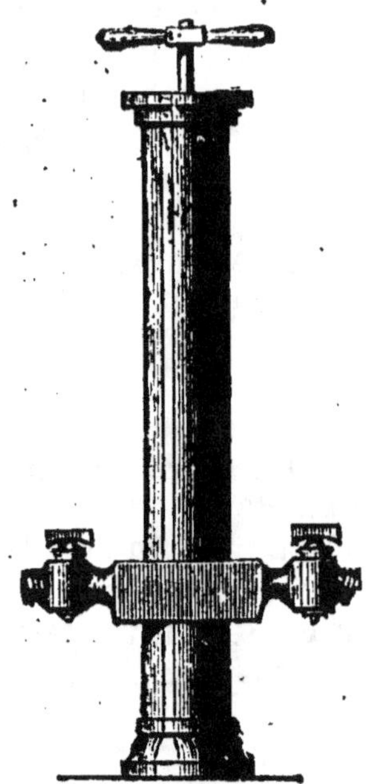

comme le briquet à air, d'un corps de pompe étroit dans lequel se meut un piston. A la partie inférieure du corps de pompe sont adaptées deux soupapes, l'une qui communique avec le gaz à épuiser, et s'ouvre de dehors en dedans, quand on soulève le piston, l'autre qui communique avec l'extérieur, et s'ouvre de dedans en dehors, quand le piston s'abaisse. Les mouvements du piston sont produits avec la main; ce qui a fait donner à l'instrument le nom de *pompe à main*.

109. Machine de compression. — On donne ce nom à un appareil qui sert à accumuler l'air ou un gaz quelconque dans un récipient, et à augmenter ainsi sa densité et son élasticité. La machine pneumatique, nous venons de le voir, a une destination directement opposée.

Fig. 82.

Un corps de pompe contenant un piston (fig. 83) peut communiquer avec le réservoir dans lequel il s'agit d'accumuler de l'air. La soupape du piston

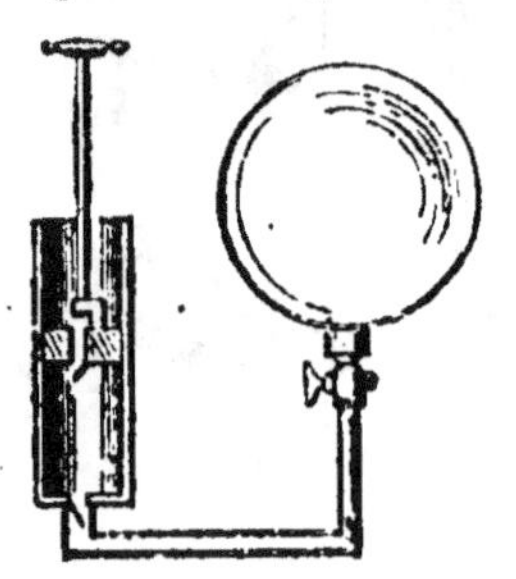

s'ouvre de haut en bas; celle de l'entrée du canal de communication s'ouvre dans le même sens. Si, après avoir vissé la tubulure du récipient à l'extrémité du canal, on enfonce le piston, la tension augmente dans le corps de pompe, la soupape supérieure est pressée de bas en haut plus qu'elle ne l'est par l'air atmosphérique et reste fermée, tandis que la soupape inférieure, au contraire, s'ouvre pour laisser pénétrer le gaz dans le récipient, et s'y accumuler de

Fig. 83.

plus en plus à chaque coup de piston.

110. Pompe de compression. — Cet appareil (fig. 84) diffère du précédent, en ce que le piston est plein, et que le corps de pompe porte à sa partie inférieure deux soupapes, l'une qui s'ouvre de dehors en dedans pour laisser pénétrer l'air extérieur, l'autre qui s'ouvre de dedans en dehors et livre passage à l'air refoulé. On remplace quelquefois la première soupape par une simple ouverture O pratiquée vers le haut du corps de pompe. On élève chaque fois le piston au-dessus de cette ouverture, afin que l'air puisse emplir de nouveau le cylindre; et quand le piston remonte, la soupape du canal de communication est d'autant plus pressée de bas en haut que la condensation est plus avancée.

111. Fusil à vent. — Cet instrument est une application du ressort de l'air comprimé. La crosse contient un réservoir à soupape dans lequel on comprime de l'air sous huit à dix atmosphères, à l'aide d'une pompe de compression établie de manière à pouvoir être vissée. La compression étant faite, on remplace la pompe par un canon qui reçoit le projectile et doit en diriger le mouvement. Si alors on presse la détente du fusil, la soupape s'ouvre, pour se refermer aussitôt, et laisse échap-

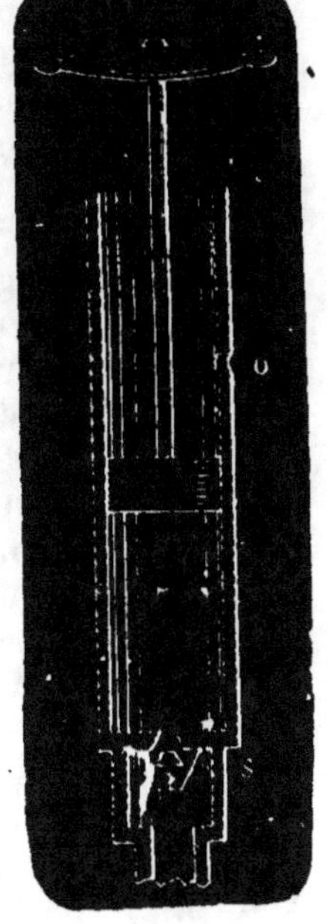

Fig. 84.

per violemment une portion d'air qui peut, pour les premiers coups du moins, chasser une balle avec autant de force que le fusil à poudre.

Le bruit produit par l'explosion est analogue à celui que l'on entend dans l'expérience du crève-vessie. A l'extrémité du canon on aperçoit un jet de flamme assez prononcé, qui est dû au frottement brusque des corpuscules qui voltigent dans l'air. On conçoit que la force de projection doit diminuer à chaque coup.

112. Chemins de fer atmosphériques. — Un cylindre, d'une longueur suffisante, contient un piston mobile et s'étend entre les rails. Le piston offre deux têtes distinctes unies l'une à l'autre par une tige de fer très-solide. Le cylindre porte une fente longitudinale fermée par une bande de cuir. A l'aide de puissantes machines pneumatiques, on fait le vide d'un côté du piston. La pression atmosphérique le pousse aussitôt dans le trajet du tuyau et presse la bande de cuir contre la fente longitudinale. Pour utiliser ce mouvement, suivant le but proposé, on attache le premier wagon du

convoi à une tige fixée à celle des têtes du piston, et passant
par la fente en soulevant la bande de cuir.

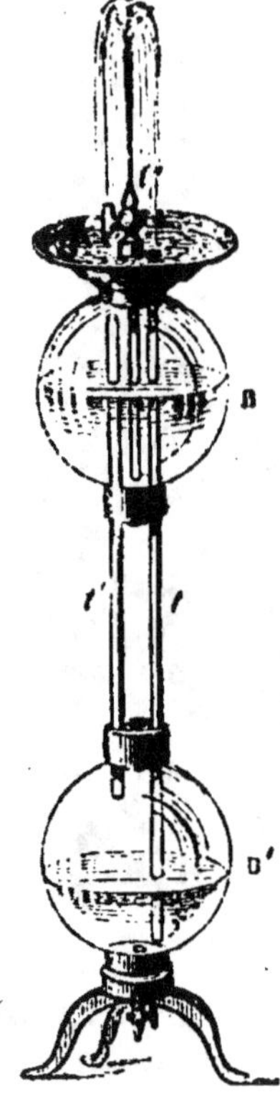

Fig. 85.

113. Fontaine de Héron. — Cet appareil
(fig. 85), avec lequel on démontre la force
élastique de l'air comprimé, est dû au mathématicien Héron, né à Alexandrie, où il
florissait vers l'an 120 avant Jésus-Christ.

Trois vases sont placés les uns au-dessus
des autres dans la position indiquée par la
figure 84. Le vase supérieur, qui a la forme
d'une cuvette, communique par son fond
avec la partie inférieure du troisième vase
B' qui, comme le second B, a la forme d'un
ballon. La communication est établie par
un tube métallique t, qui traverse le ballon
B, en passant par les garnitures. Un second
tube t' fait communiquer les deux ballons et
se termine à la partie supérieure de chacun
d'eux. Enfin un tube à ajutage t'', muni d'un
robinet, est fixé au centre de la cuvette et
se prolonge jusqu'au bas du vase B. Pour
faire fonctionner l'appareil, on commence
par verser de l'eau dans le ballon B, en se
servant d'une ouverture disposée exprès au
fond de la cuvette,
ou en retirant pour
un instant le tube
à ajutage. Si alors
on remplit d'eau
la cuvette, ce li-
quide descendra dans le ballon
inférieur par le tube t et en chassera
peu à peu l'air. Celui-ci, refoulé dans
le ballon supérieur, se comprimera
de plus en plus et fera jaillir l'eau de
ce ballon par le tube t''.

C'est encore l'excès de pression
de l'air qui fait jaillir l'eau dans
l'expérience suivante (fig. 86). On
met sur la platine d'une machine

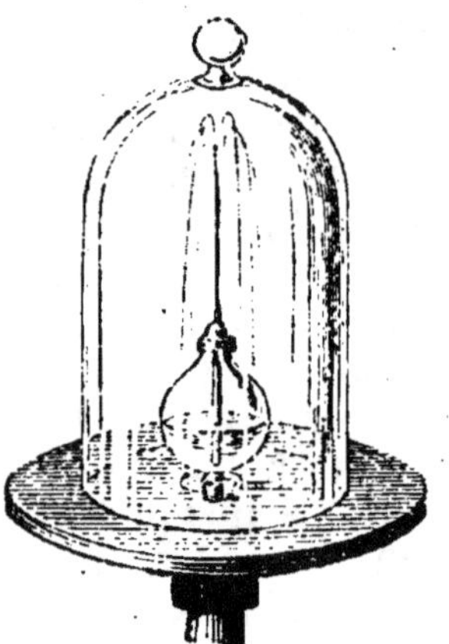

Fig. 86.

pneumatique un flacon à demi rempli d'eau. Son goulot est
fermé par un bouchon traversé par un petit tube de verre
qui pénètre presque jusqu'au fond du vase. Dès qu'on

fait le vide, l'eau monte dans le tube et s'en échappe en jet.

114. Soufflet ordinaire. — Cet ustensile (fig. 87) se compose de deux tablettes T, T', réunies par une lame de cuir, arrêtées par leur extrémité la plus étroite, mobiles par leur extrémité la plus large. Vers le milieu de la tablette

Fig. 87.

inférieure est une soupape qui s'ouvre de dehors en dedans. Quand on écarte l'un de l'autre les deux manches du soufflet, l'air pénètre par la soupape et remplit tout l'intérieur ; quand on les rapproche, l'air ferme la soupape et sort vivement par un tuyau qui fait le prolongement du réservoir.

115. Soufflet à vent continu (fig. 88). — L'appareil que nous venons de décrire n'envoie de l'air que par suite du rapprochement des deux tablettes. Le jet est donc intermittent. On modifie la construction du soufflet quand on veut obtenir un jet continu.

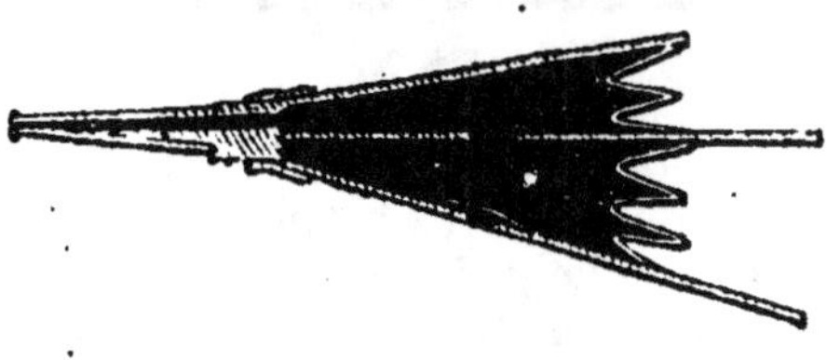

Fig. 88.

Trois tablettes d'ailleurs disposées comme celles du soufflet ordinaire forment deux réservoirs au lieu d'un seul. La tablette inférieure porte une soupape qui s'ouvre de dehors en dedans ; la tablette du milieu en porte une également qui s'ouvre du réservoir inférieur au réservoir supérieur. Les deux tablettes extrêmes sont liées entre elles par un ressort qui tend à les rapprocher. La tuyère par laquelle doit s'échapper l'air ne communique qu'avec le réservoir supérieur. En écartant l'une de l'autre les deux tablettes inférieures, on fait pénétrer l'air dans le premier réservoir ; si alors on les rapproche, l'air comprimé ouvre la seconde soupape et arrive dans l'autre réservoir, d'où il commence à s'écouler par la tuyère. Si on les écarte de nouveau, la soupape de la tablette du milieu se ferme, et le réservoir supérieur se vide par l'effet du ressort, tandis que l'autre se remplit.

Les soufflets de forge ont une construction analogue. Les différences essentielles sont que la tablette moyenne est fixe, que la tablette supérieure s'abaisse par l'effet d'un poids et non d'un ressort, que la tablette inférieure est abaissée par un poids et relevée par la main du forgeron, au moyen d'un levier.

116. Siphon. — On appelle *siphon* (fig. 89) un tube recourbé en U, servant à transvaser un liquide ou à vider un réservoir.

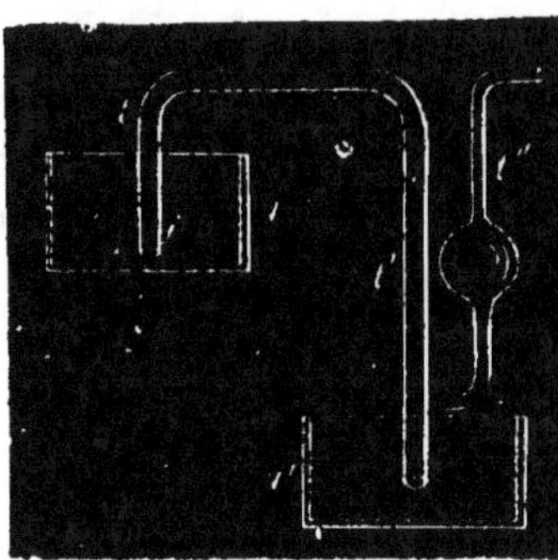

Fig. 89.

Supposons que le tube de verre tt', dont les branches sont inégales, plonge par une de ses extrémités dans le vase plein d'eau V et par l'autre dans le vase V'. Supposons en outre que le tube ayant été préalablement rempli d'eau, on l'abandonne à lui-même. Le liquide du premier vase, qui reçoit la plus petite branche, passera dans le second vase, tant que le niveau ne sera pas devenu le même dans les deux. En effet, la force qui agit sur l'orifice de chacune des branches est égale à la pression atmosphérique diminuée du poids d'une colonne d'eau égale à la distance verticale du sommet du tube au point plongeant de chacune de ces branches. Il faut donc que cette distance soit devenue la même de part et d'autre pour que l'équilibre soit établi.

Considérons une tranche S prise au plus haut point du siphon. La pression supportée par cette tranche sera égale à $P - H$ dans un sens, et à $P - H'$ dans l'autre sens. La tranche sera donc entraînée dans la direction de la plus grande hauteur H', et avec une force égale au poids d'une colonne liquide ayant pour hauteur $H' - H$.

Pour qu'un siphon puisse fonctionner, il faut : 1° que la distance de son sommet au-dessus du niveau du liquide n'excède pas la hauteur à laquelle peut s'élever ce liquide dans un tube barométrique; 2° que l'orifice de sortie soit plus bas que le niveau du réservoir; 3° que le siphon soit *amorcé*, c'est-à-dire rempli de liquide.

On amorce ordinairement le siphon en aspirant, avec la bouche, par un de ses orifices, pendant que l'autre est plongé dans le liquide. Pour éviter que le liquide arrive jusqu'à la bouche, on adapte à la grande branche un tube t'' qui remonte parallèlement et porte vers son milieu un renflement plus ou moins prononcé destiné à ralentir l'ascension du liquide et à éviter toute surprise.

Afin de pouvoir transporter le siphon sans être obligé de l'amorcer de nouveau, on adapte à ses deux extrémités des robinets que l'on ferme quand on veut l'enlever, et qu'on ouvre de nouveau quand on le replonge dans d'autres vases.

Quand le tube de l'appareil est étroit, il n'est pas nécessaire, pour que l'écoulement ait lieu, que l'orifice de sortie soit submergé ; il n'en est pas de même quand le tube est très-large, attendu que, dans ce cas, l'air pourrait remonter dans la grande branche et diviser la colonne de liquide.

Le siphon a souvent été employé avec succès pour les travaux hydrauliques.

117. Vase de Tantale. — Un tube recourbé *t* (fig. 90), à peu près en forme de siphon, est placé dans un vase de manière que la plus longue branche traverse le pied et que l'orifice de la plus petite soit près du fond de ce vase.

Si l'on verse de l'eau dans l'appareil, elle montera dans le tube en même temps que dans le vase, et aussitôt qu'elle sera parvenue au sommet du siphon, elle s'écoulera par la grande branche. Si un robinet alimente constamment le vase, mais avec un écoulement moindre que celui du tube, l'appareil prend le nom de *siphon intermittent*, parce que le liquide s'échappe et s'arrête tour à tour.

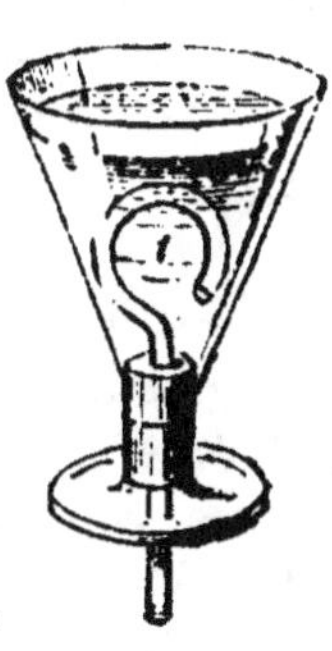

Fig. 90.   Fig. 91.

On remplace quelquefois le siphon par un tube droit qui traverse le pied du vase, et que l'on recouvre d'une éprouvette portant une petite ouverture à sa partie inférieure. On encaisse alors cette espèce de siphon dans le corps d'une figurine représentant Tantale T (fig. 91), de manière que le vase commence à se vider toutes les fois que le liquide arrive au niveau de la bouche de ce personnage.

118. Fontaine intermittente de Sturmius (fig. 92). — Un réservoir R en partie rempli d'eau, et hermétiquement fermé par un bouchon à l'émeri, porte à sa partie inférieure plusieurs ajutages capillaires *a, a'*. Un tube descend verticalement de l'intérieur de ce réservoir jusque près du fond d'un bassin qui est percé d'une petite ouverture destinée à le vider, mais donnant moins d'eau que tous les ajutages ensemble. L'eau s'écoule d'abord par les ajutages et tombe dans le bassin, jusqu'à ce que l'orifice du tube soit immergé. Alors l'air extérieur ne pouvant plus pénétrer dans le réservoir, l'air intérieur augmente de volume et perd une partie de sa force élastique. La pression atmosphérique venant à l'emporter sur cette force élastique, et la colonne d'eau du réservoir réunies, l'eau du bassin s'élève dans le tube à une hauteur égale à celle de cette colonne d'eau, et l'écoulement des ajutages s'arrête; mais bientôt le bassin se vidant par l'ouverture pratiquée à son fond, l'orifice du tube se dégage, l'air rentre dans le vase supérieur, et le phénomène se reproduit de la même manière que précédemment.

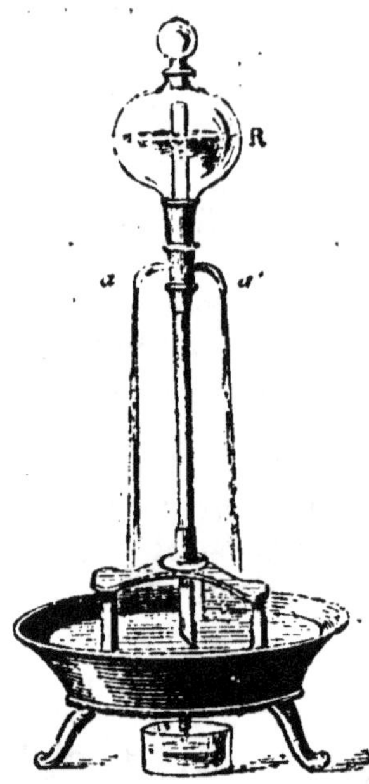

Fig. 93.

POMPES

119. Les pompes sont des machines employées pour élever les liquides à une hauteur plus ou moins considérable au-dessus du niveau du réservoir où ils sont contenus. Elles peuvent être d'une construction simple ou compliquée, et, sous ce rapport, elles peuvent varier d'une manière indéfinie; mais relativement au but qu'elles doivent remplir, elles se ramènent à trois espèces principales : la *pompe aspirante*, la *pompe foulante*, la *pompe aspirante et foulante*.

120. **Pompe aspirante.** — Cette pompe (fig. 93), qui est une sorte de machine pneumatique, repose sur ce principe démontré, que, par l'effet de la pression atmosphérique, les liquides s'élèvent dans les tuyaux où l'air a été raréfié et que l'eau, par exemple, peut s'élever jusqu'à une hauteur de 10^m,33 environ, si l'on ne tient pas compte des résistances passives.

L'appareil se compose essentiellement :

1º D'un corps de pompe CC dans lequel se meut un piston muni d'une ou deux soupapes s'ouvrant de dedans en dehors;

2º D'un tuyau d'aspiration *t* faisant suite au corps de pompe dont il est séparé par une autre soupape S', s'ouvrant dans la même direction que la première.

Quand on soulève le piston, l'air qui est contenu dans le tuyau d'aspiration se répand, en vertu de sa force expansive, dans le corps de pompe, et perd une partie de son élasticité. Le liquide monte alors dans le tuyau à une hauteur proportionnelle à cette perte d'élasticité. Si ensuite on abaisse le piston, la soupape S', appelée *soupape dormante*, se ferme, la soupape du piston s'ouvre, et l'air qui a pénétré dans le corps de pompe s'échappe dans l'atmosphère. On conçoit qu'après quelques coups de piston le liquide doit atteindre le corps de pompe. On dit alors que la pompe est *amorcée*. A partir de ce point de l'opération, le liquide, à chaque coup de piston, franchit la soupape S et se déverse avec intermittences, par un conduit appliqué à la partie supérieure du corps de pompe.

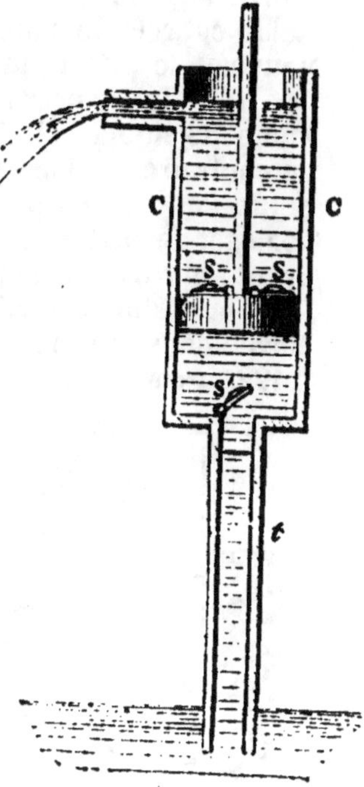

Fig. 93.

121. Pompe foulante. — Dans cette espèce de pompe (fig. 94), le piston est plein, c'est-à-dire qu'il ne porte pas de soupape ; le corps de pompe plonge dans l'eau, et est muni à sa partie inférieure d'une soupape S s'ouvrant de bas en haut, et presque à la même hauteur, mais latéralement, d'une seconde soupape s'ouvrant de dedans en dehors et communiquant avec le tuyau d'ascension. Lorsqu'on soulève le piston, le liquide

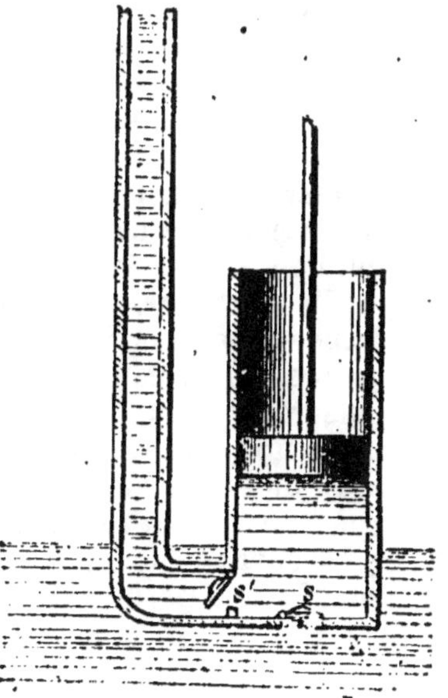

Fig. 94.

entre dans le corps de pompe; quand on l'abaisse, le liquide est refoulé dans le tube d'ascension. Si l'on soulève de
nouveau le piston, la soupape du tuyau se ferme par l'effet
à la fois de la pression atmosphérique et de la petite colonne de liquide déjà refoulée; la soupape du bas s'ouvre,
au contraire, et laisse pénétrer une nouvelle quantité de liquide dans le corps de pompe. La force nécessaire pour
abaisser le piston est égale au poids d'une colonne d'eau
ayant pour base la surface inférieure du piston, et pour hauteur la distance verticale de cette base au niveau de l'eau
élevée dans le tube ascensionnel.

122. Pompe à incendie (fig. 95). — Deux pompes foulantes
tirent l'eau d'un réservoir R
que l'on a soin d'entretenir
suffisamment plein, et la re-
foulent dans un second réservoir R' appelé *boîte à air*, où
plonge un tube fixe, à l'extrémité duquel on ajuste le tuyau
en cuir qui doit être dirigé sur
le feu. L'eau, en arrivant dans
la boîte à air, comprime le gaz
qu'elle contient, et la force
élastique de celui-ci réagit sur
le liquide et le chasse dans le
tube fixe, de manière à entre-

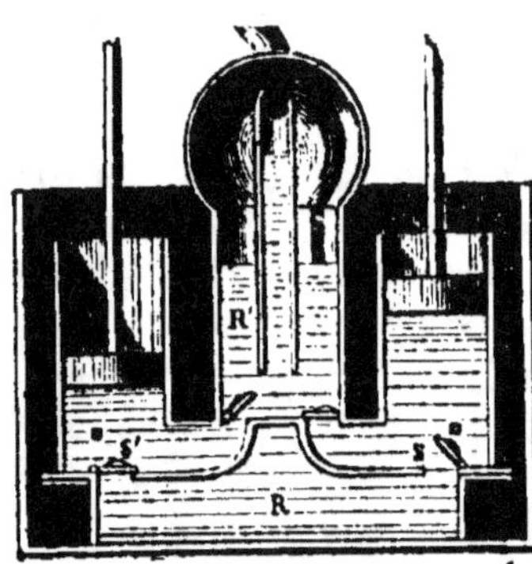
Fig. 95.

tenir un jet régulier. Par suite du mouvement alternatif des
deux pistons, l'eau est refoulée dans le réservoir R' tantôt
par la soupape S, tantôt par la soupape S', et le jet n'est pas
interrompu; mais l'expérience a démontré qu'il importe beaucoup que ce jet ait une grande régularité, ce qui s'obtient
en emprisonnant de l'air, dont le ressort exerce une pression à peu près constamment égale sur la surface du liquide
qui doit être projeté.

123. Pompe aspirante et foulante. — Cette pompe (fig. 96),
comme son nom l'indique, est une combinaison des précédentes. Elle a pour but d'élever l'eau au-dessus du niveau du
puisard, et de la refouler dans un tuyau d'ascension. Un corps
de pompe, dans lequel se meut un piston plein, communique
avec un tuyau d'aspiration par une soupape S qui s'ouvre de
bas en haut, et avec le tuyau d'ascension par une soupape S'
qui s'ouvre de dedans en dehors. Cette dernière soupape est
placée à la partie inférieure et latérale du corps de pompe.

Quand la pompe est une fois amorcée, l'eau pénètre dans
le cylindre, chaque fois que le piston s'élève, et passe dans
le tuyau latéral, chaque fois
que le piston s'abaisse. L'appareil prend le nom de *pompe*

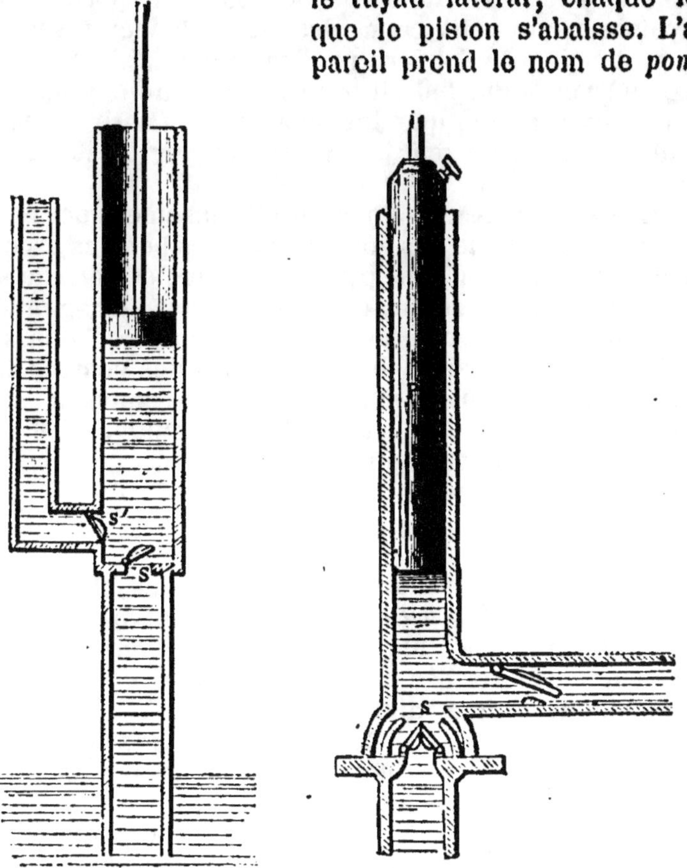

Fig. 96.   Fig. 97.

à feu, quand il a pour moteur une machine à vapeur.

124. Pompes à piston plongeur (fig. 97). — Quand il s'agit
d'élever l'eau à une hauteur très-considérable, il faut que
les diverses pièces de la machine soient établies avec une
grande solidité et des précautions particulières ; car la pression produite par la colonne d'eau est tellement forte que le
liquide se glisse entre le piston et le corps de pompe, au
lieu de se rendre entièrement dans le tuyau d'ascension. On
se sert alors d'un piston métallique P dit *piston plongeur*, et
non d'un piston à rondelles de cuir. La soupape d'aspiration S
est formée de deux clapets fermant sur des plans inclinés

à 45°. Un troisième clapet est placé au bas du tuyau d'ascension. Le piston glisse dans une boîte à étoupes fixée à
l'extrémité supérieure du corps de pompe. Il porte, dans
son épaisseur, un petit canal destiné à donner issue de
temps en temps, par l'ouverture d'un robinet, à l'air qui se
dégage de l'eau et qui finirait par nuire au jeu de la pompe.
C'est par ce procédé que les pompes de Marly élèvent
l'eau de la Seine, d'un seul jet, à une hauteur de 160 à 170
mètres.

125. Pompes de mines. — Pour faire l'épuisement des eaux
des mines, on n'emploie pas généralement les pompes ascen-
sionnelles, à un seul jet. Une première pompe élève l'eau du
puisard jusqu'à un réservoir, où plonge le tuyau d'aspiration
d'une seconde pompe qui fait monter l'eau jusqu'à un second réservoir, et ainsi de suite. Les tiges des pompes des
divers étages sont unies à une tige unique appelée *maî-
tresse tige*, qui s'étend du haut au bas du puits et qui est
mise en mouvement par une machine à vapeur.

AÉROSTATS

126. Les *aérostats* (des mots latins *aer*, air, *stat*, il se tient,
il se tient dans l'air) ou *ballons* sont des réservoirs formés
par une étoffe à la fois fine, résistante et imperméable, et
qui tendent à s'élever dès qu'on les emplit d'air chaud ou
d'un gaz plus léger que l'air atmosphérique.

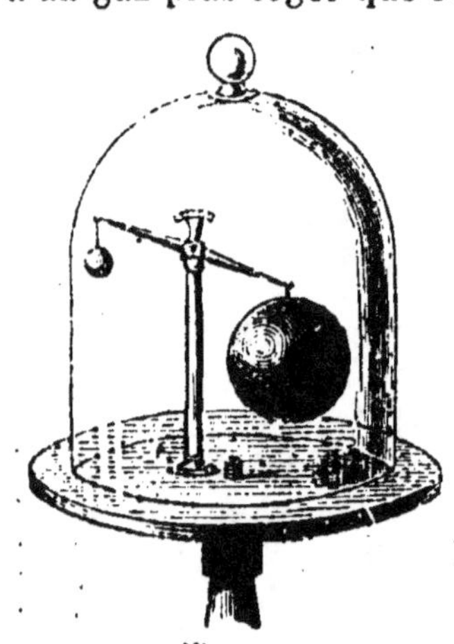

Fig. 98.

Cette tendance à s'élever est
due à la force de poussée qui
s'exerce verticalement de bas en
haut, et qui est égale au poids de
l'air déplacé, conformément au
principe d'Archimède, que nous
connaissons déjà : *Tout corps plongé
dans un fluide en équilibre est soumis
à un effort, à une poussée qui agit de
bas en haut et qui est égale au poids
du fluide déplacé.*

Otto de Guéricke démontrait que
les corps perdent de leur poids
dans l'air, proportionnellement à
leur volume, à l'aide d'un fléau de
balance (fig. 98) portant à ses
extrémités des boules métalliques de volume très-différent,

mais de même poids dans l'air. Si, comme il le faisait, on place l'appareil sous le récipient d'une machine pneumatique dans lequel on fait le vide, l'équilibre entre les deux boules cesse d'exister; c'est la plus grosse qui l'emporte; ce qui prouve qu'elle est réellement plus pesante. Si cet excès de poids n'est pas apparent dans l'air, cela tient évidemment à ce qu'elle supporte de bas en haut une poussée plus forte que celle qui agit sur la petite boule, parce qu'elle déplace une quantité d'air plus considérable. L'instrument qui sert à cette expérience a reçu le nom de *baroscope* (des mots grecs *baros*, poids, *scopô*, j'observe).

Un ballon montera donc dans les airs, comme le liége monte à la surface de l'eau; il ne s'agit alors, pour obtenir ce résultat, que de gonfler le ballon avec un gaz de densité assez faible pour que la densité moyenne de tout l'appareil, contenant, contenu, nacelle et agrès quelconques, soit inférieure à celle de l'air ambiant.

Plus la densité du gaz employé sera faible, plus l'ascension sera facile.

Dès 1767, c'est-à-dire dans l'année qui suivit les études faites par l'illustre Cavendish sur les propriétés de l'hydrogène, le professeur de physique anglais, docteur Black répétait dans ses leçons que, si une vessie suffisamment mince était remplie d'air inflammable (hydrogène), elle formerait une masse beaucoup plus légère que la même masse d'air, et qu'elle devrait naturellement s'élever. L'année suivante, Cavallo rapportait à la Société royale de Londres (20 juin) qu'après avoir fait diverses expériences infructueuses avec une vessie et d'autres membranes, il avait fait enlever rapidement des bulles de savon produites par le gaz inflammable.

Plusieurs tentatives avaient été faites, en Angleterre, d'après ces données, lorsque les frères Joseph et Etienne Montgolfier, fabricants de papier à Annonay (Ardèche), essayèrent d'abord l'emploi de l'hydrogène. Leur ballon, qui n'était construit qu'en papier, ne tarda pas à perdre le gaz qu'il contenait, et ne servit guère qu'à constater le principe. Ils eurent alors l'idée de remplacer le gaz hydrogène par de l'air chaud, qui est plus léger que l'air ordinaire, et lancèrent à Avignon, en décembre 1782, et, six mois plus tard, à Annonay, un ballon de toile doublé de papier à l'intérieur, et ayant 12 à 13 mètres de diamètre. A sa partie inférieure, le ballon était lesté, et avait une ouverture qui permettait d'introduire de l'air chaud

produit par la combustion des matières les plus appropriées
à cet effet.

Le 26 août 1783, on fit partir du Champ-de-Mars, à Paris,
un ballon de 4 mètres de diamètre, qui eut un égal succès.
Son ascension était produite par l'hydrogène, qui est quatorze fois et demie moins lourd que l'air, et son enveloppe
consistait en un taffetas enduit de caoutchouc dissous dans
l'essence de térébenthine bouillante.

Deux ou trois mois après, Pilâtre de Rozier et d'Arlandes
eurent, les premiers, le courage de s'élever dans les airs au
moyen d'un ballon à air chaud construit par E. Montgolfier.
Ils partirent du château de la Muette, au bois de Boulogne,
et après avoir entretenu pendant une demi-heure environ un
feu de paille dont la fumée toujours renouvelée les fit monter
à une hauteur considérable, ils descendirent sans secousses
sur la *Butte aux Cailles,* un peu en dehors des anciennes bar-
rières de Paris.

Les ballons à air chaud ont reçu le nom de *montgolfières,*
du nom de leurs inventeurs. Le mot *aérostat* est l'expression
générale, mais on l'applique plus spécialement aux ballons
à gaz hydrogène.

La forme de ces appareils est à peu près celle d'une
sphère (fig. 99). C'est en effet la forme la plus favorable à

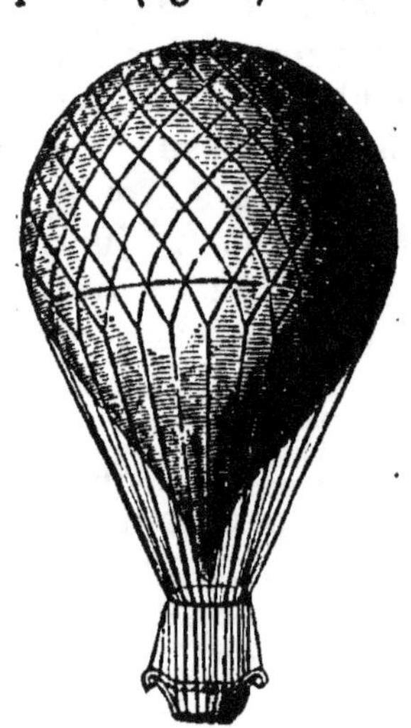

l'équilibre; mais on conçoit qu'offrant à l'air une même surface, toujours et dans tous les sens, elle est
peu propre à la navigation aérienne.
Aussi les aéronautes qui s'appliquent
à l'étude des moyens les plus effi-
caces à employer, pour parvenir à
diriger les ballons, cherchent-ils à
leur donner une forme allongée, qui
se rapproche de celle d'un navire
ou d'un poisson.

Pour gonfler un aérostat, on fait
arriver de l'hydrogène par une ouverture ménagée, à sa partie inférieure. Ce gaz se dégage d'un système de tonneaux où l'on a mis de
l'eau, du zinc et de l'acide sulfurique.
On peut substituer au zinc des co-

Fig. 99.

peaux de fer. On a constaté que 3 kilog. de fer et 5 kilog.
d'acide sulfurique fournissent un mètre cube de bon gaz

pour les ballons. Un mètre cube d'hydrogène pur (sa densité comparée à celle de l'air étant de 0,0692) pèse $0^k,089$; un même volume d'air pèse $1^k,299$; ce qui fait une différence de $1^k,21$. Cette différence représente la force ascensionnelle par mètre cube. Ainsi 6,000 mètres cubes de gaz pourraient soulever 7,260 kilog.

Mais l'emploi de l'hydrogène pur est moins commode et beaucoup plus dispendieux que celui de l'hydrogène carboné, ou gaz d'éclairage. Ce n'est qu'en 1820 qu'on a commencé à éclairer un des quartiers de Paris (celui du Luxembourg) par le gaz extrait de la houille; ce n'est donc que postérieurement à cette époque qu'on a pu se servir de ce gaz pour les aérostats, les autres villes de France n'ayant adopté que lentement le nouveau mode d'éclairage. Actuellement les montgolfières sont presque entièrement abandonnées, et l'hydrogène pur est remplacé par le gaz d'éclairage.

La densité, comme la composition et la faculté éclairante de ce dernier, est assez variable; elle est à peu près en moyenne les 0,43 de celle de l'air; ce qui donne, par mètre cube, une force ascensionnelle de $0^k,74$.

Les montgolfières n'ont une certaine force ascensionnelle qu'autant qu'elles ont des dimensions considérables. Dans les conditions les plus favorables, elle n'est guère, par mètre cube, que de $0^k,40$.

Il est évident que, pour calculer la force ascensionnelle effective, il faut défalquer le poids de tout ce qui entre dans l'agencement du ballon.

L'enveloppe des aérostats est un taffetas rendu imperméable par une couche d'huile siccative lithargirée.

Les aéronautes, d'ailleurs, varient le procédé suivant le but qu'ils se proposent. Ce taffetas préparé pèse ordinairement 250 grammes le mètre carré.

La nacelle, qui doit recevoir les voyageurs et les accessoires, est attachée à un filet en corde, qui, appliqué sur la surface du ballon, sert à le préserver et à répartir la charge sur un grand nombre de points.

La pression atmosphérique, diminuant à mesure qu'on s'élève, le gaz tend à prendre un plus grand volume et presse de plus en plus contre la paroi interne de l'enveloppe. Il pourrait la faire éclater, si l'on n'avait soin d'éviter de remplir entièrement le ballon.

Quand l'aéronaute, arrivé à une certaine hauteur, désire

s'élever encore, il jette une partie du lest qu'il a emporté avec lui. Ce lest consiste ordinairement en petits sacs de sable dont il connaît le poids. Or, il suffit que la force d'ascension soit de quelques kilogrammes. Si, au contraire, il veut descendre, il ouvre, à l'aide d'une corde qui est à sa portée, une soupape à ressort placée vers le sommet du ballon, et laisse échapper du gaz.

Il reconnaît qu'il monte ou qu'il descend au moyen d'un baromètre. Il peut même, avec cet instrument et une table ou graduation construite *ad hoc*, savoir à chaque instant à quelle hauteur il se trouve au-dessus du sol. Il se munit en outre d'un grappin, sorte d'ancre qui lui permet, quand il veut opérer la descente, de s'amarrer au sol.

En 1802, Garnerin osa, le premier, descendre en parachute (fig. 100). Après avoir oscillé dans les airs comme le pendule d'une horloge, avec des vibrations plus d'une fois si violentes que la nacelle se trouvait sur le même plan que l'appareil protecteur, il arriva jusqu'à terre en sûreté, mais non sans quelques meurtrissures. D'autres expériences ont été faites avec plus de succès.

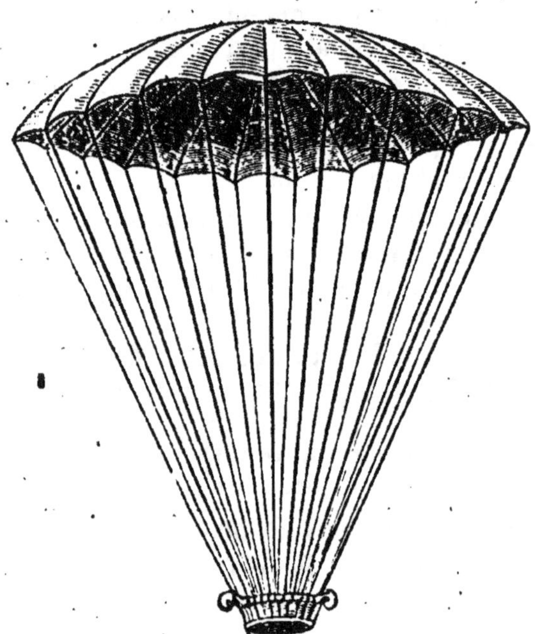

Fig. 100.

127. Le *parachute* est d'une construction très-simple. Il consiste en une sorte d'opercule bombé, en forme de parapluie, fait d'une étoffe à la fois solide et légère. Une ouverture pratiquée à son centre laisse écouler une partie de l'air qui s'oppose à sa chute, et diminue l'amplitude de ses oscillations. Des cordes partant de son centre et suivant son

développement, quittent ses bords pour aboutir à la nacelle, qu'elles soutiennent.

Au moment où l'aéronaute tire la corde qui retient le parachute plié et fixé au ballon, et détache la nacelle, le parachute se déploie et ralentit la chute par l'effet de la résistance de l'air.

MÉLANGE DES GAZ ENTRE EUX

128. Quand on mélange de l'huile avec de l'eau, celle-ci, comme plus dense, tombe au fond du vase et l'huile surnage. Il en est de même pour tous les liquides qui ont une densité différente et qui n'ont pas d'action chimique les uns sur les autres. Les gaz, quelle que soit leur différence de densité, se mélangent intimement.

Berthollet l'a constaté par une expérience remarquable. Il mit dans les mêmes conditions de température et de pression atmosphérique deux ballons l'un au-dessus de l'autre et communiquant ensemble. Il remplit le ballon supérieur d'hydrogène pur, et le ballon inférieur d'acide carbonique, qui a une densité vingt-deux fois plus grande. On ne tarda pas à pouvoir vérifier que chacun des réservoirs contenait une même proportion de chacun des gaz.

Lois. — *Dans un mélange de plusieurs gaz, 1° toutes les parties du mélange contiennent la même proportion de chacun des gaz qui le composent; 2° la pression exercée par chacun d'eux est la même que s'il était seul, c'est-à-dire que la force élastique du mélange est égale à la somme des forces élastiques de chaque gaz considéré comme occupant le volume du mélange tout entier.*

MÉLANGE DES GAZ AVEC LES LIQUIDES

129. Les liquides absorbent toujours une certaine quantité des gaz avec lesquels ils se trouvent en contact. Les gaz qui exercent une action chimique sur les liquides s'y dissolvent avec une grande facilité, et dans des proportions considérables relativement à ceux qui sont indifférents.

L'eau dissout cinquante fois son volume d'acide sulfureux, une fois son volume d'acide carbonique. Les eaux dites *légères*, c'est-à-dire bien aérées, contiennent 28 à 30 centimètres cubes d'air par litre. Les eaux des fleuves et des mers, sans cesse en contact avec l'atmosphère, s'imprègnent d'un mélange gazeux où l'oxygène domine. Ainsi, tandis que l'air atmosphérique est formé de vingt et une parties d'oxygène environ, et de soixante-dix-neuf d'azote, l'air dissous contient de 29 à 32 pour cent d'oxygène. De l'eau de mer retirée, dans la Méditerranée, d'une profondeur de 1,000 mètres, a donné à Biot un mélange qui contenait, en volume, vingt-huit parties d'oxygène sur cent. Ce qui prouve que l'air pénètre, à la longue, à toutes les profondeurs, et que les divers éléments d'un mélange gazeux sont absorbés, chacun suivant leur degré de solubilité.

Pour recueillir l'air que renferme un liquide, on fait chauffer celui-ci dans un ballon bien plein, qui communique avec une éprouvette placée sur le mercure.

Lois. — 1º *Pour une même température, un liquide dissout toujours une même fraction de son volume d'un gaz, quelle que soit la pression extérieure de ce gaz;* en d'autres termes : le poids du gaz absorbé est proportionnel à sa pression.

2º *Lorsqu'un mélange de plusieurs gaz se trouve en contact avec un liquide, chacun d'eux est absorbé comme s'il était seul.*

CHAPITRE V

ACOUSTIQUE

—

130. L'*acoustique* (du grec *akouô*, j'entends) est la partie de la physique qui traite des propriétés du son.

Le *son* est l'impression produite sur l'organe de l'ouïe par les vibrations des corps sonores, vibrations qui se transmettent par le milieu environnant.

131. Production du son. — Le son est le résultat d'un mouvement vibratoire imprimé à la matière. Si l'on écarte de la ligne droite une tige rigide *t* (fig. 101) fixée par une de ses extrémités entre les mâchoires d'un étau, cette tige abandonnée à elle-même oscille pendant un certain temps, en dépassant sa première position, tantôt dans un sens, tantôt dans l'autre. L'amplitude de ses oscillations va toujours en diminuant jusqu'à ce qu'elle soit entièrement en repos. Quand une tige exécute ces mouvements de va et vient, par sa partie libre, on dit qu'elle *vibre*. Ces vibrations ont toutes la même durée. Elles sont d'autant plus rapides, et partant le son est d'autant plus aigu, que la tige vibrante est plus courte. La *tonalité*, c'est-à-dire le degré de gravité ou d'acuité d'un son, dépend absolument du nombre de vibrations exécutées dans un temps donné.

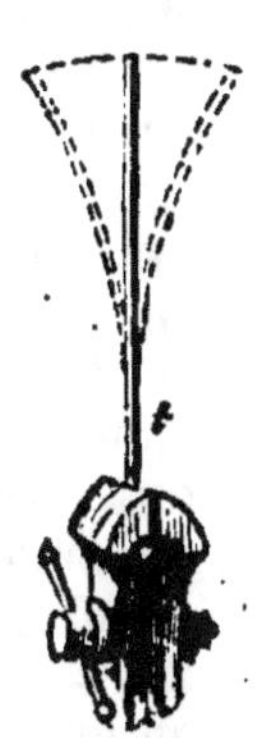

Fig. 101.

L'air et tous les gaz sont susceptibles d'entrer en vibration et peuvent conséquemment produire des sons, comme l'attestent les instruments à vent. Les parois de l'instrument entrent sans doute pour quelque chose dans ses effets, mais si elles modifient le son, on ne pourrait dire qu'elles le produisent. S'il en était autrement, le son devrait cesser dès qu'on touche l'instrument, comme cela arrive quand on met la main sur un corps qui résonne. On fait, à ce sujet, une expérience qui ne laisse plus de doutes. Pendant qu'un tuyau d'orgue en partie ou entièrement en verre fait entendre un son provoqué par une soufflerie, on introduit dans son intérieur un petit anneau de carton suspendu par des fils et couvert par une membrane mince. Si l'on met du sable fin sur cette membrane, on voit à travers la paroi de verre qu'il est projeté tant que le son dure, excepté quand la membrane est placée au milieu du tuyau.

L'air vibre quand il transmet un son. Si en effet on approche d'un corps qui résonne une membrane sur laquelle on a semé du sable fin et sec, ce sable saute perpendiculairement à la surface et forme des lignes disposées régulièrement et appelées *lignes nodales;* phénomène semblable à celui qui se produit quand on frotte avec un archet le bord d'une plaque de laiton fixée horizontalement par son milieu et saupoudrée de sable. Celui-ci quitte peu à peu les points où le mouvement de vibration est le plus prononcé, pour se rendre sur des points immobiles appelés *nœuds*, qui réunis tracent les lignes régulières et symétriques dont nous venons de parler.

132. Bruit. — Le *bruit* diffère du *son* en ce qu'il n'exprime qu'une sensation instantanée ou un mélange confus de sons qui n'ont entre eux aucun rapport musical.

133. Intensité du son. — Si l'on observe une corde vibrante, on constate aisément que le son s'affaiblit à mesure que l'amplitude de ses oscillations diminue. L'intensité du son, c'est-à-dire la force avec laquelle il se fait entendre, dépend donc de l'amplitude des vibrations qui le produisent, mais non de la quantité de vibrations exécutées dans un temps donné. L'intensité est en outre modifiée par certaines conditions particulières, telles que la distance du corps sonore, la densité, la nature et l'état actuel du véhicule, etc.

L'intensité du son, dans une masse d'air indéfinie, *décroît en raison inverse du carré de la distance.* On sait en outre que l'on entend bien mieux le son des cloches ou le bruit d'une arme à feu, quand la direction du vent est favorable, c'est-à-dire quand le vent vient du lieu qui résonne au lieu de l'observation. Le son est renforcé par le voisinage d'un corps sonore. Une corde d'instrument fait vibrer une autre corde tendue à côté d'elle, et si elle est placée sur une caisse à parois minces et élastiques, elle acquiert beaucoup plus de sonorité.

134. Le son ne se propage pas dans le vide. — Il faut absolument, pour que nous percevions un son, qu'il y ait entre le corps sonore et le tympan de notre oreille un corps matériel intermédiaire qui puisse transmettre les vibrations.

On suspend, dans un ballon à robinet (fig. 102), une petite cloche isolée à l'aide d'un cordon peu élastique, par exemple, d'un cordon de chanvre sans torsion. Si on fait le vide dans ce ballon, on remarque que le son de la clochette devient de plus en plus faible, à mesure que l'on enlève l'air, et qu'il finit par être complétement insensible.

Fig. 102.

On fait encore l'expérience en plaçant sous le récipient d'une machine pneumatique un timbre dont le marteau est mis en jeu par un mouvement d'horlogerie. Cet appareil repose sur un coussin non élastique, en ouate ou en laine, qui ne permet pas aux vibrations de se transmettre au dehors. On n'entend pas le timbre quand le vide est fait; on l'entend de nouveau quand on laisse rentrer l'air.

Si dans un ballon vide et contenant une clochette, on fait pénétrer quelques gouttes de liquide, celui-ci se réduit instantanément en vapeur, et le son devient perceptible. Tel est le moyen qu'a employé Biot pour prouver que *le son se propage par les vapeurs.*

135. Le son se propage à travers les solides et les liquides. — Quand on applique l'oreille à l'une des extrémités d'une poutre, on entend le plus léger froissement produit à l'autre extrémité. Certains bois, tels que le sapin, sont d'excellents conducteurs du son.

Lorsqu'on frappe deux pierres l'une contre l'autre, dans l'eau, on entend le choc très-distinctement; et si l'expérience est faite dans un vase de métal, il en résulte un son métallique qui prouve que le liquide en entrant en vibration fait vibrer le vase lui-même.

136. Mode de propagation du son dans l'air ou dans tout autre milieu élastique. — Supposons que des billes d'ivoire de même dimension (fig. 103) soient suspendues à une traverse, de telle sorte que leurs centres soient sur une même ligne horizontale, et qu'elles se touchent entre elles. L'une des billes extrêmes A d'abord écartée de la verticale, ensuite

abandonnée à elle-même, viendra frapper la seconde bille B.
Celle-ci, comprimée par le choc, réagira sur la bille C et
reviendra à sa forme primitive, en vertu de son élasticité. La
bille C, comprimée à son tour, réagira sur la bille D, qui
elle-même réagira sur E. La réaction se transmettra ainsi
jusqu'à la dernière bille de la série, laquelle sera seule pro-
jetée, les billes intermédiaires n'ayant pas bougé de place.

Cette transmission du mouvement vibratoire s'effectue de

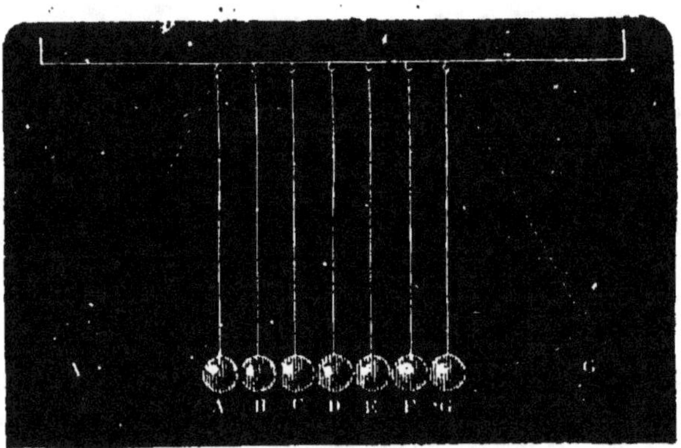

Fig. 103.

la même manière quand il provient d'un corps sonore. Les
molécules de l'air ne se transportent pas; elles se compri-
ment un instant, acquièrent un excès d'élasticité, réagissent
sur une couche suivante, qui elle-même réagit sur une autre
couche, et ainsi de suite, de proche en proche. Cet excès
d'élasticité acquis successivement par chacune des couches,
les porte à se détendre de part et d'autre; ce qui fait que le
son se propage par une série d'ondes alternativement con-
densées et dilatées.

137. **Vitesse du son.** — De nombreuses expériences ont
été faites à diverses époques pour déterminer la vitesse du
son. Chacun sait que, d'une certaine distance, on aperçoit la
lumière d'une arme à feu avant d'entendre la détonation.
La vitesse de la lumière est tellement grande (77,000 lieues
par seconde), qu'on peut regarder, en ce cas, sa propagation
comme instantanée. Cette considération donnait le moyen
le plus simple, le plus naturel pour calculer la vitesse du son.

En 1768, l'Académie des sciences de Paris fit faire, à ce
sujet, des expériences remarquables. Les observateurs se

placèrent pendant la nuit dans plusieurs stations dont les extrêmes étaient la butte Montmartre et celle de Montlhéry, distantes de 26,000 mètres. Des pièces de canon tiraient tour à tour de chacune de ces stations; le temps écoulé entre l'apparition du feu et le bruit de l'explosion était indiqué par un pendule à seconde.

En 1822, Arago, Gay-Lussac, Bouvier, Mathieu, de Humboldt et Prony répétèrent cette expérience. Ils se partagèrent en deux groupes, les uns sur les hauteurs de Villejuif, les autres sur le sommet de la colline de Montlhéry. Toutes les cinq minutes, un coup de canon était tiré alternativement à chacune des stations. Les observateurs notaient, chacun de leur côté, et à l'aide d'excellents chronomètres, le temps qui s'écoulait entre le moment où ils apercevaient la lumière et celui où ils entendaient l'explosion. La moyenne de ces observations successives fut de 54 secondes $\frac{2}{5}$. La distance des stations était de 18,613 mètres; ce qui donna, pour la vitesse du son dans l'air, 340 mètres par seconde à la température de 16°.

La vitesse décroît avec la température de l'air. A 10°, c'est-à-dire à une température moyenne pour notre climat, elle est de 337 mètres; à 0°, elle est de 331 mètres. Elle est indépendante de la pression; mais elle varie avec la nature du gaz dans lequel le son se propage.

Dans un même milieu, la vitesse du son est uniforme, qu'il soit grave ou aigu, faible ou intense. On remarque en effet qu'un morceau de musique ne perd rien de son harmonie par la distance.

Colladon et Sturm ont fait, en 1827, sur le lac de Genève, des expériences desquelles ils ont conclu que la vitesse du son dans l'eau est de 1,435 mètres par seconde.

Beudant avait trouvé auparavant que la vitesse dans l'eau de mer était de 1,500 mètres par seconde.

Laplace a donné une formule très-simple qui permet de calculer la vitesse de propagation du son dans les liquides et les solides : $V = \sqrt{\dfrac{g}{l}}$; g représentant l'intensité de la pesanteur ; l la quantité dont s'allonge ou se raccourcit une colonne du corps ayant pour hauteur l'unité de longueur, sous l'influence d'une traction ou pression égale au poids de cette colonne. Par cette formule, on obtient pour l'eau : $V = 1,423$ mètres, ce qui s'accorde avec l'expérience.

138. Réflexion du son. — Les ondes sonores en partant d'un centre d'ébranlement se développent à la suite les unes des autres, en présentant des surfaces sphériques et concentriques. Le mouvement vibratoire se propage indéfiniment, comme celui qui est produit par la chute d'un corps solide sur une surface liquide en repos; mais s'il rencontre un obstacle BC (fig. 104), c'est-à-dire un milieu de densité et d'élasticité différentes, il produit deux ébranlements, l'un qui se transmet au delà de la surface de l'obstacle, l'autre qui se réfléchit en sens inverse et prend une direction OR, comme s'il partait d'un point A′ symétrique au point A.

Appelons *rayon sonore* toute direction suivant laquelle le son se propage; rayon *incident*, le rayon sonore qui, ayant une direction considérée comme primitive, tombe en un

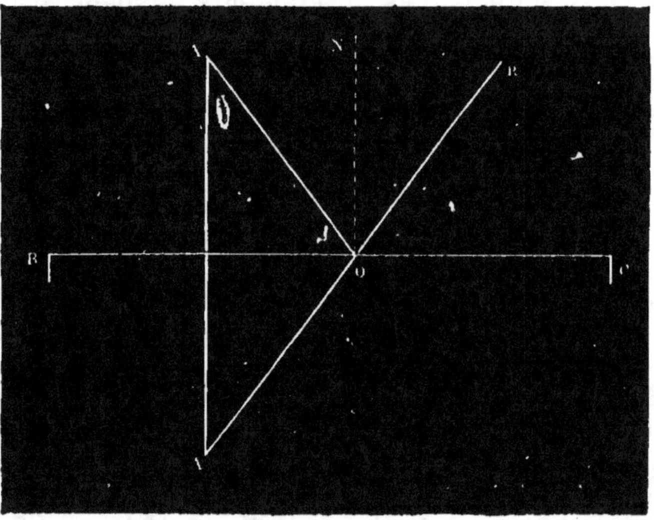

Fig. 101.

point O d'un obstacle figuré par la ligne BC; rayon *réfléchi*, le rayon OR; *normale*, la perpendiculaire ON, élevée au point d'incidence; *angle d'incidence*, l'angle AON formé par le rayon incident et la normale; *angle de réflexion*, l'angle NOR formé par la normale et le rayon réfléchi; nous exprimerons les lois de la réflexion du son en ces termes :

1º *L'angle d'incidence est égal à l'angle de réflexion;*

2º *Le rayon sonore incident et le rayon sonore réfléchi sont dans un même plan avec la normale à la surface réfléchissante.*

Si les rayons sonores partant d'un même point rencontrent une surface courbe, de telle sorte qu'après la réflexion ils aboutissent à un même point, il est évident qu'un son, même très-faible, pourra être transmis à une grande distance sans perdre une quantité bien notable de son intensité. C'est ce que l'on démontre par l'expérience, en plaçant (fig. 105), en face l'un de l'autre et à une distance convenable, deux miroirs paraboliques, semblables à ceux qui servent pour la réflexion des rayons calorifiques. Les ondes sonores partant du foyer f' de l'un des miroirs et se dirigeant vers sa concavité, seront réfléchies parallélement à l'axe commun et arriveront, après une seconde réflexion, à l'autre foyer f. Le moindre son produit à l'un des foyers sera perceptible à l'autre. Ainsi, une personne qui aura l'oreille placée en f

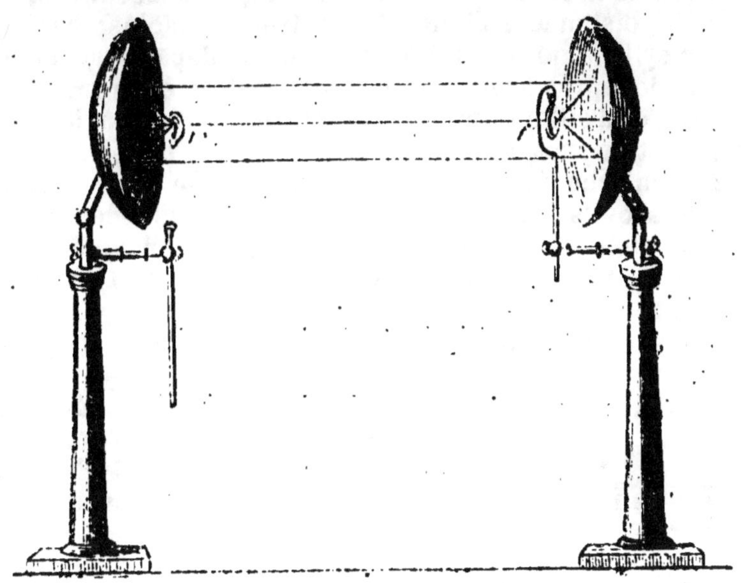

Fig. 105.

entendra distinctement le battement d'une montre placée en f'.

On trouve quelquefois des édifices construits de telle sorte qu'une personne parlant à voix basse, à un endroit déterminé, peut être entendue d'une manière très-intelligible à un autre endroit également déterminé, mais assez éloigné du premier pour qu'aucun son ne soit perçu dans l'espace intermédiaire.

139. Echo. Résonnance. — L'*écho* est la répétition distincte d'un son réfléchi par un obstacle. On donne le nom de *résonnance* au son qui résulte de la confusion du son primitif avec le son réfléchi. Pour qu'il y ait écho, il faut que l'obstacle soit à une distance de 17 mètres au moins. Si le plan réflecteur est plus rapproché, il y a résonnance; le son renvoyé n'est plus distinct du son émis. A une distance de 17 à 20 mètres on ne peut guère distinguer que la dernière syllabe des mots prononcés, puisque l'écho a lieu après un dixième de seconde, et qu'on ne peut guère prononcer que dix syllabes en une seconde.

Pour que l'écho reproduise distinctement plusieurs syllabes, c'est-à-dire pour qu'il soit *polysyllabique*, il faut que le plan réflecteur soit suffisamment éloigné. Ainsi, pour qu'on entende la répétition de dix syllabes consécutives, il faut que la distance soit de 170 mètres au moins; car la première syllabe ne reviendra au point de départ qu'après une seconde, après avoir parcouru 340 mètres environ.

Il existe, et d'ailleurs on peut produire des *échos multiples*, qui répètent un mot, un air un certain nombre de fois.

On cite un écho de Milan qui répète un coup de pistolet cinquante-six fois; celui de Woodstock, qui répète le même son cinquante fois. Près de Verdun, deux tours éloignées de 50 mètres sont disposées de telle sorte que le son est répété douze fois.

Les sons, en se multipliant, deviennent de plus en plus faibles.

140. Sirène acoustique. — La hauteur du son dépend, avons-nous dit déjà, de la rapidité du mouvement vibratoire. Plus le nombre des vibrations exécutées dans un temps donné est grand, plus le son est *haut* ou *aigu;* plus ce nombre est petit, plus le son est *bas* ou *grave*. On a imaginé plusieurs moyens pour déterminer le nombre de vibrations correspondant à un son donné.

M. Cagnard de Latour a inventé dans ce but, en 1819, un appareil dont voici la description (fig. 106).

Une soufflerie introduit de l'air, par un jet continu, dans une caisse cylindrique C fermée à sa partie supérieure par un plateau P percé de trous inclinés à sa surface et disposés circulairement à égale distance les uns des autres. Sur ce plateau s'applique très-près, mais sans contact, un disque

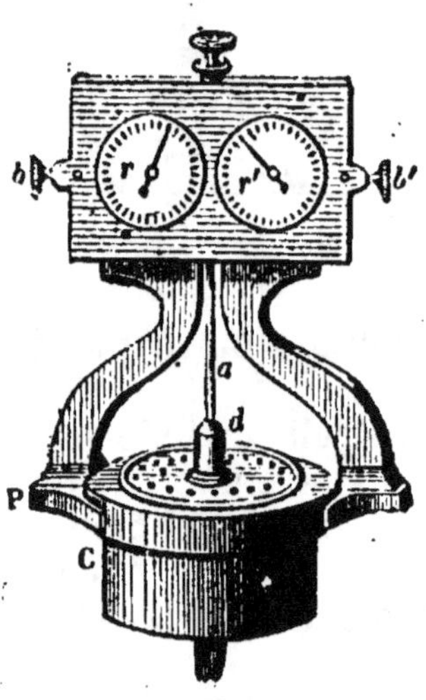

Fig. 106.

très-mobile autour de l'axe *a*, et percé d'orifices correspondant à ceux du plateau, mais inclinés en sens contraire.

L'axe de rotation porte une vis sans fin qui transmet le mouvement à une roue dentée, de manière à la faire avancer d'une dent, à chaque révolution du disque. Les tours de cette roue sont marqués par une seconde roue dentée qu'elle fait mouvoir au moyen d'un taquet ou crochet adapté à son axe. Les axes des deux roues font tourner deux aiguilles qui indiquent, l'une le nombre des tours du disque, l'autre le nombre des tours de la première roue.

On conçoit aisément le jeu de l'appareil. On insuffle de l'air dans la caisse cylindrique avec une intensité telle que l'on obtient le son musical donné. Ce son se produit par l'effet de l'air qui, passant par les orifices du plateau, vient frapper obliquement les parois des trous du disque, et qui, alternativement intercepté ou s'écoulant librement, vibre avec une rapidité d'autant plus grande que les intermittences sont plus rapprochées. Le disque prend un mouvement de rotation d'autant plus rapide que le courant est plus intense, et chacune de ses révolutions donne autant de vibrations qu'il a d'orifices.

Supposons que le plateau fixe ne porte qu'un trou et qu'il y en ait vingt dans le disque; chaque révolution de ce dernier interrompra vingt fois, laissera vingt fois libre le passage de l'air, et donnera conséquemment vingt vibrations complètes. Si le plateau porte également vingt orifices, les dix-neuf orifices nouveaux ne font qu'accroître l'intensité du son fourni par le premier. On calculera donc le nombre de vibrations correspondant à un son donné, en multipliant le nombre des trous du disque par le nombre de ses révolutions.

Pour obtenir ce dernier nombre, on force le vent jusqu'à ce qu'on arrive au son déterminé. Alors, en pressant un bouton *b*, on engage les dents de la roue dans le filet de la vis sans fin, et l'on observe, d'après les cadrans, le nombre des tours effectués par le disque pendant un temps marqué par un chronomètre; puis on désengrène la roue en poussant le bouton *b'*.

Admettons que la roue *r* porte cent dents et que l'aiguille de la roue *r'* marque 25 degrés. Le nombre des vibrations exécutées pendant le temps de l'observation sera égal au produit $20 \times 25 \times 100 = 50{,}000$.

On a donné à cet appareil le nom de *sirène*, parce qu'il a

la propriété de faire entendre dans l'eau des sons très-distincts, et qui sont les mêmes, sauf le timbre, que ceux qu'il fait entendre dans l'air.

141. Roue dentée de Savart (fig. 107). — Une roue dentée, mise en mouvement par une autre roue plus grande, à l'aide

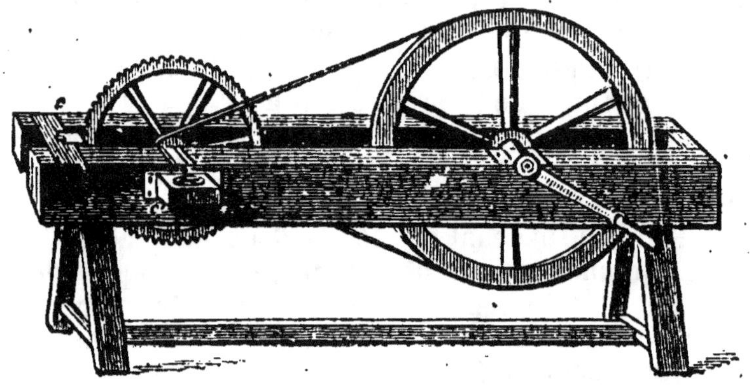

Fig. 107.

d'une courroie sans fin, fait vibrer une carte c, au passage de chacune de ses dents. Un compteur c', analogue à celui de la sirène, communique avec l'axe de la petite roue, et indique le nombre de vibrations effectué, dans un temps déterminé.

142. Méthode graphique. — Cette méthode, qui est préférable aux deux précédentes, consiste à faire inscrire par le corps vibrant lui-même les vibrations qu'il exécute. On reproduit avec une tige élastique serrée dans un étau, et munie d'une pointe fine à son extrémité libre, le son qu'il s'agit d'étudier. Au moment où la tige a été mise en mouvement à l'aide d'un archet, on fait passer au contact de la pointe, qui oscille, une surface recouverte de noir de fumée ou de collodion.

Chaque demi-vibration trace un petit trait oblique. Il ne s'agit plus que de compter ces traits après un temps connu, pour avoir le nombre de vibrations cherché.

VIBRATIONS DES CORDES

143. Les cordes peuvent vibrer dans une direction perpendiculaire à leur longueur, ou dans le sens de leur longueur.

Dans le premier cas, les vibrations sont *transversales;* dans le second, elles sont *longitudinales.*

Les vibrations transversales sont les seules importantes pour la théorie de la musique. On les obtient soit par le frottement d'un archet, comme cela existe pour le violon, soit en pinçant la corde avec les doigts, comme on le fait pour la guitare, soit par la percussion, comme dans le piano.

Lois des vibrations transversales des cordes. — Ces lois sont renfermées dans la formule

$$n = \sqrt{\frac{gP}{lp}}$$

dans laquelle n représente le nombre de vibrations exécutées par la corde en une seconde, g l'intensité de la pesanteur, P le poids qui tend la corde, l sa longueur, p son poids.

Si l'on remplace p par l'expression équivalente $\pi r^2 g l d$, dans laquelle π exprime le rapport de la circonférence au diamètre, r le demi-diamètre de la corde, d sa densité, on aura la formule

$$n = \frac{1}{rl} \sqrt{\frac{P}{\pi d}},$$

d'où l'on déduit les lois suivantes :

Le nombre des vibrations est 1° en raison inverse de la longueur de la corde; 2° en raison inverse de son diamètre; 3° directement proportionnel à la racine carrée de la tension; 4° inversement proportionnel à la racine carrée de la densité.

144. **Sonomètre (fig. 108).** — On appelle *sonomètre* ou *monocorde*

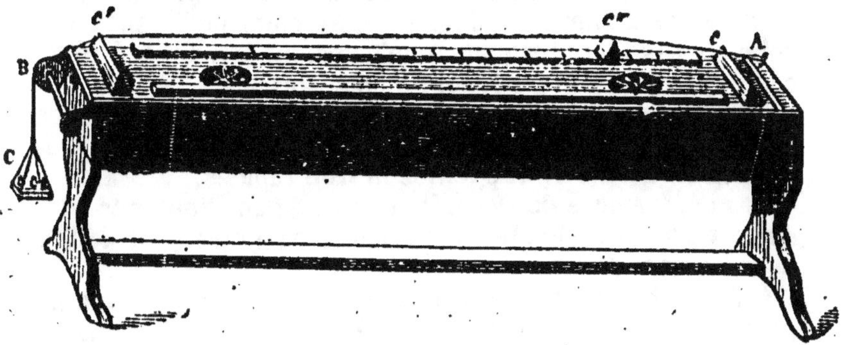

Fig. 108.

un appareil qui sert à vérifier les lois précédentes et à déterminer les rapports des nombres de vibrations qui donnent les différentes notes de la gamme. Il consiste en une caisse rectangulaire, en bois mince et élastique, sur laquelle on tend une corde métallique, fixée par une de ses extrémités A, passant sur une poulie B, et portant des poids à son extrémité C. Deux chevalets fixes c, c' la soutiennent; un troisième chevalet c″ peut glisser sur une barre divisée, et sert à faire varier la longueur de la corde que l'on met en vibration.

145. Nœuds et ventres de vibrations (fig. 109). — Quand on fait vibrer une plaque ou une membrane, il se forme des

Fig. 109.

lignes nodales, c'est-à-dire des lieux géométriques de points qui restent étrangers au mouvement. Le même phénomène a lieu dans la vibration des cordes. Si une corde MN est écartée de sa position d'équilibre, puis abandonnée à elle-même, elle se met en mouvement dans toute son étendue; il n'y a que ses extrémités qui restent immobiles. Mais si un archet frotte une fraction MC de cette corde, séparée du reste par le chevalet C, ce reste CN se divisera exactement en parties vibrantes égales à MC; à chaque point de division il y aura immobilité, tandis que les points intermédiaires oscilleront et décriront des fuseaux de même longueur. Les points immobiles sont appelés *nœuds;* les autres constituent les *ventres de vibrations.*

On constate l'immobilité des nœuds en suspendant à la corde de petits anneaux de papier. Au coup de l'archet, ces anneaux sautillent jusqu'à ce qu'ils soient arrivés à l'un de ces points d'où ils ne bougent plus désormais.

146. Limites des sons perceptibles. — Pour que des sons soient perceptibles, il faut que les vibrations qui les produisent ne soient ni trop lentes ni trop rapides.

Les expériences de Despretz donnent pour limites trente-deux vibrations simples pour les sons graves, et 73,700 pour les sons aigus.

147. Timbre du son. — Le *timbre* du son est une qualité particulière, indépendante de la hauteur et de l'intensité. C'est par lui que nous reconnaissons la nature d'un instrument de musique, la voix d'une personne, le cri d'un animal. Ainsi, nous savons distinguer, en entendant un air, si l'instrument sur lequel il est joué est un violon, un piano, une flûte. Ce caractère du son tient à un ensemble de causes qu'il est difficile de déterminer.

148. Gamme et intervalles musicaux. — On appelle *gamme*, *échelle musicale* ou *échelle diatonique* une série de sept sons différents appelés *notes*, dont les rapports ou *intervalles* sont déterminés.

La gamme ne contint longtemps que six *notes*, qui étaient désignées par des lettres de l'alphabet romain. Vers 1200, le bénédictin Guy Arétin, né à Arezzo, substitua à ces six lettres la première syllabe de chaque hémistiche de la première strophe de l'hymne de Saint-Jean, et représenta les notes par *ut, ré, mi, fa, sol, la*[1]. En 1620, Lemaire, sentant la difficulté des transitions, en proposa une septième, le *si*. Cette proposition ne fut généralement admise que vers le milieu du dix-septième siècle.

Depuis cette époque, la gamme se compose de sept degrés différents et de la réplique du premier degré. En Angleterre et en Allemagne, on a conservé la désignation par des lettres. L'échelle musicale est exprimée, dans ces pays, par C, D, E, F, G, A, H, C[2].

On conçoit que, pour déterminer les nombres de vibrations, d'après ces rapports, il faut que l'on connaisse, sinon celui de *ut*, du moins celui de l'une des notes qui composent l'échelle.

En mettant la sirène à l'unisson avec l'*ut* grave du violoncelle, on trouve qu'il donne 128 vibrations simples par seconde. En partant de cette base, on aurait pour les notes plus élevées :

$$128 \left(\tfrac{9}{8}, \ \tfrac{5}{4}, \ \tfrac{4}{3}, \ \tfrac{3}{2}, \ \tfrac{5}{3}, \ \tfrac{15}{8}, \ 2 \right)'$$

ou :

ut,   ré,   mi,   fa,   sol,   la,   si,   ut.
128, 144, 160, 170, 192, 214, 240, 256.

Si, représentant par 1 la longueur de la corde du sonomètre, on prend pour *ut* fondamental le son qu'elle produit, quand elle vibre entièrement, on doit, pour obtenir les autres notes, donner à la corde les longueurs suivantes :

ut, ré, mi, fa, sol, la,   si,   ut,
$$1, \ \tfrac{8}{9}, \ \tfrac{4}{5}, \ \tfrac{3}{4}, \ \tfrac{2}{3}, \ \tfrac{3}{5}, \ \tfrac{8}{15}, \ \tfrac{1}{2}.$$

Ces longueurs relatives, obtenues par le déplacement du

---

1. *Ut* queant laxis *R*esonare fibris
  *M*ira gestorum *F*amuli tuorum,
  *S*olve polluti *L*abii reatum,
    Sancte Joannes.
2. Gamme que l'ou prononce *en anglais*
Ci, di, i, ef, dgi, é, etch, ci;
Et en allemand :
Tsé, dé, é, ef, ghé, a, ha, tsé.

chevalet, pouvaient être déduites du tableau précédent, puisque les longueurs d'une même corde sont en raison inverse du nombre de ses vibrations.

On appelle *intervalle musical* la distance d'un son à un autre plus aigu ou plus grave. Cette distance est représentée par le rapport numérique entre les nombres de vibrations que fournissent les deux sons, pendant le même temps. Ainsi, l'intervalle *ut ré* est $\frac{9}{8}$; *ré-mi* $= \frac{5}{4} : \frac{9}{8} = \frac{10}{9}$; *mi-fa* $= \frac{4}{3} : \frac{5}{4} = \frac{16}{15}$; *fa-sol* $= \frac{9}{8}$; *sol-la* $= \frac{10}{9}$; *la-si* $= \frac{9}{8}$; *si-ut* $= \frac{16}{15}$.

Les deux intervalles élémentaires sont le *ton* et le *demi-ton*.

La gamme est dite *diatonique* si, comme la précédente, elle procède principalement par tons consécutifs; elle est dite *chromatique* (nuancée), quand elle procède par demi-tons consécutifs.

La gamme diatonique se forme de cinq tons et de deux demi-tons, ainsi disposés : de *ut* à *ré*, un ton; de *ré* à *mi*, un ton; de *mi* à *fa*, un demi-ton; de *fa* à *sol*, un ton; de *sol* à *la*, un ton; de *la* à *si*, un ton; de *si* à *ut*, un demi-ton.

Les intervalles $\frac{9}{8}$, $\frac{10}{9}$, $\frac{16}{15}$ sont les seuls qui se retrouvent dans la gamme. Le premier forme un ton majeur; le second, $\frac{10}{9}$, un ton mineur; le troisième, $\frac{16}{15}$, un demi-ton majeur.

La gamme diatonique contient donc trois tons majeurs, deux tons mineurs, deux demi-tons majeurs.

L'accord est l'émission simultanée de certains sons musicaux. Quand deux sons ont un même nombre de vibrations, l'accord s'appelle *unisson*. Les notes qui les représentent doivent être sur la même ligne.

L'intervalle de deux notes diatoniques a le nom d'intervalle de *seconde* : *ut-ré*, *ré-mi*, etc.; celui de trois notes s'appelle *tierce* : *ut-mi*; celui de quatre notes, *quarte* : *ut-fa*; celui de cinq notes, *quinte* : *ut-sol*; celui de six notes, *sixte* : *ut-la*; celui de sept notes, *septième* : *ut-si*; celui de huit notes, *octave* : *ut-ut*.

Les intervalles de même ordre ne sont pas tous égaux. Ainsi l'intervalle de seconde *ut-ré*, $\frac{9}{8}$, est plus grand que celui de *ré-mi*, qui est $\frac{10}{9}$ et que celui de *mi-fa*, qui est $\frac{16}{15}$. On se sert alors des mots *majeure* et *mineure*, pour les distinguer.

La *seconde majeure* est formée par un ton; la seconde mineure, par un demi-ton. Les deux secondes mineures de la gamme, par exemple, sont *mi-fa*, *si-ut*.

La *tierce majeure* comprend deux tons : *ut-mi*. La *tierce mineure* se compose d'un ton et demi : *mi-sol*.

On compte, dans la gamme, cinq secondes majeures, deux secondes mineures, trois tierces majeures, quatre tierces mineures.

Quand on a besoin d'élever l'intonation musicale d'un demi-ton, on place devant les notes le signe appelé *dièse*. En diésant une note, on augmente le nombre de ses vibrations dans le rapport de 24 à 25.

Pour baisser la note d'un demi-ton, on remplace le signe précédent par le signe *b* appelé *bémol*. Bémoliser une note, c'est multiplier le nombre de ses vibrations par $\frac{24}{25}$.

Une note diésée ou bémolisée devient *naturelle* quand elle est précédée d'un *bécarre*. — Une note diésée est plus rapprochée de celle vers laquelle elle monte, et une note bémolisée est plus près de celle vers laquelle elle descend. Une note diésée diffère d'un *comma* de la note suivante bémolisée. Le comma est l'intervalle le plus petit qui soit sensible; c'est le rapport entre le ton majeur $\frac{9}{8}$ et le ton mineur $\frac{10}{9}$: ce qui donne $\frac{80}{81}$, c'est-à-dire un neuvième de ton.

Si on désigne les notes de la gamme diatonique par les chiffres 1, 2, 3, 4, 5, 6, 7, on aura un *accord parfait* avec l'ensemble des sons 1, 3, 5 (*ut, mi, sol*), dont les nombres relatifs des vibrations sont, 1, $\frac{5}{4}$, $\frac{3}{2}$, ou 4, 5, 6.

Les accords parfaits résultent toujours de sons dont les vibrations se trouvent dans un rapport simple.

On nomme *harmonie* une suite d'accords, et *mélodie*, une succession de sons qui, sans former des accords, offrent un sens musical qui affecte agréablement l'oreille.

La gamme fondamentale étant ut_1 $ré_1$, mi_1..... ou simplement ut, $ré$, mi...., les gammes supérieures seront exprimées par ut_2, $ré_2$, mi_2.......; ut_3, $ré_3$, mi_3,....

La première note d'une gamme, ainsi que la dernière, a le nom de *tonique*. Si la tierce de la tonique est majeure, on dit que le *mode* est *majeur*, que la gamme est *majeure* ou *diatonique*; si la tierce de la tonique est *mineure*, on dit que le mode est *mineur*, que la gamme est *mineure* ou *chromatique*.

La *portée musicale* est l'ensemble de cinq lignes horizontales qui se comptent de bas en haut. Les notes se placent sur les lignes et entre les lignes. La portée du plain-chant ordinaire n'a que quatre lignes; ce qui suffit, puisque ce chant dépasse rarement l'étendue de 8 ou 9 notes.

149. Diapason. — Le mot *diapason* (des mots grecs *dia*, par, *pasôn* (sous-entendu *phônôn*), tous les tons) signifie proprement l'étendue des sons qu'une voix peut parcourir du grave à l'aigu. Le diapason des voix ordinaires est de douze notes diatoniques ; le diapason général des voix, si l'on compte les plus hautes et les plus basses, atteint vingt-trois sons diatoniques. On donne encore le nom de *diapason* à un petit instrument, duquel on tire à volonté une note convenue qui sert de point de départ. Il est formé de deux branches d'acier (fig. 110) qui, mises en vibration, reproduisent le *la* du violon, le *la$_3$*. Depuis 1859, le diapason adopté, *diapason normal*, donne un *la$_3$* de 870 vibrations simples par seconde ; ce qui donne un *ut$_3$* de 522, un *ut$_2$* de $\frac{522}{2}$ ou 261, un *ut$_1$*, l'*ut* grave du violoncelle, de $\frac{261}{2}$ ou 130,5 vibrations. Les nombres de vibrations des notes de la *gamme normale* sont, d'après cette base :

Fig. 110.

ut,	ré,	mi,	fa,	sol,	la,	si,	ut,
522,	$522\times\frac{9}{8}$,	$522\times\frac{5}{4}$,	$522\times\frac{4}{3}$,	$522\times\frac{3}{2}$,	$522\times\frac{5}{3}$,	$522\times\frac{15}{8}$,	522×2.

150. Battements. — On donne le nom de *battements* aux sons renforcés qui se produisent à des intervalles égaux, quand deux sons simultanés, bien que différant peu l'un de l'autre, ne forment pas unisson. Que deux sons graves, par exemple, dont les nombres de vibrations sont presque les mêmes, commencent ensemble, la coïncidence n'aura plus lieu un instant après, mais elle se reproduira au bout d'un certain temps.

151. Tuyaux sonores. — On appelle ainsi des tubes prismatiques ou cylindriques au moyen desquels on obtient des sons, en faisant vibrer la masse gazeuse qu'ils contiennent. On reconnaît deux sortes de tuyaux sonores : les tuyaux *à embouchure de flûte* ou *à bouche* et les tuyaux *à anche*.

Tuyaux à embouchure de flûte. — Dans ces tuyaux et dans les instruments qui en dérivent, toutes les parties de l'embouchure sont fixes. Nous prendrons pour type le tuyau d'orgue ordinaire. L'air lancé par un soufflet dans l'ouverture P (fig. 111), qui est le *pied* de l'appareil, s'échappe par une fente étroite, appelée *lumière*, et vient se briser contre un biseau *b* qui forme la lèvre supérieure de la *bouche ab*. Le choc de l'air contre le tranchant *b* engendre des vibrations qui se communiquent à la masse gazeuse contenue dans le tuyau, et la font résonner.

Lorsque les parois sont suffisamment épaisses, la matière dont est fait le tuyau ne modifie pas la hauteur du son; elle ne peut modifier que le timbre. Il n'en est pas de même si les parois sont minces.

Les instruments qui se rapportent à ce mode d'embouchure ont tous une grande longueur relativement à leur diamètre. Dans le flageolet, l'embouchure est semblable à celle du tuyau d'orgue. L'air insufflé arrivant à la lumière rencontre l'arête d'une portion de paroi taillée en biseau, et se divise en donnant lieu à des alternatives de condensation et de dilatation qui font vibrer l'air de l'intérieur. Dans la flûte, la lumière est remplacée par les lèvres du musicien, qui dirige convenablement son souffle contre le bord de l'ouverture ovale de l'instrument. Le bord de cette ouverture fait fonction de biseau. On fait varier la hauteur du son au moyen de trous que l'on ferme ou que l'on ouvre, suivant la note qu'on veut obtenir.

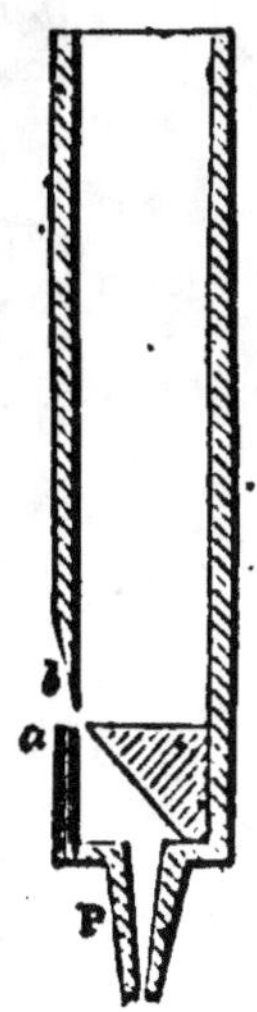

Fig. 111.

152. **Tuyaux à anche.** — On appelle ainsi des tuyaux dans lesquels l'air est mis en vibration au moyen d'une lame élastique ou *anche* qui, alternativement, l'intercepte ou lui livre passage. Nous prendrons encore pour exemple un tuyau d'orgue; car, dans les jeux d'orgue, il y a des tuyaux à bouche et des tuyaux à anche.

Une caisse rectangulaire RR (fig. 112), fermée inférieurement, ouverte à sa partie supérieure, porte sur l'une de ses faces latérales qui est en cuivre ou en laiton, une ouverture longitudinale *nn* appelée la *rigole*, sur laquelle s'applique une languette en laiton qui peut, en rasant les bords de l'ouverture, s'infléchir en dedans ou en dehors. La languette est fixe, à son sommet seulement. Une tige de fer recourbée *r*, que l'on abaisse et que l'on relève à volonté, fait varier la longueur de sa partie vibrante. Cette tige est désignée sous le nom de *rasette*. L'air amené par un tuyau TT (fig. *a*) appelé *porte-vent* presse la languette de dehors en dedans et s'échappe par l'orifice. Il se produit alors une diminution de pression qui permet à la languette de revenir sur elle-même, en vertu de son élasticité. Une nouvelle impulsion lui fait bientôt exécuter les mêmes mouvements vibratoires; de sorte que le courant d'air s'écoule par intermittences.

L'anche que nous venons de décrire est dite *anche libre* ou anche de Grenié. Le son en est plus doux que celui de la suivante. L'anche est dite *battante*, quand la languette, plus large que la rigole, vient battre sur ses bords et n'oscille qu'en dehors. Elle prend alors la forme indiquée par la figure c. A la caisse prismatique M s'adapte une pièce en bois ou en métal creusée suivant sa longueur, et formant la rigole *ss*. La languette *l*, dans son état de repos, s'écarte un peu des bords de la rigole par son extrémité libre.

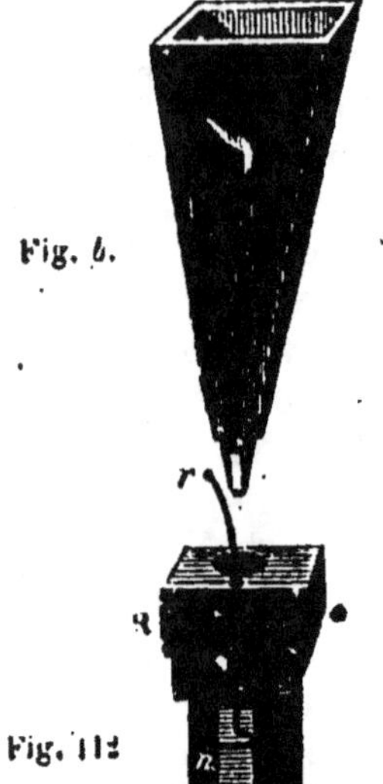

Fig. *b.*

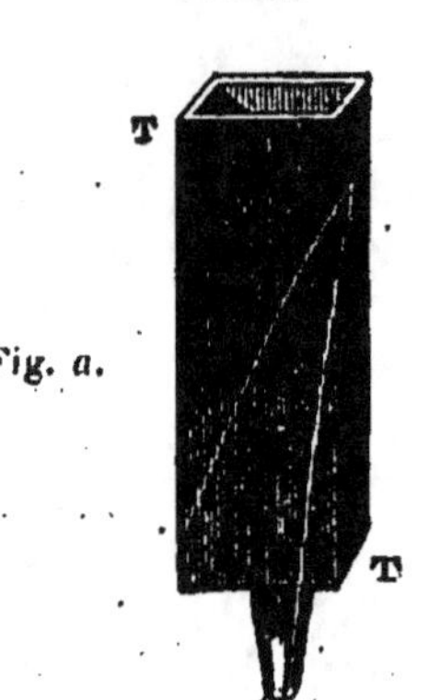

Fig. 11.

Fig. *a.*

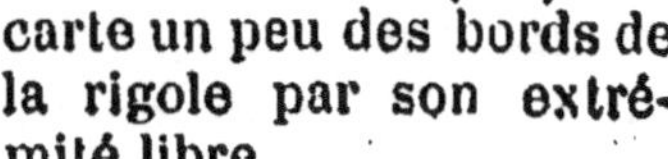

Fig. *c.*

Dans l'un et l'autre cas, l'anche est surmontée d'un *cornet d'harmonie* ou tuyau d'échappement (fig. *b*), qui donne au son plus d'éclat et qui varie le timbre.

Les instruments à anche se divisent en *instruments à bec* ou *instruments à anche proprement dits*, et en *instruments à bocal*. Parmi ceux de la première catégorie, nous citerons la *clarinette*, le *hautbois* et le *basson*. La clarinette a une anche battante, en roseau, qu'on fait vibrer par le souffle, la cavité de la bouche servant de porte-vent. La pression des lèvres tient lieu de rasette; s'exerçant sur différents points de la lame vibrante, elle allonge ou raccourcit la partie mobile. Dans le hautbois et le basson, l'anche est double; elle est formée de deux lames minces et élastiques, entre lesquelles on souffle, en les pressant avec les lèvres, comme on le fait pour la clarinette.

Les principaux instruments à bocal, c'est-à-dire à embouchure, sont le *cor*, le *clairon*, le *cornet à pistons*, le *trombone*, l'*ophicléide*. Les lèvres alors font l'office d'anche double; elles vibrent dans une cavité conique ou hémisphérique terminée par un tube d'un plus petit diamètre qui s'adapte au corps de l'instrument. La partie opposée à l'embouchure est évasée et porte le nom de *pavillon*. C'est de cet évasement surtout que proviennent l'éclat et l'ampleur du son.

153. Lois de Bernouilli. — Ces lois sont ainsi appelées parce qu'elles sont dues à Daniel Bernouilli, célèbre géomètre et physicien du xviie siècle, né à Groningue en 1700, mort à Bâle en 1782. Elles déterminent les vibrations des colonnes d'air contenues dans des tuyaux *ouverts* ou *fermés*, et très-étroits par rapport à leur longueur.

Dans un tuyau fermé, 1° il y a des nœuds aux distances du fond du tuyau, égales à un nombre pair de demi-longueurs d'ondulations; 2° des ventres de vibrations aux distances du fond égales à un nombre impair de demi-longueurs d'ondulations. Dans un tuyau ouvert, les ventres de vibrations sont placés à des distances de l'extrémité, égales à un nombre pair de demi-longueurs d'ondulations, et les nœuds à des distances égales à un nombre impair de demi-longueurs d'ondulations.

Si nous considérons une colonne d'air qui vibre dans un tuyau sonore, nous observons des sections droites où l'air ne vibre pas, tout en changeant continuellement de densité; ces tranches d'air immobiles sont appelées *nœuds*; nous observons en outre des sections où l'air vibre avec une vitesse maximum, sans changer de densité et de pression; ce sont les *ventres de vibrations* de la colonne gazeuse.

Si, dans la paroi d'un instrument à vent tel qu'une flûte, on pratique un trou à l'endroit d'un ventre, le son n'est pas changé, tandis qu'il est modifié si le trou est fait à l'endroit d'un nœud.

154. Organe de la voix. — La voix est la production de sons particuliers dont l'homme et certains animaux qui vivent dans l'air se servent, comme moyen d'expression et de communication.

L'appareil vocal de l'homme réside spécialement dans le *larynx*. Cet organe, placé à la partie supérieure de la *trachée-artère* et débouchant dans le pharynx, représente un tuyau large et court dont le profil de face est une sorte de cône renversé. Il est tapissé intérieurement par une membrane muqueuse et est formé par quatre cartilages unis entre eux par une membrane fibreuse. Il est soutenu par un petit os en fer à cheval, appelé *os hyoïde*, auquel est fixé le *cartilage thyroïde*, cartilage faisant en avant une saillie anguleuse, connue vulgairement sous le nom de *pomme d'Adam*. Au-dessous se trouve le *cartilage cricoïde*, formant un anneau dont le bord supérieur est coupé obliquement d'avant en arrière et de bas en haut. Viennent enfin les deux *cartilages aryténoïdes*, situés en arrière et représentant deux pyramides dont la base est articulée avec le cartilage cricoïde.

Vers le milieu du larynx se trouvent deux replis latéraux, de substance élastique, dirigés d'avant en arrière et laissant entre eux une fente, qui est *l'ouverture de la glotte*. Ces deux replis sont les *cordes vocales* ou *ligaments inférieurs de la glotte*. Un peu plus haut, sont deux autres replis nommés *ligaments supérieurs de la glotte*. L'espace compris entre ces quatre replis est appelé le *ventricule de la glotte* ou simplement la *glotte*. On appelle *épiglotte* une languette ou soupape fibro-cartilagineuse destinée à fermer ou laisser libre la communication du pharynx avec le larynx. Au moment de la déglutition, elle ferme le larynx et empêche les aliments de pénétrer dans les voies aériennes.

Plusieurs muscles spéciaux font exécuter aux diverses parties du larynx les mouvements nécessaires à la production de la voix.

Les sons de la voix sont produits par les cordes vocales, qui vibrent comme des anches membraneuses, par l'effet du courant d'air venant des poumons. Ces derniers servent alors de porte-vent. Le son est grave ou aigu, suivant la longueur et la tension que nous donnons aux cordes vocales, par l'action des muscles, suivant encore les variations que nous faisons subir à la colonne d'air qui traverse le larynx.

Le ventricule de la glotte, le pharynx, les fosses nasales et la bouche sont, pour la voix, autant de tubes renforçants. Les sons produits dans le larynx sont modifiés dans la bouche par les mouvements combinés de la langue, des mâchoires, des joues et des lèvres, et forment ainsi la *voix articulée*, c'est-à-dire la *parole*.

155. Porte-voix. — Cet instrument, destiné à porter la voix à une grande distance, consiste en un tube légèrement conique terminé par une ouverture évasée, appelée *pavillon*. Il propage la voix d'autant plus loin qu'il a de plus grandes dimensions. L'influence prodigieuse du pavillon sur ses effets n'est pas expliquée. On a expliqué l'effet de cet instrument par une suite de réflexions des rayons sonores sur ses parois. Hassenfratz [1] a démontré le vice de cette explication, en prouvant que l'effet reste le même si l'on tapisse de drap l'intérieur du porte-voix, c'est-à-dire si l'on ôte aux parois la propriété de réfléchir les ondes sonores; il l'attribue au renforcement que la colonne d'air contenue fait éprouver aux sons.

156. Organe de l'ouïe. — Cet organe se compose, chez

1. Hassenfratz (Jean-Henri), ingénieur, né à Paris en 1755, mort en 1827, a été professeur à l'Ecole des mines et à l'Ecole polytechnique. On a de lui : *Cours de minéralogie*, 1796; *Traité de l'art du charpentier*, 1804; *l'art de traiter les minerais de fer*, 1812; etc.

l'homme, de trois parties distinctes désignées sous les noms d'*oreille externe*, d'*oreille moyenne* et d'*oreille interne*. L'*oreille externe* se compose du *pavillon*, lame fibro-cartilagineuse, demi-ovale, formant à sa surface des replis irrégulièrement contournés, et du *conduit auditif* ou *auriculaire externe*, cavité osseuse qui s'enfonce dans l'os temporal en se recourbant un peu en haut et en avant. Ce conduit prend naissance au fond d'une espèce d'entonnoir que contient le pavillon et que l'on nomme *conque auditive*.

L'*oreille moyenne* ou *caisse du tympan* est séparée du conduit auditif par une cloison membraneuse appelée *membrane du tympan*; elle est séparée de l'oreille interne par deux ouvertures fermées également par des cloisons membraneuses, et qu'on a appelées, en raison de leur forme, l'une la *fenêtre ovale*, l'autre la *fenêtre ronde*. L'oreille moyenne présente deux autres ouvertures : l'une est l'embouchure interne d'un canal membraneux, nommé *trompe d'Eustache*, qui va s'ouvrir à la partie postérieure des fosses nasales et met l'air extérieur en communication avec la caisse du tympan; l'autre est une ouverture qui communique avec des cellules osseuses du temporal nommées *cellules mastoïdiennes*. La caisse du tympan contient quatre petits os, appelés *osselets de l'ouïe*, articulés entre eux et formant la *chaîne des osselets*. On les désigne par les noms de *marteau*, d'*enclume*, d'*os lenticulaire* et d'*étrier*. Le marteau appuie sur le tympan, et l'étrier sur la fenêtre ovale. De petits muscles impriment à ces osselets des mouvements par suite desquels les membranes en contact se tendent ou se distendent, pour s'adapter aux différents degrés d'intensité des sons.

L'*oreille interne* ou le *labyrinthe* se compose de trois cavités : le *vestibule*, les *canaux semi-circulaires* et le *limaçon*. Le *vestibule* communique avec l'oreille moyenne par la fenêtre ovale et avec le limaçon par une petite ouverture. Les canaux semi-circulaires sont trois petits tubes courbes adaptés à la partie supérieure et postérieure du vestibule dans lequel ils s'ouvrent. En avant et en bas du vestibule est une sorte de canal enroulé en hélice autour d'une colonne osseuse; c'est le *limaçon*. L'oreille interne est remplie par un liquide gélatineux dans lequel flottent les fibres d'un nerf spécial, nommé le nerf acoustique.

La chambre moyenne et la chambre interne sont creusées dans cette partie de l'os temporal qui, à cause de sa dureté, est appelée le *rocher*.

9.

157. Cornet acoustique. — Cet appareil dont se servent les personnes un peu sourdes, pour entendre plus distinctement, consiste en un simple tube conique de matière quelconque. L'ouverture la plus petite étant introduite dans le conduit auditif de la personne qui entend difficilement, le son qu'il s'agit de percevoir est appliqué à l'ouverture opposée qui est terminée en pavillon. Les tranches d'air comprimées ou dilatées transmettent leur compression à des tranches de plus en plus petites, et la transmettent ainsi avec une intensité croissante, qui exerce alors sur le tympan une compression ou une dilatation plus prononcée qu'en l'absence de l'instrument.

CHAPITRE VI

CHALEUR

158. Définition générale. — La *chaleur* ou le *calorique* est un agent dont la cause nous est inconnue, mais dont nous constatons l'existence par les impressions de chaud et de froid qu'il détermine en nous, suivant l'intensité de son action.

159. Historique. — On a cherché depuis longtemps à expliquer la cause et la nature de la chaleur. On lui a donné différents noms, et on a imaginé, sur son principe, les hypothèses les plus hasardées, hypothèses dans lesquelles on confondait le plus souvent la cause avec l'effet.

On sait que les premiers physiciens ou philosophes regardaient le feu comme un des éléments de la nature. Dans les deux siècles derniers, on chercha enfin à s'appuyer sur des observations, et l'on arriva à conclure que le feu pouvait exister de deux manières, ou libre ou combiné. Le feu combiné et regardé comme principe constituant des corps reçut de Stahl le nom de *phlogistique*. D'autres l'appelaient *terré inflammable, matière de la chaleur, lumière combinée*, etc.

D'après ces idées, le phlogistique demeure comme emprisonné par la matière du corps auquel il est uni, et il faut une action étrangère pour développer sa liberté d'embraser. On exerce cette action, soit en appliquant du feu libre, soit en présentant des substances propres à se combiner et à recueillir le phlogistique abandonné. Dans cette dernière hypothèse, le phlogistique ne ferait que passer d'un corps dans un autre.

L'effet du feu libre, disait-on, est de communiquer au phlogistique une force suffisante pour rompre les liens qui le retiennent, s'échapper et emporter avec lui toutes les parties qui peuvent céder à son action destructive, en ne laissant que les matières fixes. En appliquant le feu libre aux métaux, on remarque qu'ils perdent leur brillant et sont réduits à l'état de *chaux métallique.*

Mais comment se fait-il que toute chaux métallique, qui est censée avoir perdu son phlogistique, a augmenté de poids, en changeant d'état? que 100 livres de plomb, par exemple, aient donné, par la calcination, 110 livres de minium? particularité dont Stahl n'avait pas fait la remarque. Hales expliquait ce phénomène, en disant que le feu était composé de particules aériennes et sulfureuses, que la formation du minium provenait de l'addition d'une grande quantité de soufre et d'air qui s'incorporait au métal.

Jean Rey avait dit (*Essai* de Jean Rey, 1630, 1re éd.; — 1777, 2e éd.) que l'augmentation de poids devait être attribuée à l'air, qui, s'épaississant et devenant adhérable, s'attachait aux plus petites parties du corps. Il avait ajouté, ce qui pouvait bien aider à mettre sur la bonne voie, que l'absorption cessait d'avoir lieu quand la chaux métallique était saturée.

« La calcination des métaux, disait Morveau (*Digressions académiq.*, 1772), ne dépend que de la perte qu'ils font de leur phlogistique. Ce phlogistique que la réduction leur fait recouvrer est essentiellement volatile, et, par cela même, est moins grave que tous les milieux dans lesquels on pourrait le supposer. Communiquant de sa volatilité aux substances les plus fixes, auxquelles il s'unit, il en diminue la pesanteur. » Morveau emploie ici le mot *pesanteur* dans le sens de *poids.* Dans sa conclusion, qui est fausse, il confond évidemment le poids avec la densité.

Le premier août 1774, Priestley découvrait l'oxygène, en concentrant la lumière du soleil, à l'aide d'une forte lentille sur du bioxyde de mercure, appelé alors *précipité per se;* et, le 26 avril 1775, Lavoisier lisait, à l'Académie, un mémoire dans lequel il attribuait l'augmentation de poids produite par la calcination, à la partie la plus pure de l'air, ou, comme il le disait, à l'*air pur*, air ayant la propriété de rallumer les corps en combustion, c'est-à-dire à l'*oxygène.*

D'après ces détails historiques, que nous abrégeons, il est évident que l'on devait aboutir à expliquer la combustion, et non à définir le principe de la chaleur.

C'est de là que Lavoisier a achevé de prouver que l'air n'est pas un *élément,* comme l'entendaient les anciens, mais un corps composé. En faisant bouillir du mercure dans une cloche contenant de l'air, il vit de petites lamelles rouges se former à la surface du métal, puis il remarqua que le gaz de la cloche avait diminué d'environ un sixième, et qu'il était devenu impropre à la respiration et à la combustion. En chauffant les lamelles rouges dans une petite cornue, il obtenait, d'une part, du mercure métallique, d'autre part, un gaz qui ravivait avec éclat une lumière presque éteinte. En mêlant ce dernier gaz avec le premier, il obtenait un composé paraissant avoir toutes les propriétés de l'air ordinaire. Il ne restait plus qu'à déterminer rigoureusement les proportions du mélange ; ce qui n'a été obtenu que plus tard.

Il résultait alors des expériences de Lavoisier que la *chaux* ou *terre métallique*, qui faisait l'objet de tant de suppositions contradictoires, était simplement une oxydation d'un métal chauffé au contact de l'air ; et l'on sait maintenant que presque tous les métaux s'oxydent, quand on les chauffe en présence de ce gaz.

Rumford pensait, avec quelques autres physiciens, que la chaleur n'est autre chose qu'une modification des corps, un simple mouvement excité dans leurs parties constituantes par une impulsion étrangère. Un fluide particulier nommé *éther*, répandu dans tout l'espace, sert, ajoutait-il, de véhicule à ce mouvement. Quand un corps chaud se trouve en présence d'un corps froid, les vibrations plus rapides des molécules du premier, transmises par l'éther aux molécules du second, accélèrent leurs vibrations ; tandis que les vibrations plus lentes des molécules du corps froid, transmises de la même manière, ralentissent celles des molécules du corps chaud. Les températures sont égales quand, de part et d'autre, les vibrations sont devenues isochrones.

160. **Systèmes de l'émission et des ondulations.** — Les diverses hypothèses qui ont été proposées sur l'origine et la nature de la chaleur, ont fini, de nos jours, par se résumer dans deux opinions principales, connues sous les noms de *système de l'émission* et de *système des ondulations*.

Suivant le système de l'émission, la chaleur serait l'effet produit par une matière très-subtile, impondérable et incoërcible, émanant des corps chauds, pour se répandre dans toutes les directions, entourer les molécules des corps ou se réfléchir à leur surface. Au moment de la réforme de la nomenclature chimique, Lavoisier, Morveau, Berthollet et Fourcroy donnèrent à cet agent le nom de *calorique*.

Suivant le système des ondulations, système qui est maintenant très-accrédité et, pour ainsi dire, le seul accepté, la chaleur résulterait de mouvements vibratoires excités par les molécules des corps dans un seul et même fluide appelé *éther*, fluide extrêmement subtil et éminemment élastique, répandu partout, dans le vide comme dans les substances de toute nature. Les molécules des corps soumises à certaines conditions productrices de la chaleur vibreraient d'une manière particulière et transmettraient leur genre de mouvement dans tous les sens, avec une vitesse prodigieuse et une intensité toujours décroissante. La chaleur, partant d'un centre d'ébranlement, se propagerait sous forme d'ondulations, comme le fait le son dans l'air, et suivrait les mêmes lois, si ce n'est que le son ne se propage pas dans le vide.

Les expériences et les déductions de plusieurs savants, notamment de Fresnel, Young, Arago et Melloni, tendent à faire considérer la doctrine des ondulations comme la seule acceptable, ou du moins, comme la seule par laquelle on puisse expliquer, d'une manière plausible, l'ensemble des phénomènes qui se rattachent à la chaleur, la lumière et l'électricité ; et il est impossible aujourd'hui de méconnaître le lien de parenté qui existe entre ces trois agents désignés longtemps sous le nom de *fluides impondérables*.

Dans l'exposition des faits, nous raisonnerons souvent comme si nous adoptions le système de l'émission. Mais on n'oubliera pas que ce n'est de notre part qu'un moyen didactique analogue à celui qu'on emploie dans les cours de cosmographie, en supposant, d'après l'ancien système, que la terre est immobile, et que le soleil se meut autour d'elle, supposition qui rend, en plusieurs cas, les explications plus intelligibles.

161. De la mesure de la température. — La *température* est l'état calorifique des corps. La chaleur existe partout, mais à des degrés divers. Le froid n'existe donc pas d'une manière absolue. Un corps n'est froid ou chaud que par comparaison avec l'état d'un autre corps qui est moins froid ou moins chaud. On dit qu'une cave suffisamment profonde, est fraîche en été et chaude en hiver. La température de cette cave restant presque uniforme pendant toute l'année, à 12 degrés, par exemple, il est évident que, dans notre climat, elle sera tantôt moindre, tantôt plus élevée que celle de l'extérieur, et qu'elle produira en nous une sensation inverse, selon l'époque où nous pénétrerons dans l'enceinte que nous supposons.

Pour déterminer les variations de température, on a dû recourir à l'un des effets de la chaleur. On a choisi le plus connu, le plus facile à observer, le plus régulier dans sa marche; on a choisi la dilatation. On a mis à profit ce principe, que l'on peut considérer comme général, que « les corps qui s'échauffent se dilatent, c'est-à-dire augmentent de volume, et que les corps qui se refroidissent se contractent, c'est-à-dire diminuent de volume. »

C'est sur ce principe de la dilatation des corps par la chaleur que sont construits les instruments appelés *thermomètres* (*thermé*, chaleur; *métron*, mesure).

162. Thermomètres. — Les *thermomètres* sont des appareils dont on se sert pour mesurer les températures.

On peut mesurer la variation de la température par les variations du volume d'un corps solide, liquide ou gazeux; mais, pour l'usage ordinaire, les solides ne seraient pas assez dilatables, et les gaz le seraient trop. On emploie donc habituellement les liquides, leur dilatabilité étant plus sensible et plus régulière que celle des solides, et moins exagérée que celle des gaz. Cette considération, jointe à leur fluidité, les rend très-propres aux constatations précises et rapides de l'état calorifique.

Les liquides employés ordinairement sont le mercure et l'alcool.

Le mercure ou *vif-argent* est un métal brillant, d'un blanc légèrement bleuàtre, le seul métal liquide à la température ordinaire. Il se solidifie à 40 degrés au-dessous de zéro. Sa densité, prise à 0°, est 13, 596. On ne le trouve qu'en petite quantité à l'état natif; il est le plus souvent combiné au soufre et forme un minerai appelé *cinabre*, dont on l'extrait par le grillage ou par la distillation, selon la nature de la gangue qui accompagne le minerai. Le mercure entre en ébullition, à la température de 350° du thermomètre centigrade.

L'alcool pur est un liquide incolore, très-fluide, doué d'une odeur forte et aromatique, et d'une saveur brûlante et caustique. Il est toujours un produit de l'art. On lui donne vulgairement le nom d'*esprit-de-vin*. Sa densité, déterminée à 15 degrés centigrades, est de 0,8021. Il entre en ébullition à 78°, 41, sous la pression normale de 0^m, 76. On n'est pas encore parvenu à le solidifier. Il résiste à l'action de tous les procédés réfrigérants actuellement connus.

163. Thermomètre centigrade à mercure. — Le thermomètre à mercure est celui de tous les thermomètres à liquide qui présente le plus d'avantages. Il consiste essentiellement (fig. 113) en un réservoir généralement cylindrique

R ou sphérique, soudé à un tube d'un très-petit diamètre. Le liquide remplit en partie l'intérieur de l'appareil. Son niveau s'élève d'autant plus que l'augmentation de chaleur est plus grande et que le diamètre du tube est plus petit.

Le mercure étant un bon conducteur de la chaleur, celle-ci se propage dans sa masse avec une rapidité qui permet d'apprécier avec exactitude des changements très-rapprochés de température. Il est en outre celui de tous les liquides qui se dilate le plus uniformément; et les limites entre lesquelles il conserve son état ordinaire de fluidité sont assez éloignées pour permettre de l'employer non-seulement pour la constatation de la température d'un lieu, mais encore pour la plupart des observations scientifiques.

Pour qu'un liquide remplisse toutes les conditions nécessaires dans la construction d'un thermomètre, il faut : 1° qu'il soit pur et homogène; 2° qu'il soit bon conducteur de la chaleur; 3° qu'il ne change pas facilement d'état; 4° qu'il ait une faible capacité calorifique, c'est-à-dire qu'il prenne peu de chaleur pour se mettre à la température du milieu dans lequel il se trouve; 5° qu'il ait une dilatation régulière. De tous les liquides connus, c'est le mercure qui répond le mieux à ces conditions.

Fig. 113.

La construction du thermomètre à mercure se réduit aux cinq opérations suivantes : *préparer le tube, introduire le liquide, régler la course de l'instrument, le fermer, le graduer.*

1° *Préparer le tube.* — On choisit un tube de verre bien calibré, c'est-à-dire dont le diamètre intérieur soit partout le même. On reconnaît qu'il remplit cette condition, en faisant circuler dans son intérieur une petite colonne de mercure de 1 ou 2 centimètres de longueur. Si, dans chaque position, le mercure occupe toujours un espace de même longueur, on peut considérer le canal du tube comme parfaitement cylindrique. On conçoit l'importance de cette précaution préliminaire, puisque, dans l'emploi de l'instrument, des volumes égaux doivent correspondre à des longueurs égales. Le tube étant ainsi vérifié, on soude à l'une de ses extrémités un réservoir d'une capacité suffisante.

2° *Introduire le liquide.* — Le tube étant trop étroit pour donner passage à la fois au mercure que l'on chercherait à introduire directement et à l'air qui devrait sortir, on soude, à l'extrémité opposée au réservoir, une ampoule *a* (fig. 114)

surmontée d'un petit tube effilé ; puis, après avoir chauffé
tout l'appareil, on plonge la pointe du tube effilé dans du
mercure. Perdant par le refroidissement une
partie de sa force élastique, l'air échauffé de
l'appareil ne fait plus équilibre à la pression
atmosphérique, qui alors force le mercure à
pénétrer dans l'ampoule. Si on redresse le
tube, l'air qui y est contenu supporte la pression atmosphérique augmentée du poids du
mercure; il ne peut donc plus s'opposer à l'in-
vasion de celui-ci dans le tube et le réservoir.
Le mercure descend jusqu'à ce que l'air, diminuant de volume, ait acquis une force élastique suffisante pour résister à la pression
combinée de l'atmosphère et de la portion de
liquide qui est restée dans l'ampoule. Quand
le mercure cesse de descendre, on chauffe
l'instrument de manière à porter le mercure
à l'ébullition. Les vapeurs de mercure qui se
produisent expulsent l'air; de sorte que, si on
laisse refroidir l'instrument, ces vapeurs se
condensent et permettent au mercure de l'ampoule d'occuper le tube dans toute son étendue ainsi que la partie
du réservoir qui n'est
pas encore remplie.

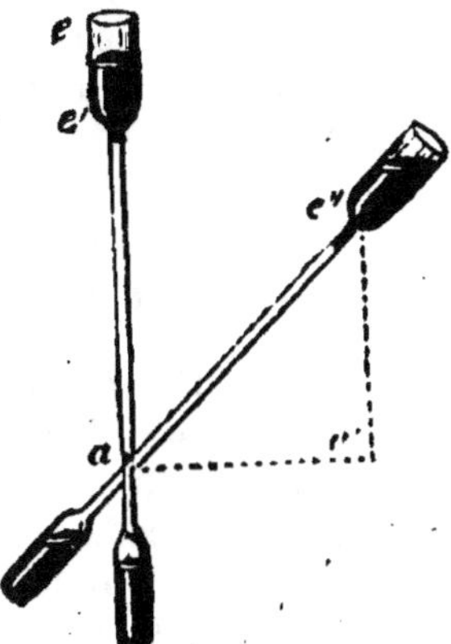

Fig. 114.

Fig. 115.

Pour introduire le
mercure dans un
thermomètre, on emploie encore le
procédé suivant (fig. 115).

On soude en haut du tube un entonnoir cylindrique *ee'* capable de contenir assez de mercure pour remplir
l'instrument. L'appareil étant tenu
dans une position verticale, on verse
dans l'entonnoir *ee'* du mercure purifié.
L'excès de pression occasionné par le
poids du mercure, force l'air du tube à
se contracter et à laisser descendre une certaine portion de
liquide dans le réservoir; mais bientôt la force élastique du
gaz augmentant par la diminution de son volume, le mercure
est arrêté. Alors on penche l'instrument de manière à diminuer la pression de la colonne de mercure. L'air refoule le

mercure contenu dans le tube et s'échappe en partie à travers le mercure de l'entonnoir. On redresse l'instrument. La force élastique de l'air ayant diminué, une nouvelle quantité de mercure peut pénétrer ; on incline de nouveau, pour faire échapper une nouvelle quantité d'air ; et l'on continue les mêmes opérations jusqu'à ce qu'il reste trop peu d'air pour que le mercure puisse être refoulé jusqu'à la naissance de l'entonnoir. Pour chasser ce reste d'air, on fait bouillir le mercure en plaçant l'instrument sur une grille inclinée construite à cet effet. Les vapeurs mercurielles entraînent l'air au dehors ; et si on laisse refroidir l'appareil, les vapeurs qu'il contient se condensent, et laissent un espace vide qui est bientôt rempli par le mercure de l'entonnoir.

3°-4° Régler la course de l'instrument et le fermer. — On ne doit conserver dans l'instrument que la quantité de mercure suffisante pour que son niveau soit au-dessus du réservoir, à la température ordinaire, et au-dessous de l'extrémité du tube pour la température la plus élevée qu'on adopte pour limite. On y arrive aisément en faisant chauffer l'appareil de manière à expulser le mercure surabondant. Il s'agit aussitôt de fermer le tube pendant qu'il est rempli de mercure dilaté. On lance la flamme d'une lampe d'émailleur sur la partie du tube où l'on veut le terminer. Quand le verre est ramolli, on l'étire et l'on ferme immédiatement l'extrémité effilée du tube au moyen d'un chalumeau. En procédant ainsi, on forme le vide au-dessus de la colonne thermométrique ; ce qui est préférable, l'air, par l'effet de son élasticité, réagissant sur le niveau du mercure et contrariant la régularité de la dilatation, et pouvant en outre, par suite de secousses répétées, se glisser dans la colonne et en interrompre la continuité.

5° Graduer le thermomètre. — Pour graduer le thermomètre, on le met successivement à la température de la glace fondante et à celle de l'eau bouillante. On marque 0, au premier point d'arrêt du niveau du mercure, et 100 au second ; puis on divise l'intervalle en 100 parties égales, qu'on nomme degrés. et l'on prolonge les divisions au-dessous du zéro et au-dessus du point 100.

On désigne les températures plus basses que zéro, en faisant précéder du signe (—) les nombres qui les expriment. Pour les températures plus élevées que zéro, on ne met pas de signe, ou on emploie le signe (+). Le mot *degré* est remplacé, comme pour la mesure des angles et des arcs, par un zéro placé à la droite et un peu au-dessus du nombre. Ainsi, on écrira : 0° (zéro degré) ; 12° ou +12° (12 degrés au-dessus de zéro); — 12° (12 degrés au-dessous de zéro).

La glace conservant, pendant toute la durée de sa fusion, une température invariable, on a adopté cette température pour point fixe inférieur de l'échelle thermométrique.

Pour déterminer ce point fixe, on enfonce entièrement le thermomètre dans un vase rempli de neige ou de glace concassée (fig. 116). On l'y maintient jusqu'à ce que le niveau du mercure devienne stationnaire. On marque sur le tube la position de ce niveau, soit avec un diamant, soit avec la pointe d'un pinceau trempé dans du vermillon ou de l'encre de Chine. Le vase dont on se sert doit être percé de trous dans toute sa partie inférieure ou être muni, à son fond, d'un robinet qui laisse écouler l'eau de fusion, à mesure qu'elle se forme ; car elle pourrait prendre, pendant l'opération, une température supérieure à celle de la glace et nuire à l'exactitude du résultat.

Pour déterminer le point supérieur, on plonge le thermomètre dans de la vapeur produite par de l'eau en ébullition. La température de l'eau bouillante reste la même pendant toute la durée de l'ébullition. On peut donc s'en servir pour déterminer le

Fig. 116.

point fixe supérieur, en faisant l'expérience avec de l'eau pure, sous la pression normale de 0^m,76, et dans des conditions toujours identiques. Or, l'ébullition de l'eau est retardée par une augmentation de pression atmosphérique ou par la présence de matières étrangères moins volatiles et tenues en dissolution. La nature des vases exerce également une influence appréciable.

On évite ces difficultés en plongeant le thermomètre dans la vapeur de l'eau bouillante, au lieu de le plonger dans le liquide lui-même. On s'appuie sur cette remarque faite, pour la première fois, par Rudberg, que la température de l'eau bouillante, à la surface, est exactement la même que celle de la vapeur qui s'en échappe.

On place le thermomètre dans une étuve à vapeur (fig. 117) qui consiste en une chaudière en fer-blanc ou en laiton, surmontée d'un cylindre *cc*, et d'une enveloppe *ce*. La tige du thermomètre traverse un bouchon *b* qui ferme le col du cylindre. L'instrument est suspendu de telle sorte que sa partie inférieure ne fait qu'effleurer la surface liquide, et qu'il est ins-

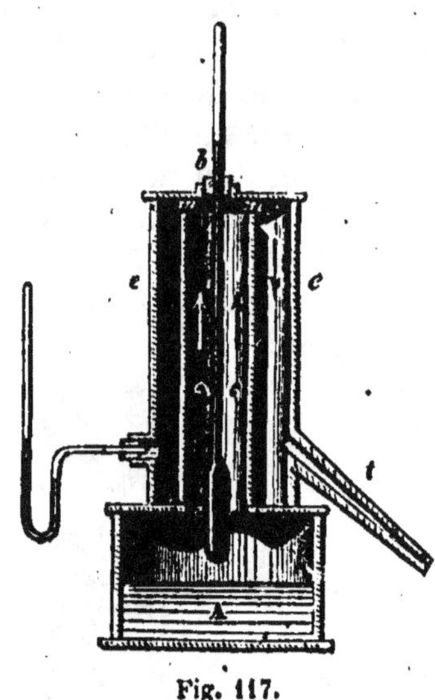

Fig. 117.

tantanément entouré par les vapeurs provenant de l'ébullition de l'eau contenue dans la chaudière A. L'enveloppe a pour but de garantir le cylindre contre les causes extérieures de refroidissement, et de le maintenir à la même température que la vapeur, pendant le temps de l'opération. Afin de rendre cette précaution plus efficace, on force la vapeur à passer par deux petits orifices opposés, et à circuler dans l'enveloppe annulaire, avant de sortir par une tubulure *t* adaptée à l'appareil. Cette tubulure porte un manomètre à air libre, servant à reconnaître si, ce qui est une condition essentielle, la pression de la vapeur reste la même que celle de l'atmosphère.

Le mercure, après s'être dilaté, s'arrête à une certaine hauteur de la tige du thermomètre, et s'y maintient tant qu'il est soumis à l'influence de la vapeur naissante. On marque le point d'arrêt.

On a ainsi deux points fixes qui sont toujours les mêmes, si l'on s'entoure des mêmes précautions, et qui, conséquemment, permettent de rendre les thermomètres comparables entre eux. Il ne reste plus, comme nous l'avons dit plus haut, qu'à diviser l'intervalle des points fixes en 100 parties égales, et à prolonger ces divisions, plus ou moins, dans l'un et l'autre sens, suivant l'usage auquel l'instrument est destiné.

Ce thermomètre, eu égard à sa graduation, qui est appelée *échelle centigrade* ou *centésimale*, a reçu le nom de *thermomètre centigrade*.

164. Thermomètre Réaumur. — Avant la création du système métrique, on se servait en France, et dans une grande partie de l'Europe, du thermomètre de Réaumur, dont les points fixes sont les mêmes que ceux du précédent, mais dont l'intervalle est divisé en 80 parties égales,

D'après cette donnée, le degré Réaumur vaut les $\frac{4}{5}$ du degré centigrade; d'où le degré centigrade vaut les $\frac{5}{4}$ du degré Réaumur; 12 degrés Réaumur correspondent à 15 degrés centigrades; et 12 degrés centigrades ne valent que 9°,6 Réaumur.

165. Thermomètre Fahrenheit. — En 1714, un physicien de Dantzick, Fahrenheit, établit un thermomètre dont le point fixe supérieur est également donné par l'eau bouillante, mais dont le zéro représente le froid produit par un mélange, à poids égaux, de glace pilée et de sel ammoniac (chlorhydrate d'ammoniaque). L'intervalle de ces deux limites est divisé en 212 parties égales. Le 32ᵉ degré correspond au 0 centigrade; de sorte que l'intervalle compris entre la glace fondante et l'ébullition de l'eau contient 180 divisions. Le degré Fahrenheit vaut donc les $\frac{10}{180}$ ou les $\frac{5}{9}$ du degré centigrade, et les $\frac{10}{180}$ ou les $\frac{4}{9}$ du degré Réaumur. Inversement, le degré centigrade est les $\frac{9}{5}$, et le degré Réaumur les $\frac{9}{4}$ du degré Fahrenheit.

Pour convertir $+ 25°$ centigrades en degrés Fahrenheit, on multiplie 25 par $\frac{9}{5}$; ce qui donne 45°; et l'on doit ajouter à ce chiffre 32°, puisque le zéro du thermomètre Fahrenheit est à 32° au-dessous du zéro centigrade. On a donc finalement : $+ 25°$ centigrades correspondent à 77° Fahrenheit.

Pour convertir $— 20°$ C. en degrés F., il faudrait encore multiplier par $\frac{9}{5}$; ce qui donnerait 36°; et faire la soustraction algébrique de 36 du nombre 32. On aurait pour résultat $— 4°$ F.

**166. Comparaison des thermomètres
Réaumur et Centigrade.**

RÉAUMUR.	CENTIGRADE.	RÉAUMUR.	CENTIGRADE.	CENTIGRADE.	RÉAUMUR.	CENTIGRADE.	RÉAUMUR.
0°	0°	0°	11,25	0°	0°	0°	7,20
1	1°,25	10	12,50	1	0,80	10	8,00
2	2,50	11	13,75	2	1,60	11	8,80
3	3,75	12	15,00	3	2,40	12	9,60
4	5,00	13	16,25	4	3,20	13	10,40
5	6,25	14	17,50	5	4,00	14	11,20
6	7,50	15	18,75	6	4,80	15	12,00
7	8,75	16	20,00	7	5,60	16	12,80
8	10,00	17	21,25	8	6,40	17	13,60

RÉAUMUR.	CENTIGRADE.	RÉAUMUR.	CENTIGRADE.	CENTIGRADE.	RÉAUMUR.	CENTIGRADE.	RÉAUMUR.
18°	22°,50	50°	62°,50	18°	14°,40	60°	48°,00
19	23,75	51	63,75	19	15,20	61	48,80
20	25,00	52	65,00	20	16,00	62	49,60
21	26.25	53	66,25	21	16,80	63	50,40
22	27,50	54	67,50	22	17,60	64	51,20
23	28,75	55	68,75	23	18,40	65	52,00
24	30,00	56	70.00	24	19,20	66	52,80
25	31,25	57	71,25	25	20,00	67	53,60
26	32,50	58	72,50	26	20,80	68	54,40
27	33,75	59	73,75	27	21,60	69	55,20
28	35,00	60	75,00	28	22,40	70	56,00
29	36,25	61	76,25	29	23,20	71	56,80
30	37,50	62	77,50	30	24,00	72	57,60
31	38,75	63	78,75	31	24,80	73	58,40
32	40,00	64	80,00	32	25,60	74	59,20
33	41.25	65	81.25	33	26,40	75	60,00
34	42,50	66	82.50	34	27,20	76	60,80
35	43,75	67	83,75	35	28.00	77	61,60
36	45.00	68	85.00	36	28,80	78	62,40
37	46,25	69	86,25	37	29,60	79	63,20
38	47,50	70	87,50	38	30,40	80	64,00
39	48,75	71	88,75	39	31,20	81	64,80
40	50,00	72	90,00	40	32,00	82	65,60
41	51,25	73	91,25	41	32,80	83	66,40
42	52.50	74	92,50	42	33,60	84	67,20
43	53,75	75	93,75	43	34,40	85	68,00
44	55,00	76	95.00	44	35,20	86	68,80
45	56,25	77	96,25	45	36,00	87	69,60
46	57.50	78	97,50	46	36,80	88	70,40
47	58,75	79	98,75	47	37,60	89	71,20
48	60,00	80	100,00	48	38,40	90	72,00
49	61,25			49	39,20	91	72,80
				50	40,00	92	73,60
				51	40,80	93	74,40
				52	41,60	94	75,20
				53	42,40	95	76,00
				54	43,20	96	76,80
				55	44,00	97	77,60
				56	44,80	98	78,40
				57	45,00	99	79,20
				58	46,40	100	80,00
				59	47,20		

167. Conversion des degrés Fahrenheit en degrés centigrades.

FAHRENHEIT.	CENTIGRADE.	FAHRENHEIT.	CENTIGRADE.	FAHRENHEIT.	CENTIGRADE.	FAHRENHEIT.	CENTIGRADE.
— 4°	— 20°,00	23°	— 5°,00	50°	10°,00	77°	25°,00
— 3	— 19,11	24	— 4,44	51	10,56	78	25,56
— 2	— 18,89	25	— 3,89	52	11,11	79	26,11
— 1	— 18,33	26	— 3,33	53	11,67	80	26,67
0	— 17,78	27	— 2,78	54	12,22	81	27,22
1	— 17,22	28	— 2,22	55	12,78	82	27,78
2	— 16,67	29	— 1,67	56	13,33	83	28,33
3	— 16,11	30	— 1,11	57	13,89	84	28,89
4	— 15,56	31	— 0,56	58	14,14	85	29,44
5	— 15,00	32	— 0,00	59	15,00	86	30,00
6	— 14,44	33	0,56	60	15,56	87	30,56
7	— 13,89	34	1,11	61	16,11	88	31,11
8	— 13,33	35	1,67	62	16,67	89	31,67
9	— 12,78	36	2,22	63	17,22	90	32,22
10	— 12,22	37	2,78	64	17,78	91	32,78
11	— 11,67	38	3,33	65	18,33	92	33,33
12	— 11,11	39	3,89	66	18,89	93	33,89
13	— 10,56	40	4,44	67	19,44	94	34,44
14	— 10,00	41	5,00	68	20,00	95	35,00
15	— 9,44	42	5,56	69	20,56	96	35,56
16	— 8,89	43	6,11	70	21,11	97	36,11
17	— 8,33	44	6,67	71	21,67	98	36,67
18	— 7,78	45	7,22	72	22,22	99	37,22
19	— 7,22	46	7,78	73	22,78	120	37,78
20	— 6,67	47	8,33	74	23,33	150	65,50
21	— 6,11	48	8,89	75	23,89	200	93,33
22	— 5,56	49	9,44	76	24,44	212	100,00

Le degré Réaumur valant 1°, 25 centigrade, il est évident que, pour former une table de conversion des degrés Réaumur en degrés centigrades, il suffit d'ajouter successivement le nombre 1,25 à lui-même. Le degré centigrade valant les 0,80 du degré Réaumur, on formera la table inverse en ajoutant successivement le nombre 0,80 à lui-même. Le degré Fahrenheit valant les 5/9 ou les 0,5555.... du degré centigrade, on forme la colonne centigrade correspondante en retranchant 0,55 ou 0,56 du nombre précédent pour les températures inférieures à 0°, et en ajoutant alternativement

les mêmes. décimales, pour les températures supérieures à
0°. La fraction 0,5555... étant illimitée, il importe, si l'on se
borne à deux décimales, comme nous l'avons fait dans notre
tableau comparatif, d'employer alternativement 0,55 et 0,56,
afin d'éviter de multiplier l'erreur, soit par excès, soit par
défaut.

168. Thermomètre à alcool. — Le thermomètre à alcool a
la même forme que le thermomètre à mercure. Pour introduire l'alcool dans l'appareil, on fait chauffer le réservoir,
afin de dilater l'air qu'il contient, puis on plonge l'extrémité
du tube dans le liquide. Celui-ci ne tarde pas à monter
jusque dans le réservoir, par l'effet de la pression atmosphérique, à mesure que le gaz intérieur perd de sa force
élastique en se refroidissant. On fait alors bouillir l'alcool
introduit; les vapeurs qui se forment entraînent l'air au
dehors, et si l'on plonge de nouveau l'extrémité du tube
dans l'alcool, les vapeurs se condensent et le liquide achève
de remplir l'appareil. Pour éviter qu'il reste encore quelques
bulles d'air retenues en dissolution, on attache le thermomètre à une corde et on le fait tourner rapidement pendant
quelques instants. En vertu du principe de la force centrifuge,
l'alcool tend à s'écarter du centre de rotation, et ne tarde
pas à faire sortir les moindres bulles de gaz qui seraient
restées.

On règle la course de l'instrument, et on le ferme, en ayant
soin d'emprisonner un peu d'air, qui doit s'opposer à l'ébullition de l'alcool. On détermine les deux points fixes, comme
pour le thermomètre à mercure; mais les points intermédiaires
doivent être tracés par comparaison, à l'aide d'un thermomètre
étalon à mercure. On a démontré que les thermomètres
construits avec des liquides différents ne s'accordent que
pour les points fixes, quand on les soumet à une même
température.

Le thermomètre à mercure cesse de donner des indications
exactes quelques degrés avant sa congélation, c'est-à-dire
dès le 36° degré environ au-dessous de zéro. A partir de
cette limite, il faut avoir recours au thermomètre à alcool,
que d'ailleurs on emploie principalement pour les basses
températures.

Afin de rendre les variations du niveau plus visibles, on
colore l'alcool en rouge avec de l'orseille, principe tinctorial
provenant de certaines espèces de lichens.

169. Thermomètre différentiel de Leslie (fig. 118). On con-

naît sous ce nom un thermomètre à air, à l'aide duquel on
détermine de très-petites différences de température entre
deux milieux peu éloignés l'un de
l'autre. Il se compose de deux boules
de verre de même dimension, remplies
d'air, et communiquant ensemble par
un tube deux fois recourbé. Il contient
de l'acide sulfurique coloré qui, les
boules étant à la même température,
s'élève à une même hauteur verticale
dans les deux branches. Ces points
de niveau sont marqués 0. On commence par les établir en chauffant doucement le côté qui contient la plus
grande quantité d'air, jusqu'à ce que
l'excès de gaz passe de l'autre côté.
L'équilibre étant obtenu, on plonge
l'une des boules dans une masse d'eau
dont la température soit de dix degrés

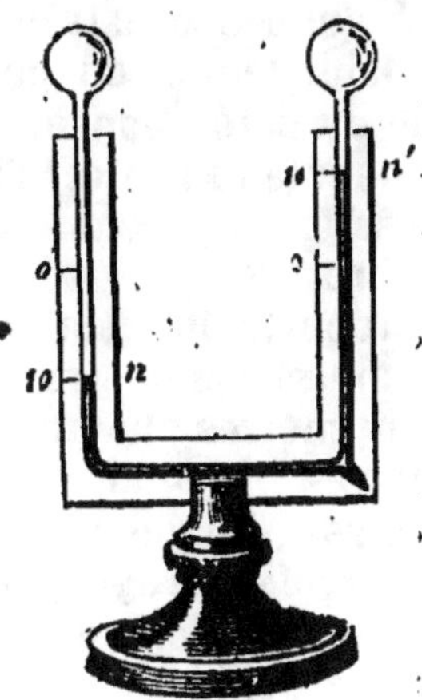

Fig. 118.

supérieure à celle de l'autre. Le liquide est alors déprimé dans
la première branche jusqu'à un point n, tandis qu'il s'élève
dans la seconde jusqu'à une hauteur n'. On divise en dix parties égales les intervalles on, on', et on prolonge les divisions
dans toute l'étendue des parties verticales du tube. Les indications s'accordent avec celles du thermomètre à mercure.

170. Thermoscope de Rumford. — Cet instrument (fig. 119)
sert, comme le précédent, à recon-
naître des variations de température
très-faibles. Il consiste également en
un tube de verre deux fois coudé et
terminé par deux boules de même capacité et remplies d'air. La partie horizontale du tube est plus grande que
les parties verticales; elle contient
une goutte d'acide sulfurique concentré ou une goutte de mercure i, qu'on
nomme *index*. C'est à ce simple index
que se réduit la colonne liquide. Il

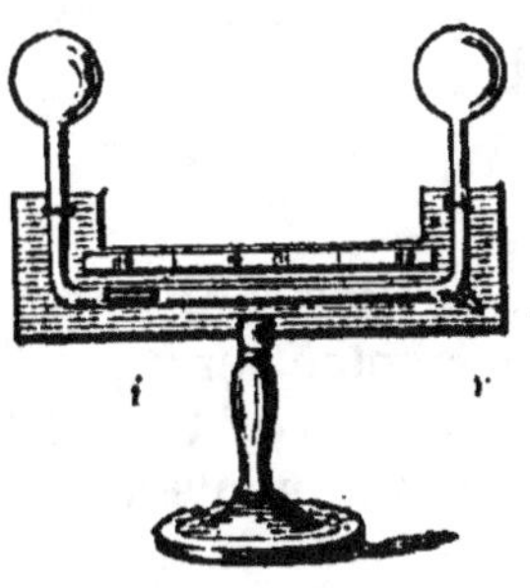

Fig. 119.

doit être au milieu de la branche horizontale, quand les
deux boules ont la même température. On marque zéro à
chacune de ses extrémités ; on plonge l'une des boules dans
une masse d'eau portée à une température connue et supérieure à celle de l'autre boule; on observe le point où l'in-

dex s'arrête, et on divise l'intervalle compris entre ce point et le zéro en un nombre de parties égal à la différence des températures des deux boules.

Afin de pouvoir égaliser la quantité d'air entre les deux boules, et amener l'index au milieu du tube horizontal, on ajoute à l'une des extrémités de ce dernier un petit réservoir r, dans lequel on pousse l'index en échauffant un peu la boule du côté opposé. Il suffit d'incliner légèrement l'appareil, pour faire rentrer l'index dans le tube, et, après quelques essais, on parvient aisément à le fixer dans sa position d'équilibre.

Les proportions à établir pour les diverses parties de cet instrument peuvent être les suivantes : diamètre des boules, 5 à 6 centimètres ; hauteur des branches verticales, 16 à 17 centimètres ; longueur de la branche horizontale, 39 à 40 centimètres ; longueur de l'index, 3 centimètres.

171. Thermométrographes. — On appelle ainsi des thermomètres qui font connaître le degré de température le plus élevé et le degré le plus bas marqués par ces instruments dans un intervalle de temps déterminé. Ils prennent, dans le premier cas, le nom de thermomètres à *maxima* ; dans le second celui de thermomètres à *minima*.

172. Thermomètre à maxima et à minima de Rutherford. — Sur une tablette rectangulaire (fig. 120), qui doit être

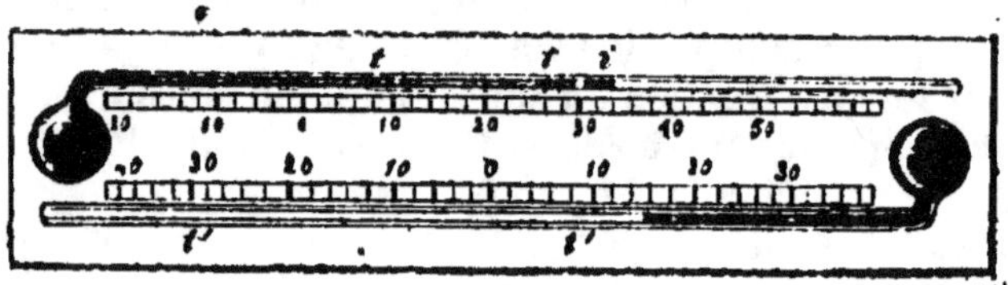

Fig. 120.

maintenue horizontale pendant l'observation, sont fixés deux thermomètres tt, $t't'$. Le premier tt est un thermomètre à mercure. Un petit cylindre de fer, placé d'abord, par un simple mouvement d'inclinaison imprimé à l'appareil, en contact avec le niveau du mercure, est poussé par le liquide dilaté jusqu'à un certain point maximum i, où il reste en repos, dès que la température cesse de croître ou diminue. Le mercure, en se contractant, n'entraîne pas l'index, auquel il n'adhère pas. Si, par exemple, l'index s'est arrêté à 35°, il atteste que l'élévation de température n'a pas dépassé cette limite.

Le liquide du thermomètre à minima $t't'$ est de l'alcool. On prend pour index un petit cylindre d'émail, que l'on place à l'extrémité de la colonne, en l'immergeant entièrement. Si la température augmente, le liquide, en se dilatant, glisse autour de l'index sans le déplacer ; si, au contraire, la température diminue, l'alcool, en se contractant, entraîne le morceau d'émail, par un effet d'adhérence capillaire, et l'abandonne au point qui marque la température la plus basse à laquelle ait été soumis l'instrument.

173. Thermométrographe ou thermomètre à maxima et à minima de Bellani. — Un tube thermométrique recourbé en A et en B (fig. 121) est rempli d'alcool, dans la partie CAm, et dans la partie opposée m'D ; et de mercure, dans la partie mBm'. Deux index i' i', en émail, renfermant un petit cylindre de fer doux, et légèrement fixés aux parois du tube, par l'élasticité de fils de verre contournés en spirales, sont ramenés, au commencement de chaque observation, en contact avec les niveaux du mercure, au moyen d'un aimant que l'on promène le long des parois extérieures de l'instrument.

Fig. 121.

Si la température diminue, l'alcool du réservoir se contracte, le niveau m du mercure s'élève en poussant devant lui l'index i. Si la température augmente, le niveau m' du mercure fait monter l'index i', tandis que l'index i reste au dernier point où il a été porté, l'alcool glissant entre l'index et les parois du tube. Des graduations ayant été établies sur le tube à l'aide d'un bon thermomètre à mercure, on connaîtra, par la position finale de l'index i', le maximum de température, et par celle de l'index i, le minimum.

174. Thermomètre à maxima de Walferdin. — Le thermométrographe de Bellani ne peut être employé, à cause de la mobilité de l'index, que pour des expériences où l'appareil ne doit pas éprouver de secousses. Celui de Walferdin (fig. 122) obvie à cet inconvénient. Aussi s'en sert-on pour rechercher l'état calorifique des régions plus ou moins profondes du sol, des puits artésiens, par exemple.

Il consiste en un thermomètre ordinaire à mercure dont

la tige se termine en un bec effilé *o*, qui communique avec une ampoule ou *panse r*, contenant une quantité suffisante de mercure.

Après avoir chauffé le réservoir R, jusqu'à ce que le mercure arrive au point *o*, on renverse l'instrument, et on le fait refroidir jusqu'à ce qu'il ait une température inférieure à celle qu'on présume être le maximum à constater. Puis, replaçant le thermomètre dans sa première position, on le descend dans le puits, ou le trou de sonde, dans le lieu enfin dont il s'agit d'évaluer le maximum de température. Il est évident que, si l'instrument traverse des espaces d'une température inférieure à la sienne, il n'en résulte aucune cause d'erreur, pour le but proposé. Quand il arrive dans un milieu plus chaud, le mercure se dilate et se déverse dans l'ampoule.

Après l'avoir laissé dans le puits pendant quelques heures, on le remonte, en ayant soin de donner une petite secousse, pour détacher la gouttelette de mercure qui resterait adhérente à la pointe du canal du tube.

Quand on ramène l'instrument au lieu de départ, une portion du tube est vide. Pour évaluer la température qui a produit cet effet, on plonge le thermomètre dans un bain d'eau ou d'huile, dont on

Fig. 122.

élève progressivement la température, en tenant plongé en même temps un bon thermomètre, qui indique le degré précis auquel le mercure du thermométrographe arrive au bec effilé, c'est-à-dire au haut de sa course. La température du bain est la température maximum demandée.

Le thermomètre à *minima* de Walferdin est un thermomètre à alcool. L'extrémité effilée du tube communique avec le réservoir cylindrique, au lieu de communiquer avec la panse. Il contient un long index de mercure qui est introduit de manière à affleurer la pointe effilée du tube, à une température un peu supérieure à celle que l'on veut observer. L'appareil étant ainsi amorcé, on le descend dans le milieu dont on veut constater l'état calorifique. L'alcool du réservoir cylindrique se contractant, le mercure, qui forme l'index s'y précipite en partie. Quand on retire l'appareil, comme il passe dans un milieu plus échauffé, l'index remonte dans le tube. Il ne reste plus, pour évaluer la température minima cherchée, que de plonger le thermomètre dans un bain qu'on refroidit progressivement. Quand l'index arrive à l'affleurement de la pointe affilée, la température du bain est la température cherchée.

On voit que, pour se servir de ces instruments, qu'on peut appeler *thermomètres à déversement*, il faut qu'on ait préalablement une notion approximative de la température de l'enceinte que l'on veut explorer. Ensuite on doit avoir soin de les enfermer dans une enveloppe métallique capable de les garantir, et de résister aux pressions des couches profondes dans lesquelles on les fait descendre. Il convient en outre que ces enveloppes contiennent de l'eau dans laquelle baigne l'instrument, afin que l'équilibre de température s'établisse plus promptement.

L'appareil à *minima* sert à reconnaître les basses températures du fond des lacs, des puits ou des mers.

175. Pyromètre de Wedgwood. — Les *pyromètres* (du grec *pyr*, feu ; *metron*, mesure) sont des instruments dont on se sert pour déterminer les hautes températures.

Le pyromètre de Wedgwood est basé sur le *retrait*, c'est-à-dire sur la contraction qu'éprouvent les argiles infusibles, quand on les soumet à l'action d'une forte chaleur.

Deux règles (fig. 123) de deux pieds anglais (le pied anglais vaut 304 millimètres) de longueur sont fixées sur une planche métallique MM ; elles s'écartent de 6 lignes d'un côté, de 4 lignes de l'autre. Les deux pieds, valant 24 pouces, sont divisés en 240 parties égales, qui forment les degrés.

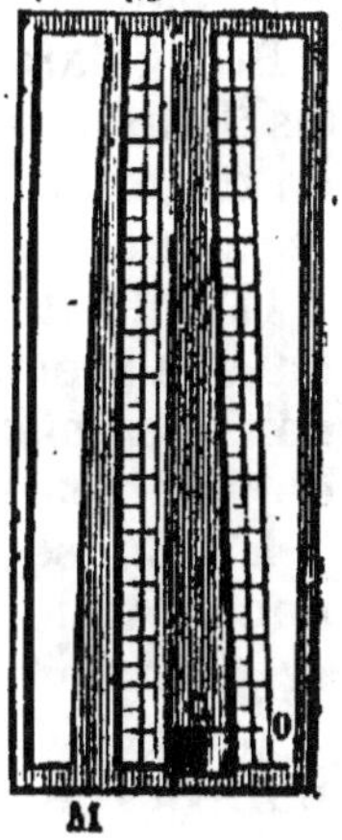

On prépare de petits cylindres de kaolin ou *terre à porcelaine*, qui est l'argile la plus pure, et on les expose à une chaleur rouge sombre de 525 degrés environ. On les use à la lime, jusqu'à ce qu'ils arrivent au zéro de la rainure. On porte ensuite un de ces cylindres dans le four dont on veut évaluer la température, puis on observe jusqu'à quelle division ce cylindre c peut glisser dans la rainure. Ainsi, le cylindre s'arrêtant à la 32ᵉ division, on dit que la température est à 32 degrés du pyromètre de Wedgwood.

Fig. 123.

En admettant, comme l'a fait l'auteur de l'instrument, que chaque degré corresponde à 72 degrés centigrades, et que le zéro doive être compté comme partant du rouge sombre, c'est-à-dire de 525 degrés, on trouverait que l'or, qui fond à 32° du pyromètre de Wedgwood, fond à 2,829 degrés du thermomètre centigrade. Mais cette transformation n'a pas une grande importance, eu égard, du moins, à l'emploi de ce pyromètre.

176. Pyromètre de Brongniart. — Une tablette de porcelaine TT (fig. 124) porte une rainure, dans laquelle est

Fig. 124.

placée de champ une règle de platine ou de fer pp'. L'extrémité p' s'appuie contre le talon de la rainure, et l'extrémité p touche une tige de porcelaine qui traverse la paroi du fourneau et vient presser le bras m d'un levier coudé. L'autre bras du levier est une aiguille qui prend diverses positions sur un cadran gradué, suivant la dilatation que subit la règle de platine sous l'influence de la chaleur. La dilatation de la porcelaine est si faible qu'on n'en tient aucun compte.

Brongniart a construit spécialement cet appareil pour les fours à porcelaine. Sa graduation ne peut être convertie en degrés centigrades, la dilatation des solides n'étant pas régulière au-dessus de 100°.

177. Dilatation des solides. — La chaleur dilate les corps, un abaissement de température les contracte ; mais, placés dans les mêmes conditions, tous les corps ne changent pas de volume dans les mêmes proportions.

L'accroissement de l'unité de dimension d'un corps, pour une élévation de température de 1°, est appelé le *coefficient de dilatation* de ce corps.

Le coefficient de dilatation est dit *linéaire*, quand il se rapporte à l'allongement d'un corps, suivant une seule dimension.

Question. — On demande quel serait l'allongement produit dans une barre de fer de 100 kilomètres, par une élévation de température de 30 degrés centigrades, le coefficient de dilatation linéaire du fer étant de 0,000012.

Réponse. — Si un mètre augmente de 0,000012 de sa

longueur pour 1°, il augmentera des $0,000012 \times 30$ pour 30°, et 100 kilomètres augmenteront de 36 mètres.

Le coefficient de dilatation est dit *cubique*, quand il exprime l'augmentation de l'unité de volume pour une élévation de température d'un degré. On le considère comme étant égal au triple du coefficient linéaire.

Supposons en effet qu'un cube, de substance homogène, soit l'unité de volume, et que son côté, d'abord égal à 1, devienne $1 + K$, par une élévation de température de 1° (K étant le coefficient de dilatation linéaire), le volume deviendra $(1 + K)^3 = 1 + 3K + 3K^2 + K^3$.

Les valeurs $3K^2$ et K^3 étant négligeables, comme exprimant des puissances d'une fraction déjà très-petite, on peut, sans erreur appréciable, considérer le coefficient cubique comme égal à $3K$, c'est-à-dire à trois fois le coefficient linéaire.

De même, si l'on prend un carré pour unité de surface, le côté de ce carré, d'abord égal à 1, deviendra $1 + K$, si on élève la température de 1°. Par l'effet de cet accroissement, la surface du carré devient $(1 + K)^2 = 1 + 2K + K^2$. La valeur K^2 étant négligeable, le coefficient de dilatation superficielle se réduit à $2K$.

D'où l'on conclut que le coefficient de dilatation en surface peut être considéré comme égal au *double du coefficient de dilatation linéaire*.

178. Détermination du coefficient de dilatation linéaire des solides. — La dilatation des solides étant très-faible, la mesure de ce coefficient exige les précautions les plus minutieuses. Lavoisier et Laplace ont fait cette recherche pour quelques solides, à l'aide d'un appareil que nous allons décrire.

Deux règles de verre $n'n$ (fig. 125) plongent verticalement dans une cuve rectangulaire métallique BB'. La première règle n' est fixe; la seconde n est mobile autour d'un axe cylyndrique a, qui entraîne dans son mouvement une lunette ll, dont l'axe optique lui est perpendiculaire. Le prolongement de cet axe optique parcourt, pendant la rotation de la lunette, les divisions d'une mire MM, placée à une grande distance, à 50, à 100 ou même 200ᵐ.

Une barre de deux mètres de longueur est placée horizontalement, sur deux rouleaux en verre r,r', et mise en contact avec les deux règles n,n'.

Cette barre est d'abord submergée dans de l'eau à la température de la glace fondante. Quand, au moyen de thermomètres, on s'est assuré que cette température est la même dans toute

l'étendue de la cuve, on note la division de la mire sur laquelle
se projette le fil horizontal de la lunette. On répète la même
opération, après avoir remplacé l'eau à 0° de la cuve par de
l'eau bouillante.

Supposons que le fil du réticule, coïncidant d'abord avec

Fig. 125.

le point de division o, vienne coïncider avec le point m; il
s'agit de calculer l'allongement bc de la barre.

Les triangles abc, aom sont semblables, comme ayant les
côtés perpendiculaires chacun à chacun. On a donc : $\dfrac{bc}{om} = \dfrac{ac}{ao}$

ou $bc = om\ \dfrac{ac}{ao}$. Le rapport $\dfrac{ac}{ao}$ est constant, car ac et ao sont,
en réalité, les bras d'un levier coudé semblable à celui du
pyromètre à cadran (17), qui sert à constater l'allongement des
tiges métalliques, sous l'influence de la chaleur.

Appelons a l'allongement produit dans une barre, de longueur
l, portée de 0° à t°. L'allongement de l'unité de longueur pour
1°, c'est-à-dire le coefficien. de dilatation linéaire, sera égal à
$\dfrac{a}{lt}$.

Lavoisier et Laplace ont trouvé, par le procédé que nous
venons d'exposer, que la dilatation des solides est uniforme
de 0° à 100°.

Plus tard, Dulong et Petit ont reconnu, à l'aide du thermomètre à air, qu'au delà de 100°, le coefficient de dilatation des solides augmente avec la température.

Règle. — *Pour obtenir le coefficient de dilatation linéaire d'un solide, on divise la dilatation obtenue par la longueur de la barre et par la température à laquelle cette barre a été portée.*

Soient c le coefficient de dilatation linéaire, l la longueur de la barre à 0°, l' la longueur à $t°$.

On aura :

$$c = \frac{l' - l}{l\,t}; \tag{1}$$

d'où l'on tirera pour le coefficient c' de la dilatation cubique :

$$c' = \frac{3\,(l' - l)}{l\,t}. \tag{2}$$

QUESTION. — Une barre de zinc ayant 5 mètres de longueur, à zéro, a une longueur de 5m,0147 à 100°. Chercher le coefficient de dilatation du zinc.

On aura, en substituant dans les formules (1) et (2) les valeurs connues :

$$c = \frac{5,0147 - 5}{5 \times 100} = 0,0000294;$$

$$c' = 3 \times 0,0000294 = 0,0000882.$$

179. Formules des dilatations linéaires. — Si l'on désigne par K le coefficient de dilatation, par l_0 la longueur de la barre à 0°, par l_t la longueur de la barre à $t°$, on tire de la valeur (1), en substituant K à c, l_0 à l, l_t à l' :

$$l_t = l_0 + K l_0 t; \text{ d'où } l_t = l_0\,(1 + K t). \tag{3}$$

La quantité $(1 + K t)$ est appelée *binôme de dilatation.*

Règle I. — *Pour trouver la longueur d'une barre, à $t°$, on multiplie sa longueur à zéro par son binôme de dilatation.*

Ex. — Quelle serait, à 85°, la longueur d'une tige de plomb qui aurait, à zéro, une longueur de 3m,75; le coefficient de ce métal étant de 0,0000285?

La formule (3) nous donne :

$$x = 3,75\,(1 + 0,0000285 \times 85) = 3^m,75908.$$

Règle II. — *Pour trouver la longueur d'une barre à zéro, quand on connaît la longueur à $t°$, on divise cette dernière par le binôme de dilatation.*

Ex. — Quelle serait, à zéro, la longueur d'une tige de plomb qui, à 68°, aurait une longueur de 8m,015504?

De la valeur (3) on tire :

$$l_0 = \frac{l_t}{1 + K t} \tag{4}$$

En appliquant cette valeur, on obtient :

$$x = \frac{8,015504}{1 + 0,0000285 \times 68} = \frac{8,015504}{1,001938} = 8^m.$$

Règle III. — *Quand on connaît la longueur d'une barre, à une température $t°$, on trouve sa longueur à une autre température $t'°$, en multipliant la longueur connue par le rapport du binôme, qui* *correspond à la longueur inconnue à celui qui correspond à la longueur connue.*

La valeur (3) nous donne, si l'on substitue t' à t ;

$$l_t' = l_o (1 + Kt').$$

En divisant cette égalité par cette même valeur (3), on a :

$$\frac{l_t'}{l_t} = \frac{l_o (1 + Kt')}{l_o (1 + Kt)} = \frac{1 + Kt'}{1 + Kt},$$

d'où

$$l_t' = l \left(\frac{1 + Kt'}{1 + Kt} \right). \qquad (5)$$

On arrive encore à la valeur (5) de la manière suivante :
Étant donnée la longueur l_t, on aura la longueur l_t', en ramenant l_t à l_o, puis l_o à l_t'.
On a, d'après (3),

$$l_t' = l_o (1 + Kt'),$$

et, en substituant la valeur (4)

$$l_t' = \frac{l_t}{1 + Kt} (1 + Kt'),$$

ou

$$l_t' = l \left(\frac{1 + Kt'}{1 + Kt} \right).$$

Ex. — Une barre d'acier trempé a une longueur de $2^m,40$, à 25° ; quelle serait sa longueur, à 90°, l'acier trempé ayant pour coefficient de dilatation 0,0000124 ?

$$x = 2,4 \left(\frac{1 + 0.0000124 \times 90}{1 + 0,0000124 \times 25} \right) = 2^m,401933.$$

180. Formules des dilatations cubiques.

— Si l'on désigne par V_o, V_t, V_t' les volumes d'un même corps à 0°, $t°$, $t'°$ et par K le coefficient de dilatation cubique, l'unité de volume, en passant de la température 0° à $t°$, deviendra $1 + Kt$, et l'on aura trois formules analogues à celles des dilatations linéaires.
Le volume 1 à 0°, devenant $1 + Kt$, à $t°$, un volume quelconque v à 0°, porté à la température $t°$, devient $v (1 + Kt)$; ce qui nous donne la relation :

$$v_t = v_o (1 + Kt). \qquad (6)$$

Règle I. — *On obtient le volume d'un corps solide, à une température donnée, en multipliant son volume, à zéro, par le binôme de dilatation.*

Ex. — Quel serait, à 100°, le volume d'un décimètre cube de platine à 0°, le coefficient de dilatation de ce métal étant de 0,0000086 ?

$$x = 1000000^{mm} (1 + 0,0000086 \times 100) = 1000000 \times 1,00086 = 1000860 \text{ millimètres cubes.}$$

La formule précédente permet de trouver le volume à zéro, quand on connaît le volume à $t°$. Elle donne en effet :

$$v_o = \frac{V_t}{1 + Kt}. \qquad (7)$$

Règle II. — On obtient le volume d'un corps solide à la température zéro, en divisant le volume de ce corps à une température connue t° par le binôme de dilatation.

Ex. — Une masse de plomb, à 76°, a un volume de 35 décimètres cubes 22876 millimètres cubes; quel serait son volume à 0°?

$$x = \frac{35^{dc},022876}{1 + 0,0000086 \times 76} = \frac{35.022876}{1,0000086} = 35^{\,dc}.$$

La troisième question consiste à chercher le volume à $t'°$, quand on le connaît à $t°$.

Les volumes d'un même corps, à différentes températures, étant directement proportionnels aux binômes de dilatation, on écrira :

$$\frac{V t'}{V t} = \frac{1 + K t'}{1 + K t}, \text{ d'où } V t' = V t \left(\frac{1 + K t'}{1 + K t} \right). \tag{8}$$

Règle III. — On obtient le volume d'un corps solide à une température $t'°$, en multipliant le volume à une température connue t°, par le rapport direct des binômes de dilatation.

Ex. — Une masse de plomb, à 76°, a un volume de 35 décim. cubes, 022876; quel serait son volume à 15°?

$$x = 35,022876 \left(\frac{1 + 0,0000086 \times 15}{1 + 0,0000086 \times 76} \right) = 35^{\,dc},004515.$$

181. Pendule compensateur. — Nous savons que de la formule

$$t = \pi \sqrt{\frac{l}{g}},$$

qui résume les lois relatives aux oscillations du pendule, on déduit la relation $\dfrac{t}{t'} = \dfrac{V l}{V l'}$, qui peut s'énoncer ainsi : *La durée d'une oscillation,*

pour des pendules de longueurs différentes, varie proportionnellement aux racines carrées des longueurs de ces pendules.

Il importe donc, en appliquant le pendule aux horloges, d'adopter une disposition qui lui conserve toujours la même longueur, quelles que soient les variations de la température; sinon l'horloge retarderait en été et avancerait en hiver, ou, pour nous exprimer plus explicitement, retarderait ou avancerait, suivant les augmentations ou les diminutions de température.

On arrive à remédier à ces accidents, à l'aide d'appareils appelés *pendules compensateurs* ou *pendules compensés.*

De tous les systèmes proposés, celui du *pendule à gril* ou à cadre est le plus généralement adopté.

Supposons que deux verges en fer f, f' soient réunies par deux traverses, de manière à former le châssis rectangulaire ABCD; que deux verges en laiton c, c' réunies par une traverse EF, à leur extrémité supérieure, reposent sur la traverse DC, en formant un châssis intérieur EFGH; que la tige en fer t, qui soutient la lentille C, soit fixée au milieu de la traverse EF, et passe librement à travers la barre DC.

La température augmentant, les tiges f, f', t s'allongent proportionnellement, et la distance du point de suspension s au centre de gravité c de la lentille, c'est-à-dire la longueur du pendule, augmente. Mais les tiges c, c', par le même effet de température, s'allongent de bas en haut, puisqu'elles sont fixées sur la traverse BC.

La compensation existera si l'allongement de haut en bas est égal, en somme, à l'allongement produit de bas en haut.

Il s'agit donc simplement de combiner les dilatations de telle sorte que les effets produits se neutralisent.

Le centre de gravité de la lentille, ne coïncidant pas avec le centre d'oscillation, on est obligé d'établir un certain nombre de châssis, et de déplacer la lentille, par tâtonnement, au moyen d'une vis de pression.

Soient K le coefficient de dilatation du fer, K' celui du cuivre, la lentille restera à la même hauteur, si l'on a la relation :

$$(f + f' + t)\, \mathrm{K} = (c + c')\, \mathrm{K'}; \text{ d'où } \frac{f + f' + t}{c + c'} = \frac{\mathrm{K}}{\mathrm{K'}}$$

182. Dilatation des liquides. — Il n'y a lieu d'observer, pour les liquides, que la dilatation cubique. En outre, comme on ne peut les maintenir que dans des vases dont ils prennent la forme, en restant en contact avec les parois, leur dilatation ne se manifeste que par le déplacement de leur surface libre; èt les parois elles-mêmes se resserrant ou se développant par les effets du calorique, il importe de distinguer, pour les liquides, la dilatation *apparente* de la dilatation *absolue* ou *réelle*.

Si on plonge dans de l'eau bouillante un matras à long col (fig. 126) et rempli jusqu'à un point *n* d'un liquide coloré, le niveau *n* commence par s'abaisser jusqu'à un point *n'*, pour remonter bientôt au point *n* et le dépasser. Au moment de l'immersion, la chaleur agit sur l'enveloppe du liquide avant d'agir sur le liquide lui-même. La capacité de l'enveloppe augmentant brusquement, le niveau du liquide doit nécessairement descendre; mais aussitôt que la chaleur pénètre jusqu'au liquide, celui-ci se dilate, et son niveau s'élève rapidement.

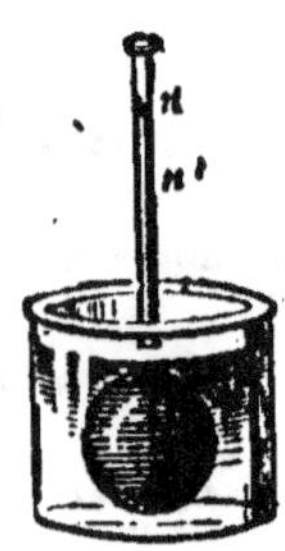

Fig. 126.

Un vase homogène, étant soumis à l'action de la chaleur, l'accroissement de son volume intérieur est égal à celui que prendrait une masse solide, de même substance, qui occuperait ce volume intérieur. Il résulte de là que la dilatation réelle d'un liquide doit être considérée comme égale à la somme de la dilatation apparente de ce liquide, et de celle de l'enveloppe dans laquelle il est contenu.

La dilatation des liquides n'est pas aussi régulière que celle des solides. Le mercure, nous l'avons déjà dit, est, de tous les liquides, celui qui se dilate avec le plus d'uniformité; mais il est important de constater que le coefficient de dilatation apparente d'un liquide varie avec la nature de l'enveloppe.

183. Principes relatifs aux densités. — I. En général, les densités des corps sont inversement proportionnelles aux diverses températures auxquelles ils sont portés.

II. Le poids restant le même, les densités des corps sont inversement proportionnelles à leurs volumes.

Soient d_0, d_t, les densités d'un corps à $0°$ et à $t°$; V_0, V_t, les volumes qui correspondent à ces températures; nous aurons :

$$\frac{d_t}{d_0} = \frac{V_0}{V_t} \cdot \qquad (9)$$

En remplaçant V_t par sa valeur (6), on obtient successivement :

$$\frac{d_t}{d_0} = \cdot \frac{V_0}{V_0\,(1 + Kt)} = \frac{1}{1 + Kt},$$

et, par suite :

$$d_t = \frac{d_0}{1 + Kt}\ (10); \quad d_0 = d_t\,(1 + Kt). \qquad (11)$$

1re Règle. — La densité d'un corps solide, liquide ou gazeux, à une température donnée, est égale à la densité du même corps, à $0°$, divisée par le binôme de dilatation correspondant.

2e Règle. — La densité d'un corps à zéro est égale au produit de sa densité, à une température connue, par le binôme de dilatation correspondant à cette température.

III. Les densités d'un même corps, à des températures différentes, sont inversement proportionnelles aux binômes de dilatation correspondants.

Supposons qu'on connaisse la densité d'un corps à $t°$ et qu'il s'agisse de trouver sa densité à $t'°$.

La valeur (10) nous donne, pour une température $t'°$:

$$d_t{'} = \frac{d_0}{1 + Kt'}.$$

En divisant cette relation par la relation (10), nous avons :

$$\frac{d_t{'}}{d_t} = \frac{1 + Kt}{1 + Kt'},$$

d'où

$$d_t{'} = d_t\,\frac{1 + Kt}{1 + Kt'}. \qquad (12)$$

Règle. — Pour passer de la densité d'un corps à $t°$ à sa densité à $t'°$, on multiplie la densité à $t°$, par le rapport inverse des binômes de dilatation.

IV. — Les poids de volumes égaux d'un même corps, à des températures différentes, sont inversement proportionnels aux binômes de dilatation correspondants.

Nous avons vu qu'en désignant par P le poids d'un corps, par V son volume, et par D sa densité, on obtient P = VD. On aurait de même P' = V'D'; et, par suite, en divisant ces relations l'une par l'autre :

$$\frac{P}{P'} = \frac{VD}{V'D'}$$

On voit de là que, les volumes étant égaux, les poids sont proportionnels aux densités, et que, les densités étant égales, les poids sont proportionnels aux volumes.

En désignant par P_0, P_t, $P_{t'}$, les poids d'un volume égal d'une même substance, aux températures $0°$, $t°$, $t'°$, on a, par des substitutions successives, les trois valeurs suivantes :

$$P_t = \frac{P_0}{1 + Kt} \ (13) \ ; \ P_0 = P_t (1 + Kt) \ (14) \ ;$$

$$P_{t'} = P_t \frac{1 + Kt}{1 + Kt'} \ (15).$$

V. — Les volumes des corps gazeux sont, conformément à la loi de Mariotte, inversement proportionnels aux pressions atmosphériques qu'ils supportent.

Ainsi, en appelant V le volume d'un gaz, sous la pression atmosphérique H, et V' son volume, sous la pression H', on aura la relation :

$$\frac{V}{V'} = \frac{H'}{H} \ \ \text{d'où} \ V' = \frac{VH}{H'}.$$

Supposons que le volume d'une masse gazeuse, à une température donnée, soit de 15 mètres cubes, sous la pression ordinaire $0^m,76$; que deviendra ce volume sous la pression $0in,72$, la température restant la même?

La dernière valeur nous donnera :

$$x = 15 \times \frac{76}{72} = 15^{mc}, 833333.$$

Les poids des gaz sont proportionnels à la pression atmosphérique.
En désignant les poids d'un gaz par P, P', aux pressions H, H', on a :

$$\frac{P}{P'} = \frac{H}{H'}.$$

Ex. — Le poids d'un litre d'air à $0°$ étant de $1^{gr},293$, sous la pression 0,76, ce poids deviendrait, sur le sommet du mont Blanc, où la pression atmosphérique n'est que de $0^m,70$,

$$P' = P \times \frac{H'}{H} = 1^{gr},293 \times \frac{70}{76} = 1^{gr},1909.$$

Question. — On connaît le volume V_t d'un gaz, à une température $t°$, et sous une pression H; déterminer le volume $V_{t'}$ de la même masse de gaz, à $t'°$ et sous la pression H', le coefficient de dilatation étant K.

En négligeant la pression, on aura d'abord, les volumes étant en raison directe des binômes de dilatation,

$$\frac{V_{t'}}{V_t} = \frac{1 + Kt'}{1 + Kt}, \ \text{d'où} \ V_{t'} = V_t \frac{1 + Kt'}{1 + Kt}$$

On obtient, en ayant égard à la variation de pression :

$$V_t' = V_t \frac{1 + Kt'}{1 + Kt} \times \frac{H'}{H}.$$

Problème. — Humboldt, en mesurant la hauteur du Guanaxuato, au Mexique, avait observé qu'au bord de la mer, la température étant 25°,3, la hauteur barométrique était 763mm, et qu'au sommet du Guanaxuato, la température étant 21°,3, la hauteur barométrique était 601mm; le coefficient de dilatation de l'air étant 0,003665, on demande ce que deviendrait le volume de 1 litre d'air, transporté, dans ces conditions, au haut de la montagne.

$$x = 1^{\text{lit.}} \times \frac{(1 + 0,003665 \times 21,3)\,763}{(1 + 0,003665 \times 25,3)\,601} = \frac{1,0780615 \times 763}{1,0927245 \times 601} =$$

$$0^{\text{lit.}},086583 \times 1,26955 = 1^{\text{lit.}},252316.$$

184. Dilatation apparente du mercure dans le verre. — Supposons que le volume intérieur d'un vase soit partagé en un certain nombre de parties égales; qu'à 0°, un liquide occupe 100 de ces parties, et qu'à 100°, il en occupe 101. Il est évident que l'augmentation apparente, pour l'unité de volume, est de $\frac{1}{100}$, de 0° à 100° et de $\frac{1}{10000}$, de 0° à 1°. La fraction $\frac{1}{10000}$ représenterait donc le coefficient de dilatation apparente du liquide considéré.

185. Thermomètre à poids (fig. 127). — Dans cet appareil, le réservoir R est très-grand, relativement à la tige, qui est très-courte, et se termine en un bec recourbé *om*. Après avoir pesé l'appareil vide, on le pèse rempli de mercure à 0°. Appelons P la différence des deux pesées, c'est-à-dire le poids du mercure.

Si l'on plonge l'instrument dans un liquide dont la température $t°$ soit supérieure à 0°, une portion du mercure p s'échappe et est recueillie dans une capsule c. Si alors on ramène à 0°, le mercure, se contractant, s'arrêtera à un niveau n.

Les poids p, P-p, étant, pour une même température 0°, proportionnels aux volumes de mercure correspondants, on aura évidemment, en représentant par K le coefficient de dilatation apparente du mercure :

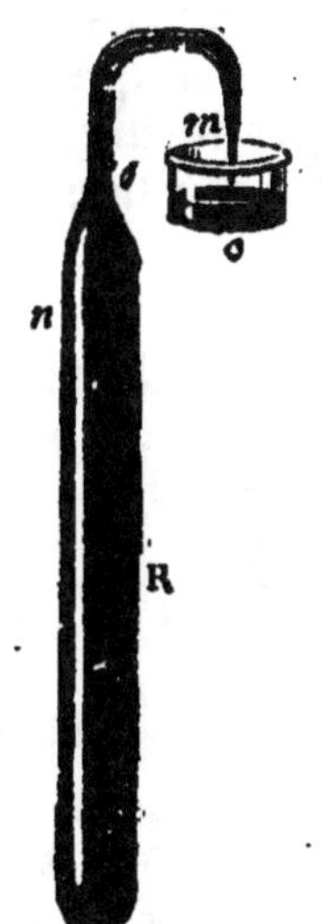

Fig. 127.

$$K = \frac{p}{(P-p)t}. \quad (A).$$

Le coefficient K étant connu, on conçoit qu'on peut, à l'aide de cette relation, déterminer une température inconnue t, sans avoir recours à un thermomètre gradué. C'est pour ce motif que l'instrument que nous venons de décrire a reçu le nom de *thermomètre à poids*.

Dulong et Petit ont calculé, par ce procédé, que le coefficient de dilatation apparente du mercure dans le verre est de de $\frac{1}{6480}$ ou 0,00015432, le coefficient de dilatation cubique du verre étant de $\frac{1}{38700}$ ou 0,00002584.

186. Évaluation de la dilatation absolue du mercure. — Méthode indirecte. — Lavoisier et Laplace commençaient par chercher le coefficient de dilatation apparente, en divisant, comme nous l'avons dit plus haut (182), la tige d'une sorte de thermomètre à mercure en parties d'égal volume, et en établissant avec soin le rapport de ces divisions avec la capacité du réservoir. Ils portaient ensuite le mercure à diverses températures, et notaient avec soin les divers points atteints par son niveau, pour chaque observation. Ils pouvaient ainsi parvenir à calculer la dilatation apparente de l'unité de volume pour une unité de température, c'est-à-dire calculer le coefficient de la dilatation apparente du mercure. D'autre part, ils recherchaient le coefficient de dilatation du verre, en opérant sur une tige de cette substance, par le moyen que nous avons exposé (176); ils triplaient le résultat, pour avoir le coefficient de dilatation cubique, et ajoutaient ce dernier au coefficient de dilatation apparente, pour avoir le coefficient de dilatation absolue.

Ils ont trouvé, par ce procédé, que le coefficient de dilatation absolue, de 0° à 100°, est égal à $\frac{1}{5521}$ ou 0,00018112.

En général, on peut obtenir la dilatation absolue d'un liquide en cherchant sa dilatation apparente, à l'aide d'un tube thermométrique, et en ajoutant au chiffre obtenu celui qui représente la dilatation du verre; mais il ne faut pas oublier que la dilatation des liquides n'est pas uniforme, qu'elle augmente généralement pour un degré, à partir de zéro, à mesure que la température s'élève.

Méthode directe. — On verse du mercure dans deux vases verticaux A, A' (fig. 128), d'une section assez grande pour que la capillarité n'influe pas sur le niveau du liquide, et qui communiquent ensemble par un tube horizontal *mm'*, assez étroit et assez long pour que les colonnes ne puissent pas se mêler, quand elles sont inégalement échauffées. Si, maintenant, le vase A étant invariablement à 0°, on élève le vase A' à *t°*, les hauteurs des colonnes au-dessus de l'axe du tube *mm'* seront en raison inverse de leurs densités.

On aura conséquemment

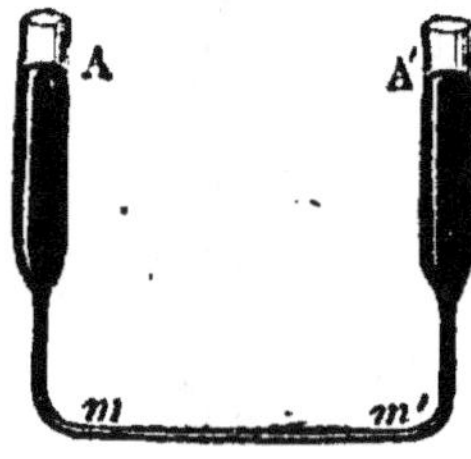

Fig. 128.

$$\frac{h}{h'} = \frac{d'}{d}$$

Mais nous savons que les densités sont elles-mêmes inversement proportionnelles aux volumes; et si nous désignons par v et v' les volumes d'une masse de mercure, à 0° et à *t°*, nous aurons :

$$\frac{d'}{d} = \frac{v}{v'};$$

donc

$$\frac{h}{h'} = \frac{v}{v'} = \frac{v}{v(1 + Kt)} = \frac{1}{1 + Kt}$$

Il vient de là, par transformation :

$$K = \frac{h'-h}{ht};$$

valeur qui constate qu'il suffit de connaître les quantités h, h', t, pour calculer le coefficient demandé.

L'idée de cette méthode appartient à Boyle. Petit et Dulong en ont fait l'application, au moyen d'un appareil dont la construction est basée sur le principe que nous venons d'exposer. Nous n'en donnerons pas la description, et nous nous dispenserons d'exposer la manière dont ils ont procédé dans leurs expériences. Nous dirons seulement qu'ils ont reconnu que la dilatation du mercure est uniforme de 0° à 100°, et qu'elle va en augmentant à partir de 100°.

TEMPÉRATURE ÉVALUÉE D'APRÈS LA DILATATION DE L'AIR.	COEFFICIENTS MOYENS DE DILATATION ABSOLUE DU MERCURE, D'APRÈS M. REGNAULT.	COEFFICIENTS MOYENS DE DILATATION ABSOLUE DU MERCURE, D'APRÈS MM. DULONG ET PETIT.
Entre 0° et 100°	0,00018153	$\frac{1}{5550} = 0,00018018$
200	0,00018105	$\frac{1}{5125} = 0,00018133$
300	0,00018058	$\frac{1}{5300} = 0,00018868$

187. Maximum de densité de l'eau. — L'eau offre, dans sa dilatation, une particularité remarquable. Si, la prenant à 0°, on élève progressivement sa température, son volume diminue jusqu'à 4°; à partir de ce point, il augmente comme les autres liquides.

C'est donc à 4° qu'existe le minimum de volume, autrement le maximum de contraction, et conséquemment le maximum de densité de l'eau.

On démontre ce fait au moyen d'une éprouvette (fig. 129) entourée, vers son milieu, d'un réservoir circulaire R et dans laquelle plongent les boules de deux thermomètres t, t', fixés horizontalement, à l'aide de bouchons de liége, l'un près du fond, l'autre près de l'ouverture.

Supposons qu'on verse dans l'éprouvette de l'eau à 10° et qu'on remplisse le réservoir de glace pilée. On ne tardera pas à observer que le thermomètre inférieur marque 4°, et qu'il se maintient invariablement à cette température, tandis que le thermomètre supérieur descend vers zéro.

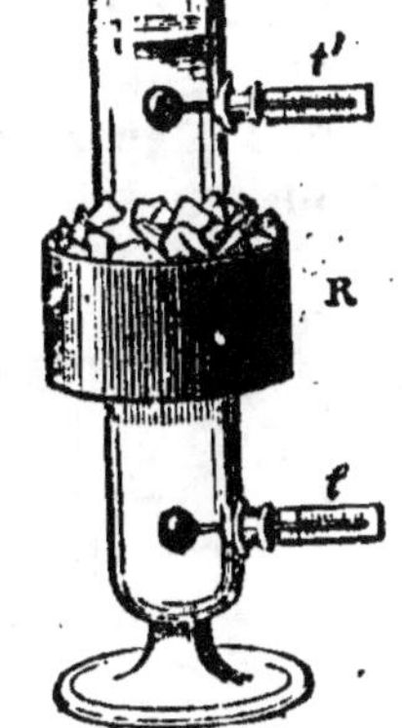

Fig. 129.

On arrive à la même constatation en remplissant l'éprouvette d'eau à zéro, et en versant de l'eau tiède dans le réservoir. Le thermomètre inférieur marque bientôt 4° environ, tandis que le thermomètre supérieur est encore à 0°.

Cette expérience explique la remarque faite par de Saussure, que les couches inférieures de l'eau des lacs d'une certaine profondeur ont, en toutes saisons, une température de 4° centigrades. L'eau, refroidie à 4°, tombe au fond, et reste dans le même état, les causes extérieures d'élévation de température ne pouvant agir sur elle, attendu que, eu égard à la mauvaise conductibilité de l'eau, la chaleur des rayons solaires ne pénètre qu'à une faible profondeur.

On a eu recours à divers procédés pour déterminer la température exacte du maximum de densité de l'eau. On avait été amené, par suite d'expériences nombreuses, à conclure que ce maximum existe à 4°,4 environ. Despretz reprit la question en 1839, et parvint à établir que le maximum a lieu à 4 degrés, exactement, ou au moins sans différence appréciable.

Despretz a en outre établi que l'eau de mer et, en général, les dissolutions salines ont un maximum de densité qui se produit à une température inférieure à celle de leur congélation habituelle, c'est-à-dire de leur congélation à l'air libre.

188. Coefficient de dilatation des gaz. — Nous savons déjà que les gaz sont les corps dont le volume est le plus sensible aux influences de température et de pression.

On s'était occupé, depuis longtemps déjà, de la mesure de la dilatation des gaz, lorsque Gay-Lussac, en 1807, par suite d'expériences plus rigoureuses que celles qui avaient été faites, fut amené à reconnaître : *Que tous les gaz ont le même coefficient de dilatation, et que ce coefficient est indépendant de la pression qu'ils supportent.*

189. Expérience de Gay-Lussac. — Une caisse rectangulaire N en cuivre ou en fer-blanc (fig. 130), placée sur un fourneau,

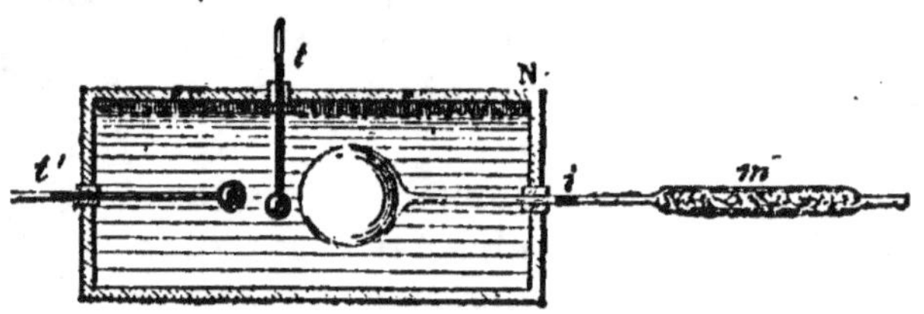

Fig. 130.

contient deux thermomètres t, t' dont les tubes traversent les parois de la caisse, et les dépassent à l'extérieur, de manière à rendre les indications visibles. Dans la caisse se trouve encore fixé un tube thermométrique muni, dans sa tige, d'un index de mercure *i* et ayant un réservoir suffisamment volumineux. On enfonce ce tube jusqu'à l'index, afin que tout le gaz soit soumis à la température voulue. On a eu soin de diviser le tube en parties d'égale capacité, et de chercher le rapport de l'une des divisions à la capacité du réservoir.

Si on remplit la caisse de glace fondante, l'index se rapproche du réservoir, et s'arrête en un certain point qui est le zéro du thermomètre à air ainsi formé, et qui permet de calculer le volume de l'air, à cette température. Si alors on remplace la glace par de l'eau bouillante, l'index marchant en sens contraire, on note le point où il s'arrête de nouveau ; et il est facile de déterminer dans quel rapport le volume du gaz a augmenté de 0° à 100°.

Gay-Lussac a trouvé, en procédant ainsi, que le coefficient de dilatation des gaz est de $\frac{1}{267}$ ou de 0,00375 ; qu'ainsi leur dilatation entre 0° et 100° est de 0,375, d'un peu plus du tiers de leur volume. Il desséchait les gaz sur lesquels il opérait, en remplissant le tube de mercure très-pur qu'il faisait ensuite écouler lentement, en le remplaçant au fur et à mesure par le gaz de l'expérience, préalablement desséché par son passage à travers un manchon *m* rempli de chlorure de calcium.

Les résultats obtenus par Gay-Lussac, dus en partie aux précautions qu'il avait prises pour opérer sur des gaz secs, étaient un progrès important, et furent acceptés comme définitifs par les physiciens, jusqu'au moment où un physicien suédois, M. Rudberg, annonça que le coefficient adopté était trop fort, et qu'il devait être compris entre 0,00364 et 0,00365. Il annonça en outre que, pour l'air non desséché, le coefficient variait entre 0,00384 et 0,00390.

Bientôt après, en 1841 et 1842, M. Magnus, à Berlin, et M. Regnault, à Paris, justifièrent les remarques de M. Rudberg.

En reprenant l'expérience de Gay-Lussac, M. Regnault a observé que l'index de mercure, qui fait fonction d'obturateur, dans le tube, laisse entrer ou sortir quelques portions d'air faibles, il est vrai, mais suffisantes pour jeter du trouble dans le calcul des volumes. Après avoir contrôlé les résultats par des méthodes variées, notre savant et habile expérimentateur reconnut : 1° Que les coefficients de dilatation ne sont pas les mêmes pour tous les gaz ; 2° qu'ils diffèrent surtout pour les gaz liquéfiables ; 3° que ces coefficients, sauf pour l'hydrogène, augmentent avec la pression, c'est-à-dire la densité du gaz augmentant et ses molécules étant plus rapprochées ; 4° que la valeur du coefficient n'est pas la même, suivant qu'on la détermine sous la pression atmosphérique, ou sous une pression variable avec la température, c'est-à-dire, en ce dernier cas, suivant qu'on la déduit de l'observation des forces élastiques d'un même volume de gaz dont on élève la température.

Dans une série de ses expériences, M. Regnault a opéré de manière à conserver constant le volume du gaz ; à ne changer, par la chaleur, que la force élastique, et à se borner à des mesures de pression ; dans une autre série, il a conservé au gaz qui se dilatait la même pression pendant l'expérience.

Coefficients de dilatation moyens, entre 0° et 100, obtenus par M. Regnault.

	SOUS UNE PRESSION CONSTANTE OU SOUS LA PRESSION ATMOSPHÉRIQUE.	SOUS UN VOLUME CONSTANT.
Air	0,003670	0,003665
Hydrogène	0,003661	0,003667
Azote		0,003668
Oxyde de carbone	0,003669	0,003667
Acide carbonique	0,003710	0,003668
Protoxyde d'azote	0,003719	0,003676
Acide sulfureux	0,003903	0,003845
Cyanogène	0,003877	0,003829

190. Mesure de la densité des gaz. — *La densité d'un gaz est le rapport entre le poids d'un volume de ce gaz et le poids d'un égal volume d'air, à la même température et sous la même pression.*

Procédé général. — Le fond de la question revient, d'après la définition même, à résoudre la valeur $d = \dfrac{x}{y}$, dans laquelle d est la densité cherchée, x et y sont les poids respectifs d'un égal volume du gaz considéré et de l'air. Le procédé général, qui est celui qu'ont employé Biot et Arago, dans leurs recherches sur cette matière, consiste à peser successivement un même ballon rempli du gaz dont on veut mesurer la densité, puis vide, puis rempli d'air, puis vide de nouveau ; et à tenir compte de la pression atmosphérique et de la température.

Appelons P, p, P', p', ces quatre pesées successives ; H, H', t, t', les pressions et les températures correspondantes aux pesées respectives des deux gaz ; H, la pression atmosphérique sous laquelle se trouve le gaz, t, sa température, au moment de l'expérience, H', la pression sous laquelle se trouve l'air, dans les mêmes conditions, t' sa température. Appelons h, h' les forces élastiques des faibles portions de gaz qui restent dans le ballon, au moment où l'on cesse de faire le vide, forces élastiques ou pressions qu'on observe, à l'aide de l'éprouvette de la machine pneumatique (106). Appelons k, le coefficient de dilatation de l'air ; K', celui du gaz ; c, celui du verre.

Le poids du gaz ramené à la pression à $0^m,76$ et à $0°$, sera

$$x = (P\text{-}p)\,\frac{0,760}{H\text{-}h} \cdot \frac{1 + K't}{1 + ct} \qquad (1)$$

Le poids de l'air, ramené également à 0^m,76 et 0°, sera :

$$y = (P'\text{-}p')\,\frac{0,760}{H'\text{-}h''} \cdot \frac{1 + Kt'}{1 + ct''} \qquad (2)$$

En divisant (1) par (2), on a pour expression de la densité du gaz de l'expé-, rience :

$$D = \frac{x}{y} = \frac{P\text{-}p}{P'\text{-}p''} \cdot \frac{H'\text{-}h'}{H \cdot h} \cdot \frac{(1 + ct')(1 + K't)}{(1 + ct)(1 + Kt')}$$

On opère sur des gaz secs, en les faisant passer, avant d'être introduits dans le ballon, à travers une matière avide d'eau, telle que le chlorure de calcium ou la pierre ponce imbibée d'acide sulfurique. A cet effet, on fait le vide dans le ballon, et on fait pénétrer le gaz par un robinet latéral, après qu'il a traversé un tube rempli d'une matière desséchante.

MM. Dumas et Boussingault ont amélioré le procédé de Biot et Arago : 1° en faisant arriver le gaz dans le ballon directement, au lieu d'avoir recours à un gazomètre, et de l'exposer ainsi au contact d'un liquide pouvant contenir d'autres gaz en dissolution ; 2° en prenant la température du gaz au moyen d'un thermomètre pénétrant dans le ballon même, afin d'en obtenir plus exactement la température ; 3° en plaçant le ballon, pour le peser, dans une caisse doublée en plomb, munie d'un thermomètre et contenant de la chaux vive destinée à dessécher l'air et à lui conserver la même constitution.

M. Regnault a modifié ce procédé en faisant équilibre au ballon de l'expérience, au moyen d'un autre ballon de même dimension et de même matière. On évite ainsi les erreurs provenant des changements de température, de pression et d'humidité de l'atmosphère, les influences dues à l'air ambiant, s'exerçant également sur chacun des ballons.

Densité des principaux gaz.

	D'APRÈS M. REGNAULT.	D'APRÈS MM. DUMAS ET BOUSSINGAULT.
Air	1	1
Oxygène	1,10563	1,1057
Azote	0,97137	0,972
Hydrogène	0,06926	0,0693
Acide carbonique	1,52901	

Par suite des résultats obtenus par M. Regnault, on aurait le tableau suivant :

Poids d'un litre de gaz à 0° et à 760^{mm}.

Air.	1^{gr},203187	Hydrogène	0,089578
Oxygène	1,429802	Acide carbonique. .	1,077414
Azote.	1,256167		

Quand on veut déterminer la densité d'un gaz qui, comme le chlore, attaque le cuivre des robinets, on remplace le ballon par un flacon bouché à l'émeri dont on connaît la capacité. On fait arriver le gaz, préalablement desséché et épuré, au moyen d'un tube qui pénètre jusqu'au fond du vase, tube que l'on tient droit ou renversé, selon que le gaz est plus ou moins pesant que l'air. Le gaz chasse l'air du flacon, que l'on ferme avec un bouchon à l'émeri quand on juge que tout l'air est expulsé. Il est alors facile de résoudre la question, d'après ce qui précède.

191. Thermomètre à air. — Nous avons déjà fait mention des thermomètres à air, en décrivant les thermomètres différentiels. Celui dont nous parlons ici est un ballon surmonté d'un tube capillaire, tube dans lequel circule un index d'acide sulfurique coloré en rouge. On le gradue par comparaison. L'air qu'il contient doit être exactement desséché. Le tube doit rester ouvert, afin que le mouvement de l'index ne soit pas arrêté par l'effet de la force élastique du gaz qui le surmonterait.

Les thermomètres de cette nature sont comparables à eux-mêmes, l'influence de la dilatation de l'enveloppe étant relativement peu appréciable.

On peut rendre tous les thermomètres à gaz comparables entre eux, en ayant égard au coefficient de dilatation propre à chacun d'eux.

On voit que cette construction est la même que celle qui a été employée par Gay-Lussac pour mesurer le coefficient de dilatation des gaz (185).

En employant un ballon en platine, Pouillet a pu construire un pyromètre à air, servant à évaluer les hautes températures. En observant les diverses couleurs que prend le platine à des températures élevées, il a établi les rapprochement suivants :

Rouge naissant	525°	Orangé foncé	1100°
Rouge sombre	700	Orangé clair	1200
Rouge cerise	900	Blanc	1300
Cerise clair	1000	Blanc éblouissant	1500

192. Calorimétrie. — **Capacités calorifiques.** — On entend par *calorimétrie* l'ensemble des procédés qui ont pour objet la détermination de la quantité de chaleur nécessaire pour qu'un corps change d'état, et pour que sa température augmente ou diminue d'un nombre de degrés connu.

On a donné le nom de *calorie* ou *d'unité de chaleur* à la quantité de chaleur que doit absorber ou perdre l'unité de masse de l'eau pour une élévation ou un abaissement de température de 1°.

On appelle *chaleur spécifique*, *calorique spécifique*, ou *capacité calorifique* d'un corps, *la quantité de chaleur que l'unité de poids de ce corps gagne ou perd, pour chaque degré de variation de température, la chaleur spécifique de l'eau étant prise pour unité.*

La chaleur spécifique, telle que nous venons de la définir, varie suivant les corps dans lesquels on l'observe.

Si l'on mêle deux masses d'eau égales, mais de températures différentes $t°$, $t'°$, il s'établira entre elles une température $\frac{1}{2}(t+t')$, qui sera la moyenne arithmétique de celles des deux masses d'eau.

Si l'on mêle deux masses égales, mais de natures et de températures différentes, de l'eau, par exemple, et du mercure, la température finale sera plus élevée que la moyenne, si celle du mercure est inférieure à celle de l'eau ; elle sera plus faible dans le cas contraire.

Les corps n'absorbent ou n'abandonnent donc pas la même quantité de chaleur, pour arriver à une même température ; ils ont donc une chaleur spécifique différente.

La chaleur spécifique de l'eau est, comme nous l'avons dit, égale à l'unité. Elle est la plus grande de toutes celles que nous connaissons ; aussi les chaleurs spécifiques des autres corps sont-elles exprimées par des fractions.

On obtient la chaleur spécifique des corps par plusieurs méthodes, dont les principales sont : la *méthode par la fusion de la glace*, et la *méthode des mélanges.*

193. Méthode par la fusion de la glace. — On creuse dans un bloc de glace bien homogène (fig. 131) une cavité dans laquelle on introduit le corps dont on étudie la chaleur spécifique. On connaît le poids et la température du corps introduit. On recouvre la cavité d'une plaque de glace. Quand le corps est ramené à zéro, on recueille tout le liquide provenant de la glace fondue.

Fig. 131.

L'expérience prouve que 1 kilogramme de glace à 0° absorbe 79,25 calories, par le seul effet de la fusion, c'est-à-dire sans changer de température. En effet, si l'on mélange 1 kilogramme de glace avec un poids égal d'eau à 79°,25, la glace se liquéfie, et on obtient deux kilogrammes d'eau à 0°.

Il devient dès lors évident que, si nous représentons par p le poids du liquide recueilli, par x la chaleur spécifique cherchée, par P le poids du corps chaud, par t sa température, la quantité de chaleur perdue par ce corps sera égale à $x\mathrm{P}t$.

Nous avons de là naturellement :

$$x\,\mathrm{P}t = 79,25 \times p\,;$$

$$x = \frac{79,25 \times p}{\mathrm{P}t}.$$

Problème. — On demande la chaleur spécifique d'un métal, sachant que 425 grammes de ce métal, à 150°, ont fait fondre 26 grammes de glace.

$$x = \frac{79,25 \times 26}{425 \times 150} = 0,032.$$

On donne à ce procédé le nom de *méthode du puits de glace.*

194. Calorimètre de Lavoisier et Laplace. — Cet appareil, appelé aussi *calorimètre de glace* (fig. 132), consiste en trois

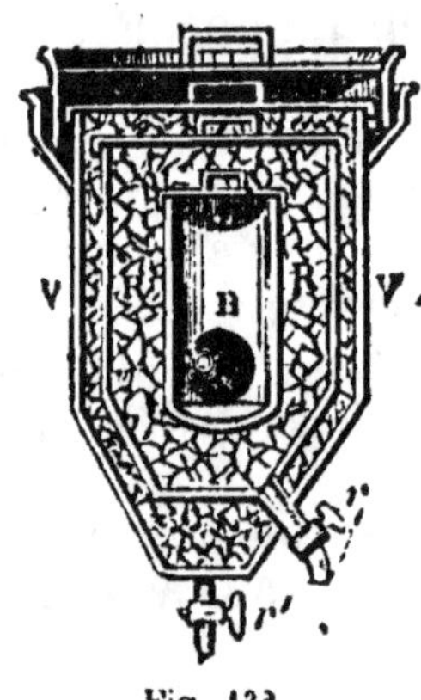

Fig. 132.

enveloppes cylindriques et concentriques en fer-blanc, séparées par les intervalles VV, RR, que l'on remplit de glace pilée.

On place dans l'enceinte intérieure B, qui est percée de trous, ou qui est construite en fils de laiton, le corps dont on veut connaître la chaleur spécifique. On couvre cette enceinte d'un couvercle sur lequel on met de la glace, comme dans tout le reste des espaces vides. Le corps chaud fait fondre une partie de la glace contenue dans l'enceinte RR, et le liquide s'écoule par le robinet r, et est recueilli, puis pesé avec soin, quand le corps est entièrement à 0°, au bout de 24 à 30 heures environ.

La chambre extérieure VV est destinée à arrêter l'influence de l'air ambiant. L'eau provenant de cette couche extérieure de glace s'échappe par le robinet r'.

Connaissant le poids de l'eau fournie par le robinet r, le poids du corps enfermé dans la petite enveloppe et sa température, on trouve la valeur cherchée par la formule que nous venons de donner.

195. Méthode des mélanges. — Lorsqu'on mélange deux substances de températures inégales, la température tend aussitôt à devenir uniforme, et la quantité de chaleur gagnée par l'une est égale à celle que l'autre a perdue.

Si on plonge dans une masse d'eau froide une substance dont la température soit inférieure à 100', mais supérieure à celle de l'eau, l'équilibre calorifique tendra à s'établir; et il arrivera un moment où la température du liquide et celle du corps introduit seront identiques.

Soient P le poids du corps soumis à l'expérience,
       p le poids de l'eau,
       p' le poids du *calorimètre*, c'est-à-dire du vase qui sert pour l'expérience,
       c la chaleur spécifique du corps,
       c' la chaleur spécifique du vase,
       T la température du corps, au moment de l'immersion,
       t la température de l'eau,
       t' la température finale du mélange.

On détermine la température T du corps, en le plaçant dans une étuve ou dans un bain d'eau chaude, où on le soutient au moyen d'un fil très-fin, et où plonge un thermomètre à mercure. On le transporte alors rapidement dans un vase métallique très-mince, appelé *calorimètre*, rempli d'eau dont on connaît la température et le poids, et tenu en suspension par des fils, afin d'éviter l'influence des supports. On agite le liquide, afin de répartir uniformément et promptement la température. Quand elle est devenue stationnaire, on la mesure avec un thermomètre très-sensible.

Pour arriver à la température finale t', le corps perd une quantité de calories représentée par $cP (T - t')$; telle est l'expression de la quantité de chaleur perdue.

Mais, pour arriver à la température t', l'eau gagne une quantité de calories représentées par $1 \times p (t'-t)$, puisqu'il faut une unité de chaleur pour échauffer de $1°$ l'unité de poids d'eau.

On aura donc l'équation :

$$c\,P\,(T - t') = 1 \times p\,(t' - t); \text{ d'où } c \text{ ou } x = \frac{p\,(t' - t)}{P\,(T - t')}. \qquad \text{(A)}$$

Plusieurs corrections devraient être faites, eu égard aux diverses causes qui influent sur la température finale, telles que l'absorption de chaleur faite par le verre et le mercure du thermomètre qui plonge dans le bain, l'état calorifique de l'air ambiant, l'absorption faite par le vase qui sert à l'expérience.

En n'ayant égard qu'à l'influence du vase, on aura :

$$c\,P\,(T - t') = p\,(t' - t) + c'\,p'\,(t' - t) = (p + c'\,p')\,(t' - t);$$

$$\text{d'où } c \text{ ou } x = \frac{(p + c'\,p')\,(t' - t)}{P\,(T - t')}. \qquad \text{(B)}$$

196. Chaleur spécifique des liquides. — Pour mesurer la chaleur spécifique des liquides, on peut employer le procédé que nous venons de décrire. On peut aussi, en renversant la question, verser le liquide à étudier dans le vase calorimétrique, noter la température et le poids, puis y plonger un corps dont on connaît la température, le poids et la chaleur spécifique. Il est évident qu'alors la seule inconnue est la chaleur spécifique du liquide.

197. Conclusions générales. — Les expériences des physiciens ont constaté :

1° Que l'eau est le corps qui possède la plus grande chaleur spécifique; 2° que la chaleur spécifique d'un corps est généralement plus grande quand il est à l'état liquide que lorsqu'il est à l'état solide; 3° qu'un corps restant sous le même état, sa chaleur spécifique croît avec la température; 4° que les corps les plus denses sont généralement doués d'une plus faible capacité calorifique; 5° Dulong et Petit ont reconnu, en 1819, que le produit de la chaleur spécifique d'un corps simple par son poids atomique est constant, ou du moins qu'il varie dans des limites très-peu éloignées.

Soit c la chaleur spécifique, e le poids atomique d'un corps, on a toujours $c \times e = n$, nombre constant. On a de même $c' \times e' = n$; d'où

$$\frac{c}{c'} = \frac{c'}{c};$$

d'où la loi précédente peut être énoncée en ces termes :
Les chaleurs spécifiques des corps simples sont en raison inverse de leurs poids atomiques.

198. Chaleur spécifique des gaz. — On peut rapporter la capacité calorifique des gaz à leur volume ou à leur masse.

Rapportée au volume, la capacité calorifique d'un gaz est *la quantité c de chaleur nécessaire pour élever de 1° l'unité de volume de ce gaz.*

Quand on connaît c, il est facile d'en tirer la capacité c' rapportée à la masse, c'est-à-dire la quantité de chaleur nécessaire pour élever de 1° l'unité de poids; car l'unité de volume pesant p, il est évident que la quantité de chaleur absorbée par l'unité de poids sera exprimée par $c' = \dfrac{c}{p}$.

Expérience de Delaroche et Balard. — On fait passer à travers un serpentin que contient un calorimètre rempli d'eau, une masse suffisante de gaz, dont la température T est connue. Le serpentin est assez long pour que le gaz sorte constamment à la température du liquide qui, pendant l'opération, s'élève de $t°$ à $t'°$.
Les expérimentateurs ont admis que le gaz sortait toujours à la température moyenne $\frac{1}{2}(t + t') = t''$, et qu'il avait conséquemment perdu la quantité de chaleur $T - t''$. En appelant P le poids de l'eau joint à l'équivalent en eau du calorimètre et du serpentin, T' la température finale, V le volume du gaz, x sa chaleur spécifique rapportée à l'unité de volume, ils ont établi la relation suivante :

$$V x (T - t'') = P (T' - t).$$

199. Chaleurs spécifiques moyennes de quelques corps solides ou liquides, entre 0° et 100°.

NOMS DES CORPS.	CHALEURS SPÉCIF.	NOMS DES CORPS.	CHALEURS SPÉCIF.
Eau liquide	1	Cuivre	0,0952
— solide	0,5	Argent	0,057
Charbon de bois	0,241	Étain	0,0562
Soufre	0,2025	Antimoine	0,0508
Phosphore	0,1895	Mercure liquide	0,0333
Potassium	0,1693	— solide	0,0321
Zinc	0,0955	Platine	0,0324

200. Chaleurs spécifiques des gaz.
(D'après M. Regnault.)

NOMS DES GAZ.	CHALEURS SPÉCIF.	NOMS DES GAZ.	CHALEURS SPÉCIF.
Hydrogène	0,2359	Brome	0,2990
Azote	0,2370	Gaz ammoniac	0,2996
Air	0,2374	Acide carbonique	0,8307
Oxygène	0,2105	Protoxyde d'azote	0,3117
Bioxyde d'azote	0,2406	Hydrogène bicar-	
Chlore	0,2962	boné	0,4106

CHALEURS LATENTES

201. Fusion. — Lorsque certains corps solides sont soumis à une élévation suffisante de température, ils fondent, c'est-à-dire qu'ils passent à l'état liquide, en absorbant une quantité plus ou moins grande de chaleur, à laquelle on donne le nom de *chaleur latente*, parce qu'employée exclusivement au changement d'état du corps, elle n'est pas sensible au thermomètre. La quantité de chaleur absorbée, en ce cas, varie suivant la nature des corps soumis à l'expérience.

Si l'on verse, comme nous l'avons dit déjà (189), dans un vase contenant 1 kilogramme de glace pilée à 0°, 1 kilogramme d'eau, à 79°, on reconnaît, la fusion de la glace étant achevée, que les 2 kilogrammes de liquide sont sensiblement à 0°. Il résulte de là que les 79 calories abandonnées par l'eau chaude ont été uniquement employées pour opérer la fusion. On dépense donc, pour fondre 1 kilogramme de glace, la quantité de chaleur nécessaire pour élever 1 kilogramme d'eau, de zéro à 79 degrés.

En tenant compte des diverses influences exercées par le vase et le milieu ambiant, et en prenant les précautions expérimentales les plus minutieuses, La Provostaye et Desains ont trouvé qu'il faut 79,25 calories pour fondre l'unité de poids de l'eau.

Pour trouver la chaleur latente de fusion d'un corps quelconque, on a encore recours à la méthode des mélanges. On pèse le corps; on le fait fondre, et, après avoir noté sa température, on le plonge dans un poids connu d'eau dont on a constaté la température, et l'on observe la température finale. On a ainsi les conditions nécessaires pour déterminer la chaleur latente cherchée.

202. Points de fusion et chaleurs latentes de quelques substances.

NOMS DES CORPS.	CHALEUR LATENTE.	POINT DE FUSION.	NOMS DES CORPS.	POINT DE FUSION.
Eau	70,25		Glace	0
Zinc	28,13	415°,3	Beurre	32
Argent	21,07		Suif	33
Étain	14,25	237,7	Cire blanche	68
Bismuth	12,64	266,8	Iode	107
Soufre	0,37	115	Camphre	175
Plomb	5,37	326,2	Antimoine	433
Phosphore	5,03	44,2	Argent pur	1000
Mercure	2,83	— 40	Or pur	1250
			Fer doux	1500

203. Lois de la fusion. — *1º La fusion a toujours lieu à la même température, pour un même corps; 2º la température du corps reste la même pendant toute la durée de sa fusion; 3º la plupart des corps augmentent de volume.*

Lois de la solidification des liquides. — *1º Le point de solidification est fixe pour chaque substance, et le même que le point de fusion; 2º la température demeure constante pendant toute la durée de la solidification; 3º la plupart des substances se contractent en se solidifiant.* (Excepté l'eau, la fonte de fer, le bismuth, l'antimoine, etc.)

204. Chaleur latente de vaporisation. — On appelle ainsi la quantité de chaleur, c'est-à-dire le nombre de calories nécessaire pour faire passer un liquide à l'état de vapeur.

Les *vapeurs* sont donc des fluides aériformes provenant du changement d'état des liquides. Quand ce changement a lieu rapidement, sous l'influence de la chaleur ou d'une diminution de pression, on lui donne le nom de *vaporisation*. Quand, au contraire, il s'effectue lentement à la surface d'un liquide abandonné à lui-même, il prend plus spécialement le nom d'*évaporation*. L'eau, le mercure s'évaporent lentement à la température ordinaire. L'acide sulfurique concentré ne s'évapore pas du tout, dans les mêmes conditions.

Une substance est dite *volatile* quand elle se réduit assez rapidement d'elle-même en vapeur à la température ordinaire ou à des températures peu élevées : l'alcool, l'éther, le brome sont des substances volatiles.

On appelle *sublimation* le passage d'un corps solide à l'état gazeux, sans passer par l'état liquide. Nous en avons des exemples dans le camphre, l'arsenic et l'iode. La glace et la neige peuvent aussi passer directement à l'état de vapeur. On remarque en effet que, sans abaissement de température, elles ne tardent pas à diminuer de volume.

La glace et l'eau répandent constamment des vapeurs ; il en est de même de presque tous les liquides qui peuvent bouillir sans se décomposer.

205. Ebullition. — On appelle *ébullition* le phénomène par lequel un liquide passe rapidement et tumultueusement à l'état de vapeur, sous l'influence de la chaleur, ou d'une diminution de pression.

Quand on expose à l'action du feu un vase contenant un liquide, la couche qui est en contact avec la paroi la plus exposée au feu s'échauffe la première. Des bulles de vapeur se forment, montent et crèvent avant d'arriver à la surface, mais en cédant aux couches qu'elles traversent la chaleur qu'elles ont absorbée. Les couches successives du liquide étant ainsi échauffées progressivement, les bulles finissent par atteindre la surface, et se dégager.

Les premières bulles, en se condensant dans la masse du liquide, font entendre un bruissement provenant du mouvement saccadé du liquide, qui remplace les vides produits par ses condensations multipliées.

Lois de l'ébullition. — 1° *La température d'ébullition d'un liquide est toujours la même lorsqu'il est placé dans les mêmes conditions ; 2° pendant toute la durée de l'ébullition, la température* *du liquide reste constante, quelle que soit la quantité de chaleur employée.* Par un feu plus vif, on active la formation de la vapeur, mais l'état calorifique du liquide reste le même pendant toute la durée de l'ébullition.

Le volume de la vapeur d'eau est 1698 fois plus grand que celui de l'eau mesuré à + 14°. On dit communément que l'eau, à l'état de vapeur, occupe un volume 1700 fois plus grand qu'à l'état liquide.

Le point d'ébullition varie suivant : 1° la nature du liquide; 2° la nature du vase; 3° la pression atmosphérique; 4° la nature et la quantité des substances dissoutes dans le liquide.

Points d'ébullition de quelques liquides, sous la pression 0ᵐ,76.

Acide sulfureux.	10°	Eau distillée.	100°
Ether chlorhydrique.	11	Phosphore.	290
Ether sulfurique.	37	Acide sulfurique concentré.	325
Brome	60	Mercure	350
Chloroforme.	63	Soufre.	400
Acide azotique concentré	86		

Quand l'eau contient des matières salines en dissolution, son point d'ébullition est retardé; ainsi l'eau saturée de sel marin ne bout qu'à 108°,5; saturée de carbonate de potasse, elle bout à 135°; — de chlorure de calcium, elle bout à 180°.

Quand, au contraire, elle contient des matières volatiles, telles que des liqueurs alcooliques, son point d'ébullition est inférieur à 100°.

Dans un ballon de verre dont la surface intérieure est bien nettoyée et polie, l'eau bout à 101, 102, 103 et même 105 degrés, à cause de la force adhésive du liquide avec le verre. On ramène l'ébullition à 100°, dès qu'on projette dans le liquide un petit fragment métallique. L'eau bout plus tôt dans les vases à parois rugueuses.

Les liquides visqueux, c'est-à-dire qui ont une grande cohésion, tels que l'acide sulfurique, éprouvent des soubresauts de température, pendant leur ébullition. Les bulles de vapeur grossissent au fond du vase, au lieu de monter rapidement à la surface; elles se frayent enfin un passage et se dégagent. Pendant que la bulle se développe, le thermomètre qui plonge dans le liquide monte, mais il baisse subitement de plusieurs degrés, dès qu'elle est dégagée. Pour éviter ces soubresauts, on place la cornue de manière que la chaleur rayonne vers la surface du liquide. Au niveau des mers, et sous la pression 0ᵐ,76, l'eau bout à 100°. Sur les montagnes, elle bout à une température plus basse, la pression étant moindre. On a observé que sur le mont Blanc, dont la hauteur au-dessus du niveau de la mer est de 4810^m, l'ébullition de l'eau a lieu à 82°.

Pour mesurer la *chaleur latente de vaporisation*, appelée aussi *chaleur latente d'élasticité*, Rumford, Dulong, Despretz et M. Regnault ont employé, avec des perfectionnements successifs, la méthode des mélanges. Le principe de l'expérience consiste à observer la température à laquelle un poids connu de liquide est élevé par la condensation d'un poids connu de vapeur, en s'appuyant sur ce fait qu'une vapeur qui se condense abandonne une quantité de chaleur égale à celle qu'elle a absorbée pour se vaporiser.

Despretz a trouvé ainsi que la chaleur latente de vaporisation de l'eau doit être représentée par le nombre 540, c'est-à-dire qu'il faut 540 calories pour réduire à l'état de vapeur 1 gramme d'eau à 100°.

M. Regnault a trouvé, au lieu du nombre 540, le nombre 536,67, soit 537.

Si l'on prend l'eau à 0°, et qu'on ajoute les 100 calories nécessaires pour la porter à 100°, la chaleur totale à employer devient égale à 540 + 100 = 640 calories, d'après le résultat de Despretz, ou à 637 calories, d'après celui de M. Regnault.

206. Emploi de la vapeur pour le chauffage des bains. — La vapeur d'eau, produite dans une chaudière quelconque, se condense en arrivant dans un milieu gazeux ou liquide d'une température inférieure à 100° et échauffe ce milieu, par l'abandon de la chaleur latente qu'elle possède. Quand on veut échauffer un espace libre, tel qu'un appartement, on fait circuler la vapeur dans des tuyaux placés dans son enceinte ou sur ses côtés.

Quand on veut échauffer une masse d'eau, on la fait traverser directement par la vapeur.

Problème. — Combien faut-il de kilogrammes de vapeur d'eau, pour élever la température d'un bain de 265 kilogrammes d'eau, de 10° à 25°? — La chaleur latente de vaporisation de l'eau étant 537.

La quantité de chaleur perdue par la vapeur d'eau égale la chaleur nécessaire, pour qu'elle soit maintenue dans son état; plus la chaleur perdue, pour que l'eau produite soit amenée de 100° à 25°.

Appelons x le poids cherché, nous aurons la relation :

$$537\,x + x\,(100 - 25) = 265\,(25 - 10)\,;$$
$$x\,(537 + 75) = 265 \times 15\,;$$
$$612\,x = 3975\,;\ \text{d'où } x = 6^{k},495.$$

207. Distillation. — On appelle ainsi l'opération qui consiste à réduire un liquide en vapeur, pour le ramener, par le refroidissement, à son premier état, en le débarrassant des matières fixes qu'il peut contenir. Cette opération a encore pour but de séparer l'un de l'autre des liquides de volatilité différente.

L'appareil dont on se sert communément est connu sous le nom d'*alambic* (fig. 133). Il se compose de trois parties

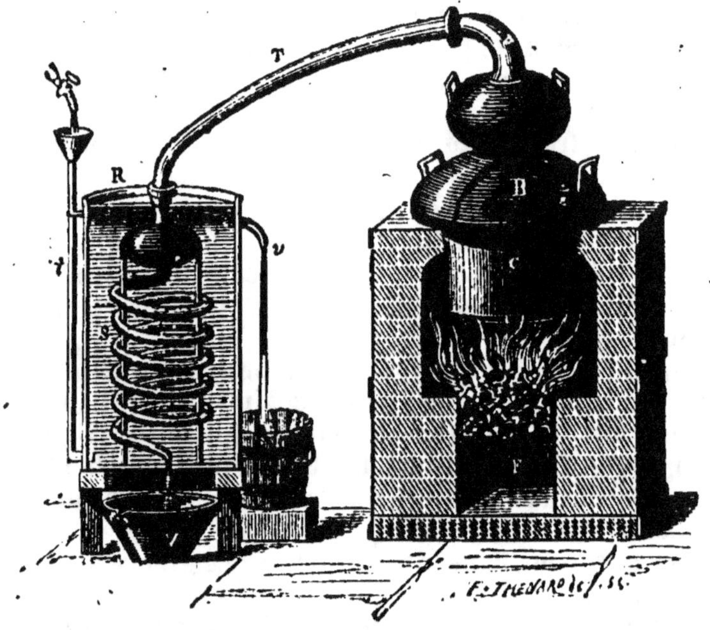

Fig. 133.

essentielles : d'une *chaudière* ou *cucurbite* C en cuivre, dans laquelle on met le liquide sur lequel on veut opérer; d'un *chapiteau* B, communiquant, par l'intermédiaire d'un tube T, avec un *serpentin* s, qui plonge dans un réfrigérant R, qui est un réservoir cylindrique contenant de l'eau froide, constamment renouvelée par un tube *t*. Ce tube, surmonté d'un entonnoir, communique avec le fond du réfrigérant, afin que l'eau froide, arrivant par le bas, déplace l'eau chaude

des couches supérieures et la fasse échapper par un trop-
plein *v*.

On sait que l'eau, telle qu'on la trouve dans la nature, contient toujours des matières étrangères à sa composition.

Pour obtenir de l'eau pure ou *distillée*, on met de l'eau ordinaire dans la cucurbite C, qu'on chauffe par la flamme du
foyer F. La vapeur qui se forme vient se condenser dans le
serpentin et se rend, à l'état liquide, dans un vase V. On
jette les premières portions d'eau distillées, avec lesquelles
se sont échappés les gaz que l'eau peut tenir en dissolution.
On a soin, en outre, d'arrêter l'opération lorsqu'on a épuisé
à peu près les trois quarts de l'eau introduite dans la chaudière. Le niveau du liquide, en baissant, par l'effet de la vaporisation, met à découvert une partie des parois intérieures
de la chaudière, et les sels ou autres matières qui y restent
adhérents, pourraient se décomposer et donner naissance à
des produits volatils qui viendraient altérer la pureté de
l'eau déjà recueillie.

208. **Marmite ou digesteur de Papin.** — Cet appareil consiste en un vase cylindrique de fer ou de bronze, à parois
épaisses et très-résistantes, fermé par un couvercle maintenu solidement, à l'aide d'une vis de pression. Le bord du
vase et le couvercle sont unis par des bandes de carton
mouillé. Une soupape consistant en un rond de carton qu'un
levier, chargé d'un poids, presse contre une ouverture pratiquée dans le couvercle, prévient toute explosion. Elle s'ouvre
et laisse échapper la vapeur, quand la tension de celle-ci est
arrivée à la limite qu'elle ne doit pas dépasser. On remplit
d'eau la marmite aux deux tiers environ, et l'on peut ainsi
élever l'eau à une température suffisante pour fondre le
plomb. On conçoit que la vapeur qui se forme, au moment
où le liquide arrive à 100°, s'accumule au-dessus de sa surface, et arrête l'ébullition.

Quand, l'appareil étant porté à une haute température, on
ouvre la soupape, la vapeur sort violemment et avec bruit,
en s'élançant à une hauteur de plusieurs mètres.

Arago et Dulong se sont servis de cet appareil pour mesurer la tension de la vapeur d'eau, au-dessus de 100°. Papin
l'avait inventé pour extraire des plantes certains sucs qui
n'étaient pas dissous par l'eau bouillante.

209. **Mélanges réfrigérants ou frigorifiques.** — Tout corps
solide absorbe de la chaleur en se liquéfiant. Les actions
chimiques peuvent, dans certains cas, provoquer cette liqué-

faction, sans l'intervention de la chaleur. Alors, le corps qui se liquéfie prend aux corps avec lesquels il est en contact la chaleur qui lui est nécessaire. Il résulte de là une cause de refroidissement que l'on met souvent à profit. Il résulte, d'autre part, de toute action chimique, un certain développement de chaleur. Il faut donc, pour qu'il y ait refroidissement, que la quantité de chaleur ainsi développée soit inférieure à celle qui est absorbée par la transformation du corps solide. On en trouve un exemple, souvent cité, dans le mélange de l'acide sulfurique concentré avec de la glace : en mêlant 1 partie d'acide avec 4 de glace, on obtient un froid de — 20°; en mêlant, au contraire, 1 de glace avec 4 d'acide, on a une élévation de température de 50 à 60°.

Nous donnons ici un tableau de quelques mélanges frigorifiques, en faisant observer que, dans tout mélange, il doit se trouver, au moins, un corps solide.

PROPORTION DES MÉLANGES.	ABAISSEMENT DE TEMPÉRATURE.
2 Neige ou glace pilée. . . . . 1 Sel marin.	de + 10° à — 17°
1 Eau. . . . . 1 Azotate d'ammoniaque. . . .	de + 10° à — 16°
16 Eau. . . . . 5 Azotate d'ammoniaque. . . . 7 Azotate de potasse.	de + 10° à — 16°
5 Acide chlorhydrique. . . . . 8 Sulfate de soude cristallisé.	de + 10° à — 17°
0 Phosphate de soude. . . . . 4 Acide azotique	de + 10° à — 20°

L'abaissement de température est d'autant plus grand que les substances employées sont déjà à une température plus basse, et qu'on a soin de les mélanger plus intimement.

M. Person porte une dissolution concentrée de chlorure de calcium à une température d'ébullition de 120°; puis il agite constamment la dissolution avec une spatule de bois pendant qu'elle se refroidit. Le sel se solidifie alors en petits cristaux pulvérulents qui, mélangés avec de la neige, dans la proportion de 4 parties de chlorure sur 3 parties de neige, produisent un froid qui peut aller jusqu'à —48° et —58°, température inférieure à celle de la solidification du mercure.

210. Froid produit par l'évaporation. — On sait qu'on éprouve une sensation de froid très-prononcée quand on reçoit sur la main quelques gouttes d'alcool, d'éther ou de tout autre liquide très-volatil. C'est encore ainsi que des vases poreux et demi-cuits, appelés *alcarasas*, dont on se sert principalement dans les contrées méridionales, se refroidissent par l'effet de l'évaporation de l'eau qu'ils contiennent. Le liquide suintant lentement présente à l'air extérieur une grande surface, circonstance favorable à l'évaporation.

On peut congeler de l'eau par une évaporation rapide, en mettant sous le récipient d'une machine pneumatique un vase contenant de l'acide sulfurique et un autre vase contenant une petite quantité d'eau. A mesure qu'on fait le vide, une portion de l'eau émet de la vapeur qui est absorbée par l'acide. Il arrive bientôt que l'autre partie du liquide se congèle. Ce procédé de congélation est dû à Leslie.

211. Force élastique des vapeurs. — Les vapeurs, comme les gaz ordinaires, ont une force élastique qui croît avec la température; mais elles en diffèrent par leur facilité à reprendre l'état liquide, par un abaissement de température ou un abaissement de pression.

Pour étudier la force élastique des vapeurs, il importe de soustraire la vaporisation à l'influence de la pression atmosphérique. La chambre barométrique offrant le vide le plus complet que nous puissions obtenir, on a eu l'idée de s'en servir pour observer et mesurer les effets de la force élastique des vapeurs.

La vapeur se formant instantanément dans le vide, quand l'espace vide est suffisant pour la contenir dans des conditions données, si l'on fait arriver une petite quantité de liquide, d'eau, d'alcool, d'éther, dans la chambre d'un baromètre, on voit aussitôt la colonne mercurielle se déprimer et s'arrêter à un niveau invariable, quand les conditions de l'expérience restent les mêmes.

On remarque en outre que ce niveau n'est pas le même pour les divers liquides employés, que la dépression est plus grande pour l'éther que pour l'alcool, et plus grande pour l'alcool que pour l'eau. On le constate aisément au moyen d'un appareil appelé *faisceau barométrique*, consistant en plusieurs tubes barométriques qui plongent dans une même cuvette. On introduit un liquide différent dans chacun d'eux, excepté dans celui qui sert de terme de comparaison, et qui sert à évaluer les différences de dépression.

On remarque encore que la dépression croît avec la température, et que, pour une température donnée, un liquide ne produit qu'une quantité limitée de vapeur. Si, en effet, on introduit successivement du liquide, par petites portions, dans le vide barométrique, il arrive un moment où la dépression de la colonne mercurielle cesse, et où le tube contient du liquide en excès qui ne se vaporise plus. La vapeur a alors atteint *sa force élastique* ou *tension maximum*. L'espace qu'elle occupe est dit *saturé de vapeur;* on dit encore que la vapeur est *à saturation* dans cet espace.

La force élastique de la vapeur est égale à la différence *mn* (fig. 134) entre la hauteur d'un baromètre sec, c'est-à-dire d'un baromètre normal B, et celle du baromètre à vapeur B'.

Le maximum de force élastique ou de tension d'une vapeur varie avec la température, mais il est indépendant de la pression.

Si, en effet, on fait passer de l'alcool ou de l'éther en excès dans le tube d'un baromètre plongeant dans une cuvette très-profonde (fig. 135), on observera que la hauteur *ab* de la colonne, c'est-à-dire la différence entre le niveau du mercure dans le tube et le niveau du mercure dans la cuvette, sera toujours la même, soit qu'on soulève le tube ou qu'on l'abaisse. Dans le premier cas, il se forme une nouvelle quantité de vapeur qui sature l'espace agrandi du tube; dans le second, une partie de la vapeur revient à son premier état; de cette manière, la vapeur conserve toujours la même tension.

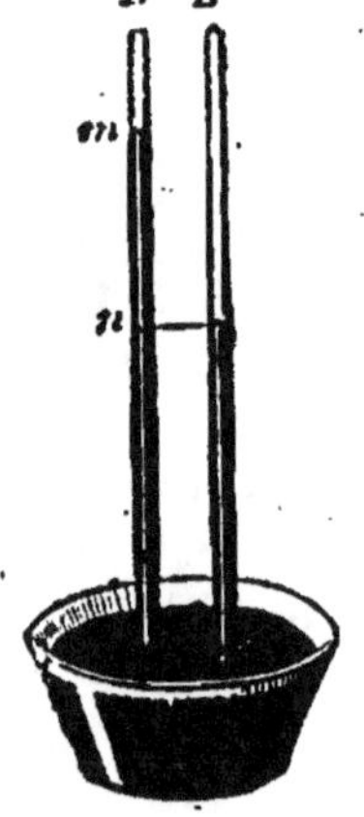

Fig. 134.

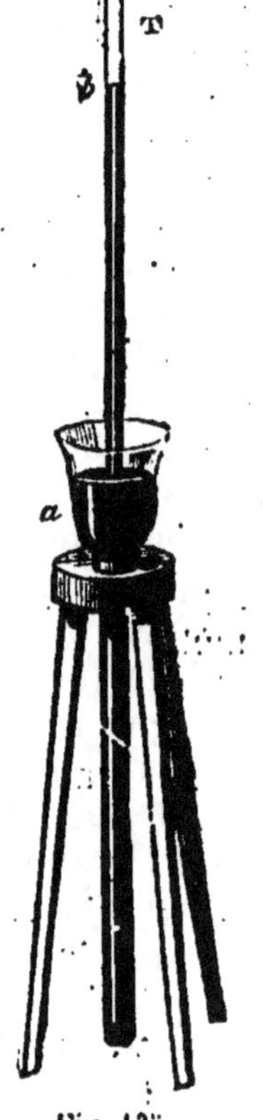

Fig. 135.

Si l'on répétait la même expérience sans excès de liquide, la colonne de mercure soulevée varierait, comme s'il s'agissait d'un gaz proprement dit, et sa force élastique suivrait la loi de Mariotte, pourvu toutefois que la vapeur fût un peu éloignée de sa saturation.

Dans un tube recourbé *oS* (fig. 136), dont la plus courte branche *oS* est fermée, on introduit du mercure, de manière à remplir entièrement la branche fermée, on fait passer dans celle-ci une petite quantité d'éther, qui vient se loger au-dessus du mercure en S. On plonge ce tube dans un vase rempli d'eau dont on élève la température. Bientôt le niveau du mercure s'abaisse dans la petite branche, et quand la température atteint 37°, point d'ébullition de l'éther, la vapeur de ce liquide fait équilibre à la pression atmosphérique. Si l'on augmente encore la température, le mercure continue à monter dans la grande branche ot.

212. **Mesure de la force élastique de la vapeur d'eau à diverses températures, par le procédé de Dalton.** — Deux baromètres, l'un ordinaire b, l'autre c (fig. 137) contenant une petite quantité d'eau et distingué du précédent par le nom de *baromètre à vapeur*, plongent dans un bain de mercure V. Un manchon en verre M entoure les deux baromètres et est rempli d'eau que

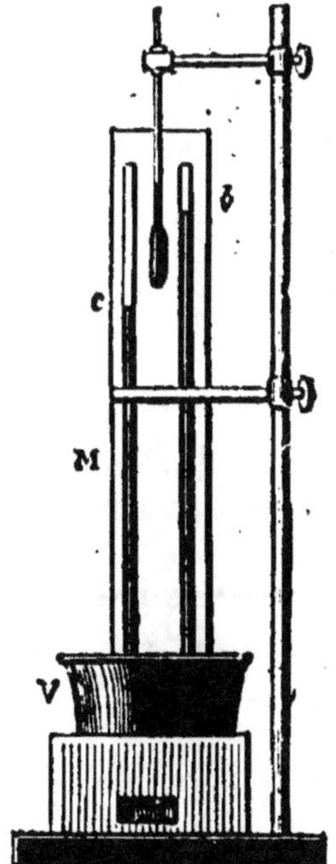
Fig. 136.

l'on porte à diverses températures. A mesure que la température de l'eau s'élève, la tension de la vapeur qui s'est formée dans le tube c augmente et fait baisser le niveau du mercure; et la distance verticale des niveaux des deux baromètres augmente en même temps.

Dalton a pu construire ainsi des tables indiquant pour chaque degré, de 0° à 100°, la force élastique de la vapeur à saturation.

M. Regnault a suivi cette méthode, en la débarrassant des causes d'erreur.

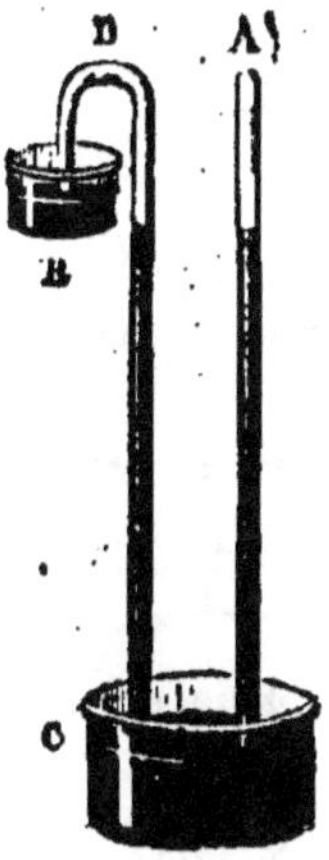

213. **Méthode de Gay-Lussac pour mesurer la tension de la vapeur d'eau au-dessous de zéro.** — Deux tubes barométriques A,B (fig. 138) plongent dans une même cuvette C. Le tube A est droit,

Fig. 138.

Fig. 137.

l'autre est recourbé à son extrémité supérieure qui pénètre dans un mélange réfrigérant R. Si l'on introduit une goutte d'eau dans la chambre recourbée B, on observe que le niveau du mercure devient aussitôt inférieur à celui x du tube A. Cette dépression, qui diminue avec l'abaissement de température, prouve qu'à des températures même très-basses, il existe toujours dans l'air une certaine quantité de vapeur d'eau.

214. Tension de la vapeur d'eau, à diverses températures.
(Nombres obtenus par M. Regnault.)

TEMPÉRATURE.	TENSION EN MILLIMÈTRES.	TEMPÉRATURE.	TENSION EN MILLIMÈTRES.
— 33°	0m,32	50°	91m,98
— 25	0,61	55	117,48
— 20	0,91	60	148,70
— 15	1,40	65	186,04
— 10	2,08	70	233,00
— 5	3,11	75	288,52
0	4,60	80	354,64
+ 5	6,53	85	433,04
10	9,16	90	525,45
15	12,70	95	663,78
20	17,30	100	760,00
25	23,75	121	1539,25
30	31,55	134	2285,02
35	41,83	144	3040,27
40	54,91	152	3777,74
45	71,39	200	11688,05

215. Tableau comparatif des tensions, exprimées en atmosphères de 760 millimètres de mercure, et des températures correspondantes.

ATMOSPHÈRES.	TEMPÉRATURES.	ATMOSPHÈRES.	TEMPÉRATURES.
1	100°	15	200,5°
2	121,4	20	214,7
3	135,1	30	230,2
4	145,5	40	252,55
5	153	50	265,0
10	181,6		

216. Hypsomètre (du grec *hypsos*, hauteur, *metron*, mesure), ou *thermomètre hypsométrique*, ou *thermomètre barométrique*. — L'ébullition d'un liquide ayant lieu quand la tension de sa vapeur est égale à la pression atmosphérique, il est évident que, pour un même liquide, la température d'ébullition doit faire connaître la pression , et que, les relations de ces phénomènes étant une fois établies, on peut substituer un thermomètre au baromètre. Tel est le but de l'*hypsomètre*.

Plusieurs tuyaux de laiton peuvent rentrer les uns dans les autres , de manière à réduire l'appareil à 15 centimètres de hauteur. Le tuyau inférieur enveloppe une petite chaudière remplie d'eau distillée , au-dessous de laquelle est fixée une lampe à alcool. Au tuyau supérieur est fixé un thermomètre très-sensible. Le liquide étant mis en ébullition, la vapeur s'élève, entoure le thermomètre et s'échappe par une ouverture latérale pratiquée au haut du tube supérieur. La température d'ébullition étant constatée avec soin, on consulte une table qui indique la pression que donnerait un baromètre, au lieu de l'observation. Pour obtenir des résultats d'une précision suffisante, il faut que chaque degré du thermomètre ait une longueur de 27 millimètres, la température variant de $\frac{1}{27}$ de degré pour une variation de 1 millimètre de mercure. Cette dimension des degrés n'empêche pas d'employer un thermomètre très-court , puisqu'on n'a lieu d'observer la température que de 85 à 101 degrés.

MM. Marié, Izarn, Bravais et Martins ont mesuré les forces élastiques de la vapeur d'eau dans le voisinage de 100°, en portant l'eau à l'ébullition, à diverses hauteurs sur les montagnes. Les résultats ainsi obtenus s'accordent avec ceux que contiennent les tables construites par M. Regnault.

217. Densité des vapeurs. — La mesure de la densité des vapeurs a été tentée par plusieurs physiciens, qui ont employé, dans cette recherche, des procédés variés. Sans décrire ces procédés, nous donnons ici les principaux résultats obtenus, la densité de l'air étant prise pour unité.

NOMS DES CORPS.	DENSITÉS DES VAPEURS.	NOMS DES CORPS.	DENSITÉS DES VAPEURS.
Air	1,00	Phosphore	1,32 (Dumas)
Eau	0,62 ou $\frac{5}{8}$ environ	Essence de térébenthine	4,76
Alcool	1,61 (G.-Lussac)	Soufre	6,35 (Dumas)
Éther sulfurique	2,59 (G.-Lussac)	Mercure	6,98 (Dumas)
Sulfure de carbone	2,61 (G.-Lussac)	Iode	8,72 (Dumas)

218. Mélange des gaz et des vapeurs. — Dalton a établi que : *La force élastique de la vapeur qui sature un espace limité est la même, à température égale, quand l'espace saturé est vide ou plein de gaz.*

Gay-Lussac a démontré cette loi au moyen d'un appareil que nous allons décrire (fig. 139).

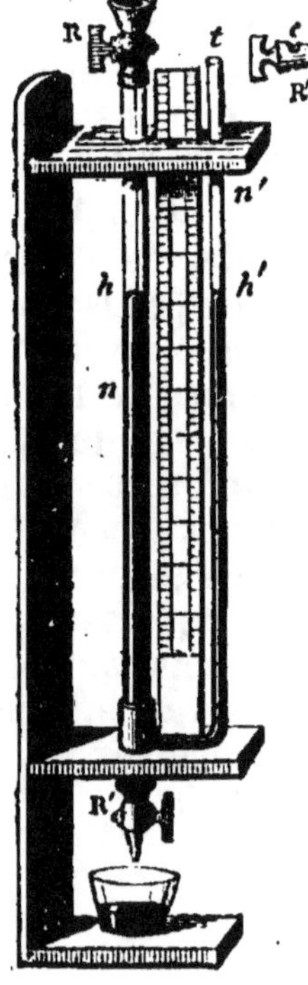

Fig. 139.

Un tube de verre T d'un assez grand diamètre, fermé par deux robinets de fer R,R', communique inférieurement avec un second tube plus étroit *t*. On remplit le tube T de mercure, et l'égalité des niveaux s'établit dans les deux tubes communiquants. On visse en R un ballon contenant de l'air ou un autre gaz bien sec, puis on ouvre à la fois les deux robinets R,R'. Le mercure s'échappe peu à peu en R', tandis que le vide qu'il laisse au-dessus de lui est rempli par le gaz du ballon, qui passe en partie dans le tube T. On ferme R,R'. Le gaz se trouvant à une pression moindre que la pression atmosphérique, on verse du mercure dans *t*, jusqu'à ce que cette pression du gaz renfermé soit égale à celle de l'extérieur; ce que l'on reconnaît, quand le mercure s'élève de nouveau à la même hauteur *h,h'* dans les deux tubes.

On remplace le ballon par un robinet à cuvette R", c'est-à-

dire par un robinet dont le noyau porte une cavité conique
c. En remplissant cette cavité du liquide de l'expérience, et
en faisant tourner à demi le robinet, on introduit ce liquide
goutte à goutte dans le tube, sans que l'air extérieur puisse
se mêler au gaz fourni par le ballon. Le liquide introduit se
vaporise peu à peu, et sa vapeur, à mesure qu'elle sature
l'espace occupé par le gaz, fait baisser le niveau du mercure
dans le tube T jusqu'en *n* et le fait monter jusqu'en *n'* dans
le tube *t*. Quand l'espace est entièrement saturé, ce que l'on
reconnaît lorsque les niveaux du mercure deviennent station-
naires dans les deux branches, on verse du mercure dans le
tube *t* jusqu'à ce qu'il ait repris, dans T, la hauteur qu'il avait
avant l'introduction du liquide. Il ne faut pas oublier que
cette partie de l'expérience est indispensable ; car la distance *nn'* ne saurait représenter la force élastique de la vapeur, puisque le gaz occupe un plus grand espace qu'à l'origine. Il faut donc ramener le gaz au volume qu'il occupait
quand il était seul.. Soit *m* ce niveau de repère dans le tube
T, *m'* le niveau obtenu dans le tube *t*, pour rétablir ce niveau
m, la distance verticale *mm'* représentera la force élastique
cherchée. On remarquera qu'elle est la même dans le vide,
en introduisant, sous une même température, dans la chambre
d'un baromètre une portion du liquide avec lequel on a opéré
et en observant que la dépression produite est égale à *mm'*.

La conséquence de la loi de Dalton que nous venons de
démontrer est que : *La tension du mélange d'un gaz et d'une
vapeur est égale à la somme des tensions qu'aurait chacun de ces
fluides, s'il occupait seul l'espace occupé par le mélange.*

219. Problèmes sur les mélanges des gaz et des vapeurs.

I. — V étant le volume d'un gaz sec, trouver le volume V' qu'il acquerra si
on le sature de vapeur, à la même température *t*, et sous la même pression H.

Appelons F la force élastique de la vapeur à saturation, à la température *t*. La
pression du mélange étant H, la pression du gaz seul, dans le mélange, sera H —
F, c'est-à-dire plus faible, de la valeur F. Son volume deviendra donc plus grand,
les volumes des gaz étant inversement proportionnels aux pressions ; et l'on aura :

$$\frac{V'}{V} = \frac{H}{H - F} ; \quad V' = V \frac{H}{H - F} \qquad (A)$$

Si la température varie, la formule (A) devient :

$$V' = V \frac{H}{H - F} \left(\frac{1 + Kt'}{1 + Kt} \right). \qquad (A')$$

Exemple. — On demande ce que deviendraient 1052 lit , 22 d'air sec, à 20° et sous
la pression 0^m,70, si on les saturait de vapeur d'eau à la même température et
sous la même pression. On sait qu'à 20° la tension maximum de la vapeur d'eau
est égale à 17^{mm},1.

$$x = 1002^{\text{lit}}.,22 \; \frac{760}{760 - 17,4} = 1002,22 \; \frac{760}{742,6} = \frac{807287,2}{742,6};$$

$$x = 1087^{\text{lit}}.,13.$$

II. — V_t représentant le volume d'un mélange d'air et de vapeur d'eau, à la température t^o et sous la pression H, trouver quel doit être le volume du même mélange, à t'^o, et sous la pression H', l'air étant, dans les deux cas, saturé de vapeur.

Appelons F_t, F_t' les tensions maximum de la vapeur d'eau, aux températures t^o, t'^o, tensions qui nous sont données par les tables. Les pressions dues au gaz sec, c'est-à-dire au gaz seul, seront exprimées par $H - F_t$, dans le premier cas, et par $H' - F_t'$, dans le second.

Substituons ces expressions dans la formule générale

$$V_t' = V_t \frac{H}{H'} \cdot \frac{1 + Kt'}{1 + Kt};$$

nous aurons, pour la valeur cherchée :

$$V_t' = V_t \frac{H - F_t}{H' - F_t'} \cdot \frac{1 + Kt'}{1 + Kt}. \qquad (B)$$

Exemple. — 415 litres d'air, en contact avec l'eau, à 0° et sous la pression 760ᵐᵐ, sont portés à la température de 30°, sous la même pression. On demande ce que deviendra le volume de cet air humide; la force élastique de la vapeur d'eau étant 4ᵐᵐ,6 à 0°, et 31ᵐᵐ,5 à 30°; le coefficient de dilatation de l'air et de la vapeur d'eau étant $\frac{1}{273}$.

$$x = 415 \; \frac{760 - 4,6}{760 - 31,5} \left(1 + \frac{30}{273} \right) = 477^{\text{lit}}.,62.$$

III. — On demande le poids d'un litre d'air saturé de vapeur d'eau, à la température t, et sous la pression H.

Pour évaluer le poids du mélange d'un gaz et d'une vapeur, on cherche séparément le poids du gaz et de la vapeur, en considérant chacun de ces fluides comme occupant le volume total du mélange, avec la force qui lui est propre.

Le poids du litre d'air sec, à t^o et sous la pression $H - F_t$, sera :

$$p = 1^{\text{gr}},293 \; \frac{H - F_t}{760} \cdot \frac{1}{1 + Kt}.$$

Le poids du litre de vapeur d'eau, à t^o et à la pression F_t, sera, si l'on appelle d la densité de la vapeur d'eau par rapport à l'air :

$$p' = 1^{\text{gr}},293 \; \frac{F_t}{760} \cdot \frac{d}{1 + Kt}.$$

D'où le poids cherché

$$P = p + p' = \frac{1,293}{760 \, (1 + Kt)} \left[H - F_t (1 - d) \right]$$

Or, on sait que la densité de la vapeur d'eau, par rapport à l'air, est sensiblement égale à $\frac{5}{8}$. De là

$$P = \frac{1^{\text{gr}},293}{760 \, (1 + Kt)} \left[H - F_t \left(1 - \frac{5}{8} \right) \right] = \frac{1^{\text{gr}},293}{760 \, (1 + Kt)}$$

$$\left(H - \frac{3}{8} \, F_t \right). \qquad (C)$$

Exemple. — Trouver le poids de sept litres d'air, à 30°, sous la pression 0^m,76 ; l'état hygrométrique de l'air étant $\frac{3}{4}$; la tension maximum de la vapeur d'eau, à 30°, étant 0,0315. Le poids d'un litre d'air sec est 1^gr,293, à 0° et 0^m,76 ; la densité de la vapeur d'eau rapportée à celle de l'air est $\frac{5}{8}$; le coefficient de dilatation des gaz est 0,00367.

Le poids d'un litre d'air saturé de vapeur d'eau, à la température *t* et sous la pression H, est composé du poids *p* de l'air et du poids *p'* de la vapeur d'eau ; ce qui donne, après les réductions indiquées plus haut :

$$p + p' = \frac{1^g,293}{76\,(1 + Kt)} \left(H - Ft + \frac{5}{8}\,Ft \right).$$

En observant que l'air n'est saturé qu'aux $\frac{3}{4}$, on écrira :

$$X = \frac{1^g,293 \times 7}{76\,(1 + 0,00367 \times 30)} \left(77 - \frac{3}{4} \times 3,15 + \frac{5}{8} \times \frac{3}{4} \times 3,15 \right)$$

$$= \frac{1,293 \times 7}{76\,(1 + 0,00367 \times 30)} (74,6375 + 1,4765)$$

$$= \frac{91051 \times 76,1140}{84,3670} = 8^g,165.$$

220. Hygrométrie. — Par suite de l'évaporation qui s'effectue continuellement à la surface du sol, et surtout à la surface des mers et des cours d'eau, l'atmosphère contient toujours une certaine quantité de vapeur d'eau. La partie de la Physique qui a pour objet de constater la présence de cette vapeur et de mesurer la proportion dans laquelle elle existe, a reçu le nom d'*hygrométrie* (du grec *hygros*, humide, *metron*, mesure) ; et l'on entend par *état hygrométrique* de l'air, le rapport entre la quantité de vapeur qu'il contient, et celle qu'il contiendrait s'il était saturé à la même température.

Les instruments qui servent à déterminer l'*état hygrométrique* de l'air sont appelés *hygromètres*.

Ceux qui méritent le plus l'attention se rattachent à quatre méthodes, et reçoivent ainsi les noms d'*hygromètres par absorption*, d'*hygromètres par condensation*, d'*hygromètres chimiques*, et de *psychromètres* ou *hygromètres par évaporation*.

221. I. Hygromètres par absorption. — Certaines substances telles que l'ivoire, le bois, le papier, le parchemin, la corne, les membranes, les plumes, la baleine, les poils, les cheveux absorbent l'humidité de l'air, en augmentant de dimension, et diminuent par le dessèchement. L'allongement, pour les corps fibreux, comme le bois et la baleine, est très-peu prononcé dans le sens des fibres, et très-marqué dans le sens de leur section. C'est ainsi qu'on explique la diminution de torsion et de longueur d'une corde composée de fibres tordues, et l'augmentation de son diamètre, par l'effet de l'humidité.

Hygromètre à cheveu de Saussure (fig. 140). — De toutes les substances, le cheveu est celle qui offre les conditions les plus favorables pour la construction d'un hygromètre par absorption, parce qu'il absorbe ou perd promptement l'humidité. Il éprouve des changements peu sensibles par les variations ordinaires de la température, mais il s'allonge ou se raccourcit notablement, selon que l'air est ou non chargé de vapeur. C'est cette propriété qui a amené de Saussure à construire l'appareil que nous allons décrire.

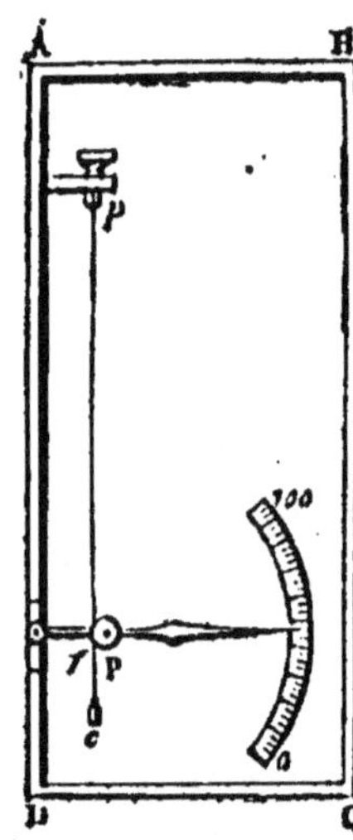

Fig. 140.

On fait bouillir dans une dissolution de carbonate de soude, ou on laisse séjourner pendant 24 heures dans l'éther, une mèche de cheveux fins et soyeux, provenant d'une tête saine et vivante. Cette préparation a pour but de débarrasser les cheveux de la matière huileuse dont ils sont imprégnés.

On fixe le cheveu à la partie supérieure d'un cadre ABCD, à l'aide d'une pince p, et on enroule son extrémité inférieure sur la gorge d'une poulie P très-mobile, munie, à son axe, d'une aiguille qui parcourt un cadran divisé. Sur une seconde gorge de la poulie s'enroule, en sens inverse, un fil de soie f, qui supporte un contre-poids c, de 0gr,2 environ, destiné à tendre le cheveu sans l'allonger. Si l'humidité augmente, le cheveu s'allonge et la pointe de l'aiguille monte; dans le cas contraire, c'est-à-dire par l'effet de la sécheresse, la pointe de l'aiguille descend.

Pour graduer l'instrument, on commence par établir les deux points fixes, celui de *saturation* ou *d'humidité extrême*, et celui de *sécheresse extrême* ou *absolue*. On obtient le premier point fixe en plaçant l'appareil sous une cloche de verre dont on a mouillé les parois, et qui repose sur un bassin contenant de l'eau. Quand l'air de la cloche est saturé, ce que l'on reconnaît à l'immobilité finale de l'aiguille, on marque 100 au point du cadran où l'aiguille s'est arrêtée et se maintient. On cherche le point fixe de sécheresse absolue, en faisant séjourner l'hygromètre dans un vase clos, que l'on dessèche avec des substances très-avides d'eau, telles que la chaux vive, le chlorure de calcium, ou l'acide sulfurique concentré. On marque 0 à ce second point d'arrêt de l'aiguille. On divise ensuite l'intervalle des points d'arrêt en 100 parties égales : ce sont les degrés de l'instrument.

Les deux points fixes ainsi déterminés indiquent toujours l'un le maximum de saturation de l'air, l'autre le maximum de sécheresse; mais les degrés intermédiaires ne sont pas exactement proportionnels aux divers états hygrométriques de l'air; en d'autres termes, les variations de longueur du cheveu ne sont pas en rapport exact avec les indications du cadran.

On a donc dû chercher à construire des tables hygrométriques, à la suite d'expériences dirigées dans le but d'établir une correspondance réelle entre l'état hygrométrique de l'air et chaque degré du cadran. Plusieurs physiciens, notamment Dulong, Gay-Lussac, Melloni et Regnault, se sont occupés de cette recherche.

On doit signaler, à propos de l'emploi de l'hygromètre de Saussure, les observations suivantes : 1° Les hygromètres construits avec des cheveux d'origine différente ou préparés différemment, ne sont jamais entièrement comparables; les indications peuvent différer de 5°; 2° avec des contre-poids différents, des cheveux de même nature ne donnent pas les mêmes indications; 3° le cheveu d'un hygromètre éprouve, à la longue, des modifications telles qu'il ne reprend pas les mêmes dimensions, bien que soumis à une même influence hygrométrique; 4° dans les limites de la température ordinaire, les degrés de l'hygromètre répondent sensiblement à l'état hygrométrique de l'air.

On est amené à conclure de là qu'il faudrait construire une table pour chaque instrument, et modifier cette table au bout d'un certain temps ou toutes les fois qu'on change le cheveu.

Gay-Lussac, en opérant à une température de 10 degrés, a obtenu dix nombres de la table hygrométrique, nombres entre lesquels on a interpolé, par une formule empirique, quelques chiffres intermédiaires.

Voici les nombres principaux qui ont été obtenus, nombres qu'il ne faut accepter qu'avec les réserves que nous venons de signaler.

222. Table hygrométrique.

DEGRÉS DE L'HYGROMÈTRE.	ÉTATS HYGROMÉTRIQUES.	DEGRÉS DE L'HYGROMÈTRE.	ÉTATS HYGROMÉTRIQUES.
0°	0	55°	0,318
5	0,022	60	0,363
10	0,046	65	0,414
15	0,070	70	0,472
20	0,094	75	0,538
25	0,120	80	0,612
30	0,148	85	0,696
35	0,177	90	0,791
40	0,208	95	0,891
45	0,241	100	1
50	0,277		

Deluc a construit un hygromètre qui ne diffère de celui de Saussure que par la substance hygrométrique. Il se servait d'une bande de baleine de 1/2 millimètre d'épaisseur.

223. II. Hygromètres par condensation. — Si l'air contient une quantité de vapeur insuffisante pour le saturer, si l'on refroidit progressivement une couche de cet air, sans changer sa force élastique, non plus que celle de la vapeur dissoute, il arrivera un moment où la vapeur contenue dans la couche d'air refroidie suffira pour la saturer. En observant alors à quelle température a lieu cette saturation, ce qui s'aperçoit quand la vapeur commence à se déposer en rosée sur la surface d'un appareil de refroidissement, on aura, au moyen des tables, la force élastique maximum de la vapeur correspondante à cette température.

C'est à Le Roy, médecin à Montpellier, qu'est due cette pensée de déterminer l'état hygrométrique de l'air, en observant à quel degré il faut abaisser sa température pour que la vapeur d'eau qu'il contient puisse la saturer. Il versait de l'eau dans un gobelet en argent, dont la surface était polie avec beaucoup de soin, et jetait successivement dans ce gobelet des fragments de glace. Un thermomètre plongé dans le vase indiquait la température à laquelle commençait à s'opérer le dépôt de la petite couche de rosée qui se produisait sur la surface du gobelet. Il observait ensuite à quelle température ce dépôt disparaissait, et prenait la moyenne, pour établir ce qu'on appelle le *point de rosée*.

Les hygromètres condenseurs de Daniell et de Regnault

sont construits d'après ces principes. Le froid y est produit
par l'évaporation de l'éther.

Hygromètre de Daniell. — Cet appareil (fig. 141) consiste en un tube fermé
deux fois recourbé, et terminé par deux
boules. L'une, A, remplie en partie d'é-
ther, contient un thermomètre ; l'autre, B,
est enveloppée de mousseline. Avant de
fermer l'appareil, on a soin d'en chasser
l'air en faisant chauffer la boule A. En
laissant tomber des gouttes d'éther sur la
boule B, on produit un refroidissement dû
à la volatilité de ce liquide, et à la division qu'il éprouve par le contact de la
mousseline. La vapeur émanant de la
boule A se condense de plus en plus dans
la boule B, par l'effet du refroidissement
artificiel qui est produit. Il arrive alors
un moment où la boule A se refroidit
assez pour condenser, sur sa surface, la
quantité de vapeur qui est en excès dans
la couche d'air adjacente. Le thermomètre intérieur indique la température qui

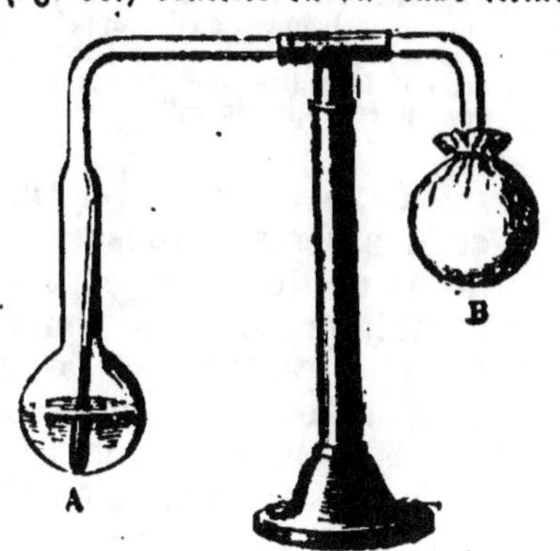

Fig. 141.

correspond à cette précipitation de la va-
peur, c'est-à-dire au *point de rosée*. On note ensuite la température au moment
où le dépôt disparaît, et l'on prend la moyenne des deux observations.

Soient f la tension donnée par les tables correspondantes à la température du
point de rosée ; F la tension de la vapeur saturée, à la température de l'air ; l'état
hygrométrique de l'air aura pour expression $\frac{f}{F}$. Supposons que le thermomètre intérieur donne le point de rosée à 10°, tandis que l'air ambiant est à 35° ; on aura

$$x = \frac{f}{F} = \frac{9,165}{41,827} = 0,219.$$

224. III. Hygromètres par la méthode chimique. — Trois tubes
en U, T, T', T" contenant une matière desséchante, telle que de la pierre ponce
imbibée d'acide sulfurique concentré, communiquent par le robinet R avec un aspirateur A d'une capacité connue, rempli d'eau, et muni d'un robinet R'. Si l'on ouvre
R et R', l'air traverse les tubes, dépose sa vapeur dans les deux premiers, et vient
remplacer l'eau de l'aspirateur, à mesure qu'elle s'écoule. Le troisième tube T" est
destiné à absorber l'humidité qui pourrait venir de ce dernier. Quand l'écoulement
du liquide est achevé, on détache les tubes T et T' ; on les pèse avec soin ; la différence entre le poids obtenu et celui qui a été constaté avant l'opération, donne
le poids de la vapeur contenue dans un volume d'air connu. Un thermomètre très-
sensible, placé près du tube d'aspiration, indique la température de l'air dont on
cherche le degré d'humidité. On a ainsi les données suffisantes pour calculer l'état
hygrométrique du lieu.

On emploie, à cet effet, la formule suivante :

$$P = Vp \frac{H - F}{760} \cdot \frac{1}{1 + Kt} \cdot \frac{df}{H - f};$$

dans laquelle P est le poids de la vapeur que contenait l'air qui a pénétré dans les
tubes ; V est le volume de l'aspirateur, volume qui est le même que celui de la
vapeur absorbée ; p est le poids de l'unité de volume de l'air à 0° et à 760^{mm} ; H est
la hauteur du baromètre ; F la tension maximum de la vapeur, à la température t
de l'expérience ; K le coefficient de dilatation de l'air ; d la densité de la vapeur d'eau
à la pression f, par rapport à l'air.

225. IV. Hygromètres par évaporation. — Leslie revêtait
une des boules de son thermomètre différentiel d'une toile constamment mouillée ;

et observait la rapidité de l'évaporation d'après celle de l'abaissement de la température produit. Il concluait de là approximativement l'état hygrométrique du lieu. August de Berlin a construit d'après cette méthode, dont l'idée appartient à Hutton, un instrument qu'il a appelé *psychromètre* (du grec *psychros*, frais, *metron*, mesure). On obtient, avec cet appareil, des constatations, en général, assez exactes; mais il faut dire que les résultats sont subordonnés à des perturbations qui peuvent échapper au calcul.

226. Hygroscopes. — On désigne plus spécialement sous ce nom les appareils qui servent moins à calculer le degré de saturation d'un espace, qu'à faire connaître grossièrement la présence de l'humidité dans l'atmosphère, et à donner un pronostic sur la probabilité de la pluie ou du beau temps. Tout le monde connaît l'hygromètre à *torsion*, qui consiste en une corde à boyau fixée à un support par l'une de ses extrémités. L'extrémité mobile de la corde adhère à une feuille de carton légère repliée en forme de capuchon. Par l'effet de l'humidité la corde se détord en se raccourcissant, et, par une disposition facile à concevoir, fait tomber le capuchon sur la tête d'un personnage, un moine le plus souvent; dans le cas contraire, le capuchon se renverse. Une construction basée sur le même principe consiste à établir un mécanisme qui fait sortir une villageoise de sa chaumière quand le temps devient beau, et la fait rentrer quand il tourne à la pluie.

227. Propagation de la chaleur. — Il existe, pour la chaleur, deux modes de transmission : par *conductibilité* et par *rayonnement*. Dans le premier cas, elle se propage avec une vitesse variable et de proche en proche dans la masse des corps; dans le second cas, elle franchit l'espace avec une extrême rapidité, sans intermédiaire sensible et même à travers le vide.

228. Conductibilité ou pouvoir conducteur des corps solides. — On appelle *conductibilité* des corps la propriété qu'ils possèdent, à un degré plus ou moins élevé, de transmettre la chaleur à travers leur masse. Le pouvoir conducteur peut différer beaucoup, d'un corps à l'autre. On appelle *bons conducteurs* ceux qui, comme les métaux, en général, transmettent facilement la chaleur à travers leur substance; on donne le nom contraire à ceux qui, comme le soufre, la résine, le verre, le bois, les liquides, les gaz, la propagent lentement et difficilement, et se mettent ainsi plus lentement et plus difficilement en équilibre de température avec le milieu dans lequel ils se trouvent.

229. Appareil d'Ingenhousz. — Ingenhousz, médecin hol-

landais, né en 1750, mort en 1790, imagina, pour mesurer la
conductibilité relative d'un certain nombre de solides, d'a-
dapter à l'une des parois d'une caisse métallique rectangulaire *cc* (fig. 142) des tiges cylindriques de même dimension et
de substance différente, de
plonger ces tiges dans un
bain de cire fondue et de les
y maintenir jusqu'à ce
qu'elles fussent enduites
d'une couche légère. Il versait ensuite de l'eau bouillante dans la caisse et observait jusqu'à quelle longueur de chaque tige la cire
fondait, dans un même es-

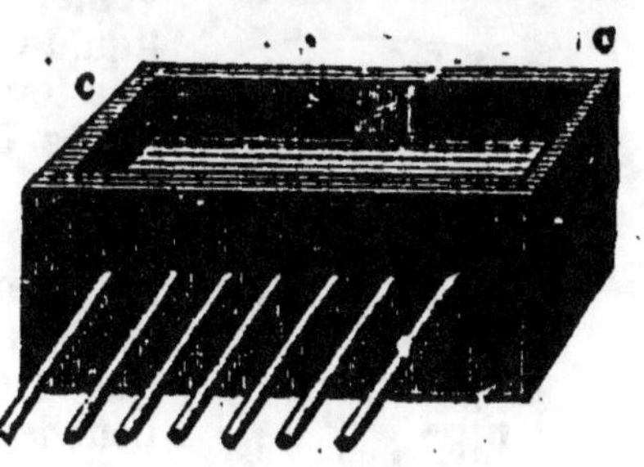

Fig. 142.

pace de temps. Il évaluait, d'après l'étendue de la fusion, la
conductibilité des substances qui avaient servi à former les
tiges.

Cette méthode, très-propre pour démontrer que les corps
solides n'ont pas le même pouvoir conducteur, est insuffisante pour établir des valeurs exactes de conductibilité.

Les chiffres obtenus par cette méthode ont été modifiés
par les expériences de Despretz, et par les expériences plus
récentes de MM. Wiedemann et Franz.

**230. Résultats numériques obtenus par MM. Wiedemann et
Franz sur la conductibilité de quelques
métaux, celle de l'argent étant représentée par 1000.**

Argent.	1000	Fer	119
Cuivre.	730	Acier	116
Or.	532	Plomb.	85
Laiton.	236	Platine	84
Zinc.	193	Bismuth	18
Etain	145		

231. Conductibilité des liquides. — Quand on fait chauffer,
par la partie inférieure, un vase contenant de l'eau ou un
autre liquide (fig. 143), il s'établit un double courant, l'un,
ascendant, qui suit l'axe du vase, l'autre, descendant, qui
en longe les parois. On démontre ce double courant, en
chauffant un vase de verre qui contient de l'eau et une substance de densité peu différente, de la sciure de bois, par
exemple. La sciure, entraînée d'abord vers la surface par les
couches inférieures du liquide, se divise par une sorte de

force centrifuge, se porte vers les parois et descend verticalement pour rejoindre le centre et remonter. C'est par ce mou-

Fig. 143.

vement que les molécules de la masse liquide s'échauffent, et finissent par avoir une température uniforme, bien qu'éloignées diversement de la source de chaleur.

Si l'on échauffe un liquide par la partie supérieure, les courants n'ont plus lieu et l'on observe que la chaleur ne se propage que très-lentement, de la surface aux couches inférieures.

Les liquides sont de très-mauvais conducteurs de la chaleur; mais leur conductibilité n'est pas nulle. Murray a fait, à cet égard, l'expérience suivante :

On creuse dans un bloc de glace G (fig. 144), une cavité cylindrique c que l'on remplit d'eau à 0°. Un thermomètre t est introduit horizontalement dans

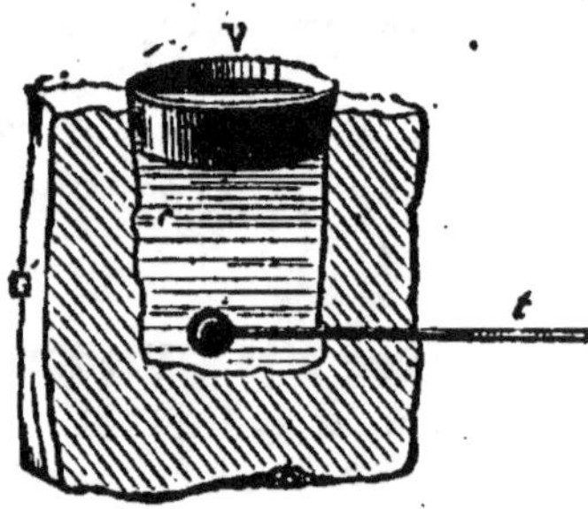

Fig. 144.

la partie inférieure, de manière que sa tige soit visible. En plaçant sur la surface du liquide un vase V contenant de l'eau chaude, on observe, par l'indication du thermomètre qui est primitivement à 0°, que la température du liquide contenu dans la cavité s'élève peu à peu. Cette élévation ne pouvant s'effectuer que par l'effet de la conductibilité, l'expérience est concluante.

Despretz a prouvé, en observant la propagation de la chaleur, de la surface aux couches inférieures d'une colonne d'eau, que les températures forment une progression géométrique décroissante. Il a constaté cette loi en plaçant divers thermomètres horizontalement, à diverses hauteurs d'une colonne d'eau, contenue dans un cylindre de bois, et en faisant reposer sur la surface une caisse en cuivre mince, remplie constamment d'eau bouillante. Il a reconnu que, parmi les liquides, le mercure est celui dont le pouvoir conducteur est le plus grand.

232. Conductibilité des gaz. — Les gaz sont les plus mauvais conducteurs de tous les corps; c'est un fait reconnu par la science, mais qu'il n'est pas facile de constater. Si l'on chauffe un gaz par sa partie inférieure, il se produit des courants analogues à ceux que l'on observe pour les liquides; si l'on chauffe par la partie supérieure, le rayonnement de la chaleur vers les parois du vase qui contient le gaz échauffe ces parois et les couches gazeuses qui les avoisinent. Il s'opère, dans ces circonstances, un mouvement considérable des molécules, eu égard à leur grande mobilité et aux changements de leurs forces élastiques, par l'effet de la température.

L'expérience et le raisonnement prouvent que la conductibilité des gaz est extrêmement faible. L'hydrogène est, de tous les gaz, celui qui a le plus grand pouvoir conducteur. Il est, en ce point, pour les gaz, ce qu'est le mercure pour les liquides.

Les substances qui emprisonnent entre leurs fibres une certaine quantité d'air, telles que les fourrures, les tissus de laine, le duvet, le coton cardé et, en général, toutes les matières filamenteuses, sont de très-mauvais conducteurs de la chaleur, et sont conséquemment employées avec succès pour maintenir la chaleur du corps, gêner sa déperdition dans les vêtements ou couvertures que l'on emploie pour se garantir du froid. On sait qu'un morceau de glace se conserve assez longtemps dans une étoffe de laine.

On sait en outre qu'un vitrage double et convenablement espacé empêche la déperdition de la chaleur obscure, sans toutefois empêcher l'introduction de la chaleur solaire venant du dehors.

233. Chaleur rayonnante. — La chaleur est dite *rayonnante* quand elle se propage hors des corps, à travers l'espace... Elle se propage en ligne droite, dans un même milieu. On le démontre expérimentalement en plaçant entre un foyer de chaleur et l'une des boules d'un thermomètre différentiel, plusieurs écrans percés à leur centre. La chaleur ne se transmet au thermomètre qu'autant que les petites ouvertures pratiquées dans les écrans sont toutes sur la ligne droite menée du foyer de chaleur à la boule du thermomètre.

On appelle *rayon de chaleur* la direction suivant laquelle se propage la chaleur.

234. Vitesse de la chaleur. — Le mode de transmission de la chaleur paraissant complétement identique à celui de la transmission de la lumière, on est fondé à croire que la vitesse de propagation est la même pour ces deux agents physiques. La chaleur du soleil nous parvenant en même temps que ses rayons lumineux, la vitesse de la chaleur serait, comme celle de la lumière, d'environ 308,000 kilomètres ou 77 lieues de 4 kilomètres par seconde.

235. Intensité de la chaleur relativement à la distance. — *L'intensité de la chaleur, comme celle de la lumière, varie en raison inverse du carré de la distance.*

La chaleur se propageant du foyer ou centre d'ébranlement dans tous les sens, nous supposerons (fig. 145) plusieurs sphères concentriques ayant pour rayon $CA = R$, $CA' = R'$, $CA'' = R''$.

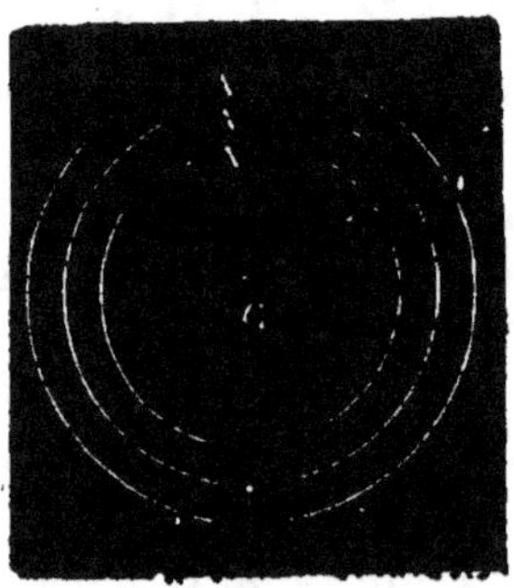

Fig. 115.

Si un foyer C envoie à chaque unité de temps une quantité Q de chaleur, elle se répartira également sur une surface sphérique $4\pi R^2$, $4\pi R'^2$, $4\pi R''^2$; de sorte que chaque unité de cette surface recevra, à chaque unité de temps, une quantité de chaleur exprimée par

$$q = \frac{Q}{4\pi R^2}, \quad q' = \frac{Q}{4\pi R'^2}, \quad q'' = \frac{Q}{4\pi R''^2}.$$

Mais on sait que les surfaces des sphères sont proportionnelles aux carrés de leurs rayons; et si l'on admet que ces rayons deviennent successivement $R = 1$, $R' = 2$, $R'' = 3$, on aura :

$$q = \frac{Q}{4\pi}, \quad q' = \frac{Q}{4\pi \times 4}, \quad q'' = \frac{Q}{4\pi \times 9};$$

c'est-à-dire que la quantité de chaleur reçue par chaque unité de surface, devient successivement :

$$1, \quad \frac{1}{4}, \quad \frac{1}{9}, \quad \frac{1}{16}.$$

236. La chaleur se transmet à travers le vide. — On démontre ce fait directement au moyen d'une expérience que nous allons décrire (fig. 146).

Un ballon B, dans lequel pénètre un thermomètre, est soudé à un tube barométrique. L'appareil étant rempli de mercure sec et purgé d'air, on le renverse, comme un baromètre ordinaire, dans une cuvette contenant du mercure. Le liquide descend jusqu'à un certain niveau n, qui est le niveau de la pression atmosphérique. A l'aide d'un chalumeau, on sépare le ballon du tube barométrique, en le chauffant en f au-dessus du niveau du mercure.

En plongeant le ballon dans de l'eau bouillante, on voit que le thermomètre monte, ce qui ne peut arriver par la tige du thermomètre; car si l'on se contentait de plonger cette tige dans l'eau chaude , le thermomètre ne s'échaufferait que d'une manière peu sensible. Cette expérience est due à Rumford.

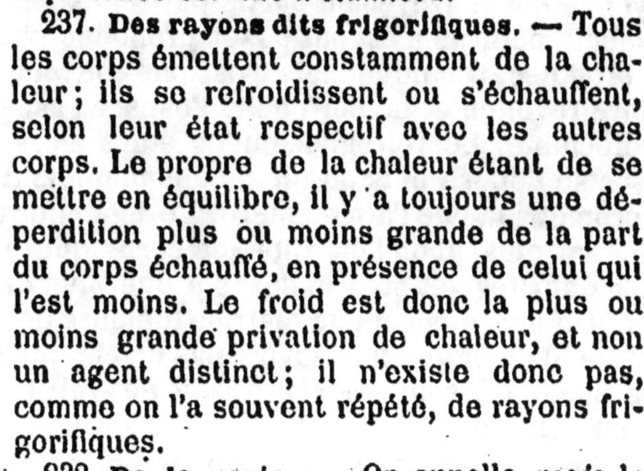

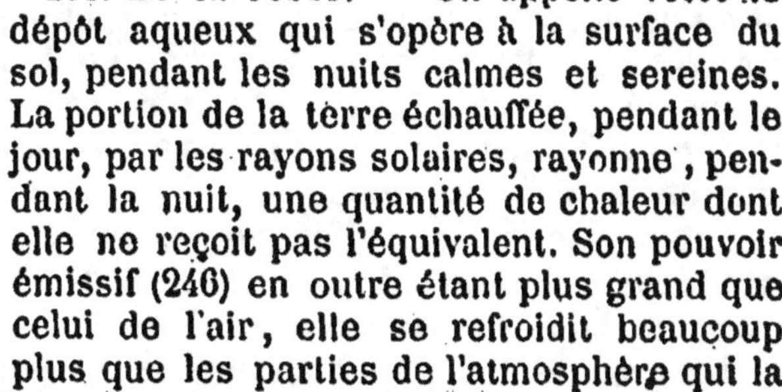

237. Des rayons dits frigorifiques. — Tous les corps émettent constamment de la chaleur ; ils se refroidissent ou s'échauffent, selon leur état respectif avec les autres corps. Le propre de la chaleur étant de se mettre en équilibre, il y a toujours une déperdition plus ou moins grande de la part du corps échauffé, en présence de celui qui l'est moins. Le froid est donc la plus ou moins grande privation de chaleur, et non un agent distinct ; il n'existe donc pas, comme on l'a souvent répété, de rayons frigorifiques.

238. De la rosée. — On appelle *rosée* le dépôt aqueux qui s'opère à la surface du sol, pendant les nuits calmes et sereines. La portion de la terre échauffée, pendant le jour, par les rayons solaires, rayonne , pendant la nuit, une quantité de chaleur dont elle ne reçoit pas l'équivalent. Son pouvoir émissif (246) en outre étant plus grand que celui de l'air, elle se refroidit beaucoup plus que les parties de l'atmosphère qui la touchent ou en sont peu éloignées. Quand cette différence de température entre les corps terrestres et l'atmosphère est assez grande pour que la portion d'air qui se trouve en contact avec le sol arrive à saturation, il y a dépôt de vapeur. Cette vapeur, en se condensant, produit les gouttelettes d'eau qui recouvrent les objets exposés à l'air libre.

Fig 146.

Le phénomène qui se produit alors est analogue à celui qui a lieu quand la vapeur d'un appartement vient se déposer sur les vitres, par l'effet d'un abaissement de température de l'air extérieur. Si cet abaissement de température devient égal ou inférieur à zéro, le dépôt de vapeur passe à l'état de glace.

De même, on voit la vapeur d'eau se déposer à la surface d'une carafe pleine d'eau fraîche , quand on l'apporte dans une chambre chaude et humide.

On avait expliqué diversement la formation de la rosée ; c'est le Dr Wells qui, le premier, en a donné la théorie.

Les circonstances qui influent sur la formation de la rosée sont les suivantes :

1° Si le ciel est chargé de nuages, la chaleur terrestre qui rayonne est renvoyée en partie par réflexion, et le refroidissement nocturne n'est pas assez prononcé pour que la rosée se produise. Quand le ciel n'est pas couvert, la chaleur terrestre rayonne et se perd dans l'espace, sans compensation appréciable. Le refroidissement étant alors plus rapide, la rosée se dépose plus ou moins abondamment, suivant l'état hygrométrique de l'atmosphère. Le dépôt de rosée est encore d'autant plus abondant que les corps qui le reçoivent sont moins abrités, et sont exposés à une plus grande partie du ciel. Un abri quelconque restitue toujours une certaine quantité de chaleur que ne renvoie pas un ciel nu. Près des murs, des maisons, sous les arbres, on ne voit pas de rosée, ou on en voit peu.

2° Une grande agitation de l'air est un obstacle à la formation de la rosée, attendu que le vent emporte les couches d'air avant qu'elles aient eu le temps de déposer la vapeur qu'elles contiennent, et attendu qu'il accélère l'évaporation des dépôts formés. Cependant un vent faible peut être favorable, en ce qu'il fait succéder à une couche d'air épuisée une autre couche qui contient encore toute sa vapeur. Il est surtout favorable quand il a traversé des régions situées au-dessus d'amas d'eau considérables.

3° Les rosées les plus abondantes ont lieu au printemps et à l'automne, parce que, dans ces époques de l'année, l'air est généralement plus humide, et que la différence entre la température du jour et celle de la nuit est plus prononcée que dans les autres saisons.

4° La rosée se dépose principalement sur les corps qui sont mauvais conducteurs de la chaleur et qui ont un grand pouvoir émissif : le bois, l'herbe, les tuiles, le verre, le sable, la terre ordinaire, etc. ; elle se dépose peu sur les métaux, qui sont de bons conducteurs de la chaleur et qui ont un faible pouvoir émissif.

239. La *gelée blanche* et le *givre* ont la même cause que la rosée, et se produisent quand l'abaissement de température est suffisant pour produire la congélation de la vapeur. Il est à remarquer qu'alors la vapeur passe directement à l'état solide, sans passer par l'état liquide.

240. **Serein.** — On a donné le nom de *serein* à une sorte de

pluie extrêmement fine, qui tombe, au commencement de la nuit, après une journée chaude et humide. Cette pluie légère est l'effet d'un refroidissement prompt de l'air.

241. Lune rousse. — Quand, au printemps, le ciel est bien découvert, le refroidissement peut être tel que non-seulement il y ait gelée blanche, mais que les plantes dont la sève est en circulation, gèlent et prennent une teinte rousse. Comme ces effets se produisent quand le ciel est sans nuages et que, conséquemment, la lune est bien visible, par un sophisme de logique, malheureusement trop commun, qui consiste à *prendre pour cause ce qui n'est pas cause*, on a attribué à la lune une influence qu'elle n'a pas. On redoute, jusqu'à superstition, ce qu'on appelle la *lune rousse*.

242. Réflexion de la chaleur. — Si un faisceau calorifique tombe sur la surface de séparation de deux milieux, une partie des rayons traverse cette surface, tandis que l'autre se réfléchit. Soit SS' (fig. 147) la surface réfléchissante; IO le *rayon incident*; OR le *rayon réfléchi*, c'est-à-dire la direction que prend le rayon, après avoir touché la surface ; ON la *normale*, c'est-à-dire la perpend'-

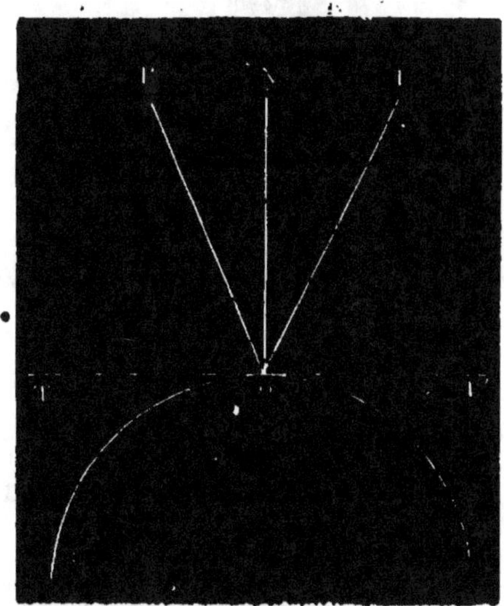
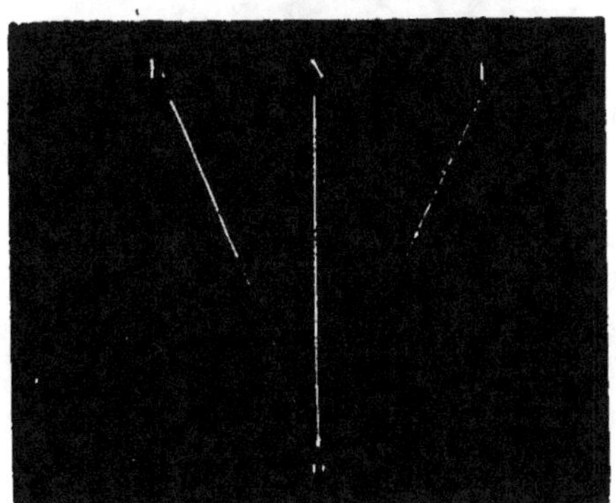

Fig. 147.

culaire élevée du point d'incidence O à la surface plane SS' ou au plan tangent TT' de la surface courbe SOS'; on appellera *angle d'incidence*, l'angle ION, et angle de réflexion, l'angle NOR.

On a établi, pour la chaleur, comme nous le verrons plus loin pour la lumière, les deux lois suivantes : 1° *L'angle d'in-*

cidence est égal à l'angle de réflexion ; 2° le rayon incident, le rayon réfléchi et la normale, élevée au point d'incidence, sont dans un même plan.

On peut vérifier ces lois au moyen des miroirs sphériques ou paraboliques.

243. Miroirs paraboliques. — On appelle ainsi des surfaces courbes engendrées par la révolution d'une parabole autour de son axe. Ces surfaces étant bien polies, tout rayon de chaleur partant du foyer et venant les rencontrer est réfléchi parallèlement à l'axe. De même, tout rayon venant parallèlement à l'axe rencontrer le miroir, est réfléchi vers son foyer.

Soient deux miroirs M, M' (fig. 148) placés en face l'un de

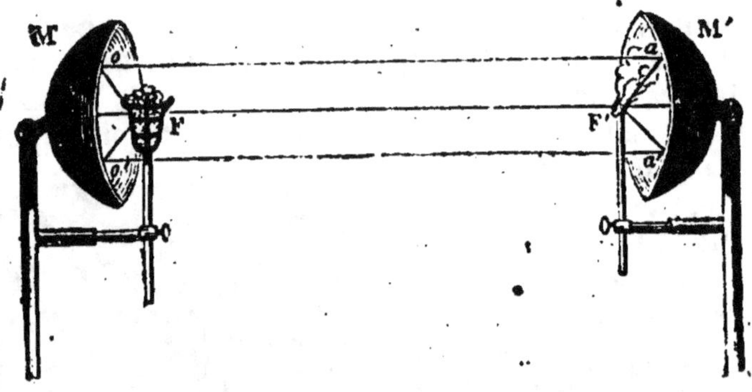

Fig. 148.

l'autre, à une distance de 10 à 15 mètres, de manière que leurs axes coïncident. Si, au foyer F du premier, on fixe un réchaud en fil de fer rempli de charbons ardents, et qu'au foyer F' du second, on fixe un corps inflammable, comme de la poudre-coton ou de l'amadou, ce corps ne tarde pas à prendre feu. Les rayons tels que Fo, Fo', rencontrant le premier miroir en o, o', sont envoyés parallèlement à FF', éprouvent une seconde réflexion sur le miroir M', en a, a', et se concentrent en F'. Quelle que soit l'élévation de la température produite en F, le phénomène n'a pas lieu si le corps inflammable, bien que placé entre les miroirs, n'est pas précisément au point F'.

Si l'on remplace les charbons incandescents du foyer F par un bloc de glace ou un mélange réfrigérant, et le corps inflammable du foyer F, par la boule d'un thermoscope, le thermoscope ne tarde pas à indiquer un abaissement de température; ce que l'on conçoit aisément si l'on observe que la glace envoyant moins de chaleur que le thermoscope, celui-ci doit nécessairement se refroidir, puisqu'il ne reçoit pas l'équivalent de la quantité de calorique qu'il rayonne. Il ne faut donc pas inférer de là, comme nous l'avons déjà fait. remarquer (237), qu'il puisse se produire des rayons frigorifiques; mais bien que cette réflexion du froid n'est qu'apparente.

244. Miroirs ardents. — On donne ce nom à des miroirs sphériques concaves avec lesquels on concentre les rayons solaires, de manière à obtenir, au foyer principal de l'appareil, une chaleur extrêmement élevée. Avec un miroir composé de 100 petits miroirs plans en verre, articulés les uns avec les autres, et inclinés de manière à présenter au soleil une surface concave sphérique, Buffon a fondu du plomb, à 50^m de distance; avec un miroir de 128 glaces, il embrasa une planche de bois goudronné, à une distance de 68^m. On peut donc, par ce procédé, enflammer des corps combustibles, comme il est rapporté que le fit Archimède, à des distances considérables.

245. Pouvoir réflecteur. — On appelle *pouvoir réflecteur*, *pouvoir réfléchissant* ou *réflexibilité* d'un corps, la propriété qu'il possède de réfléchir une partie plus ou moins grande des rayons calorifiques qu'il reçoit. C'est le rapport r entre la quantité de chaleur R que réfléchit le corps, et la quantité de chaleur Q qu'il reçoit. D'où l'expression $r = \dfrac{R}{Q}$.

Un vase cubique en fer-blanc V (fig. 149) est rempli d'eau

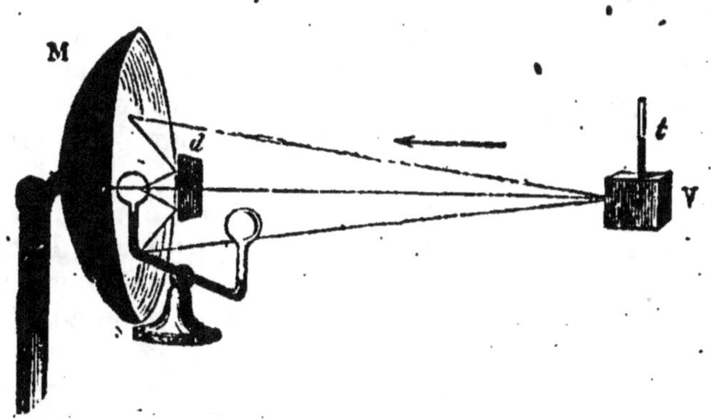

Fig. 149.

maintenue constamment à 100°, température que l'on vérifie à l'aide du thermomètre t qui plonge dans son intérieur.

13.

L'axe d'un miroir sphérique M rencontre perpendiculairement le milieu de l'une des faces du cube. Entre le foyer et le miroir est dressé un disque *d* de la substance dont on veut évaluer le pouvoir réflecteur. Entre le disque et le miroir est placée une des boules d'un thermomètre différentiel, dans le lieu où viennent se concentrer les rayons calorifiques qui, émanant du cube, éprouvent une première réflexion sur le miroir, puis une seconde sur le disque. La seconde boule est protégée par un écran, ou disposée de telle sorte qu'elle ne soit pas sensiblement exposée au rayonnement direct du cube.

Il est évident que les pouvoirs réflecteurs des corps soumis à l'expérience sont proportionnels aux différences marquées par les degrés du thermomètre.

En représentant par 100 le pouvoir réflecteur du laiton, Leslie a trouvé, relativement, les pouvoirs réflecteurs suivants :

Laiton	100	Verre	10
Argent	90	Etain mouillé de mercure	10
Etain	85	Verre huilé	5
Acier	70	Verre mouillé d'eau	0
Plomb	60	Noir de fumée	0
Encre de Chine	13		

Nobili et Melloni ont vérifié ces résultats par un procédé différent de celui de Leslie. Ils ont de plus reconnu que le mercure est le corps qui a le plus grand pouvoir réfléchissant.

246. Pouvoir émissif. — Des substances différentes placées dans les mêmes conditions et également échauffées, ne rayonnent pas de la chaleur avec une égale intensité. Le *pouvoir émissif* ou *pouvoir rayonnant* d'une substance est le rapport entre la quantité de chaleur qu'elle rayonne et celle que rayonne une autre substance prise pour point de comparaison.

Leslie a trouvé la mesure des pouvoirs émissifs avec un appareil analogue à celui qu'il a employé pour la détermination des pouvoirs réflecteurs. Les faces latérales du vase cubique sont revêtues des différentes substances à comparer. Le cube, rempli d'eau bouillante, est placé en face d'un miroir sphérique. Les faces, formées de divers métaux ou recouvertes de diverses substances, sont tournées successivement vers le miroir. Les rayons calorifiques qu'elles envoient sont réfléchis sur la boule d'un thermomètre différentiel placée au foyer du miroir. Les pouvoirs rayonnants sont proportionnels aux degrés marqués par le thermomètre.

Leslie et, après lui, les autres physiciens ont pris le pouvoir émissif du noir de fumée pour terme de comparaison. Il a reconnu que le noir de fumée a le plus grand pouvoir émissif, et que les résultats dépendent non de la nature des faces du cube, mais de la matière de leur surface, c'est-à-dire de la couche qui les revêt.

En représentant par 100 le pouvoir émissif du noir de fumée, on aura le tableau ci-dessous. Melloni a obtenu, par une méthode plus délicate, des résultats plus exacts. De la Provostaye et Desains ont également étudié cette question, en ayant soin de bien polir les surfaces des corps soumis à l'expérience. Ils ont reconnu que, pour les hautes températures, les rapports entre les pouvoirs émissifs se modifient.

Le *pouvoir émissif absolu* d'un corps est la quantité de chaleur émise dans l'unité de temps, pour l'unité de surface et de température.

Le *pouvoir émissif relatif* est la quantité de chaleur émise par différents corps portés à une même température.

	LESLIE.	MELLONI.	DE LA PROVOSTAYE ET DESAINS.
Noir de fumée	100	100	100
Eau	100	»	»
Céruse	»	100	»
Colle de poisson	80	01	01
Encre de Chine	88	85	»
Gomme laque	»	72	»
Plomb terne	45	»	»
Mercure	20	»	»
Plomb décapé	19	»	»
Argent vierge	»	»	13
Argent bruni	»	»	2
Platine bruni	»	»	10
Or	»	»	4
Laiton	»	»	5

Tous les corps amorphes ont le même pouvoir émissif : noir de fumée, céruse, noir de platine, les précipités chimiques amorphes. Les métaux en lames minces donnent le même rayonnement qu'en plaques épaisses. Les métaux réduits en une poudre impalpable, telle que celle qu'on obtient par les réactions chimiques, ont presque tous le même pouvoir émissif que le noir de fumée.

247. Pouvoir absorbant. — On nomme ainsi la faculté plus ou moins grande que possède une substance d'absorber une certaine portion de la chaleur incidente. C'est le rapport a entre la quantité de chaleur absorbée A, et la quantité de chaleur incidente Q ; rapport dont l'expression est :

$$a = \frac{A}{Q}.$$

Leslie déterminait les pouvoirs absorbants en plaçant au foyer du miroir de l'appareil déjà décrit une des boules du thermomètre différentiel, recouverte successivement de diverses substances, noir de fumée, feuilles métalliques, etc. Les élévations de température donnent les rapports cherchés, la source de chaleur provenant, comme précédemment, d'un cube rempli d'eau maintenue à 100°.

Les pouvoirs absorbants se présentent dans l'ordre inverse des pouvoirs réflecteurs, et dans le même ordre que les pouvoirs émissifs.

Nombres obtenus par Melloni : noir de fumée, 100; céruse, 150; encre de Chine, 95; colle de poisson, 91; gomme laque, 72; métaux, 13.

Melloni et Nobili ont donné les rapprochements suivants, dans lesquels le pouvoir absorbant va en décroissant : pour les métaux, plomb et étain, fer, acier, or, argent, cuivre; pour les tissus blancs, soie, laine, coton, lin, chanvre.

248. Diffusion de la chaleur. — Lorsqu'un faisceau calorifique tombe sur une surface dépolie, la chaleur se réfléchit dans toutes les directions. On dit alors qu'il y a *diffusion de chaleur*, que la chaleur est *diffuse*, que le corps qui n'est pas poli *diffuse*, mais ne réfléchit pas. Il n'y a rien, en ce cas, qui infirme les lois de la réflexion. Les aspérités du corps dépoli présentent aux rayons calorifiques une multitude de faces, sous des angles différents. Les rayons se réfléchissent en quelque sorte isolément dans des directions qui dépendent de l'inclinaison sous laquelle ils ont rencontré les facettes des aspérités.

Le *pouvoir diffusif* d'une substance est le rapport entre la quantité de chaleur D qu'elle diffuse, c'est-à-dire qu'elle réfléchit dans tous les sens, et la quantité Q qu'elle reçoit; ce qui donne, en représentant par d le pouvoir diffusif :

$$d = \frac{D}{Q}.$$

249. Relation entre les pouvoirs absorbant, diffusif et réflecteur. — Nous voyons, par ce qui précède, que la quantité de chaleur qui rencontre un corps se divise en trois parties : l'une A, qui est absorbée; la seconde D, qui est diffusée; la troisième R, qui est réfléchie. Ce qui donne :

$$Q = A + D + R, \text{ ou } 1 = \frac{A}{Q} + \frac{D}{Q} + \frac{R}{Q}.$$

Mais on a :

$$\frac{A}{Q} = a \ (246) \; ; \; \frac{D}{Q} = d \; ; \; \frac{R}{Q} = r \ (244) \; ;$$

et l'on arrive à la relation :

$$1 = a + d + r.$$

250. Transmission de la chaleur à travers les corps. — De nombreuses expériences ont prouvé que la chaleur peut traverser certains corps sans les échauffer. Ces corps ont reçu de Melloni le nom de corps *diathermanes* (du grec *dia*, à travers, *thermé*, chaleur). Ce physicien a appelé corps *athermanes* (*a*, privatif, *thermé*), ceux qui, au contraire, interceptent la chaleur incidente. C'est ainsi que l'on reconnaît des corps transparents ou opaques, selon qu'ils se laissent traverser par la lumière ou qu'ils l'interceptent.

Le pouvoir diathermane d'un corps n'est pas en rapport avec sa transparence. Ainsi, le cristal de roche enfumé, presque noir, laisse passer beaucoup de chaleur; une lame de verre complétement noir en laisse passer une certaine quantité; l'eau est moins diathermane que l'huile.

La chaleur peut rayonner à travers une nappe d'eau, à travers de la glace. On peut allumer de l'amadou au moyen d'une lentille de glace, par la chaleur solaire; les rayons solaires humectent simplement la surface de la lentille.

251. Réfraction de la chaleur. — La chaleur, comme la lumière, se propage en ligne droite dans tous les corps homogènes; mais si elle passe d'un milieu dans un autre, elle change de direction, elle *se réfracte*.

En général, si un rayon calorifique IO (fig. 150) pénètre obliquement dans un corps diathermane plus dense que le milieu d'où il vient, il se brise au point d'incidence O, et suit une direction OR plus rapprochée de la normale NN' que son prolongement OI'. L'angle RON' formé par le rayon réfracté OR et la normale est l'*angle de réfraction*, qui est, dans le cas supposé, plus petit que l'angle d'incidence ION.

Dans le cas contraire, si le rayon RO, par exemple, passe d'un milieu plus dense dans un milieu moins dense, il s'écarte de la normale, et l'angle de réfraction ION est plus grand que l'angle d'incidence RON'. Ainsi, le rayon de chaleur qui pénètre dans un prisme de sel gemme se rapproche de la normale, tandis qu'il s'en éloigne quand il émerge.

Les lois de la réfraction des rayons de chaleur sont les mêmes que celles de la réfraction des rayons lumineux. Il résulte en outre d'expériences multipliées que l'on doit recon-

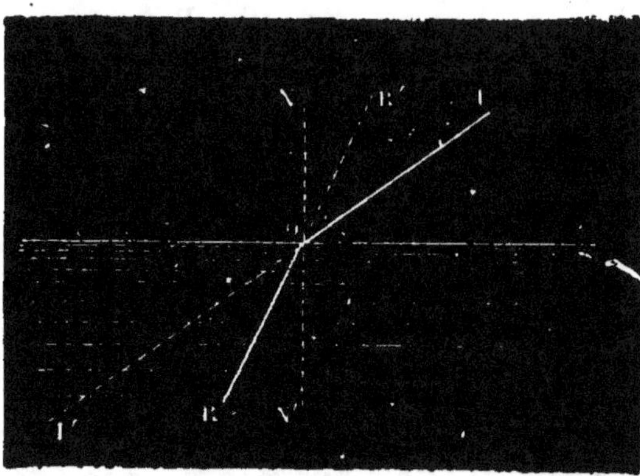

Fig. 150.

naître plusieurs espèces de rayons calorifiques comme on reconnaît plusieurs espèces de rayons lumineux.

252. Loi du refroidissement et de l'échauffément. — Newton a établi par le calcul la loi suivante : *La vitesse du refroidissement ou de l'échauffement d'un corps est proportionnelle à la différence entre sa température et celle du milieu environnant.*

Richmann a constaté, par des expériences multipliées, comme d'ailleurs Newton lui-même l'avait annoncé, que la loi n'est exacte que pour des différences de température qui ne dépassent pas 20°.

Le refroidissement est plus rapide dans une enceinte remplie de gaz que dans un milieu vide. L'hydrogène est de tous les gaz celui dont le pouvoir refroidissant est le plus grand. Le refroidissement est hâté ou retardé, selon la substance qui recouvre le corps. Il est très-rapide, quand cette substance a un pouvoir émissif considérable.

253. Brouillards. Nuages. — Il s'élève constamment des divers points de la surface du globe des vapeurs d'autant plus abondantes que le sol est plus humide et plus échauffé. Ces vapeurs, en s'élevant, arrivent dans des régions atmosphériques de plus en plus froides, et finissent par se liquéfier. La région de l'air dans laquelle elles atteignent ainsi, en se refroidissant, la limite de saturation, perd sa transparence, par la formation et l'accumulation d'une infi-

nité de gouttelettes d'eau. Quand cette accumulation se manifeste dans le voisinage du sol, on lui donne le nom de
brouillard; on l'appelle *nuage*, quand le phénomène n'apparaît qu'à une hauteur plus ou moins grande.

Nous avons dit déjà, à propos de la rosée, que, pendant
les nuits sereines surtout, la surface du sol et l'air qui l'avoi-
sine, se refroidissent au point de liquéfier et même de
solidifier une partie de la vapeur contenue dans les couches
d'air adjacentes, mais l'abaissement de température est loin,
en cette circonstance, d'être aussi sensible pour les amas
ou cours d'eau, de quelque nature qu'ils soient.

La couche superficielle du liquide devenant plus dense
par le refroidissement, cède sa place à une couche inférieure et descend. Ce déplacement continuel ralentit tellement le refroidissement de la masse liquide, que, le matin,
il est quelquefois à peine sensible, surtout quand la masse
est profonde. C'est pour ce motif qu'on entend dire que l'eau
des rivières est plus chaude pendant la nuit que pendant le
jour, ce qui est une erreur. Elle paraît plus chaude, lorsqu'on y pénètre, parce que l'atmosphère est relativement
beaucoup plus refroidie.

Vers le matin, la vapeur qui s'exhale des cours d'eau
rencontre un milieu beaucoup plus froid que celui d'où elle
émane. Elle se précipite en partie et donne lieu à un brouillard qui s'élève à peu de hauteur, et se maintient presque
entièrement, si l'air est calme, au-dessus de la nappe liquide, jusqu'à ce que les rayons solaires le réduisent de
nouveau en vapeur. Le brouillard du matin apparaît donc
surtout au-dessus des rivières, des lacs, des étangs et des
marais. Il devient visible comme la fumée de vapeur qui
s'échappe de l'eau bouillante, ou encore qui est formée par
notre haleine, quand l'atmosphère est froide.

Le brouillard apparaît également le soir, lorsque l'air
très-humide se refroidit et amène la liquéfaction d'une partie de la vapeur. La partie inférieure de la vapeur, qui est la
plus dense, se dépose sur les objets voisins, tandis que
sa partie supérieure revient à l'état de vapeur et s'élève
pour former les nuages. Le brouillard lui-même arrête le
refroidissement de l'air; c'est un écran qui gêne le rayonnement du sol. Il se trouve ainsi dissipé quelques heures après
la fin du jour.

Ce sont quelquefois des nuages proprement dits qui se
forment, à une certaine hauteur, vers la fin d'une journée

d'été. Le ciel alors reste couvert jusqu'à ce que le soleil vienne les résoudre.

Si l'on fait chauffer, même légèrement, de l'eau dans une marmite, on remarque bientôt que le couvercle se recouvre intérieurement d'une multitude de gouttelettes, qui, d'abord très-fines et presque imperceptibles, s'agglomèrent et deviennent assez pesantes pour surmonter la force d'adhérence au couvercle et retomber dans la masse même du liquide qui les a produites. Nous voyons là une explication facile de la formation des nuages et de la pluie. La vapeur fournie par le sol et surtout par les vastes amas d'eau, s'élève à des hauteurs indéfinies et se précipite, en arrivant dans des régions suffisamment froides. Les molécules d'eau d'abord invisibles, à cause de leur extrême ténuité, se rapprochent et se réunissent. Ce rapprochement et cette augmentation de volume troublent la transparence de l'atmosphère. Dès lors le nuage est formé et visible. D'ailleurs toute cause de refroidissement, dans une partie de l'atmosphère saturée de vapeur d'eau, donne naissance à un dépôt nuageux. Le passage d'un vent chaud et humide dans une région froide, et celui d'un vent froid dans un espace saturé fournissent les mêmes résultats.

Sous le rapport de la forme et de l'aspect, les nuages présentent des variétés qui les ont fait classer par les météorologistes en différents types dont nous citerons les principaux. Les *cumulus* sont de gros nuages blancs, à contours arrondis; ils sont généralement formés de vapeurs emportées de la surface de la terre par des courants d'air ascendants. Leur partie inférieure est plane et horizontale, tandis que leur partie supérieure représente des monticules amoncelés. Ils s'élèvent pendant le jour et s'abaissent le soir, en se dissipant plus ou moins.

Les *cirrus* ont l'aspect de flocons déliés ou de filaments qui ressemblent à des cheveux. Ils sont les plus élevés et sont composés d'aiguilles de glace. Ils sont ordinairement l'indice d'un changement de temps.

Les *stratus*, nuages disposés en bandes ou longues traînées horizontales et sinueuses, se forment principalement au coucher du soleil et disparaissent à son lever.

Les *nimbus*, nuages sombres, quelquefois terminés brusquement; d'autres fois illimités, qui se résolvent le plus souvent en pluie.

Les *cirro-stratus* sont des nuages disposés en bandes

parallèles; les *cirro-cumulus* sont des nuages pommelés; et les *cumulo-stratus* de gros nuages mamelonnés.

La hauteur des nuages est très-variable; ils apparaissent, pour ainsi dire, à toutes les hauteurs, depuis quelques centaines de mètres au-dessus du niveau de la mer jusqu'aux plus hautes régions de l'atmosphère. Gay-Lussac, au plus haut point de son ascension aérostatique, à 7 kilomètres environ, voyait des nuages flotter au-dessus de sa tête à une distance qu'il évaluait à 5 kilomètres. Il y aurait donc certainement des nuages à 12 kilomètres au-dessus du niveau de la mer, à une hauteur où la pression est 160mm, et la température —34°.

Pendant le jour, le sommet des nuages est souvent d'un blanc éblouissant; la partie inférieure est plus ou moins sombre, quelquefois avec un reflet bleu verdâtre ou cendré dû à la couleur de l'air vu en masse et aux rayons réfléchis par le sol et les plantes. Pendant la nuit, la clarté de la lune leur donne une teinte livide, quelquefois sillonnée de bleu et de vert. Le matin et le soir, ils prennent les diverses teintes du rouge.

La région la plus féconde en nuages est celle où la chaleur décroît le plus rapidement, à trois kilomètres environ. Le refroidissement de l'air n'a pas une marche graduelle depuis le sol jusqu'au terme de l'atmosphère. Il s'accélère jusqu'à une hauteur de trois à quatre kilomètres; puis il suit une marche décroissante; comme on le verra dans les tableaux suivants où l'on suppose la température de 30° et la pression de 760 millimètres, au niveau du sol.

254. Table des températures atmosphériques qui correspondent aux pressions, de 50 en 50 millimètres.

BAROMÈTRE.	DIFF.	THERMOMÈTRE CENTIGRADE.
0^{mm}		— 62°,0
	9°,0	
50		— 53,0
	8,6	
100		— 14,1
	8,2	
150		— 36,2
	7,7	
200		— 28,5
	7,3	
250		— 21,2
	6,9	
300		— 14,3
	6,5	
350		— 7,8
	6,1	
400		— 1,7

BAROMÈTRE.	DIFF.	THERMOMÈTRE CENTIGRADE.
400		— 1°,75
	5°,7	
450		+ 4,0
	5,3	
500		+ 9,3
	4,9	
550		+ 14,2
	4,4	
600		+ 18,6
	4,0	
650		+ 22,6
	3,6	
700		+ 26,2
	3,2	
750		+ 29,4
		+ 30

On voit que la température n'augmente pas uniformément comme la pression, et que les différences des températures décroissent de 4 dixièmes de degré.

255. Table des hauteurs qui correspondent aux températures atmosphériques, de 5 en 5 degrés.

TEMPÉRATURE.	HAUTEUR TOTALE	HAUTEUR POUR CHAQUE DEGRÉ.
30°	0^m	191^m
25	951	176
20	1835	169
15	2678	165
10	3505	165
5	4329	167
0	5163	171
— 5	6018	177
— 10	690 !	185
— 15	7828	196
— 20	8807	212
— 25	9870	233
— 30	11034	262
— 35	12313	301

TEMPÉRATURE.	HAUTEUR TOTALE.	HAUTEUR POUR CHAQUE DEGRÉ.
— 40	13840	
— 45	15691	360
— 50	18086	478
— 55	21651	713
— 60	29638	1597

Cette table de décroissement de la température a pour limite la chaleur des espaces planétaires, qu'on a évaluée à — 62°. Ces espaces ne sont donc pas absolument froids. Le froid extrême des pôles de la terre paraît devoir être évalué à — 57°.

Quand on s'élève dans l'atmosphère, on observe que le refroidissement est plus rapide en été qu'en hiver, et dans les pays chauds que dans les pays froids.

Dans les temps de chaleur, il se produit parfois plusieurs couches ou étages de nuages. On remarque alors que ceux qui appartiennent à un même étage sont alignés par leurs faces inférieures, tandis qu'ils s'amoncellent fort irrégulièrement par les faces supérieures. Les divers étages sont successivement formés par le nuage inférieur, qui envoie des vapeurs vers les régions plus élevées. Les étages nuageux peuvent également avoir été produits dans diverses parties du ciel et apportés par les vents.

Les sommets des montagnes escarpées sont toujours plus ou moins surmontés d'un amas nuageux. Le refroidissement occasionné par ces montagnes abaisse la région ordinaire des nuages, qui, chassés par le vent, ne tardent pas à se reproduire.

Quelques physiciens ont considéré les nuages comme formés par une accumulation de vésicules aqueuses remplies d'air humide et se maintenant en l'air, à la manière des bulles de savon. D'autres, et c'est l'opinion la plus naturelle, pensent qu'ils se composent de molécules aqueuses très-ténues, séparées par de l'air saturé de vapeur d'eau.

256. **Pluie.** — Les nuages, bien que plus denses que l'air, restent suspendus par l'effet des courants d'air ascendants produits par l'échauffement des couches inférieures de l'atmosphère, sous l'influence des rayons solaires. Quand ils sont abandonnés à eux-mêmes, ils tendent à obéir à la loi de la pesanteur, et descendent comme une poussière fine qui voltige au caprice des courants. Quand l'on est placé sur une montagne, à la hauteur d'un nuage, on voit ce dernier descendre verticalement, si l'air est calme. Un nuage laisse toujours échapper, par sa base, des gouttelettes d'eau qui se réduisent en vapeur, aussitôt que, dans leur chute, elles rencontrent une région plus chaude et non saturée. Les nuages diminuent ainsi, en s'aplatissant par la couche inférieure, tandis qu'ils se reforment supérieurement. Si les molécules aqueuses qui tombent du nuage ne repassent pas à l'état de vapeur, elles se déposent sur les objets qu'elles rencontrent.

La plupart des nuages se résolvent, sans produire la pluie, soit étant dissipés par la chaleur solaire, soit en pénétrant dans des régions sèches. Les nimbus, se formant instantanément, sont la principale source de la pluie

Les courants d'air rapprochant les gouttelettes, en les agitant en divers sens, il en résulte des gouttes assez grosses pour être entraînées par leur propre poids. Alors, elles peuvent arriver à terre, en augmentant de volume dans leur parcours, ce qui a lieu, quand elles traversent des espaces chauds relativement et saturés ; ou elles diminuent de volume, en traversant des régions presque sèches, et produisent une pluie fine ; ou enfin elles se vaporisent entièrement dans leur chute et n'atteignent pas le sol, si elles rencontrent des couches d'air d'une grande sécheresse. C'est ainsi qu'on voit communément des traînées de pluie qui ne viennent pas jusqu'à terre ; la limite de leur chute dépend de la hauteur des points de départ et de l'état thermométrique et hygrométrique de l'atmosphère qui se trouve sur leur passage.

Les nimbus, ou *nuages à pluie*, prennent naissance, en général, dans la rencontre de deux courants d'air saturés et de températures différentes. Ils peuvent encore se former d'une autre manière. Un vent humide, venant de la mer, par exemple, comme nos vents d'ouest, s'élève, par l'effet de son élasticité, en rencontrant la côte et les divers accidents du sol, se porte, en s'élevant, vers une région où il se raréfie en se refroidissant, abandonne promptement la majeure partie de sa vapeur, et donne naissance à un nuage qui produit de la pluie, à mesure qu'il se forme.

257. Pluviomètre ou udomètre. — On appelle ainsi un appareil (fig. 151) qui sert à évaluer la quantité d'eau qui tombe

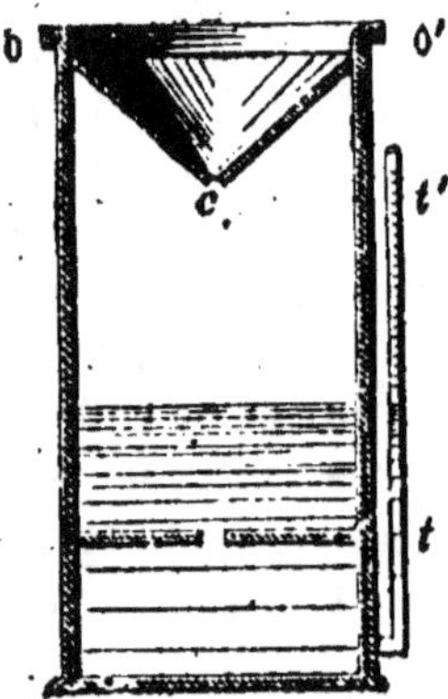

Fig. 151.

sur une surface donnée, dans un lieu donné et dans un temps déterminé.

Il consiste en un réservoir cylindrique de métal ouvert à sa partie supérieure, en forme d'entonnoir. L'eau pluviale, tombant dans l'ouverture o, o', pénètre par l'orifice c, et s'accumule au fond du vase, avec lequel fond communique un tube gradué tt'. On peut connaître ainsi, à chaque moment d'observation, la quantité de pluie tombée, par rapport à l'unité de surface. L'orifice c est très-étroit, afin que l'eau, une fois introduite dans le vase, ne puisse plus se dissiper par évaporation, ou du moins qu'elle ne

se dissipe qu'en partie inappréciable, et que l'air ne puisse pas s'y renouveler. Le tube étroit tt' donne la hauteur à laquelle s'élève le liquide dans le vase. On reconnaît, à l'aide du pluviomètre, à quelle hauteur s'élèverait la couche d'eau qui couvrirait le sol, dans un temps déterminé, si cette eau ne s'y infiltrait pas, et si elle ne s'évaporait pas,

La quantité de pluie qui tombe dans un endroit dépend de plusieurs causes : 1° l'*élévation du lieu*. Il tombe deux fois plus d'eau où de neige à l'hospice du Mont-Saint-Bernard qu'à Genève. On fait quelquefois observer que le pluviomètre placé à une certaine hauteur reçoit moins de pluie que placé plus bas. On cite les pluviomètres de l'Observatoire, dont le plus élevé, installé sur la terrasse, à 28 mètres au-dessus de la cour, ne reçoit, dans une année, que 50 centimètres de pluie, tandis qu'un autre pluviomètre, placé dans la cour, en reçoit cinquante-six. Ce fait ne paraît dû qu'à l'action du vent et est d'ailleurs purement local. 2° Le *voisinage des mers*. Il pleut moins dans l'intérieur des continents que sur les côtes. 3° La *saison*. Il pleut moins en hiver qu'en été. 4° En général la quantité d'eau qui tombe annuellement est en raison inverse de la latitude, c'est-à-dire qu'elle va en diminuant de l'équateur aux pôles ; ce qui est applicable à la neige, qui n'est que de la pluie congelée ; l'évaporation étant plus abondante dans les pays voisins de l'équateur.

258. Table des latitudes et des quantités de pluie correspondantes.

LATITUDE.	PLUIE ANNUELLE.	LATITUDE	PLUIE ANNUELLE.
0°	300°	50°	71°
10	285	60	54
20	241	70	41
30	132	80	32
40	90	90	25

Cette loi de progression décroissante, par rapport à la latitude, est loin d'être entièrement exacte. Ainsi, en Egypte, il ne pleut presque jamais : cette contrée, qui remonte par le sud jusqu'au tropique du Cancer, n'a que quelques jours de pluie pendant l'année, contrairement aux autres contrées de latitude analogue, qui ont des pluies abondantes et périodiques. Il ne pleut presque jamais à Lima, et d'ailleurs dans le Pérou, où la pluie est remplacée par une rosée abondante qui favorise la fertilité du sol, dans les points qui ne sont pas inondés par les débordements des rivières.

Dans l'océan Atlantique, il n'y a pas de pluie sur le parcours des vents alizés.

Les contrées européennes voisines de l'Atlantique et de la Méditerranée donnent plus de pluie en automne qu'en été.

Moyennes mensuelles pour Paris.

Janvier	38mm	Juillet	50mm
Février	41	Août	51
Mars	28	Septembre	51
Avril	53	Octobre	37
Mai	60	Novembre	47
Juin	61	Décembre	38

Ce qui donne, pour l'hiver,	107mm
le printemps,	174
l'été,	101
l'automne,	122
l'année,	501

259. **De la neige.** — La neige se forme par la congélation de la vapeur répandue dans les régions de l'atmosphère où la température est à 0° ou au-dessous de 0°. Il se produit de petits cristaux de glace, en forme d'aiguilles, qui s'agglomèrent symétriquement de manière à représenter des étoiles à 3, 6 ou 12 branches disposées autour d'un même point ou d'un même axe. Tel est le mode primitif de ces flocons de neige dont les formes géométriques, observées de près, apparaissent le plus souvent analogues à celles qu'affecte l'eau qui se congèle.

Les flocons, eu égard à leur légèreté et à la surface qu'ils présentent à la résistance de l'air, tombent lentement, et se résolvent quelquefois en pluie ou s'amoindrissent considérablement avant d'arriver au sol.

La forme étoilée que prennent les flocons est très-multiple. On en compte jusqu'à 48 espèces.

Il tombe d'autant plus de neige qu'on est plus près des pôles. Cependant les hautes montagnes des régions tropicales se couvrent de neige, lors même que la plaine ne reçoit que de la pluie, parce que la neige formée dans les régions glacées de l'atmosphère se résout en pluie en arrivant dans le voisinage du sol. C'est ainsi que les sommets des hautes montagnes sont chargés de neiges perpétuelles, qui s'évaporent et se renouvellent sans cesse.

260. **Neige rouge.** — On rencontre quelquefois au sommet des hautes montagnes de nos contrées et dans les régions polaires des amas de neige dont la couleur rouge a longtemps occupé les observateurs. Il est maintenant constaté que cette teinte est due à la présence d'une infinité de petits champignons de moins de 1 centième de millimètre de

diamètre. Ce champignon appartient au genre *uredo* et a reçu le nom de *uredo nivealis*. Il est formé de plusieurs cellules contenant une huile d'un rouge vif. Il peut vivre et même se multiplier dans de l'eau maintenue à la température de la glace fondante ; mais les sujets qui en proviennent restent incolores dans l'eau, et ne deviennent rouges qu'autant qu'on les dépose sur la neige.

261. Grésil. — Le *grésil* est une grêle menue, blanche ou demi-transparente, dont la forme varie de la forme globuleuse à la forme conique. Il paraît être dû à des flocons de neige que le mouvement de l'air a tassés et réunis en petites masses, qui se sont plus ou moins arrondies, par un commencement de fusion opéré dans certaines parties de l'atmosphère et arrêté dans d'autres. Les conditions nécessaires pour sa formation empêchent qu'il se produise fréquemment. Nous ne le voyons guère, dans notre climat, que vers l'époque du printemps.

262. Verglas. — Le *verglas* est cette mince couche de glace qui est engendrée par la chute d'une pluie fine sur un sol ou sur des corps dont la température est inférieure à zéro.

263. Sources de chaleur. — La chaleur provient d'une foule de causes dont nous énumérerons les plus importantes.

Sources physiques. — On désigne ainsi principalement la *chaleur solaire* et la *chaleur centrale du globe*, qui sont des sources permanentes, naturelles, comme la chaleur qui émane des espaces planétaires.

Le soleil échauffe périodiquement les diverses parties du globe. La chaleur qu'il nous envoie est loin de parvenir en totalité jusqu'à la surface de la terre. En traversant l'atmosphère, elle est en partie absorbée, et le sol n'en reçoit guère que les 60 centièmes. L'action calorifique du soleil est d'autant plus grande que ses rayons sont moins obliques.

Nous pouvons considérer comme certain que notre planète a été primitivement à l'état de fusion, et qu'elle a pris alors une forme globuleuse, légèrement aplatie vers les extrémités de son axe de rotation. L'expérience et le raisonnement démontrent que tous les fluides prennent la forme globuleuse, s'ils ne sont soumis à aucune action extérieure, ou s'ils éprouvent du dehors une pression égale sur toute l'étendue de leur surface.

Qu'on verse dans un vase V (fig. 152) un mélange d'alcool

et d'eau qui ait la densité de l'huile, et qu'avec une pipette on introduise au fond du vase une certaine quantité d'huile, de manière que les parties en restent adhérentes. On verra

Fig. 152.

que ce fluide abandonné à lui-même, et éprouvant une pression égale dans tous les sens, s'agglomérera en un boule B d'une sphéricité admirable, et flottera dans le sein du liquide.

L'expérience et le raisonnement constatent en outre que si on imprime à un corps suffisamment fluide un mouvement de rotation rapide autour de l'un de ses diamètres, ce corps s'aplatira aux deux extrémités de ce diamètre, et se renflera dans la partie intermédiaire, par le simple effet de la force centrifuge.

On sait ensuite qu'un corps chaud, un boulet, par exemple, se refroidit d'abord à sa surface, et qu'observé à un moment donné du refroidissement, il présente des couches d'autant plus chaudes qu'elles sont plus rapprochées du centre. C'est ainsi qu'on a vérifié, soit en descendant dans des mines, soit en évaluant la température des eaux des puits artésiens, qu'à partir d'une certaine profondeur où la température reste constante, la température augmente de 1° pour 30^m. On évalue ainsi, par le calcul, que l'eau est en ébullition à une profondeur de 2700^m, et que l'épaisseur de la croûte solide est de 12 lieues environ.

La chaleur centrale n'augmente plus maintenant la température de la surface du globe que d'un trentième de degré. C'est donc à l'insolation, à l'exposition à la radiation solaire que nous devons presque entièrement les élévations de température que nous observons périodiquement.

264. Sources physiologiques. — Les fonctions vitales développent constamment de la chaleur chez les animaux à sang chaud, tels que les mammifères et les oiseaux. Dans les animaux à sang froid, tels que les reptiles et les poissons, la quantité de chaleur est si peu considérable qu'ils ont la température du milieu dans lequel ils se trouvent. Il se développe en eux p u de chaleur, parce qu'ils ont la circulation du sang et la respiration d'une faible activité. On a toutefois observé quelques symptômes de chaleur assez prononcés chez les reptiles, au moment de l'incubation, de même qu'on a constaté une petite élévation de température dans le voisinage des organes sexuels des plantes, au moment de la fécondation.

La chaleur moyenne de l'homme est de 37° ; celle des autres mammifères, en général, de 38°,5 ; celle des oiseaux, de 40°.

265. Sources chimiques. — Les phénomènes chimiques sont les plus grandes sources de chaleur. Toutes les fois que deux corps se combinent, il y a production de chaleur, souvent même de lumière. La chaleur développée n'est pas toujours sensible, dans le cas, par exemple, où elle est employée pour opérer un changement d'état de la matière ; mais elle est toujours réelle. Si l'on projette un globule de potassium dans de l'eau, qui est un composé d'oxygène et d'hydrogène, le liquide est vivement décomposé ; son oxygène se porte sur le métal et le transforme en potasse qui reste en dissolution, tandis que l'hydrogène mis en liberté, brûle au contact de l'air, avec une flamme purpurine. L'hydrogène ne s'enflammerait pas s'il n'était porté subitement, en présence de l'air, à une haute température, par l'effet de l'extrême affinité du potassium pour l'oxygène, par l'effet enfin de l'énergie de la combinaison. Le sodium décompose l'eau de la même manière que le potassium. Toutefois la température produite par la réaction ne s'élève pas assez pour faire brûler l'hydrogène qui se dégage, il est vrai, mais sans s'enflammer. Si on fait l'expérience avec le potassium, à l'abri de l'air, l'hydrogène est mis en liberté, et il ne s'enflamme pas.

Aucune combinaison chimique n'a lieu sans production de chaleur et d'électricité, lors même que ces agents ne sont pas apparents, car ils peuvent se dissiper sans laisser de traces appréciables, surtout quand la réaction s'effectue avec lenteur. Quand, au contraire, l'action chimique est vive, il y a production d'incandescence ; il y a production de flamme s'il y a formation de produits gazeux.

La combustion, ainsi que l'oxydation, est la source ordinaire de chaleur qui est due, comme notre respiration, à un phénomène chimique. Nos poumons, comme le bois de notre foyer, aspirent de l'air, le dépouillent de son oxygène, et, dans l'un et l'autre cas, il y a production d'acide carbonique et de vapeur d'eau.

266. Sources mécaniques. — Le *frottement*, la *percussion*, la *compression*, toutes les actions mécaniques enfin produisent de la chaleur.

Le *frottement* est une cause puissante de production de chaleur. Les meules à repasser les couteaux donnent des étincelles dues à des parcelles de fer qui se détachent et s'échauffent par le frottement, et brûlent en s'oxydant au contact de l'air. Il en est de même du briquet ou du fusil à pierre. Les parcelles d'acier détachées par le frottement brusque du tranchant du silex, sont vivement portées au rouge et tombent, en brûlant, sur l'amadou et la poudre, qu'elles enflamment. Deux silex donnent des étincelles moins prononcées, parce que les parcelles détachées ne font que rougir sans brûler, c'est-à-dire sans se combiner avec l'oxygène de l'air. Le frottement de l'essieu d'une voiture peut embraser les moyeux, quand le mouvement de rotation est rapide et que les essieux n'ont pas été suffisamment graissés.

Rumford a mesuré la chaleur produite par le frottement. En faisant tourner deux hémisphères de bronze l'un en contact de l'autre, il a porté très-rapidement 25 kil. d'eau, de 0° à 100°, c'est-à-dire qu'il a produit 2500 calories. Il s'est détaché, pendant l'opération, 250 grammes de limaille de bronze. Un gramme de limaille fournit donc 10 calories. En creusant, à l'aide d'un foret obtus, un bloc de bronze plongé dans l'eau, il a détaché 45 grammes de parcelles métalliques et a obtenu 450 calories ; ce qui confirme l'expérience précédente.

Le frottement occasionne un mouvement moléculaire d'où naît la chaleur. On a dit de là que le travail employé pour tourner la machine se transforme en chaleur.

Dans l'appareil de MM. Beaumont et Mayer, le travail mécanique est transformé en chaleur par la rotation d'un cône de bois garni d'étoupes constamment imprégnées d'huile, et frottant contre les parois d'un cône en cuivre qui sert d'enveloppe et est plongé dans un réservoir d'eau. Le cône de bois fait 400 tours par minute, et, à l'aide de cet appareil, on peut porter en quelques heures 400 litres d'eau à une température de 130°.

Ajoutons à ces données que le frottement des couches d'un liquide, soit entre elles, soit contre les parois du vase qui le contient, produit une élévation de température.

267. La compression. — La compression produit un dégagement de chaleur. On en voit là la preuve quand on déforme des plaques métalliques à l'aide d'une presse hydraulique, comme cela se pratique pour certains ustensiles de ménage, ou quand on frappe des médailles ou des pièces de monnaie à l'aide d'un balancier.

Si, dans le *briquet à air*, on comprime le gaz brusquement, de manière à le réduire au douzième de son volume primitif, il se développe assez de chaleur pour enflammer de l'amadou.

L'éponge de platine est portée au rouge par la condensation de l'hydrogène qu'elle absorbe; du moins cette condensation est la cause principale. Ce phénomène a été mis à profit dans la construction du *briquet à gas hydrogène*, qui consiste en un vase de verre contenant de l'eau acidulée et du zinc, mélange qui donne de l'hydrogène. Ce gaz que l'on fait jaillir à volonté est dirigé sur un morceau d'éponge de platine qui s'échauffe et enflamme le jet.

268. Distribution de la température à la surface du globe. — *Température de l'air.* — Pour prendre exactement la température de l'air, il ne suffit pas d'employer des thermomètres d'une grande précision, il faut qu'on se mette en garde contre toutes les causes accidentelles qui pourraient fausser les indications. La chaleur spécifique des gaz étant très-faible, il importe de mettre, le plus possible, l'instrument en contact avec les molécules gazeuzes, et de le soustraire au rayonnement des corps environnants. On le suspend, à l'ombre, au nord des habitations, à 2 mètres environ de hauteur, dans une enceinte formée par quatre montants, qui maintiennent, à leurs extrémités horizontales, deux disques de bois d'un grand diamètre. Ces disques horizontaux servent d'écran, pour garantir le thermomètre du rayonnement du ciel et de l'atmosphère, ainsi que des eaux pluviales, de manière enfin qu'il ne soit vu ni du ciel ni de la terre. On doit faire en sorte de ne pas le toucher avec la main, au moment de l'observation. Sa boule ne doit pas être trop volumineuse, afin que le liquide prenne rapidement la température de l'air ambiant.

Placé hors des lieux abrités, et entre deux plateaux tels que ceux que nous avons décrits, le thermomètre de l'observation ne prend que la température de la couche d'air, au niveau de laquelle il se trouve, la température variant très-peu dans le sens horizontal, tandis qu'elle varie rapidement dans le sens vertical.

Quand la boule a une capacité appropriée à l'expérience, la longueur des divisions permet d'apprécier de très-petites fractions de degré, mais, eu égard à la mobilité des couches d'air, les indications ne sont jamais d'une entière exactitude.

269. Température moyenne. — Pour établir la température

moyenne du jour dans un lieu déterminé, il faut, comme pour l'établissement d'une moyenne quelconque, faire un certain nombre d'observations, additionner les chiffres obtenus et diviser la somme par le nombre des observations; mais deux questions se présentent. Peut-on se dispenser de faire des observations très-rapprochées, et obtenir une moyenne satisfaisante? Si l'on ne fait des observations qu'à certains intervalles, quels intervalles doit-on adopter?

De Humboldt a constaté, le premier, que la moyenne du jour est, à moins d'un degré près, égale à la moyenne établie entre le maximum et le minimum. En s'appuyant sur cette donnée, on pourrait se servir, pour les expériences ordinaires, d'un thermomètre à maximum et à minimum.

On s'abstient de l'assujettissement à des observations multipliées, en sachant que certaines heures du jour et de la nuit fournissent des données qui permettent d'établir suffisamment la moyenne du résultat cherché. Ainsi, on obtient une évaluation suffisante de la moyenne du jour prise entre les températures de midi, du lever et du coucher du soleil; ou entre les températures de 6 heures du matin, de 2 heures de l'après-midi, de 10 heures du soir; ou enfin entre celles de 4 heures et 10 heures du matin, de 4 heures et 10 heures du soir.

On déterminera une moyenne mensuelle en divisant la somme des moyennes de chaque jour par le nombre de jours contenus dans le mois. On aura de même le maximum moyen et le minimum moyen.

La moyenne annuelle est la moyenne générale entre toutes les moyennes des jours dont se compose l'année. Quand on a recueilli un certain nombre de moyennes annuelles, on établit une moyenne annuelle plus exacte.

Des observations faites par Bouvard à l'Observatoire de Paris, de 1816 à 1831 (16 ans), il résulte : que la température moyenne annuelle, à Paris, est de 10°,67 ; que la moyenne, à minuit, est 8°,5 ; que la moyenne, à midi, est 13°,50.

Bouvard a également donné les moyennes mensuelles sur 16 années d'observation, d'où il résulte qu'à Paris : janvier, dont le maximum est 4°, le minimum —0°,1, la moyenne 2°, est le mois le plus froid de l'année, et que sa plus basse température se présente vers son milieu; qu'avril, dont le maximum est 15°,2, le minimum 6°,1, la moyenne 10°,7, et octobre, dont le maximum est 15°,2, le minimum 7°,8, la moyenne 11°,5, ont une température moyenne qui se confond sensiblement avec celle de l'année; que le mois de juillet, dont le maximum est de 23°,4, le minimum 13°,9, la moyenne 18°,7, et le mois d'août, dont le maximum est 23°, le minimum 13°,7, la moyenne 18°,2, sont les mois les plus chauds.

270. Influence de la latitude. — Lignes isothermes. — La hauteur moyenne du soleil, c'est-à-dire sa hauteur, à midi, au-dessus de l'horizon, décroissant régulièrement de l'équateur aux pôles, on doit supposer que la température moyenne va également en diminuant, de l'équateur aux pôles. Mais les faits observés démontrent que les parallèles

du globe sont loin de coïncider avec les traits continus qui
relieraient les lieux où les températures moyennes sont les
mêmes, et que, conséquemment, l'obliquité des rayons
solaires n'est pas la seule chose à observer pour déterminer
ces températures aux différentes latitudes. Ce manque de
coïncidence dépend de plusieurs causes plus ou moins
influentes, telles que le voisinage ou l'éloignement des mers,
l'élévation au-dessus du niveau des mers, la fréquence ou la
rareté des pluies, la direction et la fréquence des continents,
l'étendue des continents.

De Humboldt a, le premier, réuni un nombre suffisant
d'observations pour pouvoir tracer, en 1817, sur la sphère
quelques lignes d'égale température moyenne qu'il a nommées *isothermes* (du grec *isos*, égal, *thermé*, chaleur). Il reconnut que ces lignes n'étaient ni parallèles entre elles, ni
parallèles à l'équateur et qu'elles présentaient de nombreuses
sinuosités.

Il résulte de l'observation des lignes isothermes :

Qu'à une même latitude, l'Asie et l'Amérique sont des contrées plus froides que
l'Europe ;

Que les pôles terrestres ne sont pas les points les plus froids du globe ; que ces
derniers, appelés *pôles glacials* ou *pôles du froid*, sont voisins des pôles terrestres,
mais ne coïncident pas avec eux ;

Que notre pôle glacial est situé vers 170° longit. O. de Paris, et 80° latit. N.,
c'est-à-dire au N. du détroit de Behring ;

Que le pôle glacial de l'hémisphère sud, dont la place d'ailleurs n'est pas déterminée d'une manière aussi précise, est situé sur le même méridien que le premier
et du même côté de l'axe de la terre ; ce qui fait que les pôles glacials ne sont pas
situés, comme les pôles terrestres, aux extrémités d'un même diamètre ;

Que l'*équateur thermal* ou *équateur de chaleur* (ainsi nommé par Berghaus),
c'est-à-dire la courbe isotherme qui passe par les points où l'on a constaté la température moyenne la plus élevée, s'avance de quelques degrés au nord, dans l'intérieur de l'Afrique, qu'il coupe l'équateur terrestre en deux points opposés, situés
l'un sur la côte du Pérou, l'autre dans l'île de Sumatra. Il a ainsi, au nord et au
sud de l'équateur terrestre, des inflexions occasionnées par les circonstances lo-
cales.

271. **Climats.** — On peut appeler *climat* une portion de la
surface du globe considérée au point de vue de ses circonstances météorologiques et particulièrement de sa température. Alex. de Humboldt donne la définition suivante : « Le
mot *climat* embrasse, dans son acception la plus générale,
toutes les modifications atmosphériques dont nos organes
sont affectés d'une manière sensible, telles que la température, l'humidité, les variations barométriques, le calme de
l'atmosphère ou les effets des vents, l'intensité de l'action
électrique, la pureté de l'air ou ses mélanges avec des éma-
nations gazeuses plus ou moins salubres ; enfin, le degré
de diaphanéité habituelle, cette sérénité du ciel si impor-

tanté par l'influence qu'elle exerce, non-seulement sur le rayonnement du sol, sur le développement des tissus organiques dans les végétaux et la maturité des fruits, mais aussi par l'ensemble des sensations morales que l'homme éprouve dans les zones diverses. »

Le climat d'un pays dépend surtout de sa situation géographique et de son altitude; c'est-à-dire de sa distance à l'équateur et de sa hauteur au-dessus du niveau de la mer.

De Humboldt appelle lignes *isochimènes* (du grec *isos*, égal; *cheïmôn*, hiver) des lignes passant par les points qui ont les mêmes *moyennes hivernales*, c'est-à-dire qui ont la même température moyenne pendant l'hiver; et lignes *isothères* (du grec *isos*, égal; *theros*, été) celles qui passent par les points ayant la même température moyenne pendant l'été.

'Les lignes isochimènes s'infléchissent vers le midi en allant de l'occident de l'Europe vers l'Orient. La différence de latitude entre les lieux qui ont la même moyenne hivernale peut s'élever jusqu'à vingt degrés. Les isothères inclinent vers le nord, en partant des côtes occidentales de l'Europe et en s'avançant vers l'est, excepté dans l'intérieur du continent où les moyennes estivales sont les mêmes, à latitude égale. Ainsi, la moyenne estivale est de 17° environ à Tubingue, ville du Wurtemberg, lat. 48°,31'; à Dunkerque, lat. 51°,2'; à Wilna, ville de Russie, lat. 54°,41'; à Irkoustk, cap. de la Sibérie orientale, lat. 62°,1':

Les climats sont dits *excessifs*, *variables* ou *constants*, selon que les moyennes estivale et hivernale diffèrent beaucoup, modérément ou faiblement. Les écarts de ces moyennes sont : à Moscou, de 27°,7; à Pékin, de 33°,2; à New-York, de 30°,8. Les climats de ces villes sont rangés parmi les climats *excessifs*. Nous pouvons citer comme exemple de climat *constant*, celui des îles Shetland, situées au nord de l'Ecosse, dans l'océan Atlantique, où la différence entre la moyenne estivale qui est de 11°,9, et la moyenne hivernale qui est de 4°, n'est que de 7°,9. Paris appartient à un climat *variable*, la différence entre ses moyennes étant de 14° environ.

272. Des vents. — Les vents sont des portions de l'atmosphère en mouvement. Les causes principales de leur production sont dues aux changements de densité qu'éprouve l'air par l'effet de la chaleur, et à la précipitation soudaine d'une certaine quantité de vapeur d'eau. On les a distribués en trois classes : vents *constants*, vents *périodiques* et vents *irréguliers* ou *accidentels*.

273. Vitesse des vents. — On mesure la vitesse des vents au moyen d'appareils auxquels on a donné le nom d'*anémomètres*, et qui consistent le plus souvent en un moulinet à ailettes qui tourne d'autant plus rapidement que le vent est plus fort. Du nombre des tours dans un temps donné on évalue la vitesse. La vitesse des *vents ordinaires* varie de 1 à 5 mètres par seconde. De 5ᵐ à 15ᵐ, ce sont des vents forts; de 15ᵐ à 30ᵐ, des vents violents. On n'a pas constaté de vents dont la vitesse soit supérieure à 50ᵐ par seconde. Les marins appellent *vent frais* celui qui parcourt 10ᵐ par seconde; celui qui parcourt 15ᵐ par seconde est un *grand* *frais;* celui qui parcourt 20^m est un *très-grand frais.* Si la vitesse atteint 25 à 30^m, il y a *tempête;* de 35 à 45^m, il y a *ouragan.* A cette limite, le vent fait 30 à 40 lieues à l'heure, renverse les édifices et déracine les gros arbres.

274. Direction des vents. — On observe la direction des vents au moyen d'instruments qui se rapprochent plus ou moins de la girouette ordinaire. Sur terre, on se borne à la désignation des 8 vents *cardinaux,* qui prennent leur nom du point de l'horizon d'où ils viennent. Ce sont les vents : *sud,* venant de la direction du soleil, à midi; *nord,* venant du point opposé au précédent; *est,* venant du côté où le soleil se lève; *ouest,* venant du point où le soleil se couche; *sud-est,* venant d'une région située entre le sud et l'est; *sud-ouest, nord-est, nord-ouest,* venant des régions situées entre le sud et l'ouest, le nord et l'est, le nord et l'ouest. Les marins subdivisent ces intervalles de manière à établir 32 directions dont le tracé s'appelle la *rose des vents.* Chaque intervalle est un *rhumb,* et l'on dit, quand le vent change, qu'il a changé d'un ou de plusieurs rhumbs.

275. Vents constants, réguliers ou alizés. — Les vents *constants* ou *alizés* sont des vents qui soufflent constamment dans la même direction. Ils se font sentir jusqu'à 30 degrés de latitude de chaque côté de l'équateur. Ils soufflent du nord-est dans l'hémisphère boréal; du sud-est dans l'hémisphère austral; de l'est à l'ouest, dans la région équatoriale. Les couches d'air qui avoisinent le sol dans les régions intertropicales étant plus échauffées que dans les régions tempérées, cet air s'élève à mesure qu'il s'échauffe et se déverse dans la direction des pôles, tandis qu'il est remplacé par l'air relativement froid des contrées voisines. Si la terre était immobile, il y aurait toujours, dans les parties inférieures de l'atmosphère, un *vent du nord* dans l'hémisphère boréal, et un *vent du sud* dans l'hémisphère austral; et il y aurait constamment, dans les parties supérieures, deux courants opposés, allant de l'équateur à chacun des pôles. Mais la rotation de la terre modifie le phénomène. L'air, en se dirigeant vers l'équateur, rencontre les différents parallèles qui, ayant un mouvement de plus en plus rapide, le laissent en arrière; d'où il résulte que l'air, dans sa marche, paraît avoir un mouvement inverse à celui de la terre, c'est-à-dire qu'il paraît se diriger de l'est à l'ouest; puis un second mouvement qui le porte du pôle à l'équateur. Le résultat de ces deux mouvements est un vent *nord-est* pour notre hémisphère; un vent *sud-est* pour l'hémisphère austral. Les courants qui existent, pour le même motif, dans les parties élevées de l'atmosphère ont également un mouvement oblique, en se dirigeant vers les pôles. Dans l'hémisphère boréal il se produit un vent *sud-ouest*, dans l'hémisphère austral un vent *nord-ouest*. L'air arrive vers les différents parallèles avec des vitesses plus grandes que celles de ces parallèles.

276. Vents périodiques. Brises, Moussons. — Les *brises* sont des vents périodiques qui soufflent sur les côtes maritimes : le jour, de la mer vers la terre ; ce sont les *brises de mer* ou *du matin* : le soir, de la terre vers la mer ; ce sont les *brises de terre* ou *du soir*. Elles sont permanentes dans la zone torride, et ne sont sensibles qu'en été dans la zone tempérée.

Quelques heures après le lever du soleil, vers 8 à 9 heures, le sol s'échauffant beaucoup plus que la mer, il se forme à terre un courant ascensionnel d'air chaud, qui est remplacé à mesure par l'air venant de la mer. Cette brise de mer dure jusqu'à 4 à 5 heures du soir. Son maximum a lieu vers 3 heures. On en profite pour entrer dans les ports. Il y a alors un repos, une interruption jusqu'au coucher du soleil. Alors le sol se refroidissant par le rayonnement, l'air de la mer plus chaud tend, à son tour, à s'élever, et est remplacé par l'air du continent. La brise de terre acquiert son maximum de vitesse au lever du soleil; elle dure plus longtemps que celle du matin, mais elle est d'une moindre intensité. On en profite pour sortir du port. Les brises, quelles qu'elles soient, soufflent toujours dans une direction à peu près perpendiculaire à la côte. On ne les sent plus à une faible distance des côtes.

On a appelé *moussons* des vents qui soufflent six mois dans un sens, six mois dans le sens opposé. Ils se font principalement sentir dans les mers voisines de l'Inde, des grandes îles de l'Océan, généralement dans les mers resserrées ou formant de vastes golfes. Dans l'hémisphère nord, l'échauffement moyen des terres est supérieur à celui de la mer, à partir du mois d'avril; alors les courants s'établissent de la mer à la terre. On appelle cette première période *mousson du printemps;* elle souffle vers les terres. La *mousson d'automne* commence en octobre; elle souffle vers la mer, celle-ci étant alors plus échauffée que la terre. Dans l'hémisphère sud, le phénomène a lieu dans un ordre inverse.

Les moussons deviennent insensibles en dehors des tropiques. Elles soufflent d'ordinaire du N.-E. ou du N.-O., ou inversement, du S.-O. ou du S.-E.; presque jamais du nord, du sud, de l'est ou de l'ouest.

Quand la mousson change de direction, sans un certain temps de calme, le choc des vents opposés donne lieu à des tempêtes périlleuses pour la navigation.

277. Vents irréguliers. — Ces vents, qui peuvent exister sur tous les points du globe, sont à peu près les seuls qui existent dans les latitudes un peu élevées, c'est-à-dire hors des tropiques. Le nom même avec lequel on les désigne, montre que la science est impuissante à prédire leur marche vagabonde, à formuler une loi qui fixe leur direction. Plus on avance vers les pôles, plus la marche des vents est variable et irrégulière, à ce point qu'ils soufflent souvent à la fois de plusieurs points opposés de l'horizon. Toutefois, on a pu, par des observations répétées, déterminer les vents qui soufflent le plus souvent dans telle ou telle contrée. Ainsi, d'après M. Fournet, le vent sud-ouest domine dans le nord, le nord-est et l'ouest de la France ; le vent du nord domine dans le bassin du Rhône ; le vent d'ouest dans la partie occidentale de la zone méditerranéenne; le vent nord-ouest, dans la partie orientale de cette zone, c'est-à-dire en Provence.

Quand un vent s'élève subitement avec une certaine violence, on lui donne le nom de *bourrasque*. Les *rafales* sont des coups de vent distincts les uns des autres, de sorte qu'entre chaque rafale le vent est modéré. Elles ont lieu à l'approche des montagnes ou d'obstacles accidentels.

En général, les vents du sud et de mer sont chauds et humides; les vents du nord et de terre sont froids et secs.

Il se produit dans l'intérieur de l'Afrique, dans l'Arabie, la Syrie et quelques autres contrées, des vents brûlants et secs, qui entraînent à de grandes distances des tourbillons de sable. On en désigne quelques-uns par différents noms, suivant la région où ils règnent.

Le *simoun* règne dans le désert de Sahara. Quand il doit s'élever, il apparaît vers le sud comme une tache qui s'agrandit, et se manifeste par un vent chargé d'une poussière fine si épaisse que le soleil ne donne plus d'ombre, l'air s'obscurcit et prend une teinte jaune, bleue ou violette, et qu'à l'abri, la chaleur s'élève jusqu'à 48°. Il forme des montagnes de sable qui s'élèvent dans l'atmosphère et sont quelquefois emportées par-dessus l'Atlas, jusque sur les côtes de Sicile et d'Italie.

L'*harmattan* règne sur les côtes de Guinée en décembre, janvier et février. Il souffle trois ou quatre fois par an et dure de 1 à 15 jours, avec une force un peu moindre que la brise de mer. On n'aperçoit alors le soleil que pendant quelques heures de l'après-midi. La température de l'air est, vers 3 heures après-midi, de 29° à l'ombre, et de 40° au soleil. Si l'harmattan a quelque durée, les plantes se dessèchent, les yeux, les lèvres, le palais deviennent secs et douloureux; les mains et la face se pèlent si l'on ne s'est frotté avec de la graisse. Il y a de remarquable qu'il guérit les fièvres intermittentes, rémittentes et épidémiques, et empêche l'infection de se communiquer, même par l'art. Ainsi, sous son influence, on ne peut inoculer la petite vérole.

Le *chamsin* souffle en Egypte pendant 50 jours. Il commence 25 jours avant et finit 25 jours après l'équinoxe du printemps.

Le *sirocco* est un vent brûlant qui, venant du sud-est, souffle sur la Méditerranée.

278. Tirage des cheminées. — En vertu du principe d'Archimède, la colonne d'air échauffée, ayant une densité plus faible que l'air extérieur, doit éprouver de bas en haut une poussée égale à la différence entre le poids de la colonne échauffée et celui d'un même volume de l'air avec lequel elle est en communication. C'est donc l'excès de pression qui détermine le mouvement ascensionnel de cette colonne dilatée qui, en s'élevant, appelle dans le foyer les couches d'air environnantes. De ces couches d'air une partie est employée pour produire la combustion, en donnant naissance à de la fumée et à divers gaz ; l'autre portion traverse le foyer, s'échauffe et s'élève avec les produits de la combustion.

L'aspiration qui s'établit à l'entrée du conduit de la cheminée, et qu'on nomme *tirage*, ne s'exerce pas seulement dans le sens vertical; elle agit à la manière d'un piston qui appelle après lui les masses fluides situées à l'inverse de son mouvement : c'est la raison qui permet, dans l'établissement des calorifères, de donner à l'écoulement de la fumée les directions les plus diverses, dès que le tirage est bien établi.

Pour que le tirage présente de bonnes conditions, il faut qu'on ait égard à quelques particularités indispensables. L'ouverture de la cheminée doit être suffisamment rétrécie, surtout dans le sens de la hauteur; ce que l'on obtient au moyen de chambranles, ou d'un diaphragme fixe ou mobile. Si l'entrée de la cheminée est trop grande, par rapport à la quantité de combustible employée et aux dimensions du conduit, une grande partie de l'air froid qui pénètre ne passe pas à travers le feu, refroidit les gaz qui en proviennent ou qui l'ont traversé et affaiblit le tirage. Il importe donc que tout l'air qui pénètre dans le foyer ait le contact des corps en combustion, tant pour aider la combustion, en lui fournissant de l'oxygène, que pour se mettre à la température commune.

Les masses d'air qui se succèdent et disparaissent dans la cheminée, produisent dans l'appartement une sorte de raréfaction qui appelle constamment l'air extérieur. C'est pour ce motif que, si la chambre est bien close, on est obligé d'ouvrir la porte ou la fenêtre pour activer la combustion, ou même pour empêcher la fumée de rentrer dans la chambre. Cet inconvénient n'a pas lieu si les issues de l'appartement ne sont pas hermétiquement fermées, ou si l'on donne accès à l'air extérieur au moyen d'un conduit auxiliaire. Autrement, la pression de l'appartement n'étant pas suffisamment supérieure à celle de la cheminée, il se forme dans le conduit un double courant, l'un ascendant, formé par la portion de gaz la plus échauffée, l'autre descendant, formé par la portion froide qui nécessairement entraîne avec elle de la fumée.

La prise d'air doit arriver par un conduit qui circule autour du foyer, afin que l'air ait déjà une certaine température avant d'arriver au foyer.

Pour avoir un fort tirage, il faut employer beaucoup de combustible dans des cheminées larges et très-élevées. Une cheminée ordinaire doit avoir au moins 7 à 8 mètres de hauteur à partir du foyer, et s'élever de 1 mètre 50 à 2 mètres au-dessus du toit. Son tuyau ne doit pas avoir trop de largeur, afin d'éviter qu'il se produise deux courants inverses ; et il doit être souvent surmonté d'un appareil destiné à empêcher le vent de refouler la fumée dans l'intérieur. Dans nos cheminées d'appartement, une partie notable du combustible est dépensée en pure perte; la combustion est incomplète, et une partie de la chaleur se perd dans la colonne d'air ascendante.

279. Machines à vapeur. — En 1615, Salomon de Caus remplissait d'eau en partie, par l'ouverture à robinet r, une chaudière C (fig. 153) dans laquelle plongeait un tube t; puis il chauffait l'appareil. Il ne tardait pas à remarquer que le liquide jaillissait par le tube. Il était hors de doute que cette expulsion du liquide était due à une pression intérieure exercée par la vapeur produite. On a cité ce fait et d'autres analogues, pour établir que la force expansive de la vapeur d'eau est constatée depuis longtemps.

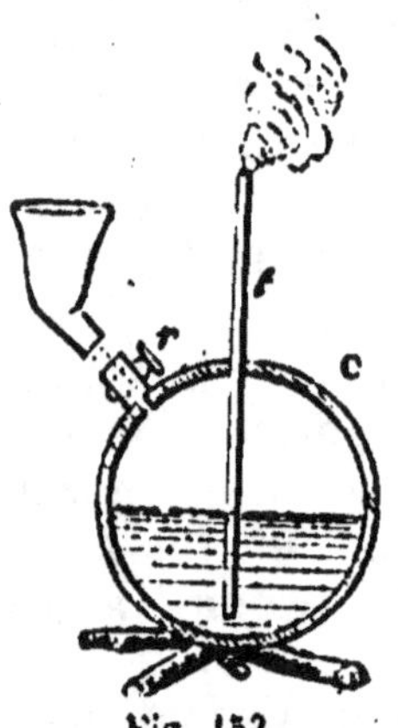
Fig. 153

Mais c'est à Papin qu'est due la première application de la vapeur comme force motrice. Voici l'expérience fondamentale qu'il décrivit, en 1690, dans les *Actes de Leipsick*, connus sous le nom de *Acta eruditorum*. Un piston *p* (fig. 154), percé en *o* d'un trou que l'on peut fermer au moyen d'une tige *t*, se meut dans un cylindre C, dans lequel on a introduit une petite quantité d'eau.. En laissant échapper l'air de l'intérieur par le trou *o*, on peut abaisser le piston jusqu'à ce qu'il soit en contact avec le liquide. Si alors on ferme le trou *o* et qu'on chauffe l'eau qui recouvre le fond du corps de pompe, il se produit de la vapeur dont la force élastique soulève le piston. Si ensuite on enlève le feu, la vapeur se condense par le refroidissement, et le piston descend par l'effet de la pression atmosphérique. En chauffant de nouveau, on fait encore monter le piston,

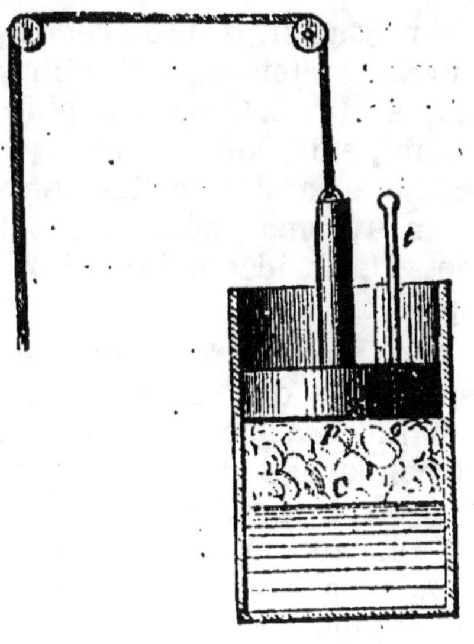

Fig. 154.

qui redescend par suite d'un nouveau refroidissement. On obtient ainsi un mouvement de va-et-vient, applicable à la manœuvre des pompes d'épuisement et des aubes tournantes fixées à un bateau.

Il est à remarquer que cet emploi de la pression atmosphérique est une conséquence inspirée par l'invention du baromètre et de la machine pneumatique.

L'emploi du piston, dans les machines à vapeur, est également dû à Papin.

280. Machine atmosphérique. — Cette machine, appelée encore *machine de Newcomen*, du nom de son auteur ayant pour associé Cowley et Savery, est construite d'après le système de piston et le concours de la pression atmosphérique, tel que le concevait Papin. Le perfectionnement consiste dans les deux points suivants : 1° La production de la vapeur dans une chaudière communiquant avec le corps de pompe par un tube muni d'un robinet; 2° la condensation de la vapeur par l'injection d'une petite quantité d'eau froide, sous le piston; un robinet qu'on ouvre de temps en temps laisse échapper l'eau formée ou introduite dans le corps de pompe.

La tige du piston est liée par une corde à l'une des extré-

mités d'un balancier, dont l'autre extrémité supporte un contre-poids, auquel adhère la tige de la pompe qu'il s'agit de
manœuvrer.

On conçoit, d'après cet exposé, qu'il faut alternativement
ouvrir et fermer les robinets donnant la vapeur et l'eau
froide. Un enfant, Humphry Potter, à qui ce travail était
confié, eut l'idée de faire correspondre le balancier et les
robinets par des ficelles convenablement disposées pour que
le mouvement même du balancier fît fonctionner les robinets. Cette idée a été naturellement perfectionnée dans son
application.

281. Machine à simple effet de Watt. — La machine atmosphérique de Newcomen présente un inconvénient grave,
celui d'occasionner une perte considérable de chaleur par
la condensation de la vapeur dans le corps de pompe, l'injection de l'eau refroidissant ses parois, à mesure qu'elles
se réchauffent. Watt évita cet inconvénient, en opérant la
condensation dans un vase séparé, appelé *condenseur*, communiquant avec le cylindre par un tube. Une pompe à air,
mue par la machine, enlevait l'eau et l'air qui se rendaient
dans ce vase.

282. Machine à double effet de Watt. — Dans la machine à
simple effet, le piston s'élève par l'impulsion de la vapeur
et la traction exercée par le contre-poids; il a pour obstacle,
dans son ascension, la pression atmosphérique; il redescend
par la seule influence de la pression de l'atmosphère. Ces
dispositions sont peu favorables à une transformation régulière et continue du mouvement. Aussi Watt ne tarda-t-il
pas à concevoir que, pour faire d'une machine un moteur
universel, un moteur applicable à toutes les industries, il
fallait produire, par le ressort de la vapeur, le mouvement
descendant aussi bien que le mouvement ascendant du piston. Il fut ainsi amené à construire la machine à *double effet*,
machine qui n'a pas été modifiée dans ses principes essen-
tiels par les améliorations successives qu'on y a apportées
et par les diverses applications qu'on lui a données. Il importe donc d'en exposer la construction primitive, ou, pour
mieux dire, fondamentale.

Un corps de pompe P (fig. 155), fermé à ses deux extrémités, et dans lequel se meut un piston *p* dont la tige *t* traverse le couvercle, par l'intermédiaire d'une *boîte à étoupes*
destinée à arrêter la déperdition de la vapeur, communique

avec la chaudière C, par les robinets *s* et *i*, et avec le condenseur *c*, par les robinets *s'*, *i'*.

En ouvrant les robinets *s*, *i'*, on fait arriver la vapeur de la chaudière au-dessus du piston. La pression exercée de haut en bas n'a pas d'obstacle, puisque le gaz ou la vapeur que contient la partie du corps de pompe inférieure au piston, s'écoule dans le condenseur. Si alors, fermant les robinets *s*, *i'*, on ouvre les robinets *s'*, *i*, la vapeur de la chaudière

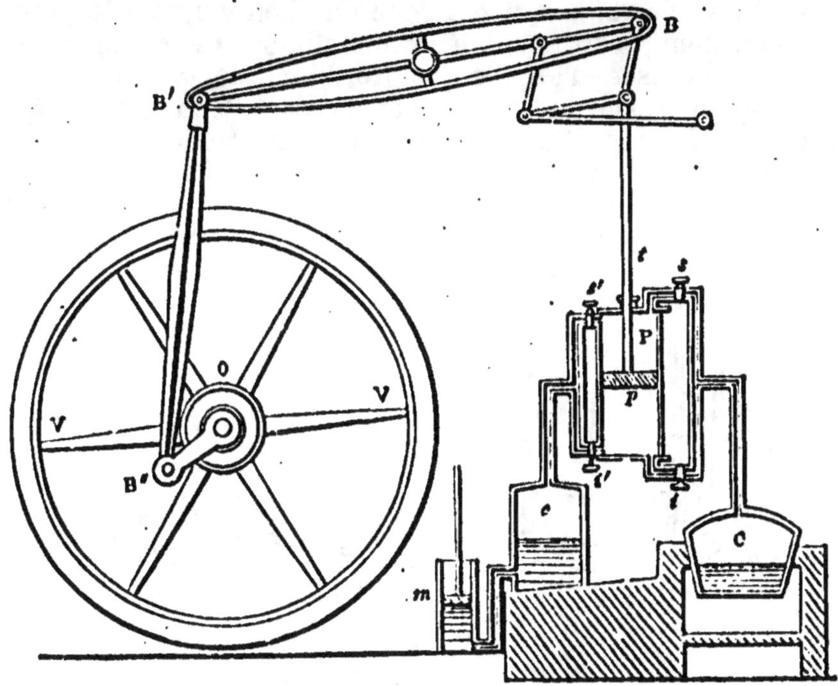

Fig. 155.

arrive sous le piston et celle qui le surmonte se rend dans le condenseur. Une *pompe à air m*, mue par la machine, épuise le condenseur de l'eau et de l'air qui s'y accumulent.

Ce mouvement alternatif du piston étant obtenu, il est facile de le transformer en un mouvement de rotation. Il suffit de fixer la tige du piston, à l'aide d'un parallélogramme articulé, à l'une des extrémités B d'un balancier, dont l'autre extrémité B' est liée à une bielle B' B" qui elle-même s'articule avec la manivelle B" O d'un volant VV. Quand le piston arrive au haut de sa course, la bielle B'B" arrive à une position inverse et se trouve dans la même direction que la manivelle B" O, c'est-à-dire au *point mort*.

Mais la vitesse acquise par le volant détruit cette coïncidence et le point B″ continue son mouvement circulaire par l'effet de la descente du piston.

283. Distribution de la vapeur. — On comprend sous ce nom le système employé pour remplacer la manœuvre des robinets par le jeu d'une pièce appelée *tiroir*, c'est-à-dire un système ayant pour but de distribuer la vapeur, de la faire agir successivement sur les deux faces du piston, en prenant pour moteur la machine elle-même.

Le *tiroir à coquille*, qui est celui que l'on emploie le plus fréquemment, est une pièce métallique rectangulaire t (fig. 156) creusée d'un côté, et terminée par des facettes qui s'appuient sur une surface bien dressée de la paroi extérieure du cylindre. Ce tiroir se meut par l'action d'un excentrique fixé autour de l'arbre du volant. La surface du

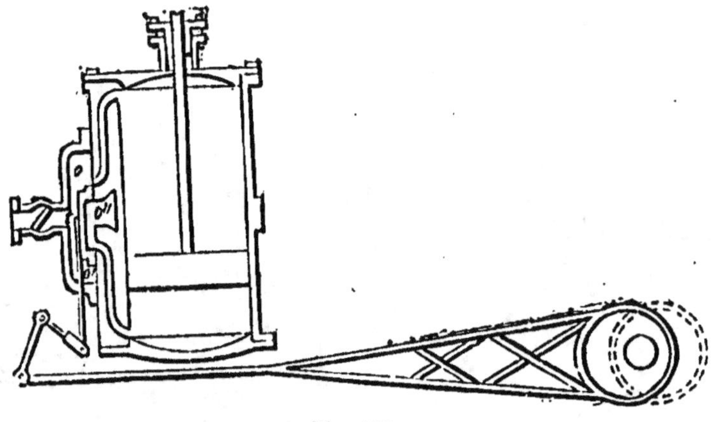

Fig. 156.

cylindre sur laquelle s'applique l'une des faces du tiroir est percée de trois ouvertures, l'une o communiquant avec la partie supérieure du corps de pompe, la seconde o' communiquant avec la partie inférieure, la troisième o'' communiquant avec le condenseur.

Le tiroir se meut dans un espace appelé *boîte à vapeur*, qui reçoit directement la vapeur venant de la chaudière. Quand il laisse libre l'ouverture o, la vapeur agit sur la face supérieure du piston, tandis que la partie du corps de pompe inférieure au piston communique avec le condenseur par la cavité du tiroir et l'ouverture o''. Quand, par son mouvement alternatif, le tiroir laisse libre l'ouverture o', la vapeur agit sur la face inférieure du piston et le soulève. C'est alors la partie supérieure du corps de pompe qui communique avec le condenseur.

284. **Détente.** — Au lieu de faire agir la vapeur pendant toute la durée de la course du piston, Watt avait l'intention de la supprimer, quand le piston aurait parcouru une partie de sa course, afin d'économiser le combustible et d'éviter les chocs du piston contre les parois du corps de pompe.

Cette idée n'a eu son application qu'après la mort de cet admirable ingénieur. Les machines construites d'après cette idée sont appelées *machines à détente*, parce que la vapeur se détend en effet, c'est-à-dire perd de son élasticité, l'espace augmentant et l'introduction d'une nouvelle quantité de vapeur étant supprimée.

285. **Description générale de la machine de Watt.** — (fig. 157). Un tuyau T amène la vapeur, de la chaudière à la

Fig. 157.

boîte de distribution *d*. Le tiroir dont le mouvement alternatif est déterminé par l'excentrique E, introduit la vapeur dans le corps de pompe. La vapeur, à chaque coup de piston, se rend dans le condenseur C où elle se liquéfie, au contact du jet d'eau froide venant du robinet r, qui est muni d'une manivelle dont on se sert pour régler l'injection. La tige t du piston est attachée à l'extrémité B' du balancier, au moyen d'un parallélogramme articulé, dont l'effet est de la faire mouvoir en ligne droite. Ce parallélogramme conduit également la tige t' de la pompe d'épuisement du condenseur.

L'extrémité B du balancier fait osciller la bielle b, qui s'articule avec la manivelle m fixée à l'arbre du volant. On sait que le volant a pour objet de faire dépasser les points morts par la bielle, et de régulariser les mouvements. L'arbre du volant conduit l'excentrique et fait tourner, au moyen d'une vis sans fin, le *modérateur* ou *régulateur à boules* M. Ce modérateur consiste en une tige terminée par un parallélogramme muni de deux boules pesantes. Si la vitesse augmente, les deux boules s'écartent, par l'effet de la force centrifuge, et l'anneau a s'élève, entraînant l'extrémité d'un levier a o a', dont l'autre extrémité a' s'abaisse et ferme en partie, à l'aide d'une tige, une clef fixée dans le tuyau d'admission T. La vapeur entre alors moins abondante dans la boîte de distribution.

L'ensemble de la machine se complète par la pompe à puits P, la pompe d'alimentation p de la chaudière, enfin par la chaudière.

286. Chaudières ou générateurs à vapeur. — On emploie ordinairement aujourd'hui des chaudières cylindriques C (fig. 158), terminées par deux hémisphères, et munies de tubes bouilleurs B.

Les bouilleurs ont la même longueur, mais un diamètre beaucoup plus petit que la chaudière, avec laquelle ils communiquent par des tuyaux P, P', P'', appelés *puisards*. Une cloison les sépare dans le sens de la longueur.

La flamme passe d'abord sous les bouilleurs d'avant en arrière, revient entre les puisards, puis longe les parties latérales de la chaudière et se dirige vers la cheminée.

Avant d'employer les chaudières, on doit les essayer et les soumettre à une pression dix fois plus forte que les pressions les plus élevées qu'elles sont destinées à supporter.

L'épaisseur réglementaire qu'on doit leur donner est représentée dans la formule $e = 0,0018\, n\, D + 0,003$; dans laquelle D est le diamètre intérieur, n le nombre d'atmosphères équivalentes à la pression de la vapeur.

287. Appareils de sûreté. — Ces appareils ont pour objet de donner issue à la vapeur, quand sa pression devient trop forte, d'indiquer, à chaque instant, la pression exercée par la vapeur, et le niveau de l'eau que contient la chaudière. Nous décrirons les principaux.

1° *Manomètres.* — On connaît la pression de la vapeur au moyen de manomètres à mercure, à air libre ou à air comprimé, ou au moyen du manomètre métallique de Bourdon.

Fig. 158

Dans les machines fixes, nous nous servons habituellement, en France, du manomètre à air libre. Nous avons donné précédemment la description de ces instruments.

2° *Thermomanomètres.* — Il existe une relation entre la pression de la vapeur d'eau et la température à laquelle elle se produit, d'où il résulte que si un thermomètre plonge dans la vapeur de la chaudière, on peut évaluer le degré de tension que possède cette vapeur. Le thermomanomètre est un thermomètre dont la graduation s'étend à 200° et qui indique, à côté de la température, la tension de la vapeur. Afin de le garantir, on enveloppe la partie introduite dans la machine, d'un tube de fer fermé d'un côté, en ayant soin de remplir les intervalles avec de la limaille de cuivre.

. 3° *Soupape de sûreté.* — On appelle ainsi une pièce métallique qui ferme une ouverture ménagée à la partie supérieure de la chaudière, et qui peut être soulevée par la vapeur, quand elle dépasse une certaine limite de tension.

Cette pièce métallique M ou soupape (fig. 159) est surmontée d'une pointe sur laquelle s'appuie un levier LL' mobile autour du point L', et portant un poids P.

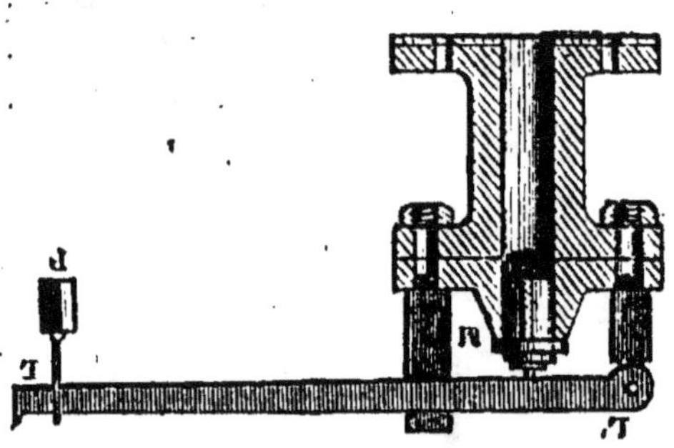
Fig. 159.

Quand la pression est en excès, elle fait sortir la soupape de la tubulure et fournit une issue à la vapeur.

Le diamètre de la soupape doit être en rapport avec la quantité de vapeur produite, c'est-à-dire avec la surface de chauffe.

Les dimensions fixées par les ordonnances administratives sont renfermées dans la formule $d = 2{,}6 \sqrt{\dfrac{S}{\Pi - 0{,}412}}$; dans laquelle d est le diamètre de la soupape en centimètres, S la surface de chauffe exprimée en mètres carrés, Π la pression limite de la vapeur en atmosphères.

Dans les machines mobiles, on remplace le poids par un ressort.

4° *Indicateur du niveau.* — Tel est le nom qu'on donne à un tube de cristal placé verticalement en devant de la machine et communiquant, par deux tubes métalliques fixés à ses extrémités, en haut avec la vapeur, en bas avec le liquide de la chaudière. Par le principe des vases communiquants, le niveau de l'eau doit être le même dans le générateur et le tube de cristal, qui est muni, à ses extrémités, de robinets que l'on ferme, dans le cas où il viendrait à se rompre.

. 5° *Flotteur indicateur.* — Cet appareil consiste en une boule f (fig. 158) qui flotte sur le niveau du liquide, et qui est attachée à un fil qui s'enroule autour d'une poulie de renvoi et supporte un contre-poids. La hauteur du contre-poids ou une aiguille adaptée à l'axe de la poulie, indique, à chaque instant, au chauffeur la position du niveau de l'eau dans la chaudière.

6° *Flotteur d'alarme.* — Une boule B' (fig. 158), flottant à la surface de l'eau, est en partie équilibrée par une autre boule *b*, que porte l'extrémité d'un levier mobile autour d'un point *o*. Si le niveau de l'eau est assez élevé, une soupape *s* fixée au levier ferme un canal par lequel la vapeur peut s'échapper. Si le niveau s'abaisse au-dessous d'une limite déterminée, la boule B, qui suit ce niveau, fait incliner suffisamment le bras de levier qu'elle conduit, pour que la soupape laisse dégager la vapeur. Celle-ci, en arrivant à l'air, vient se briser contre les bords d'un timbre, appelé *sifflet d'alarme*, qui produit un son intense et particulier. On est alors averti.

7° *Plaques fusibles.* — On appelle ainsi des plaques ou rondelles d'alliage qui peuvent fondre à la température limite de l'eau de la chaudière. Cette température limite étant obtenue, la plaque fond et laisse échapper la vapeur. On a abandonné ce système : 1° Parce que l'alliage ne tarde pas à perdre son point de fusion primitif; 2° parce que, par suite de la fusion, la chaudière ne peut plus fonctionner, jusqu'à ce qu'on ait remplacé la plaque.

288. Locomotives. — Les locomotives sont des machines à vapeur qui se meuvent, à l'aide de roues appuyées sur des tiges de fer appelées *rails*, et entraînent, dans leur course, des voitures disposées à cet effet et appelées *wagons*.

Elles se composent essentiellement d'une *chaudière tubulaire*, d'une *boîte à feu*, d'une *boîte à fumée*, de *corps de pompe* munis de leurs *tiroirs*, d'une *pompe d'alimentation*, de *roues motrices*, et d'un *châssis*.

On voit, au Conservatoire des arts et métiers, une voiture à vapeur construite par Cugnot, en 1778, et destinée à fonctionner sur les routes ordinaires. L'application de la vapeur à la locomotion a donc été tentée peu de temps après son application à l'industrie.

Deux perfectionnements étaient nécessaires pour qu'on arrivât à des résultats satisfaisants, l'augmentation de la surface de chauffe et l'usage des voies ferrées. En 1827, Seguin résolut la première question, en inventant les chaudières tubulaires, et, deux ans après, Stephenson construisait une machine locomotive avec une perfection telle qu'on ne l'a guère modifiée depuis que par des améliorations de détail.

289. Machine locomotive de Stephenson. (Fig. 160.) — Par l'ouverture *n*, le chauffeur introduit le combustible dans l'espace B appelé *boîte à feu* ou *foyer*, qu'enveloppe de toutes

parts l'eau de la chaudière, excepté du côté de l'ouverture
n. Des tubes de bronze, *t, t, t, t*, au nombre de 100 à 150 ordinairement, et d'un diamètre de 5 centimètres environ, reçoivent la flamme et les divers produits de la combustion,
qu'ils conduisent dans la *boîte à fumée* F, que surmonte la
cheminée C.

L'eau de la chaudière couvre tous les tubes, ainsi que la
partie supérieure de la boîte à feu. La vapeur qui se forme à
la surface du liquide se rend sous le dôme D, pour de là pénétrer dans le tube TT'. La prise de vapeur, qu'on règle à
l'aide de la clef *c*, a lieu par l'ouverture exhaussée T, afin
qu'il ne s'y introduise pas en même temps des gouttelettes
d'eau. En T' le tube de conduite de la vapeur se bifurque,
pour communiquer avec les deux corps de pompe horizontaux, situés en avant et de chaque côté de la machine. La
vapeur arrive ainsi dans les boîtes de distribution, fait mouvoir des tiroirs à coquille, agit successivement sur les deux
faces des pistons, et se rend dans la tuyère V qui la décharge
périodiquement dans la cheminée.

L'extrémité de la tige de chaque piston, guidée par une
glissière, est articulée avec une bielle qui agit sur la manivelle de l'essieu de la roue motrice.

Chaque tiroir reçoit son mouvement d'un levier conduit
par la bielle et l'excentrique correspondants.

Le piston plongeur du tuyau *p* de la pompe d'alimentation
reçoit son mouvement du piston du cylindre P, à la tige duquel il est lié.

La locomotive est suivie d'un wagon d'approvisionnement
appelé *tender*, d'où la pompe alimentaire fait arriver continuellement l'eau qu'elle refoule dans la chaudière.

La soupape de sûreté S est chargée par un ressort dont
on peut faire varier la tension; S' est le sifflet qui sert à signaler la marche de la machine.

La machine et ses accessoires reposent sur un châssis en
fer ou en bois garni de fer, qui porte lui-même, par l'intermédiaire de ressorts en acier, sur les essieux de trois ou quatre
paires de roues.

Les deux roues MM, sur lesquelles agit directement la vapeur sont dites les *roues motrices*, les autres ne servant alors
qu'à soutenir la machine. Quand les convois sont très-pe-
sants, on donne le même diamètre à toutes les roues et on
les réunit par des bielles.

200. Changement de marche et marche à contre-vapeur. —

Fig. 160.

Le mécanicien doit pouvóir, de la placè qu'il occupe, faire re-
culer ou avancer la locomotive, ou enfin l'arrêter, au moment
de sa course. Divers procédés sont employés; nous ne parlerons que de la *coulisse à détente variable* de Stephenson. Ce
mécanisme, qui a pour double but d'agir sur le tiroir, de manière à produire la progression ou le recul, et de varier la
détente pendant la marche, en variant la course du tiroir, est
formé de deux excentriques inverses ou opposés E, E' (fig. 161)
(c'est-à-dire de deux excentriques tels que le plus grand rayon
de l'un correspond au plus petit de l'autre) dont les bielles
B, B' sont articulées aux deux extrémités d'une glissière ou
coulisse courbe G, G'; d'une pièce *a* engagée dans la coulisse
et articulée avec l'extrémité de la tige *t* du tiroir; et d'un
système G H I J K L M qui permet, au moyen d'une manette,
d'élever ou d'abaisser, à volonté, la glissière, et de rapprocher ou d'éloigner de la tige *t*, qui, guidée en *m*, ne peut se

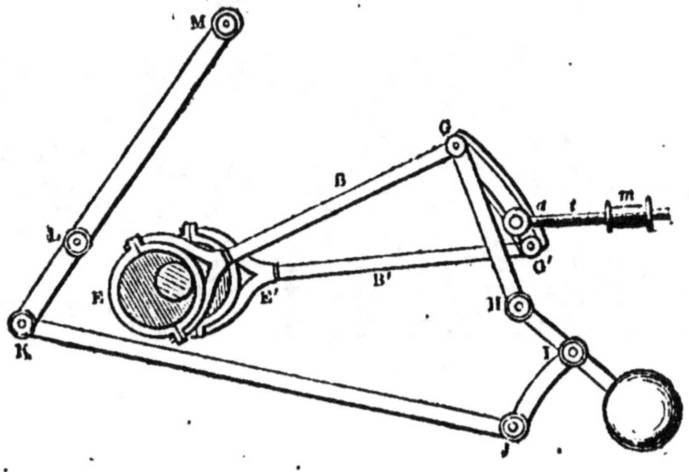

Fig. 161.

mouvoir qu'en ligne droite, les extrémités G ou G' des bielles
des excentriques. La machine marche dans un sens ou dans
l'autre, selon l'excentrique qui commande.

Si, la locomotive étant en marche, on change l'excentrique,
quand le piston, par exemple, est au milieu de sa course, la
vapeur arrivant sur la face opposée du piston tend aussitôt
à le faire rétrograder, et à faire changer, conséquemment, le
sens de rotation des roues motrices; mais, eu égard à la vi-

tesse acquise, l'arrêt ou la contre-marche ne sauraient avoir lieu instantanément.

291. Locomotive à grande vitesse de Crampton. — Dans les machines à grande vitesse, on donne aux roues motrices un grand diamètre, afin que chaque tour fasse parcourir à la machine un plus grand espace. Crampton a résolu la difficulté d'un exhaussement dangereux de la chaudière, en plaçant les roues motrices en arrière. On lui doit en outre l'idée de faire fonctionner le mécanisme en dehors du châssis; disposition qui en facilite l'entretien et l'inspection.

Le mécanisme n'est plus actuellement intérieur au châssis que dans les anciennes locomotives.

Locomobiles. — On appelle ainsi des machines portées sur des roues à cylindre horizontal, le plus souvent, et servant de force motrice pour l'industrie.

Chasse-pierre. — A droite et à gauche de l'avant des locomotives, on fixe une pièce de fer qui, arasant les rails, jette de côté les pierres ou autres objets qui pourraient entraver la marche du train. C'est à cet appendice qu'on donne le nom de *chasse-pierre.*

292. Machines à basse, moyenne et haute pression. — Les machines sont dites à *basse pression* quand la tension de la vapeur de la chaudière n'atteint pas deux atmosphères. Telles sont les machines de Watt, qui ne travaillent pas à des pressions supérieures à une atmosphère et un quart, ou à une atmosphère et demie. Elles sont à *moyenne pression* quand la tension de la vapeur, supérieure à la précédente, ne dépasse pas quatre atmosphères. Elles sont à *haute pression* quand la force élastique de la vapeur est supérieure à quatre atmosphères.

Quand le condenseur est supprimé, comme dans les locomotives, la machine est nécessairement à haute, ou au moins à moyenne pression, attendu qu'alors le piston éprouve du côté vers lequel il marche une résistance égale à la pression atmosphérique, et que la vapeur qui agit doit conséquemment avoir une force élastique égale au moins à deux atmosphères.

293. Cheval-vapeur. — On appelle ainsi l'unité de travail adoptée pour l'évaluation de la force d'une machine à vapeur. Une force de cheval-vapeur correspond à 75 kilogrammètres par seconde, en d'autres termes, à un poids de 75 kilogrammes élevés à un mètre de hauteur en une seconde.

CHAPITRE VII

ÉLECTRICITÉ ET MAGNÉTISME

§ 1. — MAGNÉTISME

294. La *pierre d'aimant* était connue à une époque très-reculée. Les Grecs la désignaient sous le nom de *magnés* ou *magnétès*, du nom de la ville de Magnésie, située dans l'Asie-Mineure, où elle se trouvait en abondance. Platon, dans son *Timée*, lui donne le nom de *pierre héracléenne*, parce que celles que l'on trouvait auprès d'Héraclée étaient renommées pour leur force attractive. Sophocle l'appelait *pierre de Lydie*. D'autres enfin, comme Hippocrate, lui donnaient, d'après sa propriété la plus anciennement observée, le nom de *pierre qui attire le fer.*

On entend par *magnétisme* l'ensemble des phénomènes que présente l'aimant, ou l'agent qui préside à ces phénomènes.

Les aimants peuvent être *naturels* ou *artificiels*, c'est-à-dire avoir été extraits de certaines mines que l'on rencontre dans les terrains primitifs et volcaniques, ou avoir été préparés à l'aide des précédents, ou de toute autre manière.

La pierre d'aimant, appelée aussi *oxyde magnétique, fer oxydulé, oxyde salin de fer*, est considérée comme formée par la réunion d'une molécule de protoxyde avec une molécule de sesquioxyde de fer ($FeO + Fe^2O^3 = Fe^3O^4$). C'est le meilleur des minerais de fer.

205. Pôles. Ligne neutre. Points conséquents. — Si l'on plonge dans de la limaille de fer, un aimant naturel (fig. 102) ou un barreau aimanté (fig. 103), on observe que la limaille est attirée par les différentes parties de l'aimant avec une énergie d'autant plus grande que les parties sont plus rapprochées de deux régions opposées A, B, où la force magnétique atteint son maximum. On a donné à ces deux régions opposées le nom de *pôles* de l'aimant. Il existe toujours,

entre ces pôles, une ligne *moyenne* ou *neutre nn*, suivant laquelle l'attraction est nulle. Quand l'aimantation est irrégulière, il se forme des pôles inter-
médiaires *p, p* (fig. 164) qu'on appelle *points conséquents*. La limaille
qui s'y accumule les fait reconnaître. Ils sont tantôt en nombre
pair, tantôt en nombre impair.

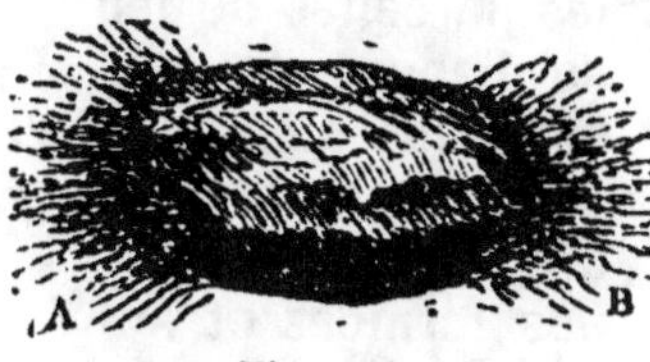

Fig. 162.

296. **Pendule magnétique.** — On
peut constater les actions attractives des diverses parties
d'un aimant, en les présentant au *pendule magnétique* P,
(fig. 165), petit appa-
reil qui consiste en
un support de cuivre
auquel on a suspen-
du, par un fil de soie,
une balle ou un petit
cylindre de fer. On ob-

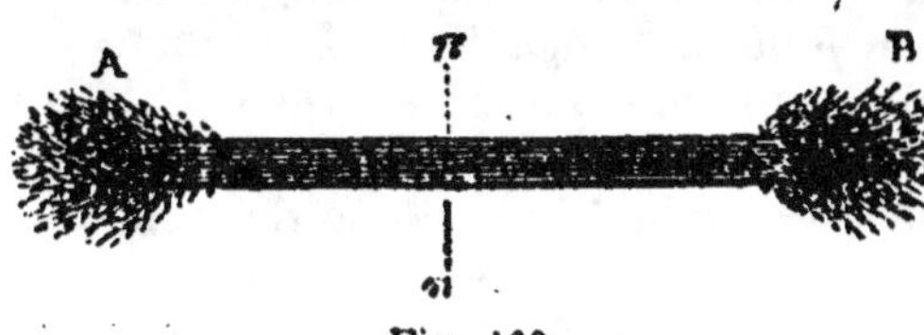

Fig. 163.

serve que le pendule reste immobile, si on lui présente la ligne
neutre *nn* d'un aimant AB, et qu'il est attiré avec une force
d'autant plus
grande que la
section qu'on
fait agir sur lui
est plus voisi-
ne des pôles.

Fig. 164.

207. **Corps magnétiques.** — Parmi les corps *magnétiques*,
c'est-à-dire parmi les corps qui sont attirés par les aimants,
on compte, avec le fer, les oxydes de
fer, la fonte et l'acier, qui sont des
composés de carbone et de fer, le co-
balt, le chrôme, le nickel. L'action magnétique ne peut s'exercer à travers
ces corps, bien qu'ils puissent transmettre son influence dans des circonstances données; mais elle peut s'exercer à travers les autres substances, le
cuivre, le verre, le bois, le papier, etc.
Si, en effet, on saupoudre avec de la
limaille de fer tamisée, une feuille
mince de carton sous laquelle on aura

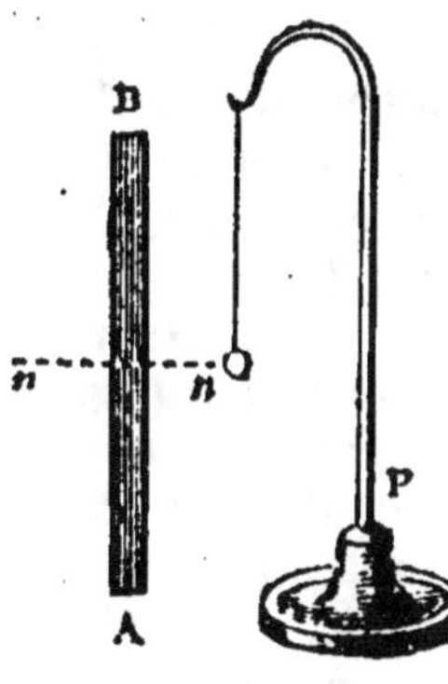

Fig. 165.

placé un barreau aimanté, la limaille prendra un arrangement symétrique (fig. 166). Elle se portera, en majeure

partie, vers les extrémités du barreau et en dessinera exactement la position et la forme. On remarquera en outre que

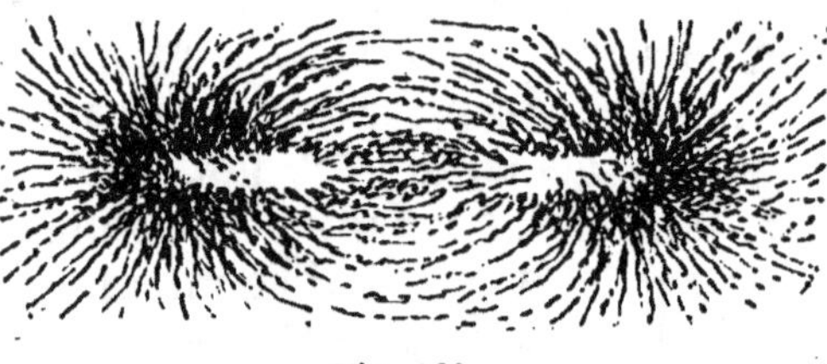

Fig. 166.

les parcelles de fer se disposeront à la suite les unes des autres, et tendront à figurer des courbes fermées et symétriques en approchant de la ligne neutre.

298. Spectre magnétique. — On a donné à l'image ainsi produite le nom de *spectre* ou *fantôme magnétique*. Pour conserver cette image, on substitue une lame de verre à la feuille de carton, et on enlève cette image au moyen d'une feuille de papier enduite de colle d'amidon mêlée de gélatine.

299. Pôles de nom contraire. — On donne aux aimants

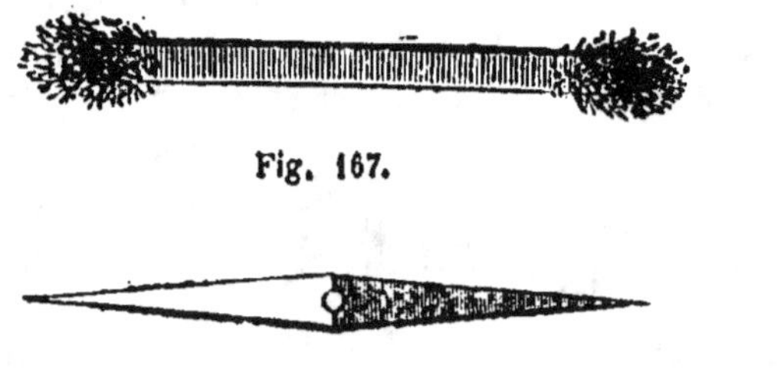

Fig. 167.

Fig. 169.

Fig. 168.

artificiels la forme d'un parallélipipède allongé (fig. 167), d'un fer à cheval (fig. 168), ou d'une tige aplatie et effilée qu'on appelle *aiguille aimantée* (fig. 169.)

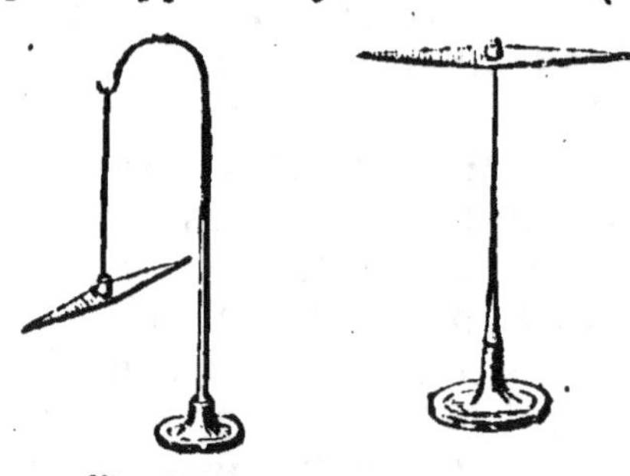

Fig. 170.

Fig. 171.

Si l'on suspend une aiguille aimantée, par son centre de gravité, à un fil très-fin (fig. 170), ou si on la pose sur un pivot vertical terminé en pointe (fig. 171) et qu'on l'abandonne à elle-même, elle prendra spontanément une direction à peu près parallèle au méridien terrestre, et ce sera toujours la même extrémité qui se tournera vers le nord. Appelons cette extrémité de l'aiguille *pôle nord*, et l'autre extrémité *pôle sud*. Un barreau aimanté suspendu par son centre de gravité *s'orienterait* absolument de la même manière. C'est cette propriété, remarquée depuis longtemps, qui constitue la boussole.

Si, deux aiguilles étant suspendues sur des pivots différents, on approche le pôle nord de l'une du pôle nord de l'autre, ces deux pôles se repoussent. Les pôles s'attirent au contraire, si l'on met en présence le pôle nord de l'une avec le pôle sud de l'autre. On exprime ce phénomène en disant que *les pôles de même nom se repoussent*, et que *les pôles de nom contraire s'attirent*.

Les pôles opposés d'un même aimant sont toujours de nom contraire, à moins toutefois qu'ils ne soient modifiés par des *points conséquents*.

On désigne quelquefois les pôles opposés par les signes algébriques + et —. On les appelle alors l'un *pôle positif*, l'autre *pôle négatif*. Mais on conçoit que ces expressions ne sont que relatives.

Quand on place sur un long et fort barreau aimanté, couché horizontalement dans une direction quelconque, un support de cuivre surmonté d'une aiguille aimantée, l'aiguille s'oriente toujours parallèlement au barreau. On peut induire de là que la terre est le siége d'un aimant très-puissant, dirigé, à peu près, suivant la ligne qui joindrait les pôles. C'est en s'appuyant sur cette doctrine qu'on a été porté, en France du moins, à appeler *pôle austral* d'un aimant l'extrémité qui se dirige spontanément vers le nord, c'est-à-dire vers le *pôle boréal* de l'aimant terrestre, et *pôle boréal*, l'extrémité qui se dirige en sens inverse.

300. Hypothèse des deux fluides magnétiques. — Pour expliquer les phénomènes magnétiques, on admet que les corps magnétiques, tels que le fer, l'acier, possèdent deux fluides impondérables, qui, réunis, se neutralisent, et constituent un *fluide neutre*, et qui, séparés, se portent dans des directions diamétralement opposées, et s'appellent l'un, *fluide boréal*, l'autre, *fluide austral*.

301. Aimantation du fer doux. — Le *fer doux* ou fer pur devient un aimant quand on le soumet à l'action de l'un des pôles d'un barreau aimanté. Supposons qu'au pôle positif d'un barreau B (fig. 172) on applique une petite masse de fer *m*. Le fluide magnétique neutre de cette masse sera décomposé; le fluide négatif se portera du côté du barreau;

le fluide positif, dans le sens opposé; et les fluides resteront ainsi séparés tant que le contact aura lieu. Une seconde masse m', placée à la suite de la première, éprouvera les mêmes modifications et acquerra les mêmes propriétés magnétiques. Il en serait ainsi d'autres masses que l'on ajouterait en les suspendant les unes au-dessous des autres. On formerait alors ce qu'on appelle une *chaîne magnétique*.

Fig. 172.

302. **Magnétisme terrestre. — Couple magnétique terrestre.** — Le physicien et médecin anglais Gilbert, né en 1540, mort en 1603, est le premier qui énonça et qui démontra par des expériences que la terre agit comme un véritable aimant, dont les pôles seraient situés vers les extrémités de l'axe du globe, et la ligne neutre, vers l'équateur. Les faits suivants paraissent concluants.

1° Supposons qu'un barreau aimanté ab soit placé suivant le diamètre BA d'un cercle C, représentant un méridien terrestre, et qu'on approche une aiguille aimantée des divers points de la demi-circonférence AEB. L'aiguille fera, avec les tangentes de ces points, des angles analogues à ceux que l'on observe quand on transporte la boussole d'inclinaison sur un même méridien (fig. 173). Elle coïncidera avec la tangente, en un point E correspondant à la ligne neutre de l'aimant, et prendra la direction de la normale, en un point P situé dans la direction de son axe.

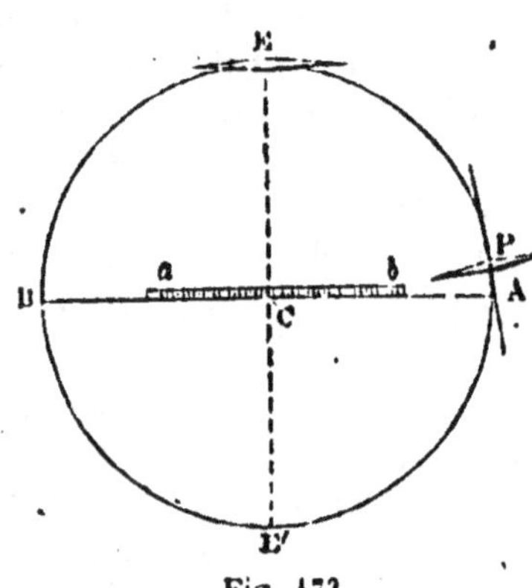

Fig. 173.

2° Si une barre de fer doux est maintenue verticalement, elle s'aimante par influence, comme si elle était soumise à l'action d'un aimant énergique. Dans notre hémisphère, le pôle nord se trouve à la partie inférieure de la barre, et le pôle sud, à la partie supérieure. Dans l'hémisphère austral, c'est l'inverse qui a lieu. On peut constater ce phénomène dans toutes les barres de fer qui sont assujetties dans une position verticale. Il suffit d'en approcher une aiguille aimantée un peu sensible. Il existera toujours une région de la barre où l'aiguille se comportera comme en présence de la ligne neutre d'un barreau aimanté. Quand une aiguille aimantée est suspendue librement, par son centre de gravité, à un fil de soie sans torsion, elle prend, après quelques oscillations, une position d'équilibre telle que son pôle austral est dirigé vers le nord, et son pôle boréal vers le sud. L'action de chacun des pôles de l'aimant terrestre représente un système, appelé *couple*, de deux forces parallèles, égales et de sens contraire. Cette action est donc uniquement directrice; ce que l'on peut d'ailleurs constater en laissant flotter, sur la surface de l'eau, une aiguille fixée à un disque de liége.

303. **Force coërcitive.** — Les fluides magnétiques tendent constamment à se combiner et à former du fluide neutre; mais cette recomposition ne s'effectue pas avec la même facilité dans l'acier que dans le fer doux. Dans celui-ci, elle est instantanée, dès que cesse l'influence qui a produit l'aimantation. Dans l'acier, au contraire, la séparation des fluides s'opère lentement et, pour ainsi dire, péniblement; mais aussi ils restent plus longtemps et plus fermement isolés. On a donné à cette cause particulière qui lutte contre l'attraction mutuelle des deux fluides, le nom de *force coërcitive*. Les aimants ne sont tels qu'en vertu de cette force, et dès qu'ils la perdent, soit par le choc, soit par une augmentation de température, ils cessent de posséder la propriété d'attirer la limaille de fer et de s'orienter.

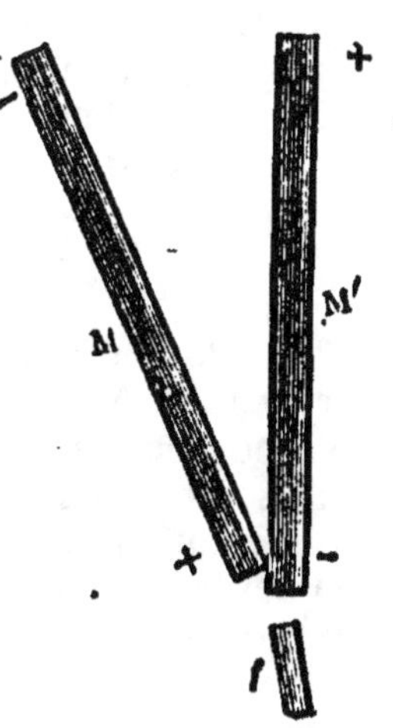

304. **Paradoxe magnétique.** — En approchant peu à peu le pôle + d'un aimant M (fig. 174), du pôle — d'un aimant M', auquel adhère un morceau de fer *f*, en vertu de l'attraction magnétique, on neutralise cette force attractive, et le morceau de fer se détache et tombe comme si l'aimant M' était réduit à l'état neutre. Ce fait, qui peut paraître *paradoxal*, c'est-à-dire contraire au principe énoncé, tient simplement à ce que les fluides de nom contraire des aimants se paralysent mutuellement.

Fig. 174.

305. **Effet produit par la rupture d'un aimant.** — Quand on brise un aimant M (fig. 175) en deux parties *m, m'*, chacune de ces parties est un aimant véritable. Les pôles primitifs

sont restés à la même place, après la rupture. En divisant par le milieu les deux fragments *m*, *m'*, on obtiendrait quatre nouveaux aimants complets *n*, *n'*, *o*, *o'*, offrant la même particularité relativement à la position des pôles. Enfin en multipliant les ruptures indéfiniment, on retrouverait toujours les pôles extrêmes à leur place primitive, et les pôles intermédiaires alterneraient exactement comme nous venons de l'ob-

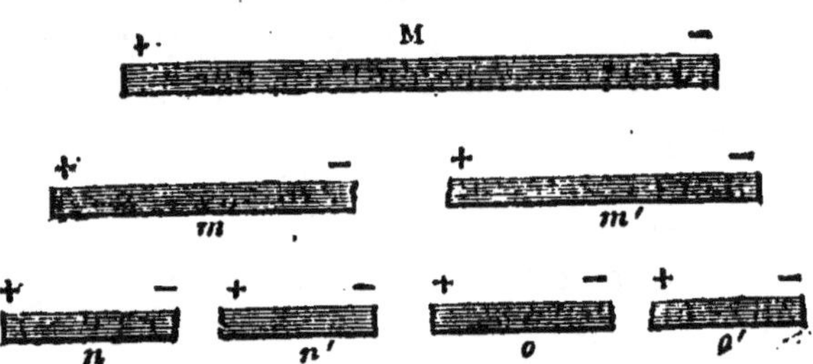

Fig. 173.

server. On explique cette expérience en admettant que les fluides magnétiques résident à l'état de combinaison dans chaque molécule de fer ou d'acier, et que, sous l'influence d'un aimant, ils se séparent et se portent, chacun, d'un côté opposé de la molécule, de manière à former une infinité de petits aimants, ayant, tous, leurs pôles de même nom tournés dans le même sens. Ces prémisses étant admises, on rend compte, par le raisonnement, de la formation des deux pôles d'un aimant et d'une ligne moyenne, ainsi que des principaux faits relatifs au magnétisme.

PROCÉDÉS D'AIMANTATION

300. Pour qu'un corps puisse conserver l'aimantation et servir lui-même à transmettre la vertu magnétique, il faut qu'il possède un arrangement moléculaire particulier qui lui donne une force coercitive plus ou moins énergique. L'acier bien trempé possède cette force au plus haut degré. Il ne s'aimante pas instantanément comme le fer doux, mais, quand son fluide naturel a été une fois décomposé, il reste indéfiniment dans le même état.

On aimante une aiguille ou un barreau d'acier, soit par la seule influence du globe, soit par les courants électriques, soit par l'action d'aimants naturels ou artificiels.

L'aimantation par les aimants s'opère par trois méthodes que nous allons exposer.

307. Méthode de la simple touche. — Cette méthode consiste à exercer, avec l'une des extrémités d'un aimant puissant, des frictions répétées et toujours de même sens, sur toute la longueur du barreau à aimanter. Il est à propos, pour obtenir *saturation*, c'est-à-dire pour obtenir le degré maximum d'aimantation, de pratiquer la même opération sur les deux faces opposées du barreau. L'extrémité du barreau où se termine chaque friction, acquiert le fluide opposé à celui du pôle excitateur.

Au lieu de faire mouvoir l'aimant sur le barreau à aimanter, on peut inversement faire glisser ce dernier un nombre de fois suffisant sur l'un des pôles de l'aimant. Par ce moyen, on obtient plus difficilement une aimantation régulière et énergique que par le précédent.

On obtient encore l'aimantation en appliquant l'une des extrémités d'un barreau d'acier à l'un des pôles d'un barreau aimanté, les deux barreaux étant placés bout à bout sur une table de bois horizontale. Pour que la saturation soit complète et qu'il ne se produise pas de points conséquents, il faut que le barreau à aimanter soit très-court et que le contact soit de longue durée.

308. Méthode de la double touche. — Cette méthode a l'inconvénient de produire quelquefois des pôles intermédiaires, mais elle est, en général, la plus efficace de toutes celles que l'on emploie. On place un barreau à aimanter H (fig. 170)

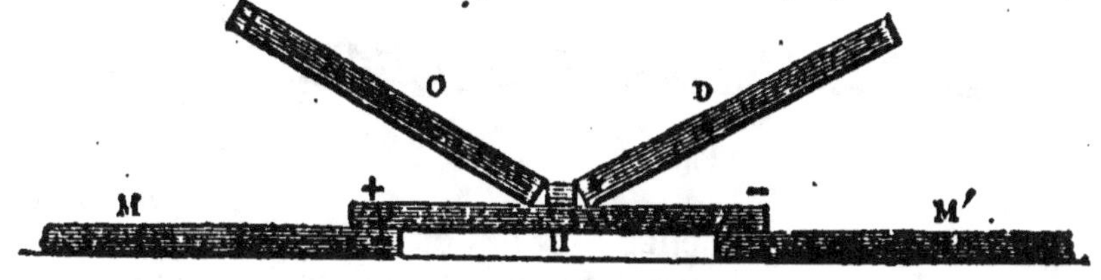

Fig. 170.

sur les extrémités, à pôle contraire, de deux aimants M, M', qui restent fixes et dans une position horizontale. Puis, avec deux autres barreaux C, D, séparés par un petit prisme en bois, et inclinés de 20° environ sur le barreau à aimanter, on exerce des frictions répétées, en faisant glisser tout le système, du milieu vers l'une des extrémités, puis vers l'autre extrémité et ainsi de suite, par un mouvement de va-et-vient, en ayant soin de s'arrêter au milieu, c'est-à-dire au point de départ. Les pôles excitateurs doivent être chacun de même nom que celui du barreau fixe correspondant. Les barreaux fixes ont pour effet de coopérer à la décomposition du fluide neutre de la lame à aimanter, et de maintenir la décomposition déjà produite.

La double touche est quelquefois appelée *méthode d'Æpinus*, du nom du physicien qui, vers le milieu du siècle dernier, lui apporta les plus notables perfectionnements.

309. Méthode de la touche séparée. — On place, comme pour la double touche, le barreau qu'on veut aimanter sur les pôles opposés de deux aimants fixés horizontalement. Tenant les deux barreaux mobiles, inclinés de 25 à 30° sur l'horizon et en contact par leur partie inférieure, on les fait glisser à plusieurs reprises et en sens inverse l'un de l'autre, du milieu du barreau jusqu'à ses extrémités. On exerce chaque friction de la même manière, en ayant soin de quitter le barreau à aimanter, pour revenir au point de départ.

310. Faisceaux magnétiques. — Quelle que soit la méthode employée pour l'aimantation d'un barreau, on doit se garder, pour obtenir saturation complète, de reprendre l'opération avec des aimants moins puissants que ceux dont on s'est servi dans le principe. Nous ajouterons qu'on ne parvient pas aisément à saturer de gros barreaux, et que les gros aimants sont proportionnellement moins énergiques que les petits. De là est venue la pensée de remplacer les gros aimants par un assemblage de lames d'acier aimantées, de longueurs un peu différentes, et emboîtées, par leurs extrémités, dans des gaines de fer doux (fig. 177). Les lames

sont simplement juxtaposées, et leurs pôles de même nom sont

Fig. 177.

d'un même côté. Celles du milieu dépassent un peu les autres. Par cette disposition, elles tendent beaucoup moins à s'affaiblir mutuellement que si leurs extrémités coïncidaient entièrement. En tout cas, la force d'un faisceau magnétique n'est pas égale exactement à la somme des actions isolées de chacune des lames. Le fer doux qui revêt les deux bouts du faisceau contracte et manifeste la polarité que possède le côté avec lequel il se trouve en contact.

On peut donner au faisceau la forme d'un fer à cheval

(fig. 178). En appliquant aux deux pôles, qui ainsi se trouvent ramenés à une même direction, une pièce de fer doux, appelée *portant*, munie d'un crochet, on obtient une force de suspension beaucoup plus considérable que celle qui se produirait à l'un des pôles d'un faisceau rectiligne. Les deux pôles du fer à cheval réunis exercent sur le portant une force magnétique qui est de beaucoup supérieure au double de la force exercée par chaque pôle agissant isolément.

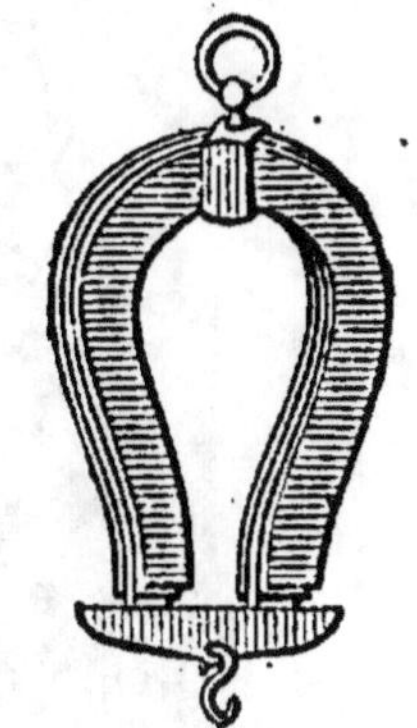

Fig. 178.

Voici un autre fait bien digne de remarque. Si l'on augmente chaque jour et peu à peu la charge suspendue au portant, on peut développer une force magnétique au moins double de la force primitive; et si l'on vient à détacher le portant, on retombe immédiatement à la force primitive.

311. Armatures, armures ou contacts. — Dans les phénomènes que nous signalons, le fluide neutre du portant subit une décomposition qui, s'opposant au rapprochement des fluides de l'aimant, maintient et même peut accroître sa puissance. Diverses causes, telles que les changements de température, les chocs, l'influence terrestre, le voisinage d'autres aimants, altèrent les aimants à la longue ou instantanément. On obvie, en partie du moins, à cet inconvénient, en adaptant, aux extrémités, à pôles contraires, d'une paire de barreaux aimantés B,B (fig. 179), des parallélipipèdes p,p de fer doux que les physiciens appellent, pour cet objet, *armures*, *armatures* ou *contacts* de l'aimant. En *armant*

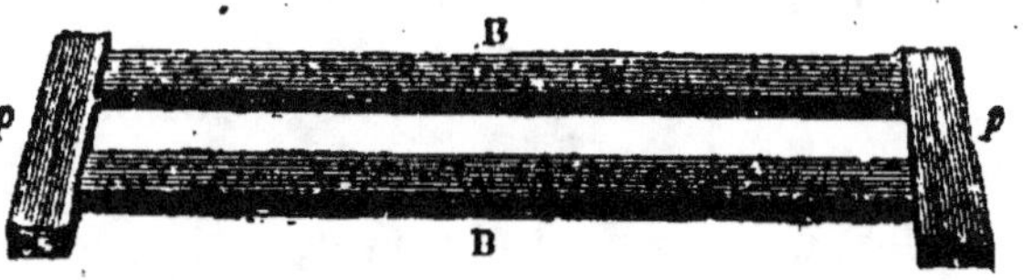

Fig. 179.

un aimant naturel (fig. 180) on augmente son action attractive dans une très-grande proportion. A cet effet, on détermine les pôles de l'aimant; on établit deux faces perpendiculaires à la direction de ces pôles, et l'on achève un parallélipipède rectangle. Aux faces qui terminent les pôles, on applique des lames de fer doux b,b nommées *ailes* ou *jambes de l'armature*, avec lesquelles communiquent deux autres pièces de même métal a,a, qui sont les *pieds* de l'appareil. Le système est maintenu au moyen de plaques de cuivre; il est complété par un portant, qui remplit à la fois, comme pour l'aimant en fer à cheval, l'office d'armure et de portant.

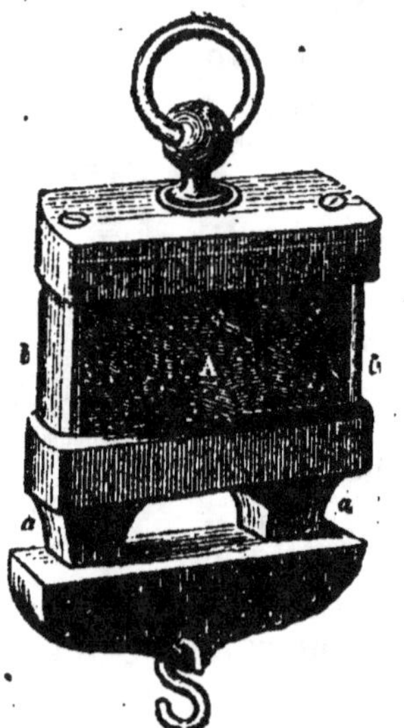

Fig. 180.

LOIS DES ATTRACTIONS

ET DES RÉPULSIONS MAGNÉTIQUES

312. — Coulomb, ingénieur et physicien français, mort en 1806, a découvert la loi suivante : *Les attractions et les répulsions magnétiques varient en raison inverse des carrés des distances auxquelles elles s'exercent.*

Il l'a démontrée expérimentalement par deux méthodes différentes. La première, qui est désignée sous le nom de *méthode de la balance de torsion*, consiste à faire agir, à des distances différentes, l'un des pôles d'un barreau aimanté, long et vertical, sur l'un des pôles d'une aiguille aimantée horizontale, soutenue par un fil métallique dont on observe chaque fois l'angle de torsion. L'appareil est analogue à celui que Coulomb a employé pour démontrer les actions électriques (324). L'autre méthode, dite *méthode des oscillations*, offre plus de précision que la précédente, lorsqu'il s'agit de déterminer la loi des attractions. Une petite aiguille aimantée, suspendue à un fil de soie sans torsion, est soumise à l'action d'un aimant vertical, placé successivement à diverses distances. L'aiguille oscille à la manière d'un pendule soumis à l'action de la terre. On vérifie la loi, en comparant, pour chaque distance, les nombres d'oscillations produites dans un même temps. Le barreau qui sollicite l'aiguille doit être assez long pour que l'un de ses pôles soit de nul effet.

La méthode de la balance de torsion et celle des oscillations sont bien préférables, pour apprécier la force magnétique des aimants, à la méthode qui consiste à comparer les poids maximum qu'ils peuvent porter.

BOUSSOLES

313. — Les boussoles sont des instruments au moyen desquels on peut observer, à chaque instant et en tout lieu, la direction de l'aiguille aimantée. On appelle *déclinaison* de l'aiguille l'angle que fait son axe avec le *méridien terrestre* du lieu (1); et l'on a donné le nom de *méridien magnétique* au plan vertical qui passe par cet axe.

Quand une aiguille aimantée, placée dans le méridien magnétique, est mobile autour d'un axe horizontal, passant

(1) Le méridien *terrestre, géographique* ou *astronomique* d'un lieu est le plan qui passe par ce lieu et l'axe du globe. La *méridienne* d'un lieu est l'intersection du plan méridien avec l'horizon.

par son centre de gravité, elle fait avec l'horizon un angle que l'on nomme *angle d'inclinaison*.

314. Boussole de déclinaison. — Cet appareil sert à la fois à déterminer le méridien magnétique et le méridien terrestre, la direction de l'un de ces méridiens étant connue. Une boîte circulaire B en cuivre repose sur un pivot vertical P autour duquel elle peut se mouvoir, en conservant l'horizontalité, qu'on lui donne à l'aide d'un niveau à bulle d'air *n n*, le pivot P étant fixé sur un trépied à vis calantes V. Une aiguille aimantée horizontale *a* est suspendue à l'extrémité d'une pointe dressée au centre de la boîte; les arcs qu'elle décrit sont indiqués par les divisions d'un cercle gradué *c*. Deux montants M M supportent une lunette astronomique L, dont l'axe optique se meut dans un plan vertical qui passe par le centre de la boîte, et dont la trace sur le limbe, appelée *ligne de foi*, doit coïncider avec la méridienne au moment de l'observation, quand il s'agit de déterminer la déclinaison. S'il s'agit, au contraire, de tracer la méridienne, on fait tourner la boîte B B jusqu'à ce que l'angle formé par l'aiguille et la ligne de foi soit égal à la déclinaison. La ligne de foi indique la direction cherchée. Deux verniers parcourant les divisions d'un cercle fixe C C qui fait partie du pied de l'instrument, servent à mesurer les

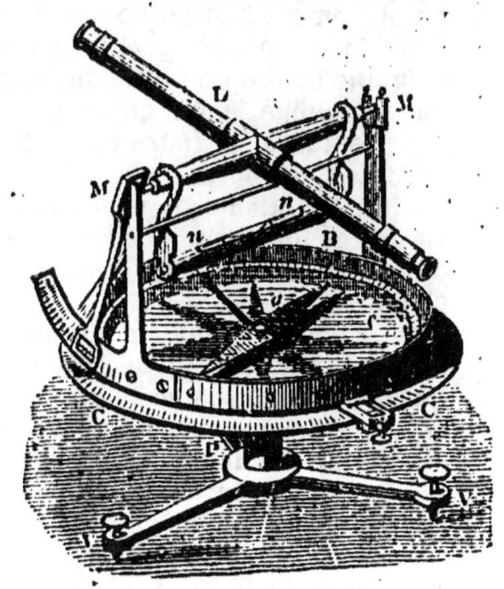

Fig. 181.

mouvements de la lunette dans le sens horizontal et dans le sens vertical. Pour tracer la méridienne au moyen de la lunette, il suffit de prendre la bissectrice de l'angle formé par les deux positions occupées par la ligne de foi, pour une même hauteur d'une étoile, avant et après son passage au méridien.

L'axe de figure de l'aiguille pouvant quelquefois ne pas coïncider avec l'axe magnétique, il importe de répéter chaque expérience en retournant l'aiguille, de manière que la face supérieure devienne la face inférieure. On prend alors pour résultat la moyenne des deux.

315. Boussole marine. — La *boussole marine*, appelée aussi *compas de mer* et *compas des variations*, est une boussole de déclinaison, à l'usage des navigateurs. Une boîte cylindrique ou hémisphérique en cuivre, suspendue à *la Cardan*, c'est-à-dire pouvant se mouvoir autour de deux axes de suspension perpendiculaires entre eux et fixés à deux anneaux différents et concentriques, contient une aiguille aimantée qui adhère à un disque circulaire très-mince et transparent de mica ou de talc, et qui, grâce au système de suspension, reste toujours horizontale, quels que soient les mouvements du navire. Le disque porte les signes des vents et les degrés et demi-degrés de la circonférence. Le diamètre qui passe

par le zéro de la graduation forme la ligne *nord-sud* et coïn
cide avec la méridienne du lieu. Il fait avec l'axe de l'aiguill·
un angle égal à l'angle de déclinaison. Le cadran, sur le·
quel est imprimé la *rose des vents*, tourne avec l'aiguille au
tour d'une *ligne de foi*, tracée dans l'intérieur de la boit·
parallèlement à la quille du navire.

La force magnétique du globe tendant à faire prendre à
l'aiguille sa propre direction, et par conséquent à l'incliner,
on est obligé, pour conserver à l'aiguille de déclinaison
l'horizontalité, de faire l'une de ses moitiés un peu plus
pesante que l'autre.

316. Variation de la déclinaison. — L'angle de déclinaison
varie constamment pour un même lieu; il varie en outre
d'un lieu à un autre; il varie enfin sous des influences accidentelles.

On a constaté que, pour un même lieu, l'aiguille oscille
lentement de part et d'autre du méridien terrestre. On dit
que la déclinaison est *orientale* ou *occidentale*, selon que
l'écart angulaire est situé à l'est ou à l'ouest de ce méridien. Une oscillation complète s'effectue dans l'espace de
plusieurs siècles; ce qui fait désigner ces déplacements du
méridien magnétique sous le nom de *variations séculaires*.

A Paris, la déclinaison était :

en 1580, de 11°30′, à l'Est, en 1814, de 22° 34′
 — 1663, nulle;   — 1849, de 21°
 — 1700, de 8°, à l'Ouest; — 1854, de 19° 58′
 — 1785, de 22°;   — 1860, de 19° 32′

De 1663 à 1814, c'est-à-dire depuis l'année où les deux méridiens ont coïncidé,
jusqu'à celle où l'écart est devenu maximum, à l'ouest, il s'est écoulé 151 ans.
D'après ces données, la durée d'une oscillation simple serait donc de trois
siècles environ.

A Londres, la déclinaison maximum occidentale a eu lieu en 1815, elle était
de 24° 2′.

En faisant abstraction des variations que nous venons de signaler, on reconnaît que la direction de l'aiguille subit chaque jour des changements périodiques
que l'on appelle *variations diurnes*. Ces variations, découvertes par Graham en
1722, sont à peu près insensibles dans nos climats, pendant la nuit; mais, dès le
lever du soleil, l'aiguille commence à dévier vers l'ouest; à une heure environ de
l'après-midi, elle rétrograde vers l'est, et elle reprend à peu près sa position
primitive vers 10 heures du soir. L'amplitude de cette oscillation n'atteint pas un
degré. Elle décroît des pôles magnétiques à l'équateur.

En 1786, Cassini a fait cette remarque, que, depuis l'équinoxe du printemps
jusqu'au solstice d'été, l'aiguille, à Paris, avance vers l'est; que, pendant le reste
de l'année, elle marche vers l'ouest. L'amplitude de ces *variations annuelles*
n'est que de quelques minutes.

Sur certains points du globe, l'aiguille coïncide avec la méridienne du lieu. Si
l'on joint ces points par des traits continus, on forme ce qu'on appelle des *lignes
isogoniques sans déclinaison*. Ces lignes sont loin d'être régulières. L'une d'elles,
par exemple, partant de la Sibérie, descend le long de la côte occidentale du

Japon, passe par les Grandes-Indes, de l'est à l'ouest, et après une sinuosité très-prononcée, traverse la Nouvelle-Hollande du nord au sud.

Les lignes *isogoniques* (du grec *isos*, égal, *gónia*, angle) proprement dites sont des courbes qui joignent certains points de la surface du globe, dans lesquels la déclinaison est la même.

On reconnaît encore dans l'aiguille de déclinaison des *variations accidentelles* ou *perturbations*, occasionnées par les aurores boréales, les tremblements de terre, les éruptions volcaniques, les commotions électriques. Les perturbations, le plus souvent, n'atteignent pas un degré, et ne sont que momentanées ; mais il peut arriver que la foudre ait pour effet de renverser les pôles.

317. Boussole d'inclinaison. — L'aiguille, dans cette boussole (fig. 182), est suspendue, en son centre de gravité, par un axe transversal autour duquel elle se meut en parcourant les divisions d'un cercle gradué vertical c. Ce cercle, fixé aux traverses horizontales *tt'* qui soutiennent l'aiguille, peut tourner autour d'un axe vertical passant par le centre d'un limbe horizontal *ll*, qui adhère au pied de l'appareil. Un niveau *n*, placé sur le plateau *pp*, sert, avec les vis calantes *v,v,v*, à donner au limbe *ll* une position exactement horizontale.

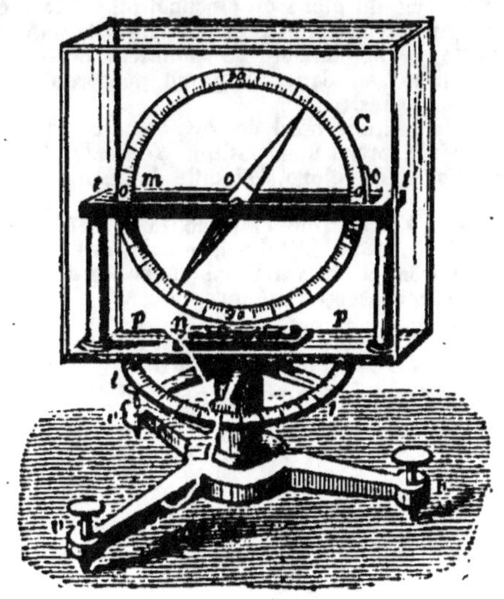

Fig. 182.

L'angle d'inclinaison est le plus petit possible, pour un même lieu, quand l'aiguille se meut dans le plan du méridien magnétique. Cet angle croît à mesure que le plan de la boussole s'écarte du méridien magnétique, et l'aiguille devient verticale dès que l'écartement atteint 90°. Cela posé, pour déterminer l'inclinaison, on commence par faire coïncider le plan de la boussole avec le plan du méridien magnétique. A cet effet, on fait tourner le cercle mobile jusqu'à ce que l'aiguille soit verticale, puis on la ramène de 90, en ayant les yeux portés sur les divisions du cercle *ll* ; ou bien, on cherche la position dans laquelle l'aiguille fait le plus petit angle avec le diamètre *dd* qui va du zéro au 180° degré. Dans ce dernier cas, on obtient à la fois la direction du méridien magnétique, et l'inclinaison cherchée. Dans notre figure, l'inclinaison est l'angle *m o n* que fait l'aiguille avec le diamètre horizontal.

On doit toujours prendre pour inclinaison magnétique d'un

lieu le plus petit des angles que fait l'aiguille avec l'horizon.
Cet angle varie, comme celui de la déclinaison, avec les
lieux et le temps. Il croît, en général, avec la latitude. Dans
notre hémisphère, c'est le pôle austral de l'aiguille qui plonge
au-dessous de l'horizon.

On a donné le nom de lignes *isoclines* à des courbes plus ou moins irrégulières
passant dans un sens à peu près parallèle à l'équateur, par les divers points
de la surface du globe où l'inclinaison est la même.

La ligne isocline qui relie les points où la déclinaison est nulle, c'est-à-dire où
l'aiguille de la boussole se maintient horizontale, constitue un *équateur magnétique* qui forme, dans un grand nombre de ses points, un angle de 12° 30' avec
l'équateur terrestre.

Vers la latitude nord de 75°, comme vers la latitude sud de 60° 30', l'aiguille
d'inclinaison prend une position verticale. Dans ces points qui révèlent les *pôles
magnétiques* du globe, l'aiguille de déclinaison ne prend aucune direction déterminée.

A Paris, l'inclinaison était de 75° en 1671, de 67° 14' en 1835, de 67° en 1849,
de 66° 25' en 1851. L'inclinaison subit des variations diurnes dont l'amplitude est
de 5' environ, et des variations annuelles dont l'amplitude atteint 15'. L'inclinaison
est plus prononcée en été qu'en hiver.

318. Aiguilles astatiques. — Si deux aiguilles *a,a* de
même force magnétique (fig. 183) sont réunies entre elles

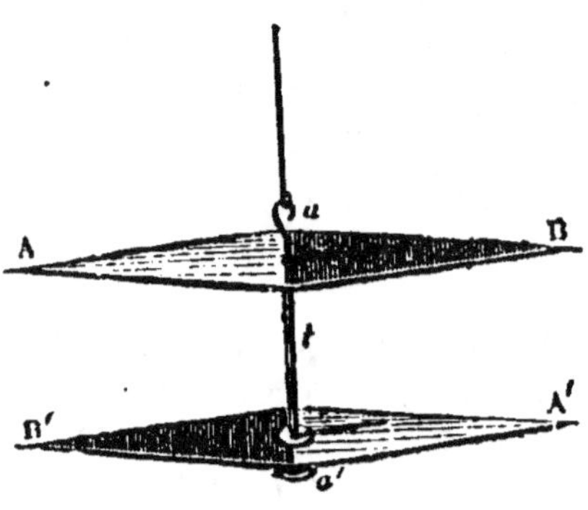

Fig. 183.

par une tige *t* rigide, les
pôles opposés en regard,
les actions magnétiques
de la terre sur ces aiguilles
se contre-balancent. L'appareil ainsi disposé a le
nom de *système astatique.*
Une aiguille est *astatique,*
quand elle est rendue in-
différente à l'influence du
magnétisme du globe; ce
que l'on obtient en la sou-
mettant à l'action de l'un
des pôles d'un aimant placé dans le méridien magnétique
et assez énergique pour neutraliser l'influence terrestre.

§ 2. — ÉLECTRICITÉ

I. ÉLECTRICITÉ STATIQUE

319. L'*électricité* (du grec *électron*, ambre; d'où *électrismos*,
électricité, en grec moderne) est un agent physique auquel
on rapporte un ordre particulier de phénomènes, qui se manifestent par des attractions, des répulsions, des éclats de
lumière, des commotions, des décompositions, des combi-

aisons moléculaires, enfin par des effets nombreux et va-
és qui semblent avoir une origine commune.

L'histoire rapporte que Thalès de Milet, qui vivait 600 ans
nviron avant J.-C., constata le premier que l'ambre jaune (1)
la propriété, après avoir été frotté avec un corps dur, d'at-
irer les corps légers, tels que des barbes de plume, des
rins de paille, des feuilles sèches.

Plus tard, comme l'atteste Théophraste dans son *Histoire
les pierres* (ouvrage composé trois siècles environ avant l'ère
chrétienne), on vit le même phénomène se manifester dans
uelques autres substances, les pierres précieuses, par
xemple, et notamment la tourmaline.

Au commencement du dix-septième siècle, un médecin
anglais, William Gilbert, confirma ces faits, et les étendit à
d'autres corps qu'il énumère dans son *Traité sur l'aimant.* Les
académiciens de Florence augmentèrent, de leur côté, la
nomenclature des substances considérées comme sensibles
au frottement.

320. **Corps idio-électriques.** — On a primitivement classé
sous ce nom les corps que l'on considérait comme étant
seuls susceptibles d'être électrisés par le frottement ; et l'on
a appliqué à tous les autres, surtout aux métaux, celui de
corps *anélectriques.*

Corps bons ou mauvais conducteurs. — La classification qui
précède ne saurait être exacte, puisqu'il est démontré que
les corps anélectriques peuvent être électrisés, quand ils
sont placés dans des conditions convenables, c'est-à-dire
quand ils sont *isolés,* au moyen d'une substance idio-électrique, telle que le verre ou la résine.

Le physicien anglais Stephen Gray prouva, en 1727, par
plusieurs expériences remarquables, que l'électricité peut
se propager d'un corps à un autre, et qu'elle peut se maintenir même dans un corps anélectrique, par exemple, dans

---

(1) L'*ambre jaune* ou *succin* est une espèce de résine fossile que l'on rencontre
en assez grande quantité dans les sables d'alluvion de la mer Baltique, surtout
entre Kœnisberg et Mémel, et, en général, dans les argiles, les marnes ou les li-
gnites du terrain tertiaire. Elle forme des rognons transparents à cassure con-
choïde. Sa couleur varie du jaune au brun. Elle peut recevoir un assez beau poli
et exhale une odeur agréable. Elle paraît provenir d'une sorte de conifères antédi-
luviens, dont les gisements succinifères contiennent des vestiges. Elle renferme
souvent des insectes fossiles. Il ne faut pas confondre le succin avec l'*ambre gris*
qui est une substance grasse d'un parfum analogue à celui du musc, et qui paraît
provenir de concrétions formées dans les viscères de certains cachalots et que l'on
recueille ordinairement sur la surface de la mer vers Madagascar, Coromandel, les
Moluques, le Japon.

un métal, quand ce corps n'a de contact qu'avec un corps idio-électrique.

On a, par suite, reconnu des *corps bons conducteurs* de l'électricité dans lesquels l'électricité se propage facilement, et des *corps mauvais conducteurs* qui ne se prêtent pas ou qui se prêtent difficilement à sa propagation. Ces derniers prennent, en raison de cette qualité, le nom de *corps isolants*.

On range parmi les corps bons conducteurs : les métaux, le charbon calciné, la plombagine, les acides et l'eau acidulée, les solutions salines, le corps des animaux, les minerais métalliques, les végétaux humides, les liquides, excepté les huiles, les vapeurs, surtout la vapeur d'eau, le coke, le lin, le chanvre, le verre pulvérisé, la fleur de soufre, le sol, la cire fondue.

Nous citerons parmi les corps isolants . la gomme laque, l'ambre, la résine, le soufre, le verre, le diamant, les pierres précieuses transparentes, la porcelaine, la cire, le caoutchouc, la gutta-percha, le mica, la soie, l'air et les gaz secs, les végétaux secs, les oxydes métalliques secs, la glace sèche, le marbre, les plumes, les cheveux, le papier, la laine.

La propriété de favoriser la propagation de l'électricité ou de s'opposer à son passage, existe à des degrés divers dans les substances que nous venons d'énumérer.

Les corps bons conducteurs de la chaleur sont généralement bons conducteurs de l'électricité. On doit encore observer que la chaleur, le plus souvent, donne la conductibilité aux substances isolantes.

321. Tous les corps s'électrisent par le frottement. — Quand on frotte un métal avec une peau de chat, il s'électrise toujours; mais l'électricité dont on le charge disparaît s'il communique avec le sol, soit par l'intermédiaire du corps de l'opérateur, soit par l'intermédiaire de toute autre substance conductrice. Si, au contraire, il n'a de contact qu'avec des substances isolantes, il conserve son état électrique. On vérifie ce fait en frottant, avec de la soie ou une peau de chat, un cylindre de cuivre fixé à un tube de verre servant d'isoloir. Le cylindre métallique acquiert la propriété d'attirer les corps légers.

322. Electroscopes. — On appelle ainsi les appareils qui servent à constater la présence de l'électricité. L'*électroscope ordinaire*, ou *pendule électrique* (fig. 184), consiste en une balle de sureau dorée suspendue, par un fil de soie, à un support en laiton, ou mieux à un support dont la tige est interceptée par un tube de verre.

Quand on approche de la balle de sureau un bâton de résine électrisé avec de la laine, la balle est attirée, et bientôt repoussée. Si l'on opère avec une tige de verre électrisée également avec de la laine, le phénomène se reproduit de la même manière. Si, après avoir touché le sureau avec la résine, on approche le verre, il y a attraction. Il en est de même si, après avoir touché le sureau avec le verre, on approche la résine.

On a conclu de ces expériences qu'il existe deux espèces d'électricité. On a appelé la première, *électricité vitrée* ou *positive*, et la seconde, *électricité résineuse* ou *négative* ; et l'on a établi la loi suivante : **Les électricités de même nom se repoussent ; celles de nom contraire s'attirent.**

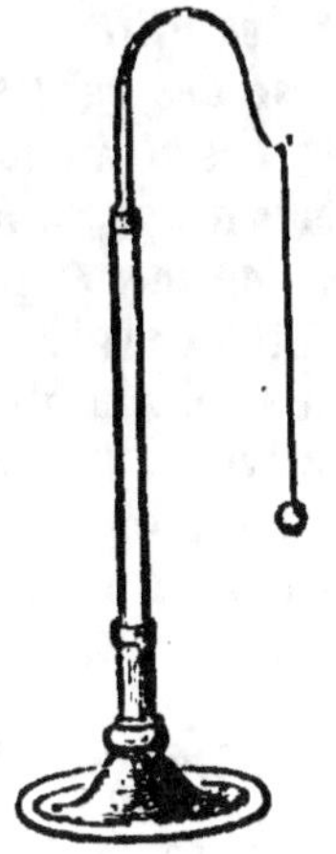

Fig. 184.

Il ne faudrait pas induire de ce qui précède que le verre s'électrise toujours *positivement*, et la résine *négativement*. La nature de l'électricité dont un corps se charge dépend de la substance avec laquelle on frotte ce corps. Le verre poli, par exemple, prend l'électricité positive, quand on le frotte avec de la laine ou avec de la soie ; il prend l'électricité négative, quand on le frotte avec une peau de chat.

Lorsque deux corps sont frottés l'un contre l'autre, les deux fluides électriques se développent simultanément dans chacun d'eux ; sur l'un, le fluide vitré, sur l'autre, le fluide résineux. Il suffit, pour vérifier ce phénomène, de frotter un plateau de verre V (fig. 185), contre un plateau de bois B revêtu de flanelle, en ayant soin de tenir ces plateaux à l'aide de manches isolants *m, m'*. En les présentant

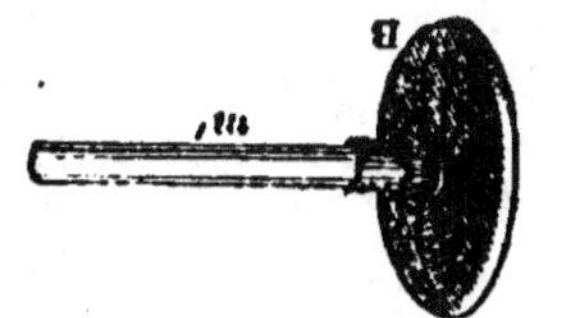
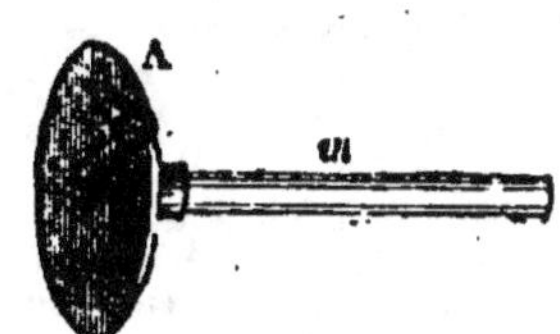

Fig. 185.

successivement à un électroscope chargé d'une électricité connue, on constate que l'un attire le pendule de l'électroscope et que l'autre le repousse, et que ces attractions et répulsions confirment la loi que nous avons énoncée un peu plus haut.

323. *Lois des attractions et des répulsions électriques.* — Ces lois sont les suivantes :

1° *Les attractions et les répulsions électriques varient en raison inverse des carrés des distances auxquelles elles s'exercent;*

2° *Les attractions et les répulsions électriques varient en raison directe des produits des quantités d'électricité que possèdent les corps que l'on met en présence.*

Cette dernière est appelée *loi des masses.*

Ces lois fondamentales ont été établies, ainsi que les lois relatives aux attractions et répulsions magnétiques, vers le commencement de ce siècle, par l'officier du génie Coulomb. Il avait imaginé, à cet effet, l'appareil que nous allons décrire.

324. **Balance électrique de Coulomb.** — Une cage de verre cylindrique (fig. 186) *cc'* est surmontée d'un tube *tt'*, au sommet et suivant l'axe duquel est suspendu un fil métallique portant à son extrémité inférieure une aiguille de gomme laque, munie, à l'une de ses extrémités, d'un disque en clinquant ou en papier doré *n*, ou d'une boule de sureau dorée. Le fil métallique est fixé par une pince à un petit cylindre *v* qui sert d'axe à une aiguille. Ce petit cylindre traverse à frottement libre une boîte en cuivre fermée supérieurement par une plaque circulaire et graduée. Le plateau qui recouvre la cage est percé d'une ouverture *o*, par laquelle on introduit, au moment de l'observation, une tige isolante servant de support à une boule électrisée *m*. Cette boule électrisée exerce sur le disque *n* des attractions ou des répulsions dont on mesure l'intensité à l'aide de degrés tracés sur le contour de la cage, degrés qui marquent avec exactitude les déviations de l'aiguille de gomme laque.

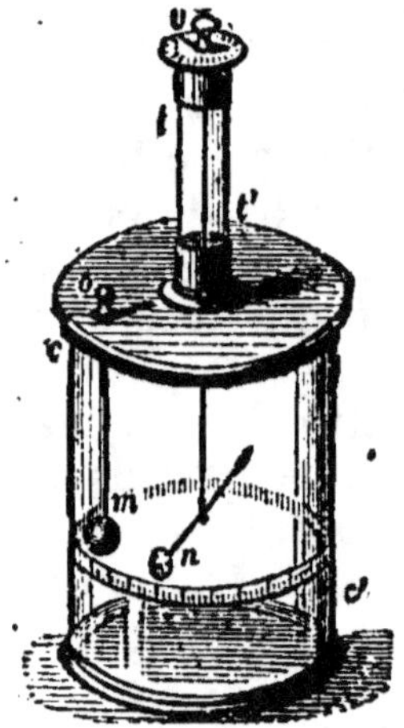
Fig. 186.

On introduit dans la cage de la chaux vive ou du chlorure de calcium pour dessécher l'air et le rendre mauvais conducteur de l'électricité. L'appareil porte aussi le nom de *balance de torsion*.

Pour observer la loi des attractions, on donne à la boule et au disque des électricités contraires; puis on fait agir la boule, qui est fixe, sur le disque placé successivement à des distances différentes. On constate ainsi que pour une distance double l'attraction est quatre fois moindre, pour une distance triple l'attraction est neuf fois moindre.

Pour observer la loi des répulsions, on met la boule électrisée en contact avec le disque, de telle sorte que, primitivement, le fil de suspension soit au zéro, c'est-à-dire n'éprouve aucune torsion. Aussitôt après le contact, le disque s'écarte jusqu'à ce que la force de torsion du fil fasse équilibre à la force électrique répulsive. L'angle de torsion donne la mesure de cette force. Si alors, en faisant tourner le petit cylindre *v*, on ramène l'aiguille de gomme laque, de manière à réduire de moitié l'angle de torsion, on reconnaît par le nombre des degrés parcourus, que la torsion totale du fil est quatre fois plus grande que celle de la première opération.

On vérifie la loi des masses en variant la charge électrique de la boule et en notant et comparant les écarts de l'aiguille obtenus dans chaque expérience. Après avoir observé, par exemple, la répulsion produite par la boule, on enlève à celleet la moitié de son électricité en la mettant un instant en contact avec une boule isolée et entièrement semblable, et l'on répète l'expérience. On remarque alors que l'angle de torsion est devenu moitié plus petit.

325. Électricité développée par influence. — Les théories électriques proposées se résument à deux hypothèses dues, l'une à Franklin, l'autre au physicien anglais Symmer. Par la théorie de Franklin, on admet que tous les corps contiennent, à l'état latent, un seul *fluide électrique*, dont la quantité varie suivant la nature de la substance du corps, et dont les molécules se repoussent entre elles. Quand, par une cause quelconque, on vient à augmenter la dose naturelle d'électricité que contient un corps, on dit qu'il est électrisé *positivement*, c'est-à-dire *en plus*, ou qu'il est chargé d'électricité *positive*. Dans le cas contraire on dit qu'il est électrisé *négativement*, c'est-à-dire *en moins* ou qu'il est chargé *d'électricité négative*. Si, conséquemment, on électrise deux corps en les frottant l'un contre l'autre, l'un perd de son électricité, tandis que l'autre en prend un excès; et si on les met en contact, ils retombent chacun dans leur état primitif.

Par la théorie de Symmer, on suppose que tous les corps contiennent, à l'état de combinaison, deux fluides particuliers, appelés, l'un, *fluide vitré*, l'autre, *fluide résineux*. Chacun de ces fluides tend constamment à repousser le fluide de son espèce, et à attirer celui d'espèce contraire. Le fluide composé provenant de la combinaison de ces deux éléments se faisant équilibre, est appelé *fluide neutre* ou *fluide naturel*. Deux corps soumis à un frottement réciproque se chargent l'un, *d'électricité vitrée*, l'autre, *d'électricité résineuse*; c'est-à-dire l'une de l'espèce d'électricité qui se développe sur le verre frotté avec de la laine, et l'autre, de l'espèce d'électricité développée sur la résine frottée également avec de la laine.

C'est par cette dernière théorie, qui d'ailleurs explique mieux que la précédente l'ensemble des phénomènes électriques, que nous nous rendrons compte de l'électricité développée dans un corps par l'influence d'un autre corps. Si l'on place à une distance convenable d'une source électrique, un corps conducteur isolé, ce dernier donne aussitôt les signes d'une électrisation d'autant plus prononcée que la source électrique est plus énergique et plus rapprochée. On constate alors que la partie la plus voisine de ce corps conducteur a pris l'électricité contraire à celle de la source, et que la partie opposée a pris l'électricité identique. Si le corps conducteur n'est pas isolé, les faits se passent de la même manière, si ce n'est que l'électricité analogue à celle de la source est refoulée dans le sol et devient inappréciable. Ce genre d'électrisation s'appelle *électrisation par influence, électrisation par induction,* ou *induction électrostatique.*

On place une sphère S (fig. 187) chargée d'électricité positive en présence d'un cylindre métallique isolé AB aux extrémités duquel sont suspendus, par des fils conducteurs (des fils de lin ordinairement), des couples de balles de sureau *a, b.* Par l'influence de la sphère, les balles de sureau de chaque couple divergent. En approchant successivement un bâton de résine électrisé du pendule de chaque extrémité A et B du cylindre, on constate que l'extrémité A est chargée d'électricité négative, et que le contraire a lieu pour l'autre extrémité.

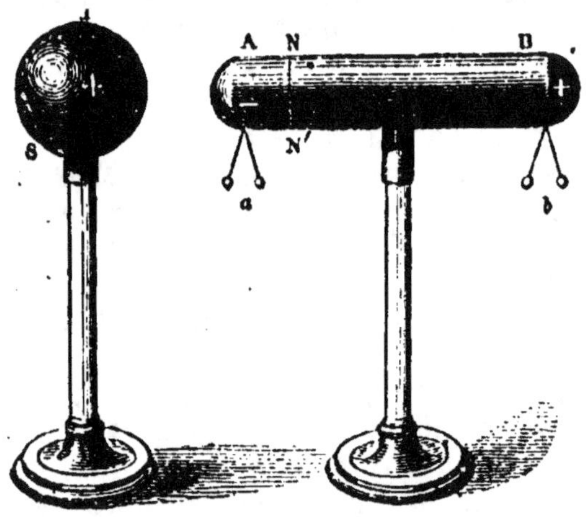

Fig. 187.

Si divers pendules sont fixés sur la longueur du cylindre, la divergence des balles décroît des extrémités vers un certain point N appelé *point neutre,* ou plutôt vers une certaine ligne circulaire NN' perpendiculaire à l'axe du cylindre et appelée *ligne neutre,* où la divergence est nulle. Cette ligne n'est pas située au milieu du cylindre; elle est toujours plus rapprochée de la source électrique.

En plaçant un autre cylindre semblable à la suite du cylindre AB, on produira, dans ce dernier, une décomposition inverse, en ce sens que le fluide négatif se portera vers l'extrémité tournée du côté de B, et que l'autre fluide sera repoussé vers l'extrémité opposée. La décomposition d'ailleurs sera plus faible que dans le premier cylindre, et deviendra de plus en plus faible pour plusieurs autres cylindres placés à la suite les uns des autres.

Si l'on enlève la sphère S, c'est-à-dire si l'on supprime

nfluence électrique, les cylindres reviennent immédiate-
ent à l'état naturel, les pendules cessent de diverger. Si la
ource électrique étant maintenue, on touche du doigt l'ex-
·émité B du cylindre, de manière à établir communication
vec le sol, le pendule *b* retombe, tandis qu'au contraire la
ivergence du pendule *a* augmente. En effet, le fluide positif
e l'extrémité B étant neutralisé par le sol, une nouvelle
quantité de fluide neutre peut se décomposer ; et cette dé-
omposition se continue jusqu'à ce que le fluide négatif
ccumulé vers A fasse équilibre à l'action de la source électrique. Dès qu'on rompt toute communication avec le sol,
et avec la source électrique, le cylindre se trouve chargé
d'électricité négative sur toute son étendue. Dès lors, le pendule *b* diverge de nouveau. Un pendule placé ailleurs qu'aux
extrémités A et B divergerait également. Si, au lieu de toucher le cylindre en B, nous l'avions touché en A, c'est encore
le pendule *b* qui serait retombé et les résultats auraient été
entièrement les mêmes. Quand on touche, en un quelconque
de ses points, un corps électrisé par influence, le fluide neutralisé est toujours de même nom que celui du corps influent.

Les mauvais conducteurs peuvent être, comme les bons
conducteurs, électrisés par influence, mais par suite seulement d'une action prolongée.

326. Machines électriques. — On appelle ainsi des appareils qui servent à produire, par le frottement, et à recueillir
sur des corps appelés *conducteurs* des quantités plus ou
moins considérables d'électricité.

La première machine est due à Otto de Guericke. Cet illustre savant imprimait un mouvement de rotation rapide à
une sphère de soufre, et produisait le frottement en maintenant ses mains appliquées sur une partie de la surface de
cette sphère. Il parvenait ainsi à obtenir des étincelles. Il
importe, pour le succès de cette expérience, que l'on ait les
mains bien sèches.

Par des perfectionnements successifs, on remplaça le
globe de soufre par un globe ou un cylindre de résine, puis
par un globe ou un cylindre de verre, et l'on substitua à
l'office des mains celui de coussins en cuir ou de coussins
de crin recouverts de soie ; et l'on recueillit l'électricité sur
un conducteur métallique soutenu par des fils de soie.
En 1766, Ramsden remplaça les globes et les cylindres par
des plateaux circulaires.

327. Machine électrique ordinaire. — Cette machine électrique, qui est désignée également sous les noms de *machine de Ramsden* ou de *machine électrique à plateau de verre*, se compose essentiellement d'un plateau circulaire en verre P (fig. 188), de *coussins* faisant fonctions de *frottoirs*, d'un ou de deux cylindres ou *conducteurs* ordinairement en laiton, faisant fonction de réservoir d'électricité.

Le plateau est fixé, verticalement, par son centre, à un axe horizontal auquel on peut imprimer un mouvement de rotation au moyen d'une manivelle M. Ce plateau passe à frottement entre deux paires de coussins élastiques articulés de part et d'autre sur deux montants de bois qui soutiennent l'axe de rotation. Les frottoirs ou coussins FF doivent communiquer avec le sol, et présenter une surface à peu près plane. Afin d'augmenter le frottement, on revêt les coussins d'or mussif (bi-sulfure d'étain), ou mieux, d'amalgames métalliques, tels que ceux qui contiennent du zinc, de l'étain, du bismuth. Les conducteurs sont des cylindres métalliques creux C, C, en laiton ordinairement, montés sur des supports de verre S vernis à la gomme laque. Ils sont réunis, d'un côté, par une traverse T et se terminent, de l'autre côté, par des pièces *p* recourbées en fer à cheval, qui embrassent chacune un rayon horizontal de la roue. Ces pièces, appelées *mâchoires*, sont armées de dents ou pointes qui aboutissent à une très-faible distance de la source électrique.

Cela posé, si nous faisons tourner le plateau, la partie soumise au frottement se charge d'électricité positive, tandis que les frottoirs se chargent d'électricité négative, qui s'écoule dans le sol par les montants de bois *m*, *m′* et la chaîne métallique *c*. Electrisé par influence, le conducteur donne, par les pointes dont il est armé, écoulement à son fluide négatif, pour neutraliser le fluide positif du plateau, et conserve son fluide positif. Le conducteur reste donc chargé de l'électricité de même nom que celle du plateau.

Il ne faut pas oublier que ce n'est pas l'électricité du verre qui s'accumule sur les conducteurs, mais que ceux-ci ne s'électrisent que par l'effet d'une décomposition et d'une recomposition du fluide neutre.

La quantité d'électricité qu'on peut accumuler sur les conducteurs est limitée. Comme dans le phénomène d'électrisation par influence, le fluide libre, qui est ici le fluide positif, nuit à une nouvelle décomposition, en attirant le fluide négatif qui tend à se diriger vers le plateau. A cette

cause il faut joindre les déperditions effectuées par l'air,
surtout l'air humide, et par les supports. L'air humide, par
sa conductibilité, facilite la recomposition sur les conducteurs comme sur le plateau; en outre, en se déposant sur
le plateau, la vapeur d'eau nuit à son électrisation.

Aussi doit-on avoir soin, quand on opère, de sécher les

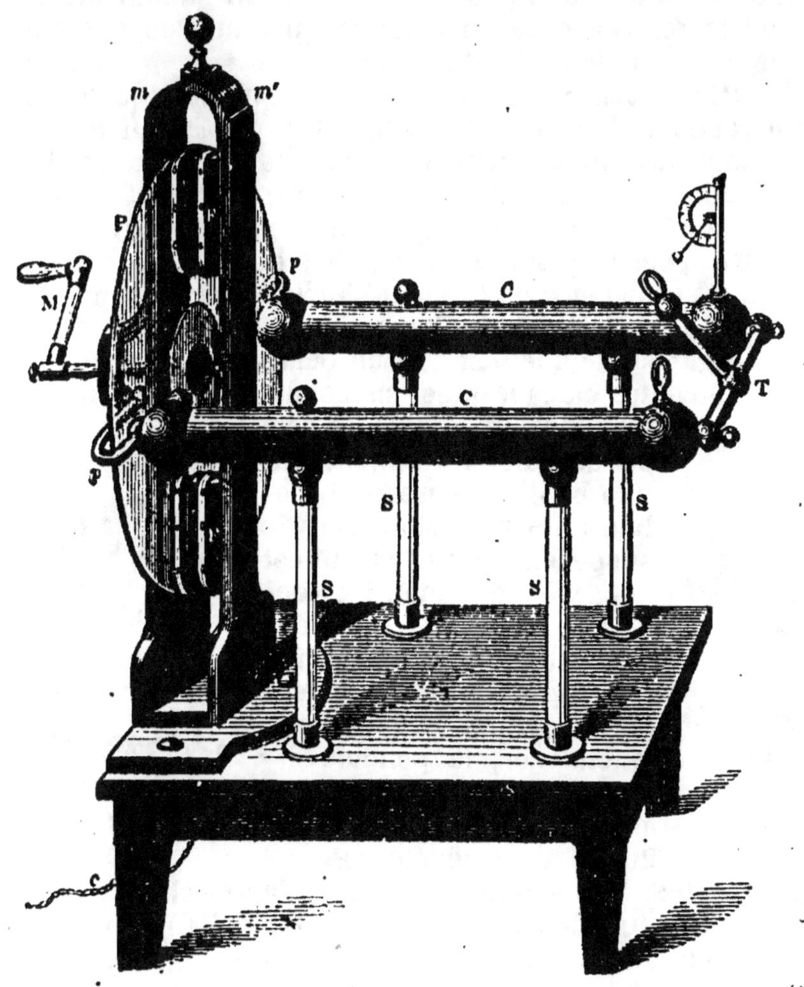

Fig. 188.

supports, le plateau et même les cylindres, soit en plaçant
sur la table de la machine des fourneaux remplis de charbons allumés, soit en les essuyant avec des linges chauds.

Afin d'établir une parfaite communication des coussins

avec le sol, on applique une feuille d'étain sur leurs bords et sur leur surface postérieure.

En observant le mouvement de rotation du plateau, on reconnaît aisément que l'électricité n'existe guère que dans le quart de cercle qui suit son passage par chacun des coussins, c'est-à-dire dans le quart de cercle compris entre chaque coussin et la première mâchoire conductrice. Afin de maintenir, autant que possible, l'état électrique du plateau jusqu'à la rencontre des mâchoires, on munit ce quart de cercle d'un double secteur de taffetas.

328. Electromètre à cadran. — On emploie quelquefois indifféremment les mots *électroscope* et *électromètre*. Il importe cependant de faire observer que, dans le sens du premier, il ne s'agit que de constater la présence de l'électricité, et que, dans le sens du second, il s'agit en outre d'apprécier les charges électriques. Le plus précis de tous les électromètres est la balance de torsion. L'*électromètre à cadran*, appelé aussi *électromètre de Henley*, consiste en un support de bois *ss* (fig. 189), auquel est fixé un demi-cercle gradué, en ivoire. Au centre du cadran est suspendu un petit pendule,

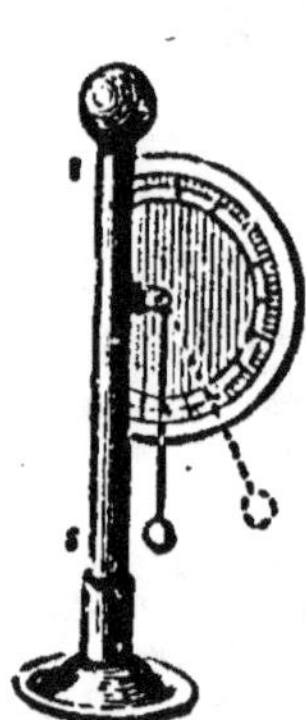

Fig. 189.

formé d'une aiguille de bois ou de baleine terminée par une boule de sureau et mobile autour de son point de suspension. On construit cet appareil de manière à pouvoir le visser sur l'un des conducteurs d'une machine électrique. Alors, au moment où la machine commence à fonctionner, le pendule diverge; et cette divergence augmente avec la tension du fluide des conducteurs.

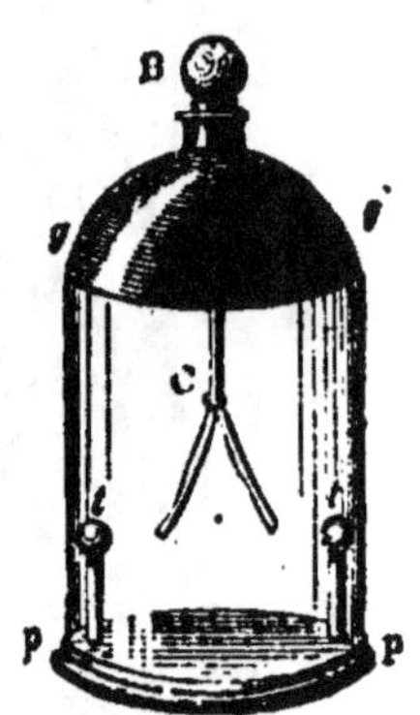

Fig. 190.

329. Electromètre à feuilles d'or. — Une cloche de verre C repose sur un plateau métallique *pp* (fig. 190), et porte à son sommet une tubulure que traverse une tige de laiton terminée, d'un côté, par une boule B, de l'autre, par deux lames d'or longues et minces. La partie supérieure de la cloche est enduite d'un vernis à la gomme laque *gg*. Si l'on n'avait cette précaution, la vapeur d'eau qui pourrait se déposer sur le verre, empêcherait que l'isolement de la tige métallique fût complet. La divergence des lames d'or est évaluée à l'aide d'une graduation gravée sur la cloche. Celle-ci protége les lames contre l'agitation de l'air.

Si l'on approche du bouton B un corps électrisé, il décompose par influence le fluide neutre du système isolé. Le fluide de nom contraire à celui du corps est attiré vers le bouton, tandis que celui de même nom est refoulé dans les lames. Celles-ci aussitôt se repoussent et se tiennent écartées indéfiniment, si l'on conserve le corps électrisé dans la même position; mais si l'on éloigne ce dernier, elles retombent. Si, avant d'éloigner le corps électrisé, on touche du doigt le bouton, on fait écouler dans le sol le fluide de même nom que celui du corps; celui de nom contraire reste seul dans le bouton; et les lames se rapprochent. Si alors on enlève et le doigt et le corps électrisé, le système reste chargé de fluide contraire à celui qui lui a été présenté; et ce fluide se répand dans toute l'étendue du système. Les lames sont de nouveau divergentes et se maintiennent longtemps dans cet état, si l'on a soin de tenir l'air de la cloche desséché avec de la chaux vive ou du chlorure de calcium, substances très-propres à l'absorption de la vapeur d'eau.

L'écart des lames peut devenir assez grand pour que leurs extrémités touchent les parois de la cloche et leur communiquent de l'électricité qui s'y conserve longtemps, le verre étant un mauvais conducteur. Les lames, en outre, adhèrent quelquefois à la paroi qu'elles ont touchée; autre fait qui nuit encore à l'expérience. On prévient ces perturbations en fixant verticalement sur le plateau *pp* deux tiges métalliques *t t*, à une faible distance des parois intérieures de la cloche et de manière à décharger les lames quand la divergence est trop prononcée. Ces deux tiges conductrices sont souvent remplacées par deux bandes d'étain collées sur la paroi intérieure de la cloche.

Quand le système conducteur se trouve, comme nous venons de le démontrer, chargé d'une électricité de nom contraire à celle du corps présenté, on reconnaît de quelle électricité celui-ci est chargé, en approchant de la boule un corps ayant une électricité connue. Supposons qu'on approche de la boule un bâton de résine électrisé par frottement avec un morceau de laine, et que la divergence des lames augmente, on reconnaît que le système est chargé d'électricité négative; et l'on en conclut que le corps présenté est électrisé positivement.

On peut suivre une marche inverse, en chargeant d'abord

le système d'une électricité connue, et en lui présentant le corps dont il s'agit de déterminer l'état électrique.

Dans la construction de cet électromètre, on remplace souvent les feuilles d'or par deux balles de sureau ou deux brins de paille d'herbe fine.

330. **Tabouret isolant ou tabouret électrique.** — Si, pendant qu'on fait tourner le plateau d'une machine électrique, une personne tient la main constamment appliquée sur le conducteur, l'électricité de celui-ci se neutralise, à mesure qu'elle se forme, le corps humain étant un bon conducteur; la personne n'éprouve aucune commotion, et l'électromètre à cadran de la machine reste immobile.

Mais si cette personne, ayant toujours la main appliquée sur le conducteur, est placée sur un tabouret à pieds de verre (fig. 191), elle s'électrise absolument comme le con-

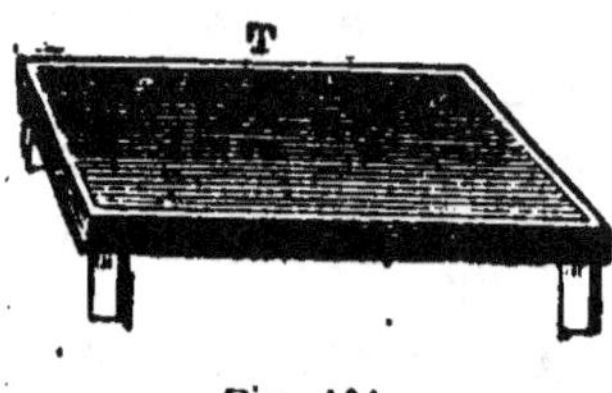

Fig. 191.

ducteur, bien que n'éprouvant aucune commotion. Elle sent toutefois un souffle léger sur le visage et les mains; et ses cheveux, chargés d'un même fluide, se repoussent mutuellement et se dressent, en se dirigeant vers les objets qu'on leur présente. Si l'on vient à toucher cet expérimentateur dans un point quelconque de son corps, on tire des étincelles, et l'on ressent une commotion qu'il ressent lui-même.

En frappant avec une peau de chat une personne montée sur un tabouret isolant, on l'électrise suffisamment pour en tirer des étincelles. Si la personne qui frappe avec la peau de chat est elle-même sur un tabouret isolant, les deux personnes s'électrisent, l'une positivement, l'autre négativement.

331. **Condensateurs électriques.** — Les *condensateurs électriques* sont des appareils qui se composent essentiellement de deux conducteurs séparés par une lame isolante, et dans lesquels on peut accumuler des quantités plus ou moins considérables d'électricité.

332. **Théorie du condensateur.** — Un plateau métallique A, appelé *plateau collecteur* (fig. 192), est fixé horizontalement sur un support de verre P. Un second plateau métallique B, appelé *plateau condensateur*, d'un diamètre égal à celui du premier, et muni d'un manche en verre I, est séparé du premier par un plateau de verre V, d'un diamètre plus grand que celui des deux autres.

Supposons d'abord que, les plateaux V et B étant enlevés, on mette le plateau inférieur A en communication avec le conducteur d'une machine électrique, char-

gée, par exemple, d'électricité positive ; le plateau A prendra la même électricité. La présence de cette électricité se manifestera aussitôt par l'écartement des
balles de sureau d'un pendule *p*. Le maximum de tension aura lieu quand cette
tension sera équilibre à celle de la source électrique, c'est-à-dire quand le plateau
aura atteint sa limite de charge. La
tension sera alors la même sur les deux
faces du plateau. Admettons actuellement que nous remettions à leur place
les plateaux V et B ; le fluide neutre
de B sera décomposé par influence, le
fluide négatif sera attiré à la surface
inférieure, le fluide positif sera repoussé
vers la surface opposée, et le pendule
p' divergera. Il divergera moins toutefois
que le pendule *p*, attendu que le fluide
positif sera moins intense en B qu'en
A. Si alors, enlevant le conducteur,
nous mettons le plateau B en communication avec le sol, le fluide positif de
B s'écoulera par cette communication,
et le pendule *p'* redeviendra vertical.
En même temps, on verra diminuer la
divergence du pendule *p*, la majeure
partie de l'électricité de A, qui est positive, étant attirée par l'électricité négative de B et se portant vers le plateau
isolant. Le fluide négatif de B réagissant

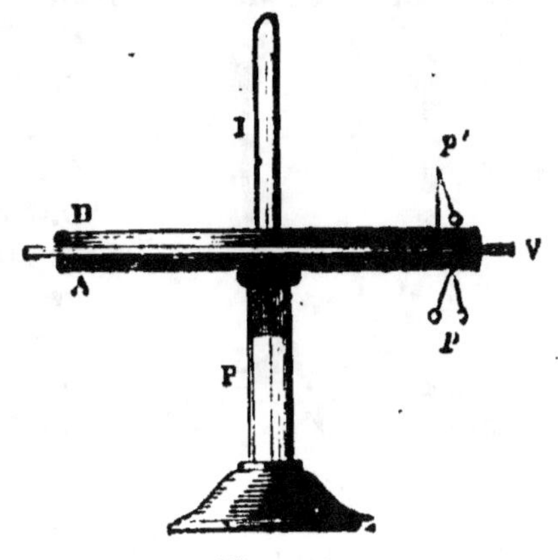

Fig. 192.

ainsi sur le fluide positif de A, détruit une partie de la force répulsive qui avait
limité sa charge, et le plateau A peut prendre une nouvelle charge d'électricité
positive. On n'a donc qu'à répéter les mêmes opérations pour accumuler de nou-
velles quantités d'électricité.

333. Décharge du condensateur.— Excitateur. — Le plateau
A est chargé de fluide positif inégalement réparti. La portion la plus forte est contiguë à la lame isolante et a été désignée sous le nom d'électricité *latente* ou *dissimulée*, parce
qu'elle ne se manifeste pas par le pendule ; la portion la
plus faible est située sur l'autre face du plateau et est *libre*.

On peut ramener le condensateur à l'état naturel, soit par
des *décharges successives,* soit par la *décharge
instantanée*, c'est-à-dire soit en touchant
successivement chacun des plateaux, en
commençant par A, soit en mettant instantanément les deux plateaux en communication, au moyen de deux arcs de laiton
mobiles autour d'une charnière et terminés par des boules ; instrument auquel on
donne le nom d'*excitateur* (fig. 193).

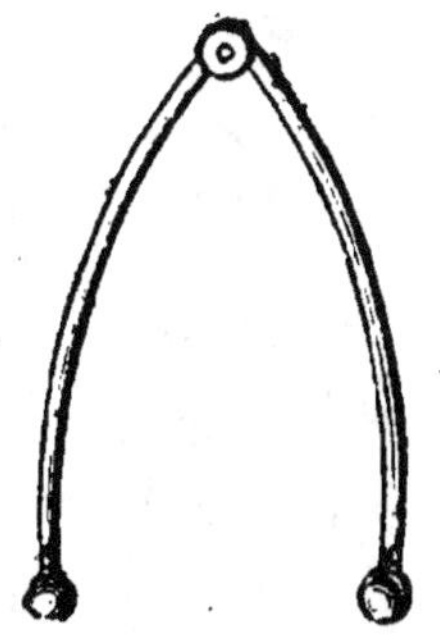
Fig. 193.

L'électricité suivant de préférence les
meilleurs conducteurs, on peut souvent
tenir à la main l'excitateur, au moment
de la décharge, et se servir de l'excita-
teur simple que nous venons de décrire. Quand il s'agit de

décharger des condensateurs puissants, on doit se servir d'excitateurs à manches de verre, afin de se garantir de la commotion (fig. 194).

334. Carreau de Leyde ou carreau fulminant (fig. 195). —

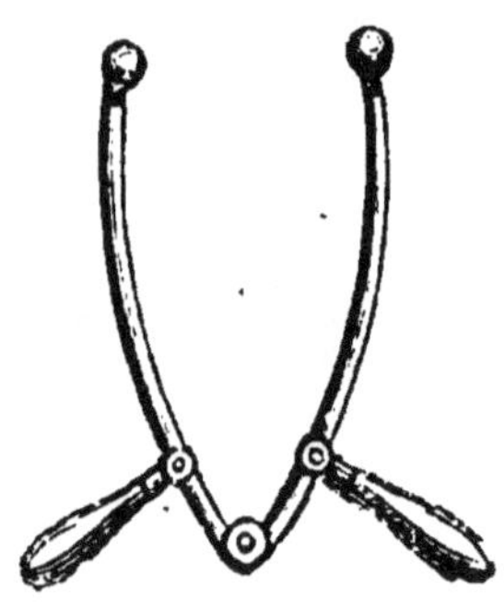

Fig. 194.

Cet appareil consiste simplement en un carreau de verre VV dont les deux faces sont recouvertes, jusqu'à 5 à 6 centimètres des bords, par des feuilles d'étain collées en regard l'une de l'autre. L'une de ces feuilles, faisant fonction de condensateur, communique par une languette avec l'anneau a qu'on peut mettre en rapport avec le sol, par une chaîne ou simplement avec la main, pendant qu'on présente la face opposée au conducteur d'une machine électrique. Cet appareil, si simple, peut recueillir des charges considérables. On peut en juger par la vigueur de l'étincelle que l'on obtient, quand on le décharge au moyen d'un excitateur.

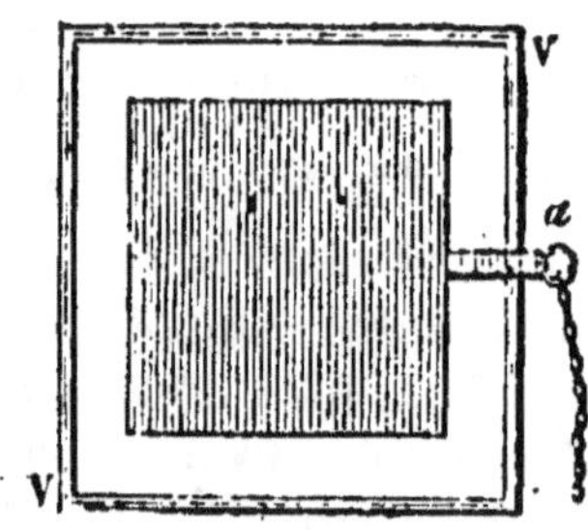

Fig. 195.

335. Bouteille de Leyde (fig. 196). — Un flacon de verre à col droit est rempli de feuilles d'or, d'étain ou de clinquant qui font l'office de plateau collecteur, qui communiquent avec l'extérieur par une tige métallique terminée par un crochet à bouton TA, et dont le système est désigné sous le nom d'*armature intérieure*. A quelques centimètres au-dessous du goulot, est collée, sur la surface latérale et sur le fond, une feuille d'étain B qui représente le plateau condensateur, et à laquelle on a donné le nom d'*armature extérieure*. Afin d'isoler plus exactement les deux armatures l'une de l'autre, on a soin le plus souvent de vernir à la gomme laque la surface du verre qui n'est pas recouverte d'étain, en comprenant même le haut du flacon et le bouchon que traverse la tige.

Fig. 196.

Pour charger ce condensateur, on fait communiquer l'armature extérieure avec le sol, au moyen d'une chaîne ou en la prenant à la main ; puis on approche le bouton A du conducteur d'une machine électrique ordinaire qui fonctionne. Le fluide négatif de l'armature intérieure est attiré et se combine avec le fluide positif de la machine ; cette armature reste donc chargée de fluide positif. En même temps, le fluide négatif de l'armature extérieure, attiré par le fluide positif de l'armature intérieure, reste adhérent à la surface du verre, tandis que son fluide positif s'écoule dans le sol.

On reconnaît que la bouteille a atteint sa limite de charge quand les étincelles deviennent rares et peu vives, ou plutôt quand l'électromètre à cadran que porte la machine a pris son écart maximum.

On décharge en faisant communiquer les deux armatures, à l'aide d'un excitateur. Après avoir mis l'une des extrémités de cet instrument en contact avec la panse B de la bouteille, on approche l'autre extrémité du bouton A. Les deux fluides se combinent en produisant une étincelle d'autant plus forte que la bouteille est plus grande et plus chargée. L'excitateur étant d'une conductibilité supérieure à celle du corps de l'homme, la personne qui le tient ne reçoit pas de commotion, si elle a soin, comme nous venons de le dire, de toucher d'abord en B. Si, tenant d'une main la panse de la bouteille, on approche l'autre main de l'armature intérieure, on éprouve une commotion qui, si la charge est faible, se fait simplement sentir dans les jointures des doigts et au poignet. La charge augmentant, la commotion se fait sentir aux articulations des membres et à la poitrine.

Pour faire ressentir une commotion électrique à un certain nombre de personnes à la fois, on les dispose de manière qu'elles forment une chaîne, en se donnant la main. Si, la première personne de la chaîne touchant, directement ou à l'aide d'une tige conductrice, l'armature extérieure d'une bouteille chargée, la dernière personne met le doigt sur le bouton de l'armature intérieure, ceux qui composent la chaîne reçoivent instantanément une commotion qui est presque de même force pour tous.

L'instrument dont nous donnons la description est dû aux physiciens hollandais Cunéus et Muschenbroek. Le premier, en 1746, eut l'idée de suspendre au conducteur d'une machine électrique en activité une tige métallique plongeant dans une bouteille de verre qu'il tenait à la main, et remplie en partie d'eau qu'il voulait électriser. Ayant touché la tige métallique avec la main qui était libre, il ressentit une violente commotion. Cette expérience qui le frappa d'étonnement fut répétée par Muschenbroek, son maître; et dès lors le condensateur était découvert. On donna à l'appareil le nom de *bouteille de Leyde*, parce que c'est à Leyde que ces expériences eurent lieu. Franklin parvint à en établir la théorie par une série d'expériences concluantes. Les physiciens Bevis et Watson, appliquant des feuilles d'étain sur du verre, ont construit des condensateurs plans. Nollet a remplacé l'eau de la bouteille par des feuilles métalliques.

On peut décharger lentement la bouteille de Leyde, comme tout autre condensateur, en la plaçant sur un plateau isolant et en tirant alternativement des étincelles du dedans et du dehors.

336. Carillon à bouteille (fig. 197). — La tige d'une bouteille de Leyde se termine par un timbre. Un support muni d'un timbre semblable communique avec l'armature extérieure de cette bouteille, et soutient une balle métallique par un fil de soie.

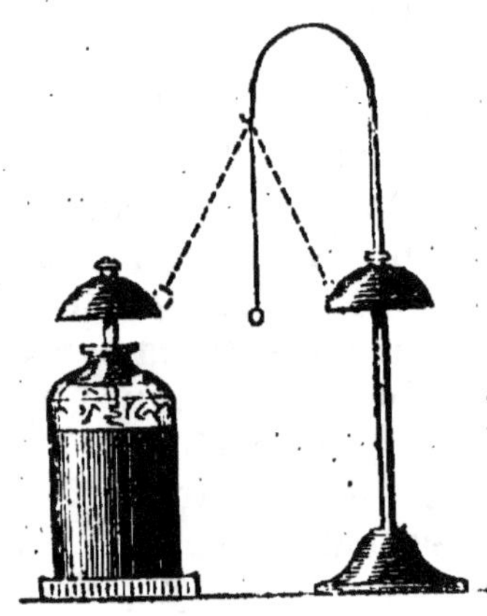

Fig 197.

La bouteille ayant été préalablement chargée, le pendule est attiré par l'électricité libre de l'armature intérieure, s'électrise au contact, est repoussé et va heurter l'autre timbre, qui le ramène à l'état neutre. L'armature intérieure contient toujours de l'électricité libre, puisque l'armature extérieure n'est pas isolée. Il résulte de là que le pendule est attiré de nouveau par le timbre de la bouteille, et qu'il fait ainsi une suite continue d'oscillations, en effectuant la décharge lente de la bouteille.

337. Dans un condensateur, l'électricité adhère à la lame isolante. — Pour démontrer ce fait, on se sert d'une bouteille à armatures mobiles (fig. 198). Un cône tronqué métallique M, surmonté d'une tige à crochet, forme l'*armature intérieure*. Un second cône en verre V enveloppe le premier, en s'y adaptant exactement. Un troisième cône M', qui est métallique, enveloppe le précédent, en s'y adaptant le plus rigoureusement possible, et forme l'*armature extérieure*. Le vase de verre a un bord plus élevé que les deux autres.

Ces trois pièces étant placées l'une dans l'autre, on pourra charger et décharger le système à la manière d'une bouteille de Leyde, et l'on reconnaîtra que le phénomène général est le même.

Ce condensateur étant chargé, on le place sur un gâteau de *résine*, on enlève

l'armature intérieure au moyen d'une baguette de verre, on enlève ensuite le vase
de verre, on touche les deux armatures avec la main, pour les remettre à l'état
neutre. Après avoir constaté que le vase de verre est forte-
ment électrisé, on reconstruit l'appareil, et l'on obtient avec
l'excitateur une étincelle qui prouve que les deux fluides, en
vertu de leur attraction mutuelle, se sont accumulés en grande
partie sur les deux faces de la lame isolante. Les fluides ont,
en outre, pénétré une portion de la substance de la lame isolante; ce qui explique pourquoi un condensateur n'est jamais
entièrement déchargé d'une seule fois. En présentant l'excitateur, à certains intervalles de temps, on obtient des étincelles
de plus en plus faibles.

Le mode de distribution des fluides dans un condensateur
a été constaté, pour la première fois, par Franklin, de la
manière suivante. Il chargea une bouteille pleine d'eau, versa
cette eau dans un vase et reconnut qu'elle n'était pas électrisée sensiblement. Il remplit alors la bouteille avec de l'eau
nouvelle, et obtint une étincelle, en faisant communiquer
l'armature extérieure, c'est-à-dire sa main, avec l'armature
intérieure, c'est-à-dire avec l'eau nouvelle qu'il venait de
verser dans la bouteille.

Fig. 198.

338. Batterie électrique (fig. 199). — On obtient avec la
bouteille de Leyde une charge beaucoup plus forte qu'avec
la machine électrique employée seule. Guidé par l'idée qu'en
augmentant la surface de ce condensateur on augmente sa
puissance, Franklin a imaginé de réunir plusieurs bouteilles
entre elles. C'est
donc à ce savant
que remonte l'em-
ploi des batteries
électriques. Ces
appareils sont ac-
tuellement for-
més par la réu-
nion de plusieurs
vases de verre à
large ouverture,
revêtus au dehors
et à l'intérieur de
feuilles d'étain
qui en constituent

Fig. 199.

les armatures. Ces vases, appelés *jarres*, au nombre
de neuf ordinairement, sont placés dans une caisse dont
le fond est recouvert d'étain, de manière que toutes les
armatures extérieures communiquent ensemble, et communiquent en outre avec le sol, par une chaîne métallique.
Les boutons des armatures intérieures de toutes les jarres
communiquent, par des tiges, avec le bouton de la jarre
centrale.

Les armatures semblables étant ainsi réunies, il est évident qu'on peut charger une batterie comme une bouteille de Leyde ordinaire.

Par la décharge des batteries, on peut fondre et même volatiliser des fils métalliques, percer ou briser des corps résistants, enflammer des liquides combustibles tels que l'éther, l'alcool, le phosphore. Avec une batterie de douze grandes jarres, on peut tuer un bœuf.

Nous diviserons en trois classes les effets produits par la décharge électrique : les effets *physiques*, les effets *chimiques* et les effets *physiologiques*.

339. 1° EFFETS PHYSIQUES. — Nous rapporterons à cette classe les effets *lumineux;* les effets *calorifiques*, tels que la fusion, la volatilisation, l'inflammation de certaines substances; les effets *mécaniques*, tels que la rupture et la perforation des corps mauvais conducteurs, l'expension subite des gaz.

340. **Etincelle.** — Lorsqu'on approche l'un de l'autre deux conducteurs chargés d'électricité contraire, les deux fluides tendent à se rencontrer, pour former du fluide neutre.

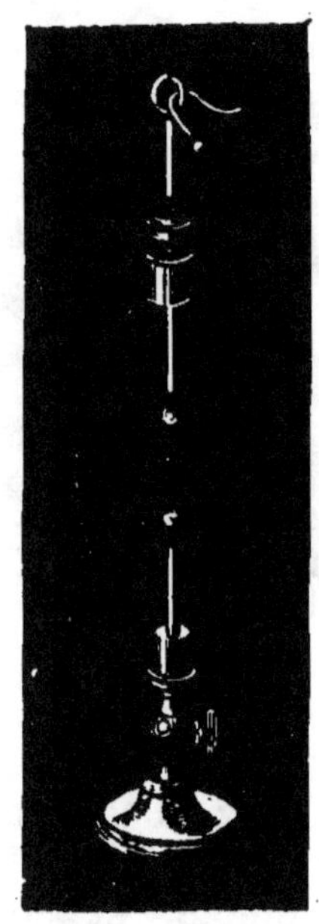

Fig. 200.

Lorsque la distance est assez faible pour qu'ils puissent vaincre la résistance de l'air, ils se combinent, le plus souvent, avec bruit et lumière; ce qui donne lieu à l'*étincelle*. L'étincelle est donc un effet de la combinaison des deux électricités.

Quand la charge de la source est faible, l'étincelle est courte et paraît rectiligne; dans le cas contraire, elle peut jaillir à plusieurs décimètres. Alors elle est sinueuse ou brisée en zigzag; quelquefois elle se ramifie. Cette irrégularité, dans la marche de l'étincelle, est due aux résistances successives qu'oppose l'air refoulé par le fluide électrique.

341. **Œuf électrique.** — Un vase de verre, de forme ovoïde, est muni, aux sommets de son grand axe, de douilles traversées par des tiges métalliques. La tige supérieure passe dans une boîte à cuirs qui permet de rapprocher ou d'éloigner la boule qui la termine de la boule de l'autre tige, sans que l'air puisse pénétrer. Le pied porte un robinet et peut se

visser sur la platine d'une machine pneumatique. Les tiges étant mises en communication, l'une avec le sol, l'autre avec une machine électrique, des étincelles sinueuses s'élancent entre les boules, que l'on a soin de mettre à une distance convenable l'une de l'autre. Si alors on raréfie l'air du vase, les étincelles deviennent de moins en moins sinueuses, jaillissent à une plus grande distance, et forment un sphéroïde d'un éclat de plus en plus faible et d'une teinte violacée.

Dans le vide barométrique, qui est le vide le plus parfait que l'on obtienne, la combinaison des fluides donne une lueur à peine visible.

L'électricité qui s'échappe d'une pointe dans l'air, produit une lueur continue en formant une aigrette large, si l'électricité est positive, très-réduite, si l'électricité est négative.

342. Excitateur universel. — Cet appareil se compose de deux colonnes isolantes c, c' (fig. 201), au sommet desquelles s'articulent deux tiges en métal t, t'. Entre les deux colonnes de verre, on place un support en bois destiné à recevoir l'objet sur lequel on dirige la décharge, en mettant les tiges t, t' en rapport, l'une avec l'armature inté-rieure, l'autre avec l'ar-

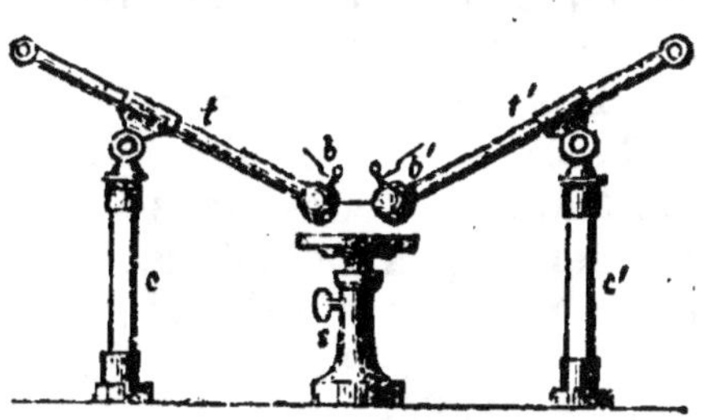

Fig. 201.

mature extérieure d'une batterie. L'étincelle jaillit entre les boules b, b'. Si les deux boules sont jointes par un fil de soie recouvert d'or ou d'argent, le métal se volatilise par l'effet de la décharge, et la soie est mise à nu.

343. Inflammation de l'éther. — On enflamme de l'éther placé dans un vase en métal communiquant avec le sol, si l'on fait arriver une étincelle sur la surface de ce liquide. L'étincelle met le feu au mélange explosif formé par l'air et la vapeur d'éther, et l'éther liquide continue à brûler. Il n'est pas nécessaire que l'étincelle soit énergique. Une personne montée sur un tabouret isolant et communiquant avec le conducteur d'une machine enflamme le liquide, en le touchant du doigt, ou même en le touchant avec une aiguille de glace qu'elle tient à la main. On peut encore placer le vase d'éther sur le conducteur de la machine, et produire l'inflammation en approchant le doigt.

344. Pistolet de Volta. — Un vase de métal V, dont on peut varier la forme, est rempli par un mélange d'une partie d'oxygène sur deux d'hydrogène, et est fermé par un bouchon B. L'un de ses côtés est traversé par une tige métallique, isolée par un tube de verre, et terminé par deux boutons b, b', dont l'un b est, à l'intérieur, près de la paroi opposée. Si, tenant le vase à la main, on présente le bouton extérieur b' à une machine électrique, le mélange s'enflamme; les gaz se combinent et forment de l'eau qui, réduite subitement en vapeur sous l'influence d'une température élevée, envoie au loin le bouchon et produit une détonation.

On obtient encore l'étincelle en fixant le pistolet sur le conducteur d'une machine, et en approchant du bouton b' un conducteur en rapport avec le sol.

L'expérience a lieu également quand le mélange n'est pas exactement fait dans la proportion indiquée, comme, par exemple, lorsqu'on met un excès d'hydrogène; mais l'explosion est moins forte.

345. Mortier électrique. — Ce petit appareil sert à démontrer l'expansion subite des gaz, par l'effet d'une décharge électrique. Il consiste en un mortier d'ivoire M, traversé par deux tiges métalliques t, t', qui aboutissent dans l'intérieur à une faible distance l'une de l'autre, sans cependant se toucher. Si l'on fait partir une étincelle entre ces deux tiges, l'air contenu dans la cavité du mortier projette la boule d'ivoire b qui lui ferme le passage.

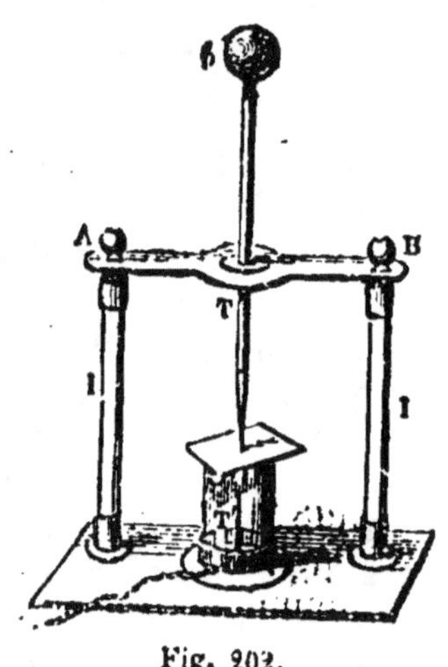

Fig. 202.

346. Perce-verre. — Une tige métallique T terminée supérieurement par une boule b, et inférieurement par une pointe, est maintenue par une traverse AB, et est mobile dans le sens vertical. Une pointe fixe T' est placée au centre d'un cylindre de verre servant de support à la feuille de verre sur laquelle on veut opérer. La traverse AB est soutenue par deux isoloirs I, I. Les tiges T, T' étant mises en communication avec les armatures d'une batterie ou d'une forte bouteille de Leyde bien chargée, une étincelle jaillit entre les deux pointes et fait, dans la lame de verre, un trou rond, légèrement étoilé, quelquefois rempli de poussières de verre. Pour que l'expérience réussisse, il faut que le verre soit très-mince. Il faut une batterie puissante pour percer un verre de $\frac{1}{2}$ millimètre d'épaisseur. On a soin, pour éviter la dispersion du fluide, d'interposer une goutte d'huile entre les deux pointes, l'huile étant, contrairement aux liquides, un mauvais conducteur.

347. Perce-carte. — En remplaçant la lame de verre par une carte, on obtient un résultat semblable au précédent, le carton étant aussi un mauvais conducteur de l'électricité. La pointe supérieure est isolée, au moyen d'une tige de verre enchâssée dans des tubes métalliques coudés. On place ordinairement la carte obliquement; et l'on constate qu'après l'étincelle, le trou est plus rapproché de la pointe négative que de la pointe positive, et que les bords du trou sont relevés sur les deux faces; phénomène qui doit être attribué à la décomposition par influence qui s'effectue dans la carte même; de telle sorte qu'il y a réellement deux étincelles qui, partant de l'intérieur de la carte, se dirigent en sens inverse sur la pointe d'électricité contraire.

A ces effets physiques, nous nous contenterons d'ajouter que l'étincelle électrique peut agir sur une aiguille aimantée au point d'en changer les pôles, et qu'elle peut également aimanter une aiguille.

348. 2° EFFETS CHIMIQUES. — L'étincelle favorise, dans certains cas, la combinaison des corps entre eux ou la décomposition des corps composés en leurs éléments. En faisant passer une série d'étincelles dans un eudiomètre contenant de l'acide carbonique, on décomposera ce gaz en oxygène et oxyde de carbone. On décompose de la même manière, au moins partiellement, le gaz ammoniac en azote et en hydrogène, l'acide chlorhydrique, l'acide sulfurique, le protoxyde d'azote et d'autres gaz composés. En introduisant un mélange d'azote et d'oxygène dans un tube recourbé contenant un peu d'eau et plongeant, par ses extrémités, dans du mercure; puis, en mettant l'une des extrémités du tube en communication avec le sol et l'autre avec une machine électrique, Cavendish obtenait de l'acide azotique qui, à mesure de sa formation, se dissolvait en réduisant le volume du mélange. C'est ainsi qu'il se forme un peu d'acide azotique quand on fait passer une série d'étincelles dans une même couche d'air.

349. 3° **Effets physiologiques.** — On appelle ainsi les effets produits par l'électricité sur les êtres vivants ou récemment privés de la vie. L'étincelle a occasionné sur des individus, dont la mort était récente, des mouvements, des contractions musculaires.

La commotion donnée par une faible étincelle produit la sensation d'une piqûre; mais une forte étincelle fait éprouver des mouvements convulsifs, des contractions aux articulations, des secousses dans la poitrine.

Les commotions sont proportionnelles à la surface des condensateurs employés.

Les animaux tués avec une batterie présentent les mêmes symptômes que ceux qui ont été tués par la foudre.

350. **Électricité atmosphérique.** — L'atmosphère contient presque toujours de l'électricité positive ou négative. Ce fait constaté, dans le principe, par les expériences de Franklin, de Dalibard, de Canton, de Charles, de Romas, de Saussure, a été confirmé par toutes les observations ultérieures des physiciens.

On reconnaît la présence et la nature de l'électricité atmosphérique au moyen d'un électromètre à feuilles d'or ou à pailles, surmonté d'une calotte qui le préserve de la pluie, et d'une pointe métallique dont on peut à volonté varier la longueur. L'électricité neutre du conducteur se décompose sous l'influence de l'électricité de l'air ; le fluide de nom contraire s'écoule par la pointe métallique, le fluide de même nature est repoussé vers les lames et les fait diverger.

Les couches inférieures de l'atmosphère étant plus ou moins humides relativement aux autres couches, paraissent presque entièrement privées d'électricité, parce qu'elles se neutralisent incessamment par la communication avec le sol. Il en est de même pour les masses d'air qui séjournent dans les lieux abrités, dans les rues, dans les vallées, sous les arbres.

Par un temps serein, l'électricité de l'air est toujours positive. Son intensité augmente avec la hauteur, mais non d'une manière uniforme, eu égard aux variations hygrométriques. L'électricité ne commence à être sensible qu'à partir de 1 mètre environ au-dessus du sol. Ces faits, signalés par de Saussure, ont été vérifiés par Biot et Gay-Lussac durant leur voyage aérostatique.

En dehors des autres considérations qui influent sur l'état électrique de l'atmosphère, nous signalerons celle-ci, qu'il varie de manière à atteindre, chaque jour, un maximum, à 10 heures du matin et à 10 heures du soir, et un minimum, à 2 heures du matin et à 2 heures du soir. Les fluctuations sont moins prononcées en été qu'en hiver.

Quand le temps est orageux, l'état électrique de l'air est irrégulier; les nuages sont chargés, tantôt d'électricité positive, tantôt d'électricité négative.

L'électricité atmosphérique semble due principalement à l'évaporation de l'eau qui se trouve à la surface du sol. La vapeur qui se forme s'élèverait chargée d'électricité positive, et sur la surface du sol s'accumulerait de l'électricité négative, sur les arbres, les objets proéminents.

Un nuage fortement chargé, placé au-dessus d'un nuage qui ne l'est pas ou presque pas, décompose, s'il est dans des conditions favorables, le fluide neutre de celui-ci, attire de son côté le fluide de nom contraire et repousse du côté du sol le fluide de même nom; de sorte que, si le nuage inférieur vient à toucher les objets qui tiennent à la terre, il perd le fluide de même nom et se trouve ainsi chargé du fluide contraire à celui du nuage influent.

D'après les expériences de Pouillet, l'eau pure ne donnerait pas d'électrité en se réduisant en vapeur; il faut, pour qu'il y ait production d'électricité, que l'eau contienne des matières salines.

M. Becquerel, d'autre part, a observé que les bords des amas d'eau sont toujours électrisés dans un sens; que les eaux en contact le sont dans le sens contraire, et qu'elles le sont positivement ou négativement selon les matières qu'elles tiennent en dissolution.

351. **De la foudre.** — La foudre, suivant la définition proposée par Arago, est un phénomène ou un météore qui se manifeste quand le ciel est couvert de certains nuages, d'abord par un *jet subit de lumière* (éclair), et quelque temps après par un *bruit plus ou moins prolongé* (tonnerre).

Les mots *foudre* et *tonnerre* sont souvent employés comme synonymes, bien que le premier désigne plus spécialement la décharge électrique, et le second, la détonation.

Des causes de la foudre. — Dès qu'on put produire l'étincelle et certains autres phénomènes électriques analogues à ceux qui se manifestent au moment des orages, on fut amené à supposer que ces phénomènes étaient dus à une même cause. Après avoir fait, dans cette supposition, des expériences dont les résultats furent concluants, Benjamin Fran-

klin déclara que les orages étaient la conséquence naturelle
de quantités considérables d'électricité accumulées dans
l'atmosphère. C'est lui qui, le premier, en 1752, tira des étincelles des nuages orageux, soit en lançant vers eux un cerf-
volant retenu par une corde conductrice, soit en dressant
sur sa maison une longue barre de fer.

Les nuages *orageux* sont ceux dans lesquels naît et s'éla-
bore la foudre. On les reconnaît par divers symptômes, notamment par une sorte de fermentation qu'on ne remarque
pas dans les nuages ordinaires. « Lorsque, par un temps
calme, on voit s'élever assez rapidement de quelque point
de l'horizon des nuages très-denses, semblables à des
masses de coton amoncelées, c'est-à-dire terminés par un
grand nombre de contours curvilignes brusquement et nette-
ment arrêtés comme le sont les sommités des montagnes do-
miques couvertes de neige; lorsque ces nuages se gonflent,
en quelque sorte; lorsqu'ils diminuent de nombre et augmentent de grandeur; lorsque, malgré tous ces changements de
forme, ils restent invariablement attachés à leur première
base; lorsque ces contours, d'abord si nombreux et si distincts, se fondent peu à peu les uns dans les autres, de
manière à ne plus laisser bientôt à l'ensemble que l'aspect
d'un nuage unique, on peut, suivant Beccaria, annoncer avec
certitude qu'un orage approche [1]. »

Quand deux nuages électrisés différemment sont à une
faible distance l'un de l'autre, ils s'attirent et leurs fluides se
combinent avec bruit et en donnant lieu à des apparitions
lumineuses appelées *éclairs*. Quand un nuage électrisé n'est
pas trop éloigné de la terre, il attire à la surface des objets
les plus voisins le fluide contraire au sien et repousse dans
le sol celui qui est de même nature. Si alors il vient à être
emporté brusquement par le vent ou à se décharger par son
sommet, l'électricité accumulée à la surface de la terre rentre
violemment dans son intérieur, et la commotion qui en résulte pour les êtres vivants est très-redoutable. Cette recomposition instantanée est désignée sous le nom de *choc en
retour*. Si, au contraire, le nuage chargé se maintient, son
électricité s'accumule dans ses couches inférieures, et, quand
la tension a acquis une énergie suffisante, les fluides en
présence se combinent à travers la masse d'air qui les sépare. Les objets *foudroyés*, c'est-à-dire sur lesquels arrive

---

1. Notice d'Arago sur le Tonnerre.

l'étincelle, sont alors exposés à des ravages de diverses natures.

La foudre agit quelquefois de bas en haut; on dit alors
qu'elle est *ascendante*. On cite des cas d'arbres frappés par
le tonnerre et dont toutes les tiges et les feuilles étaient
couvertes de boue uniquement à leurs faces inférieures.

352. Des éclairs. — L'éclair est une vive étincelle électrique qui jaillit entre deux nuages ou deux groupes de nuages, ou, le plus souvent, entre un nuage et un point quelconque communiquant avec le sol.

Arago divise les éclairs en trois classes. La première
classe comprend ceux qui paraissent consister en *un trait,
en un sillon de lumière très-resserré, très-mince, très-arrêté sur
ses bords.* Ils ne sont pas toujours blancs, ni toujours de la
même couleur. On en voit de purpurins, de violacés, de
bleuâtres. Malgré leur incroyable vivacité, ils ne se propagent pas en ligne droite. Ils serpentent, au contraire, et
dessinent dans l'espace les zigzags les plus prononcés. Ils
s'élancent quelquefois d'un groupe de nuages sur un autre
groupe; mais leur course la plus ordinaire les porte des
nuages vers la terre. Ces éclairs se bifurquent parfois, après
un certain trajet, ou même se partagent en trois rameaux
distincts.

La lumière des éclairs de la seconde classe, au lieu d'être
concentrée dans des traits sinueux presque sans largeur
apparente, embrasse d'immenses surfaces. Elle n'a d'ailleurs ni la blancheur, ni la vivacité des éclairs fulminants.
Elle a souvent une teinte rouge intense, et le bleu ou le
violet y dominent de temps en temps. Ce sont les éclairs,
de beaucoup, les plus communs. Quelquefois ils ne paraissent illuminer que les contours des nuages d'où ils éma-
nent; quelquefois ils en embrassent toute la superficie et
semblent sortir de leur intérieur : on dit alors vulgairement
que les nuages s'entr'ouvrent.

A l'aide d'expériences que nous ne faisons que mentionner, Wheatstone a évalué que les éclairs les plus étendus et
les plus brillants de la première et de la deuxième classe,
ont une durée inférieure à un millième de seconde, et que
l'étincelle de nos machines électriques ne dure pas un mil-
lionième de seconde. Les éclairs rangés par Arago dans une
troisième classe et appelés *globes de feu, globes fulminants,*
diffèrent des précédents, par la durée, la vitesse et la
forme. Ils sont visibles pendant plusieurs secondes. Ils

apparaissent dans les temps d'orages, entre les nuages et la terre, sous la forme de globes lumineux, se meuvent avec lenteur, et éclatent tout à coup avec fracas. Les effets de l'explosion sont analogues à ceux de l'explosion d'une mine des plus énergiques. La formation et la nature de ces singuliers météores ne sont pas encore expliquées.

Les *éclairs de chaleur*, ces lueurs instantanées qui illuminent les contours ou même toute l'étendue des nuages, sont des reflets d'éclairs éloignés ou proviennent d'orages dont le bruit n'est pas perceptible, à cause de la distance. Ils n'ont ni la vivacité, ni la blancheur des éclairs fulminants. Ils sont souvent rouges, quelquefois bleus ou violets. Ils apparaissent principalement dans les soirées d'été.

353. **Effets de la foudre.** — En 1827, Liebig a constaté, à la suite d'expériences décisives, que la pluie d'orage contient toujours une plus ou moins grande quantité d'acide azotique, formée indubitablement par le passage de l'éclair à travers le mélange d'oxygène et d'azote dont l'air est formé (348).

Le tonnerre fond les métaux à la manière du feu ordinaire.

En 1787, Franklin observa qu'une baguette conique de cuivre, de 24 centimètres de long et de 8 millimètres de diamètre à la base, avait été fondue par un coup de foudre, sur sa propre maison, à Philadelphie. Il avait déjà constaté, en 1754, qu'un violent coup de tonnerre avait rasé et dispersé dans tous les sens une pyramide en charpente de 21 mètres de haut, qui surmontait le clocher de *Newbury* (Etats-Unis), et avait réduit en fumée le fil de fer qui unissait le marteau de la cloche aux rouages de la sonnerie situés six mètres plus bas.

Le 5 avril 1807, la foudre tomba sur la maison du garde du bois du *Vésinet*, entre *Paris* et *Saint-Germain*. Après l'événement, on trouva qu'une clé, dont quelqu'un venait de se servir, était soudée par son anneau au clou auquel on l'avait suspendue.

La foudre raccourcit les fils métalliques à travers lesquels elle passe, lorsqu'elle n'en détermine pas la fusion. C'est pour ce motif que des fils métalliques tendus entre des points fixes, sont souvent brisés par des coups de foudre.

La foudre met quelquefois en fusion et vitrifie certaines substances terreuses. C'est ce phénomène qui explique les couches vitreuses que les géologues ont observées sur les roches les plus élevées du *Mont-Blanc*, des *Pyrénées*, des *Cordillères*; et les *tubes de foudre* ou *fulgurites*, tubes creux, vitrifiés intérieurement, produits dans le sable, habituellement suivant la verticale, ayant une longueur qui dépasse quelquefois 10 mètres, et un diamètre intérieur de $\frac{1}{2}$ millimètre à 50 et quelques millimètres. Ces tubes vont en se rétrécissant, à partir de l'ouverture. On a obtenu des fulgurites en déchargeant une batterie électrique à travers du verre pilé ou du sable mêlé de sel.

L'action électrique transporte quelquefois au loin des masses d'un grand poids. Pendant la nuit du 21 au 22 juin 1723, elle brisa un arbre dans la forêt de *Nemours*. Les deux fragments de la souche avaient l'un 5 et l'autre 7 mètres de long. Quatre hommes n'auraient pas soulevé le premier : la foudre le jeta, cependant, à 15 mètres de distance. Le second était à 5 mètres de la première place, mais dans une direction opposée au premier fragment; son poids surpassait celui que huit hommes parviendraient à remuer.

Souvent la foudre altère le magnétisme d'une aiguille de boussole, le détruit entièrement ou en renverse les pôles. Elle peut de même aimanter des barres d'acier qui n'offraient aucun symptôme de magnétisme. Ce fait météorologique doit être pris en grande considération par les marins. En 1808, un bâtiment génois vint se briser sur la côte, à quelque distance d'Alger, au moment où, trompé par la position anormale qu'un coup de tonnerre avait donnée aux boussoles, le capitaine croyait faire route vers le nord.

Les marins sont prévenus le plus souvent de l'état électrique de l'atmosphère par des aigrettes lumineuses, accompagnées d'un certain sifflement, qui apparaissent aux extrémités des mâts et des vergues des navires. Ils désignent ces aigrettes sous le nom de *feu Saint-Elme*.

La foudre, dit Arago, dont nous continuons d'analyser les relations les plus importantes, se porte de préférence sur les métaux lorsqu'il en existe, à découvert ou cachés, soit dans le voisinage des lieux vers lesquels elle tombe directement, soit près de ceux où sa course serpentante l'amène ensuite. Elle ne produit de dégâts notables qu'à son entrée dans les masses métalliques ou au moment de sa sortie.

Lorsque des hommes ou des animaux quelconques ont été foudroyés, ils prennent immédiatement une teinte particulière, et entrent rapidement en décomposition.

Le danger auquel, en général, nous sommes exposés par

la foudre, ne mérite guère notre attention. J'affirme, dit Arago, que, pour chacun des habitants de Paris, le danger d'y être foudroyé est moindre que celui de périr dans la rue, par la chute d'un ouvrier couvreur, d'une cheminée ou d'un vase à fleurs. Il n'est personne, je crois, qui, en sortant le matin, se préoccupe beaucoup de l'idée que dans la journée, un couvreur, une cheminée ou un vase à fleurs lui tombera sur la tête. Si la peur raisonnait, on ne s'inquiéterait pas davantage pendant un orage de 24 heures. Si peu de personnes périssent par le tonnerre dans l'enceinte de nos villes, le nombre des maisons et des édifices frappés et gravement endommagés, est, au contraire, considérable.

354. De la grêle. — On appelle ainsi un ensemble de globules de glace, ou *grêlons*, qui tombent de l'atmosphère, au commencement d'un orage. Il est rare qu'il tombe de la grêle dans la zone torride; elle tombe le plus souvent dans les climats tempérés, pendant la saison la plus chaude et à la suite d'un refroidissement subit et considérable opéré dans la région des nuages, et qui se fait même sentir jusqu'à la surface du sol. Les grêlons ont ordinairement la grosseur d'une noisette, mais ils atteignent souvent de plus grandes dimensions.

Les explications sur ce phénomène sont nombreuses. La théorie qui a le plus longtemps attiré l'attention et qui est maintenant rejetée est celle de Volta. Ce physicien admettait que les grêlons, d'abord très-faibles, étaient ballottés entre deux nuages placés verticalement l'un au-dessus de l'autre, et électrisés différemment, et que, dans ce mouvement alternatif, ils augmentaient de volume jusqu'au moment où, ayant acquis un poids suffisant, ils se dégageaient pour obéir à la loi ordinaire de la pesanteur.

En attendant une bonne explication de la grêle, dit Saigey, on doit considérer le froid des hautes régions de l'air comme produisant à lui seul la congélation de l'eau, et la suspension des grêlons, qui leur permet de s'accroître en grosseur, comme un simple effet de tourbillonnement.

355. Paratonnerre. — Le paratonnerre a pour objet de garantir les édifices des atteintes de la foudre, en déchargeant les nuages orageux par le pouvoir des pointes. Il est dû à Franklin. Il se compose d'une barre de fer, formant la tige, et d'un *conducteur métallique*. La tige, fixée verticalement à la charpente de l'édifice, est terminée par une tige en cuivre, que surmonte une aiguille en platine. Le conducteur est une barre de fer ou une tresse de fils de fer communiquant avec le sol, assez profondément pour atteindre une couche aquifère. Il importe que le paratonnerre communique intimement avec le sol; aussi a-t-on soin, quand la source d'eau est un peu profonde, de faire passer le conducteur par un trou rempli de coke concassé ou de braise de boulanger (charbon calciné), ces corps étant bons conducteurs de l'électricité, tandis que le charbon ordinaire est mauvais conducteur.

Un paratonnerre, qui surmonte un édifice, préserve horizontalement un espace circulaire dont le rayon est égal au double de sa tige. Si plusieurs paratonnerres doivent être employés sur un même toit, on les pose à une distance, les uns des autres, qui ne doit pas dépasser quatre fois leur hauteur.

356. Trombes. — On appelle ainsi une colonne nuageuse communiquant avec la terre ou la mer, et ayant habituellement un mouvement giratoire rapide, et un mouvement de translation. Les *trombes de mer* ont lieu généralement sous l'influence d'une température élevée; la pointe d'un nuage orageux agit sur la surface des eaux, qui se soulèvent, en formant un cône qui va joindre le cône descendant de ce nuage. Cette trombe est redoutable pour les marins; ils s'en préservent quelquefois, en la rompant avec de l'artillerie. Les *trombes de terre* sont plus rares que les précédentes. Elles se manifestent par la descente d'un nuage orageux, qui se termine, à quelques mètres du sol, par une calotte de feu, et qui, en éclatant, brise et transporte les objets à proximité.

357. Aurores boréales. — Les *aurores polaires* sont des météores lumineux qui apparaissent fréquemment dans le voisinage des pôles terrestres. On leur donne plus communément le nom d'*aurores boréales*, parce que nous les observons plus souvent dans la région du nord.

La formation des aurores polaires n'est pas suffisamment expliquée.

II. ÉLECTRICITÉ DYNAMIQUE OU VOLTAÏQUE

358. Expériences de Galvani et de Volta. — L'*électricité dynamique* (ou en mouvement), ainsi appelée par opposition à l'*électricité statique* (ou en repos), est due à Louis Galvani, médecin et physicien de Bologne, dont le nom est resté attaché à cette branche de la physique, le *galvanisme*, qu'il a inaugurée.

En 1786, Galvani qui, déjà quelques années auparavant, avait fait des recherches sur l'influence exercée par l'électricité sur les nerfs, observa qu'une grenouille fraîchement tuée et dépouillée, suspendue à un balcon en fer, par un crochet en cuivre, éprouvait des convulsions, toutes les fois que ses jambes, balancées par le vent, arrivaient au contact du balcon. Il reproduisit, à volonté, ces mouvements convulsifs, en établissant la communication entre les nerfs lombaires et les cuisses de l'animal, au moyen d'un arc formé de deux métaux, de zinc et de cuivre, par exemple. Ce savant physiologiste conclut de ses expériences qu'il existe une *électricité animale;* que le corps de la grenouille, dans le cas observé, remplit le rôle d'une bouteille de Leyde, les muscles et les nerfs faisant fonction d'armatures.

Un physicien qui a laissé un nom illustre, Alexandre Volta, né à Côme, en 1745, mort dans cette même ville du Milanais, en 1827, était, à cette époque, professeur de physique à Pavie. Après avoir répété l'expérience de Galvani, il déclara que l'électricité manifestée avait pour cause le contact de deux métaux de nature différente.

Pour appuyer son explication, il soudait, à l'extrémité l'une de l'autre, une lame de zinc et une lame de cuivre, et constatait, à l'aide d'un électromètre, que les lames étaient électrisées, que la lame de zinc était à l'état positif, et celle de cuivre, à l'état négatif. En multipliant les essais, il fut amené à établir ce principe que *deux corps hétérogènes, mis en contact , se constituent toujours l'un à l'état positif, l'autre à l'état négatif.* Et il donna le nom de *force électromotrice*, à la cause qui produit, au contact, la décomposition du fluide neutre.

359. **Pile de Volta ou pile à colonne** (fig. 203). — Supposons qu'on empile deux à deux des disques de zinc et de cuivre soudés ensemble ou intimement unis, de manière à former une série de *couples*, séparés chacun par une rondelle de drap ou de carton imbibée d'eau salée ou acidulée. Supposons en outre que le premier disque, le disque zinc, communique avec le sol, ce système, appelé *pile*, sera chargé, sur toute sa longueur, de fluide négatif; et la tension électrique ira en augmentant, de ce premier disque zinc jusqu'au dernier disque cuivre. Si, renversant l'appareil, on met, au contraire, l'extrémité cuivre en communication avec le sol, la pile se chargera d'électricité positive.

Les disques extrêmes sont appelés les *pôles* de la pile. A ces pôles sont fixés des fils conducteurs métalliques, appelés *rhéophores* ou *électrodes*.

Si l'on réunit les extrémités de ces fils, les deux fluides vont à la rencontre l'un de l'autre et se combinent pour former du fluide neutre; mais il se forme, à mesure, une nouvelle quantité d'électricité qui se neutralise encore, tant que la pile est en activité. Quand on approche l'un de l'autre les fils de la pile, ou quand on les sépare, après les avoir réunis, ils donnent des étincelles. Si on les touche tous les deux en même temps avec les mains, on éprouve une commotion.

Pour isoler la pile, on maintient les éléments entre trois tiges de verre, et on fait reposer la colonne sur une substance isolante, telle que du verre ou de la résine. La distribution de l'électricité n'est plus la même que dans le cas précédent.

Fig. 203.

L'un des fluides se porte vers l'extrémité cuivre et forme le pôle négatif, l'autre fluide se porte vers l'extrémité zinc et forme le pôle positif. De chaque pôle la tension va en diminuant jusqu'au milieu de la colonne qui est à l'état neutre.

On appelle *courant électrique*, le mouvement du fluide qui s'effectue dans les électrodes, au moment de la recomposition des électricités contraires. On admet habituellement, pour rendre les explications plus simples, que le courant va du pôle positif au pôle négatif dans les électrodes, c'est-à-dire dans le circuit extérieur, et du pôle négatif au pôle positif dans l'intérieur de la pile.

360. **Pile à auges de Cruiksank.** — La pile à colonne présente divers inconvénients qui la rendent peu énergique, et d'un usage peu commode. Le poids des éléments comprime les rondelles, les dessèche assez promptement, et en diminue la conductibilité. Le liquide

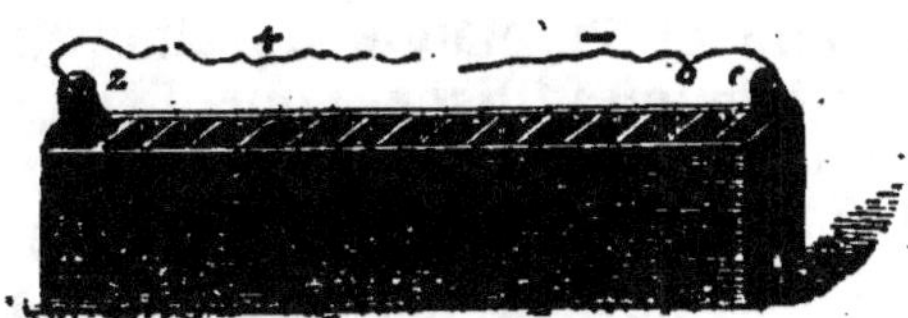

Fig. 204.

acidulé coulant en partie le long de la colonne fait communiquer extérieurement les différents couples, et affaiblit la tension par des recompositions partielles. Cruiksank, physicien écossais mort à Londres en 1802, pour éviter ces inconvénients et la perte de temps occasionnés par les préparatifs, eut l'idée de souder ensemble les plaques rectangulaires en zinc et en cuivre, de disposer ces couples parallèlement les uns aux autres dans une grande caisse, de manière à partager cette dernière en compartiments égaux (fig. 204). Les couples sont placés dans un même ordre. Comme dans l'appareil précédent, ils doivent finir par une lame de cuivre, s'ils commencent par une lame de zinc. Ils sont fixés et isolés, au moyen d'un mastic résineux. Les deux angles extrêmes reçoivent des lames de cuivre auxquelles sont attachés les fils conducteurs. Pour faire fonctionner cette pile, on remplit les auges d'eau acidulée; et les phénomènes se passent comme dans la pile à colonne. On a soin, après l'opération, de laver l'appareil.

361. Pile de Wollaston (fig. 205). — Une plaque rectangulaire en zinc zz est soudée par son bord supérieur seulement à une languette de cuivre c, courbée deux fois à angle droit et terminée par une plaque recourbée $c'c'c'$, qui enveloppe, sans la toucher, la lame de zinc $z'z'$ du couple suivant.

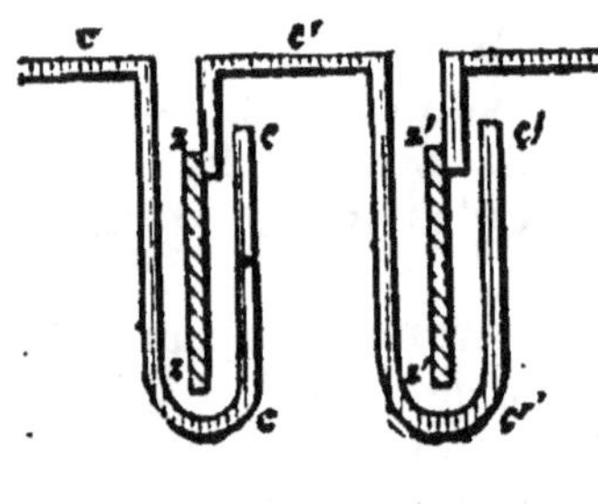

Fig. 205.

On assujettit ainsi un nombre illimité de couples à une traverse en bois qu'on peut élever ou abaisser à volonté. Pour mettre cette pile en activité, on abaisse ses couples et on les plonge dans des bocaux contenant de l'eau acidulée, chaque bocal recevant la plaque de cuivre d'un couple et la plaque de zinc du couple suivant. Wollaston avait voulu utiliser, pour l'action chimique, les deux faces de la lame de zinc, et donner une plus grande surface à la lame de cuivre. Sa pile, dont les effets sont plus énergiques que ceux des piles à colonne et à auge, a cet avantage expérimental qu'on peut, par un simple mouvement de la traverse, provoquer ou suspendre son action.

362. Pile de Munch (fig. 206). — Une lame de zinc zz et une lame de cuivre cc, soudées suivant une ligne verticale, sont pliées en U. Ce premier système s'enchevêtre avec un se-

cond $z'z'$, $c'c'$; celui-ci avec un troisième $z''z''$, $c''c''$, et
ainsi de suite; de manière que chaque lame de cuivre se
trouve entre deux lames de zinc et réciproquement. On peut ainsi réunir un grand
nombre d'éléments dans un petit espace.
Ces éléments sont maintenus par un cadre
en bois. On en plonge l'ensemble dans
une auge mastiquée à l'intérieur et contenant de l'eau acidulée. ·

363. **Piles sèches.** — On appelle ainsi des
piles à colonne très - faibles construites
avec des rondelles de papier recouvertes,

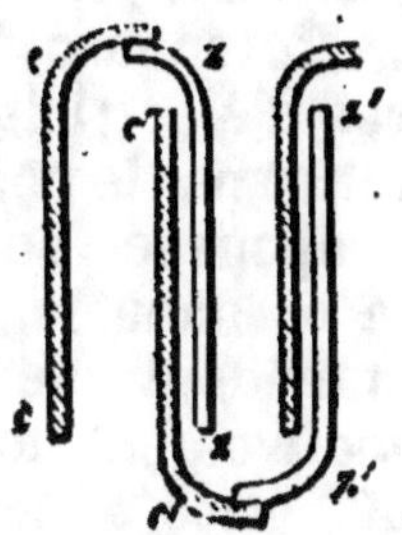
Fig. 206.

d'un côté, de bioxyde de manganèse, et, de l'autre, d'une
feuille d'étain. Pour préparer ces rondelles, on colle une
euille d'étain sur une feuille de papier un peu humide,
et on applique sur la face opposée, par le frottement d'un
ouchon, une couche légère et uniforme de bioxyde de man-
anèse. On superpose un certain nombre de feuilles ainsi
réparées, et l'on forme les rondelles, à l'aide d'un emporte-
ièce de 25 millimètres de diamètre environ. On empile
200, 1500 à 2000 rondelles, de manière que le bioxyde de
'une soit en contact avec l'étain de la suivante; on les
etient serrées, au moyen de deux disques de cuivre réunis
ar des fils de soie. Le disque en contact avec le bioxyde
st le pôle positif, le disque opposé correspond au pôle né-
atif. On enduit la colonne de gomme laque, afin de la ga-
antir du contact de l'air.

On peut obtenir, au moyen de ces piles, des effets d'at-
raction et répulsion, pendant plusieurs années. Ainsi, deux
iles de Zamboni, c'est-à-dire deux piles construites par le
rocédé que nous venons d'indiquer, sont placées verticale-
ent à peu de distance l'une de l'autre, les pôles opposés se
orrespondant. Un pendule isolé placé entre elles ira tou-
her alternativement et continuellement chacune des boules
ui terminent les colonnes. Ces piles communiquent entre
lles par leur partie inférieure.

Un autre appareil, bien connu, est appelé *jeu de bagues*. Deux
olonnes verticales de cuivre communiquent, par leur par-
ie inférieure, l'une avec le pôle positif, l'autre avec le pôle
égatif d'une pile sèche. A égale distance des colonnes est
ressée une tige munie d'une chape d'ivoire. Quatre sup-
orts, soutenant chacun une figurine armée d'un étendard
n clinquant, sont fixés, d'une part, à la chape, et d'autre

part à une barre qui s'appuie sur un anneau que traverse la tige formant pivot. On conçoit aisément ce qui doit avoir lieu. L'étendard le plus rapproché du pôle + est attiré, se charge d'électricité positive et est repoussé, pour être bientôt attiré par le pôle —, se charger d'électricité négative, et être repoussé. Le phénomène ayant lieu de la même manière et dans le même sens pour chacun des étendards, il est évident que le système que soutient le pivot prendra un mouvement de rotation.

364. Piles à deux liquides. — Les piles dans lesquelles il n'entre qu'un seul liquide, comme celles que nous avons décrites, s'affaiblissent rapidement, à cause surtout des dépôts qui se forment sur les deux métaux qui entrent dans leur composition. Sur la lame la moins attaquée, sur le cuivre, il s'accumule de l'hydrogène ou des bases, et sur la lame la plus attaquée, sur le zinc, il se dépose des acides ou des corps analogues. Les premiers dépôts tendent à persister, tandis que ceux du zinc tendent à se dissoudre. L'hydrogène provenant de la décomposition de l'eau sous l'influence de l'acide sulfurique, vient former à la surface de la plaque de cuivre une couche isolante qui empêche l'électricité de passer de cette plaque dans le liquide. On diminue ce dernier inconvénient en donnant à la plaque de cuivre une grande dimension qui nécessairement diminue l'épaisseur de la couche gazeuse, et en mêlant à l'acide sulfurique une petite quantité d'acide azotique, qui passe à l'état d'acide hypo-azotique, en abandonnant à l'hydrogène un équivalent d'oxygène pour former de l'eau.

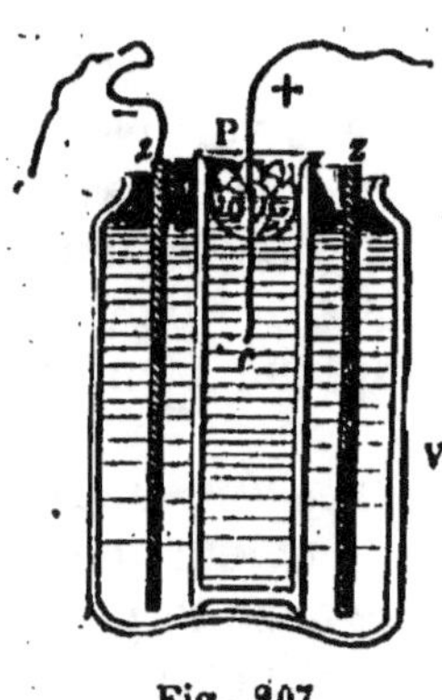

Fig. 207.

Les piles à deux liquides ont reçu le nom de *piles à courant constant*, parce que leur intensité reste la même pendant un temps assez long.

365. Pile de Daniell. — Un vase de verre V, rempli d'acide sulfurique très-étendu, reçoit un cylindre de zinc zz, ouvert à ses deux extrémités, et muni d'une bande de cuivre qui sert d'électrode. Dans l'intérieur de ce cylindre est un vase poreux P, en terre de pipe, qui contient une dissolution de sulfate de cuivre. Dans cette dissolution plonge une lame ou une simple tige de cuivre c. Dès qu'on met les électrodes en communication, l'acide sulfurique forme, avec l'oxygène de l'eau et le zinc, du sulfate de zinc qui reste dissous; et l'hydrogène, provenant de la décomposition de l'eau, se porte sur le sulfate de cuivre, s'empare de l'oxygène de son oxyde, pour recomposer de l'eau, et met l'acide sulfurique en liberté. Le cuivre mis en liberté se dépose sur la lame ou la tige de cuivre *c*.

Afin de conserver aux liquides un degré suffisant de concentration, on verse, en temps opportun, quelques gouttes d'acide sulfurique dans l'eau acidulée, et on met des cristaux de sulfate de cuivre en contact avec la dissolution saline.

La disposition des cloisons peut être l'inverse de celle que nous venons d'exposer. En ce cas, la pile consiste en un vase de verre contenant une dissolution concentrée de sulfate de cuivre, dans laquelle plonge un cylindre de cuivre percé de trous latéralement. Dans l'intérieur de ce cylindre, est un vase poreux contenant de l'eau acidulée et un cylindre creux de zinc amalgamé. Dans cette disposition, comme dans la précédente, l'électricité positive se porte sur le cuivre, et l'électricité négative, sur le zinc. Le zinc impur du commerce est attaqué par l'acide même quand le circuit est ouvert, c'est-à-dire quand les électrodes ne sont pas réunies. Cet inconvénient n'existe pas quand on emploie du zinc distillé ou du zinc amalgamé à sa surface.

366. Pile de Bunsen ou pile à charbon (fig. 208). — Un vase de verre ou de faïence contient de l'eau acidulée avec de l'acide sulfurique, dans laquelle plonge un cylindre de zinc amalgamé. Dans l'intérieur de ce cylindre est introduit un vase poreux en terre de pipe contenant de l'acide azotique, et un parallélipipède, ou un cylindre de charbon de cornue ou de charbon préparé en calcinant un mélange de coke et de houille pulvérisés. Une lame mince de cuivre fixée au sommet du charbon forme l'électrode positive (fig. 208); une autre lame fixée au zinc est l'électrode négative.

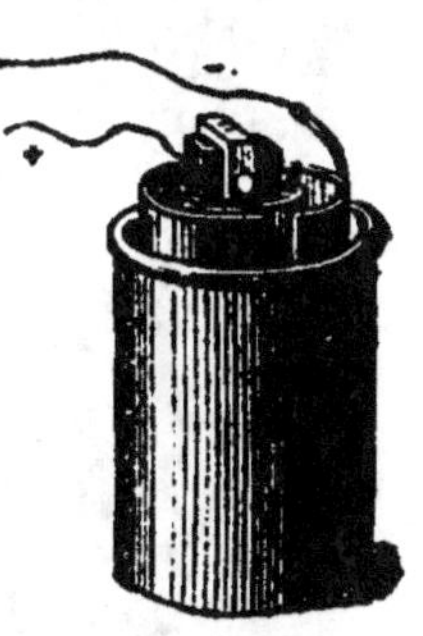

Fig. 208.

Pour former une pile de plusieurs couples, on réunit le zinc du premier avec le charbon du second, le zinc du second avec le charbon du troisième, et ainsi de suite.

367. Effets physiologiques, mécaniques, physiques et chimiques produits par les courants. — Ces effets sont analogues à ceux que nous avons mentionnés à propos de l'étincelle et de la foudre; mais ils en diffèrent en certains cas, surtout à cause de la force continue qui les produit. Nous ajouterons peu de chose à ce que nous avons dit précédemment.

Nous avons déjà signalé les effets de l'électricité sur les cadavres récemment privés de la vie. Alidini, ayant fait pénétrer les fils des pôles d'une pile de 100 éléments dans les oreilles d'un bœuf qui venait d'être tué, vit rouler les yeux dans leur orbite, les naseaux souffler, la langue et les oreilles s'agiter. Ce physiologiste, faisant passer un courant dans le tube digestif, parvint à rappeler à la vie des animaux noyés ou asphyxiés; Pouillet, Magendie et plusieurs autres expérimentateurs obtinrent, avec des courants électriques, des résultats semblables.

En 1801, presque aussitôt après la découverte de la pile de Volta, Thénard et Hachette firent fondre et volatiliser des fils métalliques en les faisant communiquer avec les pôles.

368. Arc voltaïque. — Si les deux électrodes d'une pile

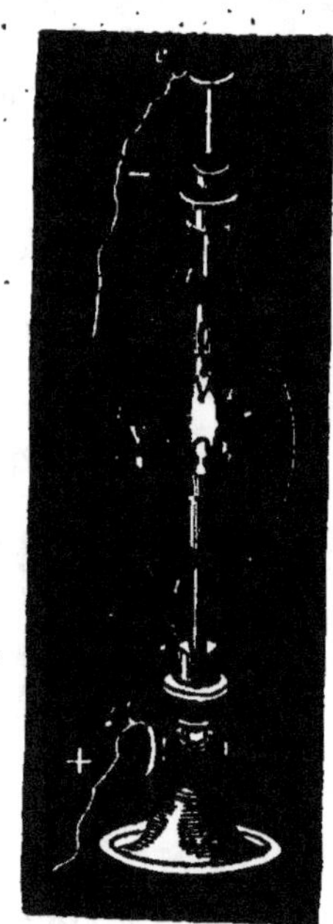

sont très-rapprochées l'une de l'autre, les étincelles se succèdent avec une telle rapidité qu'elles forment une lumière vive et continue. Si on les écarte, la lumière apparaît sous la forme d'un arc auquel Davy, qui, le premier, l'a observé et étudié, a donné le nom d'*arc voltaïque*. Pour reproduire son expérience fondamentale, on fixe les fils d'une pile aux crochets *c*, *c′* des supports métalliques de deux charbons à cornue *a*, *b* (fig. 209). Ces supports sont isolés l'un de l'autre par le tube de verre V. La tige verticale *t* peut être rapprochée ou éloignée de la tige *t′*, afin que les charbons soient à une distance convenable. Dès que la pile est en activité, on voit briller entre les deux électrodes une bande lumineuse d'un éclat éblouissant.

Fig. 209.

Quand on opère dans l'air, les charbons brûlent et leur distance augmente; on observe en outre que des particules incandescentes se transportent du pôle positif au pôle négatif, que le charbon positif se creuse, tandis que le charbon négatif se termine par une surface plane.

Quand on opère dans le vide, le charbon négatif s'allonge en cône, par l'accumulation des particules qui lui viennent du charbon positif. Ce dernier présente alors une cavité.

L'arc voltaïque produit la chaleur la plus forte et la lumière la plus vive que l'on puisse obtenir par les autres moyens connus.

Avec une pile de Bunsen de 600 couples, Despretz est parvenu à recueillir, sur des fils de platine remplaçant le charbon négatif, des cristaux microscopiques ; les uns noirs, les autres transparents, et ayant la dureté du diamant. On applique la lumière électrique à l'éclairage des phares.

369. Décomposition de l'eau. — Un vase (fig. 210) dont le fond est traversé par deux fils de platine, contient de l'eau que l'on a soin d'aciduler, quand le nombre des éléments de la pile dont on se sert est restreint. On introduit les extrémités *f* des fils de platine dans des éprouvettes en verre *e, e'*, et l'on fait communiquer les extrémités *f'* avec les pôles de la pile. On voit des bulles gazeuses s'accumuler sur le platine et remplir peu à peu les éprouvettes, l'une d'oxygène, l'autre d'hydrogène ; et l'on reconnaît que l'oxygène s'est rendu au pôle positif, et qu'il occupe un volume qui est, surtout quand l'action électrique n'est pas trop prolongée, le double de celui de l'hydrogène qui s'accumule dans l'autre éprouvette. Le petit appareil dont nous exposons l'emploi et dont la forme varie, a reçu le nom de *voltamètre*, parce qu'il peut servir à juger de l'intensité d'un courant par la rapidité avec laquelle l'eau se décompose.

Fig. 210.

L'oxygène, dans cette opération, se porte toujours au pôle positif, tandis que l'hydrogène se porte au pôle négatif. On dira alors que le premier gaz est électro-négatif par rapport à l'hydrogène, et que l'hydrogène est *électro-positif* par rapport à l'oxygène.

L'oxygène, d'ailleurs, paraît être essentiellement électro-négatif, car il paraît être le seul de tous les corps qui, dans l'action de la pile, se rende constamment au pôle positif.

L'eau est un oxyde, c'est du protoxyde d'hydrogène. L'expérience précédente autorise à supposer que les autres oxydes soumis à l'action d'un courant se décomposent ; que l'oxygène se rend au pôle positif et que la base de l'oxyde se rend au pôle négatif.

Des expériences répétées ont démontré : 1° *que, si l'on soumet à l'action d'un courant électrique un composé binaire, c'est-à-dire une combinaison de deux corps simples, les deux éléments se séparent : l'un se rend au pôle négatif, l'autre au pôle positif; 2° que si le corps binaire est un oxyde métallique, l'oxygène se rend toujours au pôle positif, le métal au pôle négatif.*

Tous les sels sont décomposés par la pile. Si elle est faible, et si le sel est d'une grande stabilité, l'acide et la base sont simplement séparés; l'acide se rend au pôle positif et la base au pôle positif. Si la pile est énergique ou si le sel est peu stable, l'oxygène de l'acide et de la base se rend au pôle positif, et les radicaux se portent au pôle positif. On vérifie facilement le premier cas, en faisant pénétrer les électrodes *en platine* d'une pile, chacune dans une branche d'un tube recourbé contenant une dissolution de sulfate de soude colorée avec un peu de sirop de violettes. On voit presque aussitôt que la liqueur devient rouge dans la branche où se porte l'acide et qui communique avec le pôle négatif, et verte dans l'autre branche, où se porte la soude. On sait que les acides rougissent le sirop de violettes et que les oxydes le verdissent.

370. Galvanoplastie. — La *galvanoplastie* est l'art de déposer sur des corps dont on veut reproduire les reliefs, des métaux précipités de leurs dissolutions par l'action d'un courant voltaïque. Les premières applications en ont été faites, en 1837, par Spencer; en 1838, par Jacobi.

On se sert de deux espèces de moules : les uns, *métalliques*, sont habituellement en cuivre, quelquefois en métal fusible (plomb ou alliage de d'Arcet); les autres, *non métalliques*, sont faits de matières plastiques, telles que la cire, la stéarine, le plâtre, la gutta-percha.

Pour obtenir le moule en cuivre d'un objet métallique, on commence, pour éviter l'adhérence, par recouvrir cet objet de plombagine ou d'essence de térébenthine, puis, le plongeant dans une dissolution de sulfate de cuivre, on le tient en communication avec le pôle négatif d'une pile dont l'électrode positive plonge également dans le bain. Il se forme sur l'objet une couche de cuivre qui en reproduit tous les détails. On a ainsi un moule en creux au moyen duquel on peut, en suivant la même marche, obtenir une reproduction en bosse. Toutefois, dans cette dernière opération, la cuve de l'expérience contient une dissolution saturée de sulfate de cuivre, acidulée par de l'acide sulfurique, et l'électrode positive qui plonge est terminée par une plaque de cuivre, appelée *électrode soluble*. L'acide mis en liberté dissout un équivalent de l'électrode soluble pour chaque équivalent de cuivre déposé sur l'électrode négative, c'est-à-dire sur le modèle, et forme du sulfate de cuivre qui maintient la saturation de la liqueur.

Pour obtenir un moule en métal fusible, on applique l'objet à mouler sur une couche de ce métal préalablement fondu, puis revenu par le refroidissement à une certaine consistance.

Les moules plastiques s'obtiennent ordinairement par voie de coulage. La gutta-percha s'emploie par application directe.

Ces moules non métalliques étant mauvais conducteurs, on est obligé de les *métalliser*, c'est-à-dire de les recouvrir d'une couche légère de plombagine, pour rendre leur surface conductrice.

371. Argenture galvanique. — Une cuve en verre ou en bois, garnie intérieurement de gutta-percha, contient une dissolution de cyanure double de potassium et d'argent. Une tige métallique, reposant sur les bords de la cuve et communiquant avec le pôle négatif d'une pile, soutient l'objet à argenter. Une seconde tige parallèle à la première et communiquant avec le pôle positif soutient des lames d'argent formant l'électrode soluble.

372. Dorure galvanique. — On opère comme pour l'argenture, si ce n'est que le bain est formé d'une dissolution de cyanure double de potassium et d'or.

Avant d'employer ce procédé d'application de l'argent ou de l'or sur du cuivre ou du bronze, on étendait sur le métal un amalgame d'argent ou d'or, et l'on faisait évaporer le mercure par la chaleur.

Les pièces à argenter ou à dorer doivent être décapées avant l'opération et brunies à la sortie du bain.

373. Électro-magnétisme. — Cette partie de la physique traite des actions mutuelles qui s'exercent entre les aimants et les courants.

Expériences d'Œrsted. — On avait remarqué depuis longtemps déjà certains effets produits par l'électricité sur l'aiguille aimantée, lorsque le physicien danois Œrsted, en 1819, découvrit l'action directrice exercée par un courant fixe sur une aiguille mobile. Il avait observé qu'en approchant d'une aiguille aimantée un fil métallique qui réunissait les pôles d'une pile, l'aiguille tendait aussitôt à se mettre en croix avec le fil.

Nous avons constaté précédemment que, dans une pile en activité, les fluides accumulés aux pôles marchent l'un vers l'autre, mais que pour préciser la position de chacun des pôles, on est convenu d'appeler *sens du courant* le sens dans lequel marche l'électricité positive, et d'admettre que le courant va du pôle positif au pôle négatif.

Soient les fils de cuivre *c, c', d, d'* isolés par les tiges de verre *t, t'* (fig. 211); soit l'aiguille *a* suspendue entre les deux fils. Supposons qu'on fasse successivement marcher le courant du sud au nord et du nord au sud, dans l'un et

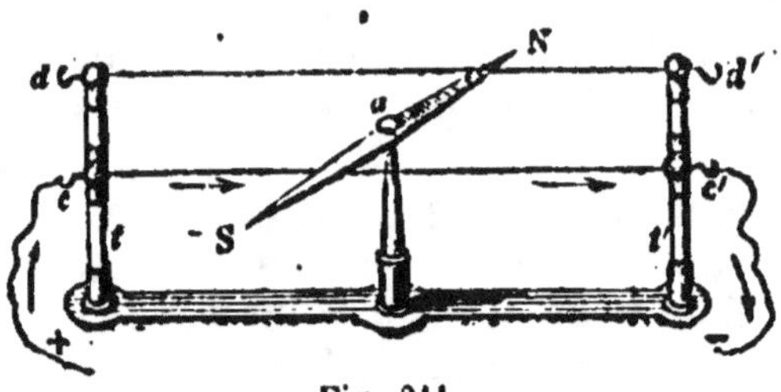

Fig. 211.

l'autre fil conjonctif, on reproduira les quatre cas de l'expérience d'Œrsted.

1° Si le courant va du sud au nord, de *c* en *c'*, au-dessous de l'aiguille, le pôle nord ou austral est dévié vers l'est; 2° si le courant va du nord au sud, de *c'* en *c*, au-dessous de l'aiguille, le pôle austral est dévié vers l'ouest; 3° s'il passe au-dessus de l'aiguille, du sud au nord, de *d* en *d'*, le pôle austral est dévié vers l'ouest; 4° s'il passe encore au-dessus de l'aiguille, mais du nord au sud, de *d'* en *d*, le pôle austral est dévié vers l'est.

Ampère résume ces faits par la règle suivante : *Lorsqu'on fait agir un courant sur une aiguille aimantée, l'aiguille tend à se mettre en croix avec le courant, de manière que son pôle austral soit constamment à la gauche de ce dernier.* Ampère suppose un observateur couché dans le fil conjonctif, recevant le courant par les pieds, le rendant par la tête et regardant le centre de l'aiguille. Il nomme alors *droite* et *gauche* du courant ainsi personnifié, la droite et la gauche de l'observateur supposé.

374. Galvanomètre. — Le *galvanomètre*, appelé aussi *multiplicateur* et *rhéomètre*, est un appareil qui sert à mesurer l'intensité des courants et à constater leur présence, même quand ils sont très-faibles. Il est dû à Schweigger.

Supposons que le fil conjonctif des rhéophores d'une pile forme un quadrilatère ABCD (fig. 212), dans l'intérieur duquel on place une aiguille, dont le pôle austral soit en N, et le pôle boréal en S. Supposons ensuite que le

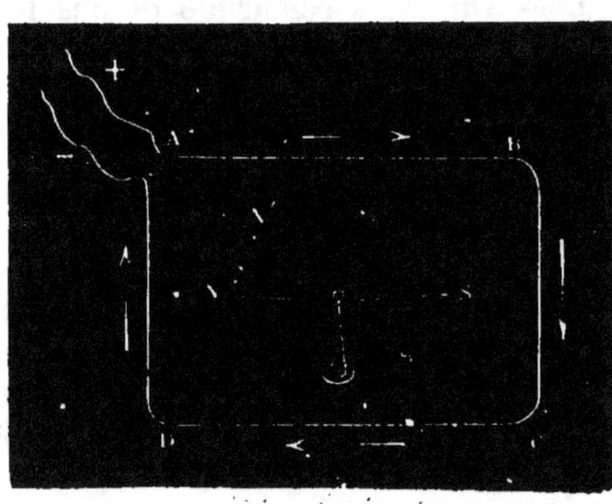

Fig. 212.

courant marche dans la direction ABCD, dans le sens des flèches; nous reconnaîtrons, d'après la règle d'Ampère, que chacune des parties AB, BC, CD, DA du fil enroulé concourt à faire dévier le pôle nord dans le même sens, et à lui faire prendre une position n' derrière le plan de la figure; et nous conclurons qu'en enroulant le fil conducteur autour d'un aimant, on augmente l'influence du courant sur cet aimant.

Nous conclurons par suite qu'en enroulant un grand nombre de fois le fil autour de l'aiguille, après l'avoir enveloppé de soie ou de coton, pour isoler les circuits les uns des autres, on rend l'action du courant d'une grande sensibilité.

On construit, d'après ce principe, un *multiplicateur* qui consiste en un cadre rectangulaire de bois (fig. 213) autour duquel on enroule le fil conducteur, toujours dans le même sens. Au moment de l'observation, on place le fil dans le méridien magnétique, c'est-à-dire parallèle à l'axe de l'aiguille qui est suspendue dans le cadre. Le nombre des tours du fil sur le cadre est limité, attendu que la résistance qu'éprouve le courant augmente avec sa longueur.

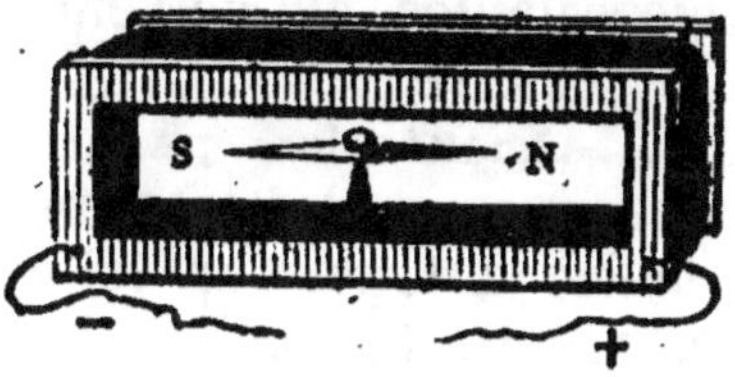

Fig. 213.

Dans le multiplicateur dont nous venons de parler, l'action de la terre tendant sans cesse à ramener l'aiguille dans le méridien magnétique, l'effet du courant se trouve affaibli. Pour rendre l'action directrice de la terre très-faible, et donner toute l'intensité possible à celle du courant, on fait usage d'un système de deux aiguilles astatiques (318) suspendu par un fil de soie sans torsion, l'une des aiguilles étant dans l'intérieur du cadre, l'autre à l'extérieur. Les aiguilles ayant à peu près la même force, l'action de la terre est très-faible; et comme elles

Fig. 214.

sont liées entre elles, l'action du courant s'exerce sur les deux à la fois. La déviation obtenue doit donc être plus prononcée qu'avec une seule aiguille.

Ces principes étant établis, il nous est facile de comprendre la construction et l'emploi du *galvanomètre à deux aiguilles* (fig. 214).

Le fil de cuivre *a*, *b*, enveloppé de soie, dans toute sa longueur, s'enroule autour du cadre de cuivre, de bois ou d'ivoire *c*. Le système astatique est suspendu par un fil de soie. L'aiguille inférieure est dans le circuit, l'aiguille supérieure est au-dessus d'un cadran horizontal en cuivre, gradué et destiné à donner les angles de déviation. Le centre et le zéro de ce cadran sont sur un diamètre parallèle à la direction du fil conducteur. L'appareil est garanti par une cloche de verre et repose sur un socle muni de vis calantes, qui servent à donner au cadran l'horizontalité nécessaire.

375. Aimantation par les courants. — Quand on fait passer un courant électrique dans un fil de cuivre enroulé en hélice autour d'un tube de verre contenant une tige d'acier, cette tige est aussitôt aimantée. Pour que l'aimantation soit plus énergique, on recouvre le fil de soie et on rapproche les spires de l'hélice.

Si, à la place de la barre d'acier, on met une barre de fer doux, l'aimantation sera encore instantanée, mais elle disparaîtra après le passage du courant.

376. Electro-Aimants. — Le barreau de fer doux aimanté de cette manière se nomme *électro-aimant*. En donnant au barreau la forme d'un fer à cheval (fig. 215), et en entourant chacune de ses extrémités d'une bobine sur laquelle s'enroule le fil dans un même sens, c'est-à-dire de manière que les deux hélices soient la continuation l'une de l'autre, quand le fer est supposé redressé, on obtient un électro-aimant dont les deux piles agissent simultanément sur le *portant* P. Ce portant en fer doux est muni d'un crochet auquel on suspend des poids qui peuvent être considérables. Des appareils de ce genre, portés par un châssis en bois, peuvent soutenir un poids de 1000 à 1200 kilog.

Fig. 215.

377. Action des courants sur les courants. — L'action des courants électriques les uns sur les autres a été découverte par Ampère, peu de temps après la découverte d'OErsted relative à l'action des courants sur l'aiguille aimantée. L'ensemble des phénomènes signalés par Ampère a formé une branche spéciale de la physique sous le nom d'électro-dynamique.

Deux courants parallèles s'attirent quand ils sont de même sens, et se repoussent quand ils sont de sens contraire.

Ampère vérifia cet énoncé à l'aide de l'appareil suivant (fig. 216). Un cadre de fil de cuivre *dab* mobile autour d'une colonne métallique *ec*, se termine d'un côté par une pointe d'acier qui pivote dans une coupe *c* remplie de mercure et de l'autre côté par une seconde coupe *d* remplie également de mercure, dans laquelle plonge la tige *f*, qui communique avec le support *g*A. Le fil positif d'une pile étant mis en rapport avec le pied *e* de la colonne *ec*, le fil négatif, avec le pied *g* du support *g*A, le courant suit la direction des flèches. Si, comme le représente la figure, les portions A, *a* du courant

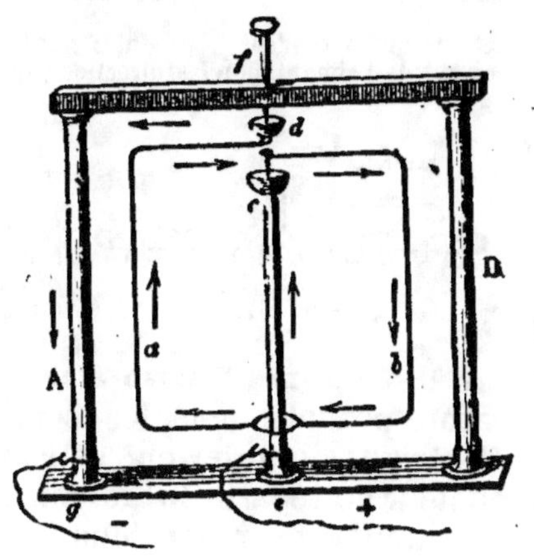

Fig. 216.

marchent en sens opposé, la partie *a* s'éloigne aussitôt de A; et si l'on renverse le cadre mobile, le courant *b* étant de même sens que le courant A, oscille autour de lui, en s'en approchant aussi près que le permet la disposition de l'appareil. Nous nous contenterons d'énoncer les autres principes les plus importants.

Qnand deux courants se croisent, ils s'attirent quand ils marchent dans le même sens par rapport au point de croisement, et se repoussent dans le cas contraire;

Un courant sinueux produit le même effet qu'un courant rectiligne de même intensité et d'une longueur égale en projection;

Deux courants contraires de même longueur faisant partie d'un même circuit, attirent et repoussent avec la même intensité.

378. Action des aimants sur les courants. — Dans l'expérience d'Œrsted, on suppose le courant fixe et l'aimant mobile. Il est naturel de supposer que si, au contraire, l'aimant est fixe et le courant mobile, le plan du courant devra se placer, dans les mêmes circonstances, perpendiculaire à l'aimant, et que le pôle austral de ce dernier se trouvera à la gauche du courant.

La terre étant considérée comme un aimant, doit également exercer une action sur les courants mobiles. En effet, un circuit fermé mobile autour d'un axe vertical, se place spontanément perpendiculairement au méridien magnétique.

379. Solénoïdes. — Ampère appelle *solénoïdes* des systèmes de courants circulaires infiniment petits, infiniment rapprochés, de même sens, et tous normaux à une même ligne. Il considère un aimant comme un faisceau de solénoïdes, et établit une théorie du magnétisme, dans laquelle il nie l'existence de deux fluides magnétiques; et énonce : que les particules des aimants sont entourées de petits courants circulaires perpendiculaires à l'axe de l'aimant, et tous dirigés dans le même sens; que ces petits courants existent également dans les substances seulement magnétiques, mais que leurs plans n'ayant pas une direction constante, les actions qu'ils tendent à produire s'entre-détruisent; et qu'enfin ces courants reçoivent de l'aimantation les directions qu'ils possèdent dans les aimants.

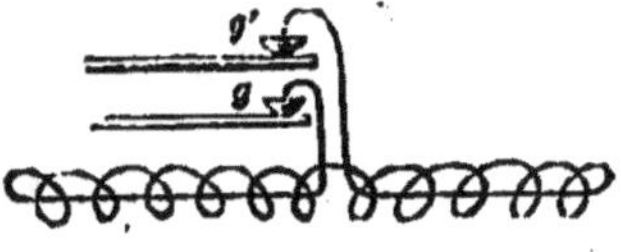
Fig. 217.

Ampère construit un solénoïde en repliant en hélice un fil de cuivre dont les extrémités reviennent suivant l'axe du système (fig. 217), se relèvent et sont suspendues par des pivots sur des godets g, g'. Puis il varie la forme et la disposition de l'appareil, et constate, à la suite d'expériences spéciales, que les *propriétés des solénoïdes sont les mêmes que celles des aimants.*

380. Courants thermo-électriques. — L'élévation de température produit, dans les corps, une séparation des fluides électriques qui devient sensible au multiplicateur, quand la chaleur se répartit inégalement, ou se propage différemment par rapport au point échauffé. Dans quelques cristaux, notamment dans la tourmaline et la topaze, l'élévation de température produit un état électrique sensible à l'électroscope ordinaire. Ces cristaux et ceux qui jouissent de cette propriété de s'électriser par la chaleur sont appelés *corps pyroélectriques,* et l'on a donné au phénomène le nom de *pyroélectricité.*

En 1821, Seebeck démontra, par l'expérience suivante, que la chaleur peut donner naissance à un courant dans un circuit métallique. Une lame de cuivre cc' (fig. 218) est coudée

Fig. 218.

vers ses extrémités et soudée à un barreau de bismuth bb' servant de support au pivot d'une aiguille aimantée suspendue dans l'intérieur du circuit. Si, après avoir placé l'appareil dans la direction du méridien magnétique, on chauffe la soudure c, le courant prend, par le cuivre, la direction cc', et fait dévier l'aiguille. On produit également un courant, mais de sens inverse, en refroidissant la soudure c, la température de l'autre soudure restant la même.

On donne aux courants ainsi engendrés le nom de courants *thermo-électriques,* pour les distinguer de ceux qui sont dus aux actions chimiques provoquées par les liquides employés dans les piles ordinaires.

381. Piles thermo-électriques. — On appelle ainsi un ensemble de couples formés d'alternatives de deux métaux soudés. Ces appareils sont destinés à accumuler les tensions thermo-électriques. Ils sont construits d'après ce principe que si, élevant la température des soudures paires, par exemple en les plongeant dans de l'eau chaude, on plonge les soudures impaires dans de l'eau froide, l'effet sur l'aiguille aimantée, pour une même différence de température, est beaucoup plus prononcé que lorsqu'il n'y a que deux soudures.

La première pile thermo-électrique fut construite par Fourier et OErsted, peu de temps après l'expérience de Seebeck.

Chaque couple de cette pile est formé d'un barreau de bismuth recourbé en fer à cheval et soudé à une bande de cuivre, qui est elle-même soudée au bismuth du couple suivant. Les couples sont fixés à une traverse, qu'on abaisse, pour faire fonctionner la pile, de manière que les soudures plongent dans des vases remplis alternativement d'eau chaude ou de glace fondante.

382. Thermo-multiplicateur. — On donne ce nom à un appareil que Nobili et Melloni ont employé pour accuser des effets calorifiques d'une intensité inappréciable par les thermomètres, même les plus sensibles, basés sur la dilatation des corps. Il se compose d'une pile thermo-électrique et d'un rhéomètre multiplicateur. La pile se compose de barreaux d'antimoine a et de bismuth b soudés les uns aux autres et repliés de manière à former une sorte de parallélipipède MN (fig. 219) dont deux faces opposées contiennent l'une, les soudures impaires, l'autre les soudures paires. Les couples ainsi disposés sont isolés les uns des autres par des feuilles de papier verni, et renfermés dans une enveloppe de laiton, de façon que les soudures fassent un peu saillie. Les deux extrémités de cette chaîne métallique communiquent avec des tiges qui reçoivent, au moment de l'expérience, les fils du rhéomètre.

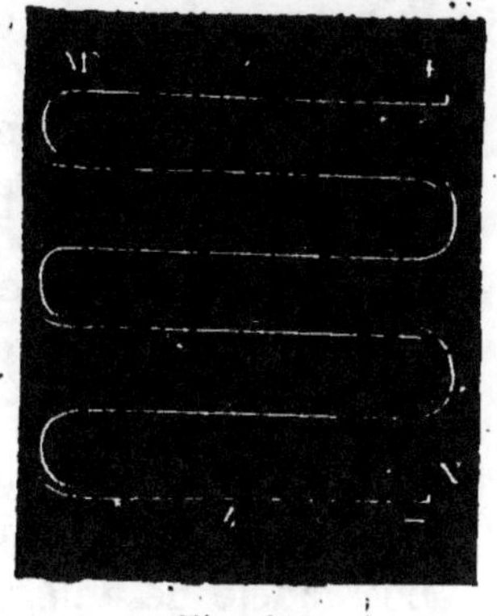

Fig. 219.

La sensibilité de ce thermo-multiplicateur est telle que l'aiguille du rhéomètre se déplace par le simple effet de la chaleur naturelle d'une personne placée à une dizaine de mètres.

383. Télégraphes électriques. — Les *télégraphes* (du grec *télé*, de loin, *graphô*, j'écris) sont des appareils destinés à transmettre rapidement à de grandes distances des signaux qui répondent à des lettres de l'alphabet, à des mots ou à des chiffres. La *télégraphie*, c'est-à-dire l'art d'employer les signaux, est dite *aérienne*, quand elle consiste dans la manœuvre d'objets visibles, soit à l'œil nu, soit à l'aide de lunettes; elle est dite *électrique*, quand la transmission a lieu au moyen de courants voltaïques. Les télégraphes aériens employés jusqu'à nos jours, en France, ont été imaginés, en 1792, par les frères Chappe, aidés de l'horloger-mécanicien Bréguet. Franklin et Cavendish avaient eu l'idée et plusieurs physiciens de divers pays avaient essayé de transmettre les dépêches au moyen de décharges électriques combinées, quand Sœmmering proposa, en 1811, à l'Académie de Munich, un appareil télégraphique composé d'une pile et d'un certain nombre de voltamètres, de manière à former 35 circuits représentant les 25 lettres de l'alphabet et les 10 chiffres de la numération.

Le voltamètre dont l'eau était décomposée par le courant indiquait une lettre ou un chiffre.

La découverte de l'électro-magnétisme fournit à Ampère l'idée de correspondre en dirigeant des courants sur autant d'aiguilles qu'il y a de lettres. Bientôt les expériences se multiplièrent; on ne tarda pas à reconnaître que l'emploi de l'électro-aimant était, de tous les moyens proposés, le plus simple et le plus commode.

Les premiers télégraphes qui aient fonctionné d'après ce principe ont été construits, en 1837, par Wheatstone en Angleterre, et Stenheil en Allemagne. La première ligne de télégraphie électrique, en France, fut celle de Paris à Rouen, en 1845. Le premier télégraphe sous-marin, celui qui va de Douvres à Calais, date de 1850. La première ligne aux Etats-Unis fut établie, en 1844, d'après le système de Morse, entre Washington et Baltimore.

Le modèle de télégraphe à cadran (fig. 220) dont on se sert pour la démonstration est dû à M. Froment. Il suffit pour l'explication du mécanisme des appareils employés ordinairement dans les voies électriques. Deux cadrans portent chacun les 25 lettres de l'alphabet, un point de repos et une aiguille. Le premier appareil O a le nom de *manipulateur*; il communique avec une pile à charbon, et reçoit le courant sur une roue métallique R, qui le transmet, par intermittences, à un électro-aimant dont est muni le second appareil O', appelé *récepteur*. Un levier, retenu par un ressort, vient battre sur l'électro-aimant à chaque action du courant, et fait mouvoir par une fourchette une roue à rochet qui porte l'aiguille du récepteur. Chaque lettre sur laquelle s'arrête la main de l'expérimentateur est indiquée sur le cadran d'arrivée.

On conçoit de là avec quelle facilité une dépêche peut être transmise.

On comprendra aisément l'opération en suivant la marche du fluide sur l'appareil. Le fil positif d'une pile à courant constant est mis en communication, par la poupée A, avec la lame de laiton B qui est en contact avec la roue dentée métallique R. Sur cette roue s'appuie une seconde lame C terminée par une camme qui, à chaque mouvement progressif des dents, mouvement imprimé par la main du manipulateur, établit ou suspend le passage du fluide, et produit les intermittences de l'action de l'électro-aimant, sur une tige de fer doux dont le sommet, figuré en G, s'articule avec le

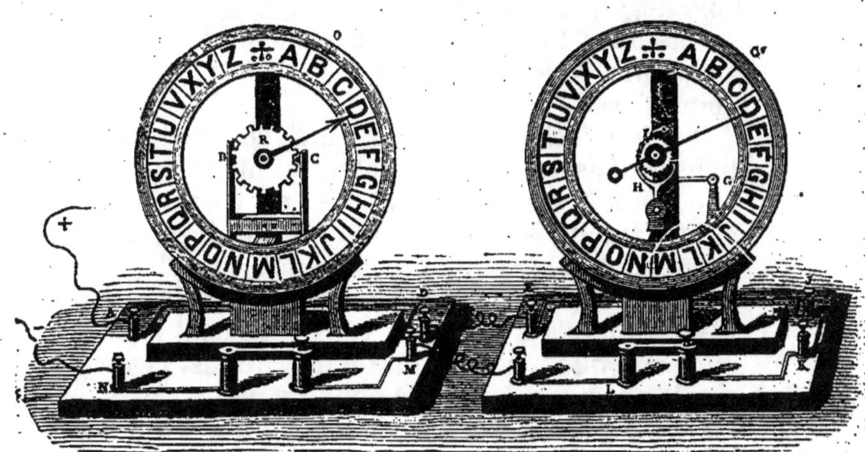

Fig. 220.

levier d'une fourchette H. Cette fourchette, dans son oscilla·
tion, règle le mouvement de la roue à rochet I, qu'elle fait
toujours tourner dans le même sens. Si le manipulateur fait
avancer l'aiguille, du repos jusqu'en D, par exemple, la fourchette du cadran d'arrivée répondra exactement, par son
mouvement de va-et-vient, à chaque contact de la roue à
camme et à chaque interruption, et l'aiguille d'arrivée mar-
quera la même lettre D.

Une lettre de l'alphabet étant transmise, on répète la
même opération pour les autres lettres de la depêche. Nous
admettons, dans l'appareil expérimental dont nous parlons,
que le fluide, pour former le circuit, revient par K, L, N, au
pôle négatif de la pile. On a reconnu que ce fil de retour est
inutile dans la pratique, si l'on a soin de mettre en communication avec le sol, au point de départ, le fil négatif, et, au
point d'arrivée, le fil positif.

Il existe à chaque station d'arrivée, ainsi qu'à chaque station de départ, un manipulateur et un récepteur; et en outre
une *sonnerie,* ou *avertisseur,* que l'on a soin d'introduire dans
le courant, dans les moments où le télégraphe ne fonctionne
pas. Dès que le courant commence, l'employé de la station
opposée est averti, et fait connaître aussitôt qu'il est prêt.

Le *télégraphe à cadran de M. Bréguet,* dont le principe repose
sur celui que nous venons de décrire, est beaucoup employé
par les compagnies de chemin de fer, à cause de la facilité,
surtout, qu'il offre à une personne peu expérimentée de recevoir et d'envoyer une dépêche.

Le *télégraphe écrivant, ou enregistreur de Morse,* a également
pour moteur un électro-aimant en communication avec la
station de départ. Son manipulateur consiste essentiellement
en un levier qu'on peut mettre à volonté en communication
avec le fil de ligne, en appuyant sur un de ses bras. Dès
qu'on cesse d'appuyer, un ressort antagoniste remet le levier
dans sa position horizontale, et le courant cesse de passer.
En appuyant plus ou moins longtemps sur la poignée du levier, on produit dans l'électro-aimant un effet plus ou moins
prolongé qui se traduit par des traits différents imprimés sur
des bandes de papier, que le mécanisme du récepteur met,
à propos, en contact avec un crayon. Avec le point (.) et le
tiret (—), on reproduit tous les caractères de l'alphabet.

384. Expériences fondamentales sur l'induction électrique.
— En 1832, Faraday découvrit qu'en approchant d'un circuit fermé un conducteur
traversé par un courant électrique, il se produit dans ce circuit un courant ins-

tantané qui cesse presque immédiatement, et qui se reproduit instantanément encore et sans plus de durée, dès qu'on éloigne le fil rhéophore. Dans le premier cas, le courant, nommé *courant induit* ou *courant d'induction*, est de sens inverse au courant inducteur; dans le second, il est de même sens.

Soient les spirales planes S' S (fig. 221), formées chacune d'un fil de cuivre recouvert de soie dont les extrémités communiquent, pour la première S', avec les électrodes d'une pile, et pour la seconde S avec les extrémités du fil d'un rhéomètre; si on approche rapidement S de S', l'aiguille du rhéomètre se dévie immédiatement et manifeste la production d'un courant, dans S, de sens contraire à celui qui parcourt S'. L'aiguille revient aussitôt, en oscillant, à sa position d'équilibre. Si alors on éloigne rapidement la spirale S, l'aiguille du rhéomètre se dévie de nouveau, mais en sens inverse, en manifestant la production d'un courant de même sens que le courant inducteur.

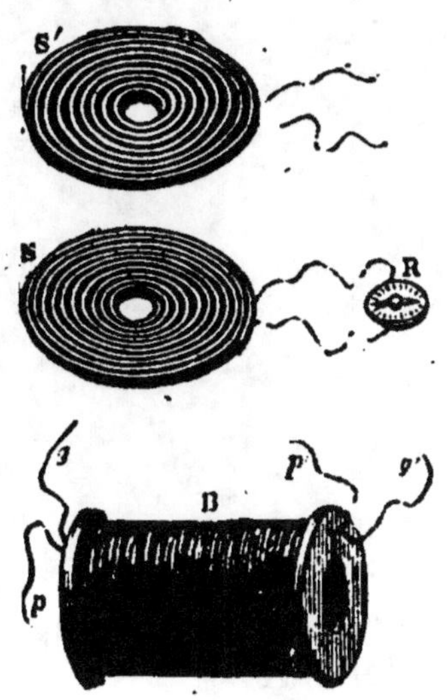

Au lieu de déplacer les spirales, on peut les placer l'une sur l'autre et observer le phénomène en supprimant ou en établissant la communication du fil inducteur S' avec la pile. On fait le plus souvent cette expérience à l'aide d'une bobine B, cylindre de bois sur lequel s'enroulent deux fils recouverts de soie dont les bouts sont mis en communication, ceux de l'un g, g' avec le galvanomètre, ceux du second p, p' avec la pile.

Fig. 221.

Induction par les aimants. — Faraday a observé que les aimants peuvent aussi donner lieu à des courants d'induction. En introduisant brusquement un barreau aimanté dans une bobine à un seul fil dont les extrémités communiquent avec un rhéomètre, on voit l'aiguille se dévier, de manière à indiquer un courant induit de sens contraire aux courants admis par Ampère dans l'aimant. Quand on retire l'aimant ou quand on le présente par son autre pôle, la déviation de l'aiguille se fait en sens inverse.

Appareil magnéto-électrique de Pixii (fig. 222). — Les pôles d'un aimant a a, par une rotation rapide imprimée au moyen d'une roue r et d'un pignon, rasent sans les toucher les extrémités du fer doux d'un électro-aimant AA dont le fil ff' reçoit les courants induits. En nous appuyant sur ce qui précède, nous concevrons qu'à chaque tour, il se produit dans l'électro-aimant quatre courants induits, les moyens étant de même sens et les deux extrêmes étant de sens opposé. Si alors la rotation est assez rapide, on observera, à chaque révolution, que deux courants se succèdent en sens contraire. Si l'extrémité f' du fil étant plongée dans un vase plein de mercure m, on approche de l'extrémité f de la surface du mercure, on obtient une série d'étincelles. Si l'on tient les deux bouts du fil avec les mains, on ressent des commotions à chaque changement de sens du courant.

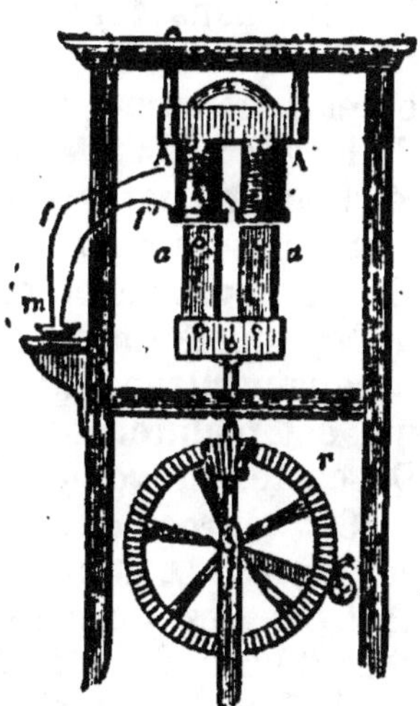

Dans l'appareil magnéto-électrique de Clarke, l'aimant recourbé en fer à cheval est fixé verticalement le long d'une planchette de bois; et l'électro-aimant tourne en présence

Fig. 222.

de ses pôles. Les deux branches de l'électro-aimant s'aimantent alternativement en sens contraires, et il se produit un courant induit qui change de direction à chaque demi-tour. Les fils sont terminés par des poignées en métal ou *manipules*, que, pour éprouver la commotion, on prend dans les mains mouillées avec de l'eau salée ou acidulée.

CHAPITRE VIII

OPTIQUE

———

L'*Optique* a pour objet l'étude des propriétés de la lumière. La lumière est un agent qui nous rend visibles les objets extérieurs.

385. Hypothèses sur la nature de la lumière. — Les diverses hypothèses émises par les physiciens pour expliquer la cause et la nature de la lumière, ont été limitées, comme pour l'explication de la nature de la chaleur, à deux systèmes: le *système de l'émission*, qui admet que les corps lumineux lancent dans toutes les directions des particules extrêmement ténues, qui, directement ou après avoir frappé les objets, viennent produire des impressions sur notre organe de la vue; le *système des ondulations*, qui admet que les molécules des corps lumineux sont animées d'un mouvement vibratoire qui se communique à notre organe, en faisant vibrer de proche en proche un milieu très-subtil et très-élastique, appelé *éther*, répandu dans tout l'univers. Newton était un des partisans du premier système; celui des ondulations, qui est maintenant généralement adopté, était soutenu par Descartes, Huygens, Young, Malus, Fresnel.

386. Sources de la lumière. — La lumière émane de *sources permanentes*, comme le soleil, les étoiles, ou de sources *accidentelles*. Ces dernières peuvent être *artificielles*, quand elles sont dues à une élévation de température produite par l'art; *naturelles*, quand elles existent sans l'intervention de l'art, comme dans le ver luisant. Les corps lumineux rayonnent ordinairement de la chaleur; ils prennent le nom de corps *phosphorescents* quand ils n'en émettent pas d'une manière appréciable.

387. Mode de propagation de la lumière dans un milieu

homogène. — Dans un milieu homogène, c'est-à-dire dans un espace dont toutes les parties sont identiques, la lumière se propage en ligne droite. Il est facile de vérifier ce fait en recevant sur un écran un rayon lumineux qui traverse deux autres écrans, par de très-petites ouvertures.

On appelle *rayon lumineux*, la direction que suit la lumière partant d'un corps lumineux.

388. Corps transparents, translucides, opaques. — Un corps est dit *transparent* ou *diaphane*, quand, comme le verre poli, l'eau, l'air, il laisse passer la lumière sans l'altérer; *translucide*, quand il mêle les rayons qui le traversent et empêche de voir distinctement les objets devant lesquels il est placé, comme le verre dépoli, la corne, le papier huilé, l'albâtre. Il est dit *opaque*, quand il intercepte entièrement les rayons lumineux : les métaux, le bois, etc.

389. Ombre. — **Pénombre.** — Si les rayons d'un point lumineux L (fig. 223) sont interceptés par un corps opaque S, que nous pouvons, sans gêner l'exposition des faits, considérer comme sphérique, il est évident que les prolongements de LS LS' indiqueront sur l'écran EE' des points limités NN' en dedans desquels la lumière ne pourra pénétrer. C'est à cette partie non éclairée dont O est le centre que nous donnerons le nom d'*ombre*.

Fig. 223.

Si un corps lumineux tel que *ll'* (fig. 224) a une certaine étendue, le phénomène sera double. Les prolongements des tangentes *ls*, *l's'* détermineront en *n*, *n'* les limites de l'ombre absolue; et si nous menons les tangentes

Fig. 224.

intérieures $l's$, ls', les points m, m' où elles rencontreront l'écran seront les limites d'un second cercle concentrique au premier. L'espace compris entre les deux cercles ne sera pas entièrement privé de lumière et constituera la *pénombre*. Si la section $m'n'$ ne reçoit aucun rayon de l, elle est évidemment éclairée par l'; de même la section mn est dans l'ombre par rapport au point l', et est éclairée par le point l.

Ainsi, dans le premier cas, la limite d'ombre est l'intersection de l'écran avec le cône qu'on engendrerait en faisant tourner la tangente LS autour du corps opaque SS', et en l'appuyant constamment sur sa surface. Dans le second cas, la partie ni complétement éclairée ni complétement obscure forme l'espace annulaire compris entre les intersections de l'écran et deux surfaces coniques engendrées l'une par un cône qui enveloppe les deux corps, l'autre par la rotation de la tangente intérieure appuyée sur la surface du corps opaque ss'.

390. Variation de l'intensité de la lumière. — *L'intensité de la lumière, c'est-à-dire la quantité de lumière reçue par l'unité de surface, varie en raison inverse du carré de la distance à la source lumineuse.*

La démonstration de cette loi est la même que celle que nous avons donnée pour la variation de l'intensité de la chaleur rayonnante.

391. Photomètre de Rumford. — Un *photomètre* (du grec *phôtos*, de la lumière, et *metron*, mesure) est un appareil dont on se sert pour comparer les intensités de diverses sources lumineuses.

Une lampe L et une bougie B (fig. 225) sont placées à des distances différentes

Fig. 225.

d'un écran de verre dépoli E, sur lequel elles projettent chacune l'ombre d'une tige dressée t. On approche ou l'on recule l'une des lumières jusqu'à ce qu'on obtienne deux ombres de même intensité, c'est-à-dire jusqu'à ce que l'écran soit également éclairé par la lampe et la bougie. Alors les intensités des deux sources lumineuses sont en raison directe des carrés de leurs distances à l'écran. Soient i, i' les intensités des lumières à l'unité de distance, d, d' leurs distances aux ombres projetées. Les intensités sont, à ces distances, $\frac{i}{d^2}$, $\frac{i'}{d'^2}$; et comme elles sont égales, on obtient $\frac{i}{d^2} = \frac{i'}{d'^2}$.

392. Vitesse de la lumière. — La lumière parcourt 77000 lieues par seconde.

En observant un assez grand nombre d'immersions du premier satellite de Jupiter, et en divisant le temps écoulé par le nombre d'éclipses observées, on a trouvé que ce satellite fait sa révolution synodique en 42 heures 30 minutes, c'est-à-dire qu'il met ce temps pour revenir à une même position par rapport à la ligne imaginaire qui joint le centre de Jupiter à celui du soleil.

Cette donnée étant obtenue, on note l'heure exacte d'une immersion du satellite, au moment où Jupiter se trouve en J (fig. 226), dans le voisinage de l'opposition ; et quelques mois plus tard, l'heure exacte d'une autre immersion, quand Jupiter se trouve en j, dans le voisinage de la conjonction. La Terre qui était en T, pendant la première observation, est arrivée en t au moment de la seconde.

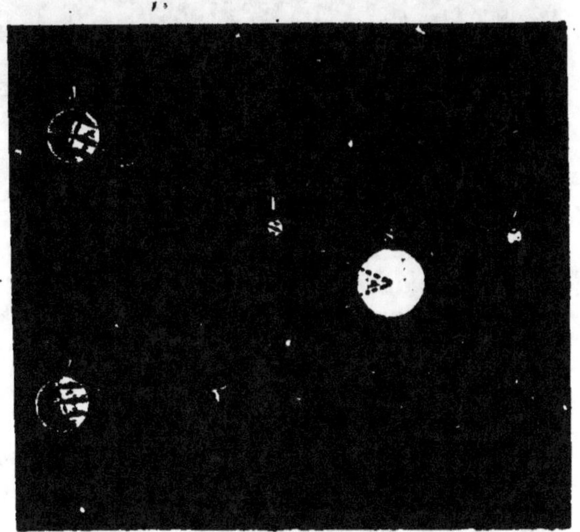

Fig. 226.

Elle est alors plus éloignée de Jupiter de tout le diamètre de l'orbite terrestre, c'est-à-dire de 76461000 lieues de 4 kilomètres. Si le temps employé par la lumière pour traverser l'orbite terrestre était inappréciable, on obtiendrait un nombre entier d'éclipses du satellite, en divisant le temps écoulé entre les deux observations par $42^h 30^m$. Mais cette division donne un excédant de $16^m 26^s$. ; la lumière emploie donc $16^m 26^s$ pour franchir un espace de 76461000 lieues ; ce qui donne, pour la vitesse de la lumière par seconde, 77000 lieues de 4 kilomètres. Cassini et Rœmer sont les premiers qui arrivèrent à démontrer d'après ce procédé, c'est-à-dire d'après des règles sûres, le mouvement progressif de la lumière. Faisant application des chiffres donnés par le calcul, ils trouvèrent que la lumière nous vient du soleil en 7 minutes. Halley reprit l'expérience quelque temps après et obtint un résultat plus exact. Il conclut, comme nous l'admettons aujourd'hui, que la lumière franchit la distance du soleil à la terre en $8^m 13^s$.

393. Réflexion de la lumière. — Si un rayon lumineux IC (fig. 227), que nous appellerons *rayon incident*, tombe sur une surface polie AB, il se réfléchit en plus ou moins grande partie et prend une direction CR à laquelle on donne le nom de *rayon réfléchi.*

On appelle *normale* la droite CN perpendiculaire à la surface AB , au point d'incidence C ; *angle d'incidence* ,

19.

l'angle ICN formé par le rayon incident et la normale ;

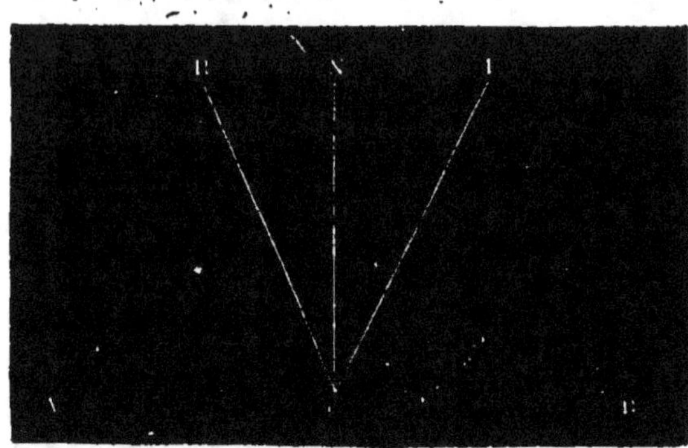

Fig. 227.

angle de réflexion, l'angle RCN, formé par la normale et le rayon réfléchi.

La partie de l'optique qui traite de la réflexion de la lumière a le nom de *catoptrique* (du grec *katoptron*, miroir; *ka-*

toptridzô, je réfléchis comme un miroir).

394. Lois de la réflexion. — 1° *L'angle de réflexion est égal à l'angle d'incidence;* 2° *le rayon incident, la normale et le rayon réfléchi sont dans un même plan.*

On vérifie ces lois par l'expérience suivante.

Un cercle divisé (fig. 228), maintenu verticalement par un

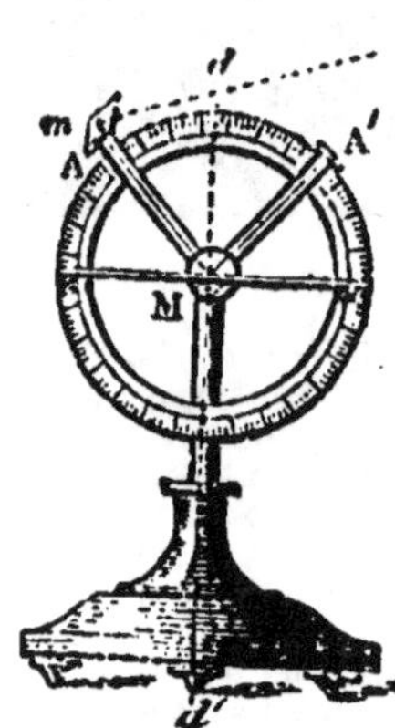

Fig. 228.

support, porte à son centre un miroir plan M qui lui est perpendiculaire. Deux alidades A, A', mobiles autour du centre du cercle, sont munies d'un diaphragme percé d'un petit trou, en son milieu. Un miroir *m*, fixé à l'alidade A, est disposé de manière à renvoyer, par le trou du diaphragme et parallèlement au plan du cercle, un rayon lumineux qu'il reçoit du soleil ou d'une source artificielle. Ce rayon tombe sur le miroir M et va passer à travers le trou du diaphragme de l'alidade A, dès que cette alidade est amenée dans une position telle que sa direction forme avec le diamètre vertical *dd'*

un angle égal à celui que fait l'autre alidade avec ce même diamètre.

On reconnaît ainsi que les angles d'incidence et de réflexion sont égaux et qu'ils sont dans un même plan.

395. Diffusion ou réflexion irrégulière. — Quand la lumière rencontre une surface polie, elle se partage en trois parties : l'une qui est réfléchie régulièrement; l'autre qui est réfléchie irrégulièrement, en d'autres termes, qui est *diffuse;* la troisième enfin qui est absorbée par le corps réfléchissant. Quand ce dernier est transparent, une partie de la lumière absorbée le traverse; la quantité de lumière réfléchie devient alors beaucoup moins sensible. C'est par la lumière diffuse que nous voyons les objets ; car la réflexion régulière ne nous transmet que l'image de l'objet réfléchi.

396. Miroirs. — On donne ce nom à des surfaces polies planes ou courbes qui réfléchissent les images des objets.

397. Miroirs plans. — Dans un miroir plan, nous voyons les objets derrière sa surface et dans une position symétrique à cette surface.

Supposons qu'un point lumineux soit placé devant le miroir MM, et qu'un rayon AI parti de ce point rencontre l'œil en O. Si, abaissant la perpendiculaire AN et la prolongeant indéfiniment, nous prolongeons le rayon réfléchi OI jusqu'à sa rencontre en *a* avec cette perpendiculaire, nous aurons deux triangles AIN, *a*IN égaux, comme étant des triangles rectangles dans lesquels le côté IN est commun, et l'angle aigu AIN = *a*IN. On a donc NA = N*a;* et nous concluons de là que *a,* image de A, est symétrique à ce dernier point, par rapport à la surface MM, et qu'il suffit, pour le déterminer, de prolonger OI jusqu'à la rencontre du prolongement de la perpendiculaire AN abaissée du point lumineux sur le miroir.

L'œil placé en O, rapportant la position du point A au sommet *a* du cône dont sa pupille est la base, verra ce point imaginaire *a,* comme s'il existait réellement. Ce point imaginaire *a* est dit l'image *virtuelle* de A. La construction précédente pouvant être établie pour tous les points d'un corps mis en présence d'une surface plane réfléchissante, nous concevrons que les miroirs plans ne peuvent donner que des images virtuelles.

En général, l'image est *virtuelle* quand les rayons réfléchis par un miroir quelconque divergent et ne peuvent se rencontrer qu'autant qu'on les suppose prolongés de l'autre côté du miroir; l'image est *réelle* quand elle provient de rayons réfléchis qui convergent vers un point situé en avant du miroir et du même côté de l'objet, quand enfin elle peut être reçue sur un écran.

308. Miroirs étamés. — Ce que nous venons de dire ne s'applique rigoureusement qu'aux miroirs plans métalliques, qui ne donnent qu'une image, ce qui les rend éminemment plus appropriés pour les expériences d'optique; tandis que les miroirs de glace étamés, plus commodes d'ailleurs pour l'usage ordinaire, à cause de la quantité de lumière réfléchie qu'ils fournissent, donnent plusieurs images d'un même point lumineux. Cette multiplicité d'images est due à ce que la lumière se réfléchit non-seulement sur la couche d'amalgame, mais encore sur la face antérieure du verre, et éprouve en outre des réflexions successives sur les faces intérieures du miroir.

Quand deux miroirs sont parallèles, les images virtuelles d'un point lumineux interposé jouent le rôle de points lumineux, et il se forme ainsi une suite indéfinie d'images d'intensités décroissantes, qui finissent par cesser d'être distinctes.

Si deux miroirs sont inclinés, il se forme encore deux séries d'images, situées sur une circonférence qui passe par le point lumineux, et dont le centre est sur l'intersection des miroirs.

Brewster a construit, en s'appuyant sur ces données, un petit appareil appelé *kaléidoscope*, qui consiste en un tube de carton dans lequel sont deux miroirs, dont on peut varier l'inclinaison. Des corps de couleurs et de formes diverses, placés entre deux disques de verre dont le dernier est dépoli, présentent à l'œil, quand on regarde par l'extrémité opposée, des groupes symétriques qui ont fait de l'appareil un objet d'amusement.

399. Miroirs sphériques. — Un miroir sphérique est une portion de surface de sphère. Il est *concave* ou *convexe* selon que la réflexion a lieu sur la face interne ou sur la face externe. On peut le considérer (fig. 229) comme engendré par la révolution d'un arc VV autour du rayon qui le partage en deux parties égales. Le point A, milieu de l'arc, est le *centre de figure;* le point c, centre de la sphère supposée, est le *centre de courbure* ou le *centre géométrique.* La droite indéfinie AB, qui passe par le centre de figure A et le centre de courbure C, est l'*axe principal* du miroir. L'arc de cercle VAV suivant lequel est coupé le miroir par un plan passant par l'axe principal est nommé *section méridienne.* Le nombre de degrés contenus dans l'arc VAV est l'*amplitude* ou l'*ouverture* du miroir.

400. Miroirs concaves. — Supposons l'ouverture du miroir concave très-petite; supposons en outre qu'un rayon lumineux S*m* (fig. 229) soit parallèle à l'axe principal, et vienne conséquemment d'une distance infinie; la surface du miroir pouvant être considérée comme se confondant avec son plan tangent, au point d'incidence *m*, et la normale, en ce point, n'étant autre que le rayon C*m* de la sphère, l'angle d'inci-

Fig. 229.

dence S*m*C sera égal à l'angle de réflexion C*m*F, et dans la même section méridienne. Le point F d'intersection du rayon réfléchi et de l'axe principal est appelé le *foyer principal* du miroir, et la distance FA du foyer principal au centre de figure est appelée la *distance focale*.

Il est facile de démontrer que tous les rayons parallèles à l'axe viendront également concourir au même point F. En effet, les angles S*m*C, *m*CF sont égaux, comme alternes-internes; par suite, l'angle *m*CF est égal à l'angle C*m*F; le triangle CF*m* est alors isocèle et l'on a CF = F*m*. Mais l'ouverture de l'arc VV étant d'un très-petit nombre de degrés, F*m* est sensiblement égal à FA. *Le foyer principal d'un miroir sphérique est donc situé sur son axe principal, à une égale distance du centre de courbure et du centre de figure.*

Réciproquement, si la source lumineuse était placée au foyer principal, les rayons qu'elle émettrait prendraient, après s'être réfléchis sur le miroir, une direction parallèle à l'axe principal.

Supposons maintenant que le rayon lumineux parte d'un point S' (fig. 230) situé sur l'axe principal, et rencontre le miroir en *m*, le rayon réfléchi *m*f rencontrera évidemment l'axe principal, en un point *f* placé entre le centre de courbure C et le foyer principal, attendu que C*m*f sera plus petit que l'angle C*m*F. Réciproquement, si la source lumineuse est en *f*, ses rayons après s'être réfléchis sur le miroir se croiseront en S'. Les points S' et *f*, qui ont entre eux cette relation, se nomment *foyers conjugués*.

Si l'objet lumineux coïncide avec le centre C, les angles d'incidence et de réflexion sont nuls, et le foyer se confond avec l'objet lui-même. Mais si l'objet lumineux est

Fig. 230.

en S″ (fig. 231), entre le foyer principal et le centre de figure, le point *m* occupant toujours la même position dans la sec-

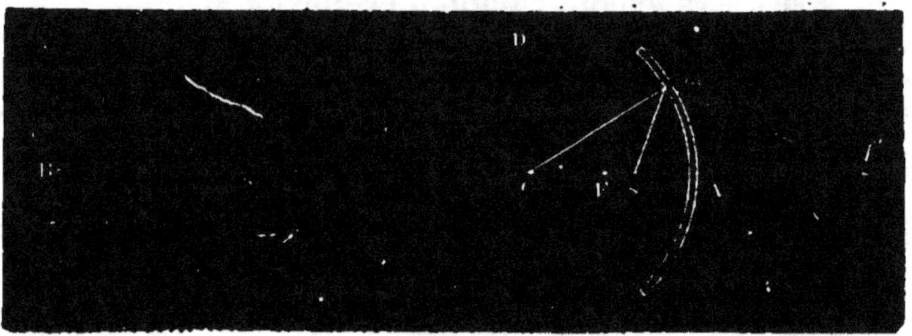

Fig. 231.

tion méridienne, l'angle S″*m*C étant plus grand que l'angle F*m*C, l'angle C*m*D est plus grand que l'angle C*m*S. Le rayon réfléchi *m*D n'aura pas de foyer conjugué ; mais si on le suppose prolongé de l'autre côté du miroir, son prolongement ira rencontrer l'axe en *f′*, d'autant plus près du miroir que le point S″ en sera lui-même plus rapproché. Le foyer *f′* est alors *virtuel;* il est le *foyer conjugué virtuel* du point S″.

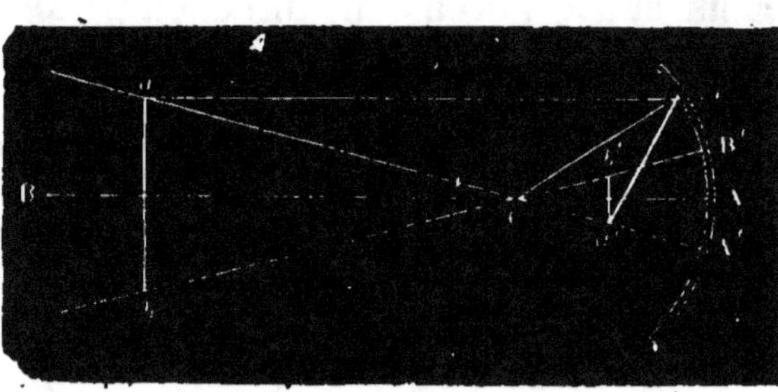

Fig. 232.

Point lumineux hors de l'axe principal. — Si un point lumineux *a* est placé hors de l'axe principal BA (fig. 232), son foyer conjugué *a′* sera situé sur une droite $a\mathrm{A}'$ passant par le centre de courbure C, à laquelle on donne le nom d'*axe secondaire*. Cet axe a les mêmes propriétés que l'axe principal. Le rayon incident am forme, avec la normale Cm, un angle amC égal à l'angle Cma', formé par le rayon réfléchi et la même normale. En menant l'axe secondaire $b\mathrm{B}'$ d'un point b situé au-dessous de l'axe principal, on déterminera de la même manière le foyer conjugué b' du point b. Le raisonnement fait relativement aux points lumineux a, b étant le même pour tout point intermédiaire, il est évident que l'image de la droite ab sera l'ensemble des foyers conjugués de chacun des points de cette droite et sera représentée *réelle, plus petite* et *renversée* en $a'b'$.

Il résulte de là que tout objet lumineux ou éclairé, placé au delà du centre d'un miroir concave, forme, entre le centre et le foyer principal, une image *réelle, renversée* et *plus petite* que l'objet, image que l'on reçoit sur un écran en papier ou en verre dépoli. Si l'objet s'approche du miroir, l'image grandit; et s'il est entre le foyer principal et le centre, l'image, située alors au delà du centre, est encore *renversée* mais *plus grande que l'objet*. Si enfin l'objet se trouve entre le foyer principal et le miroir, l'image est *virtuelle, droite* et *plus grande que l'objet*.

Nous avons supposé, dans ce qui précède, que l'ouverture du miroir sphérique n'avait qu'un petit nombre de degrés. Si l'ouverture dépassait ces limites, les rayons réfléchis ne se croiseraient pas au même point, et leurs intersections formeraient une courbe, qu'on a appelée *caustique* (du grec *kaustikos*, qui a la propriété de brûler), parce que, sur cette courbe, l'intensité de la lumière réfléchie, comme celle de la chaleur réfléchie dans le même cas, est plus grande que partout ailleurs. On dit alors qu'il y a *aberration de sphéricité*.

401. Miroirs convexes. — Le miroir étant convexe, les rayons réfléchis ne peuvent rencontrer l'axe, et il ne peut y avoir, conséquemment, que des foyers virtuels. Soient Sm (*fig.* 233) un rayon incident parallèle à l'axe principal d'un miroir convexe, et CN la normale, le rayon réfléchi prendra une direction divergente mD et ne rencontrera l'axe que par son prolongement géométrique, en un point F qui est le *foyer virtuel principal* du miroir.

Si le point lumineux S' est situé sur l'axe principal, à une distance finie, la construction montrera que le foyer conjugué virtuel aura lieu en f, entre le miroir et le foyer principal; et que le point lumineux se rapprochant du miroir, le foyer conjugué s'en rapproche également. Dans les miroirs convexes, l'image est toujours droite et plus petite que l'objet.

402. Réfraction de la lumière. — On appelle ainsi la déviation qu'éprouve un rayon lumineux, de sa direction primitive, quand il passe obliquement d'un milieu homogène dans un autre milieu homogène de nature différente. Soient SO un rayon incident, passant de l'air dans l'eau; NON' la

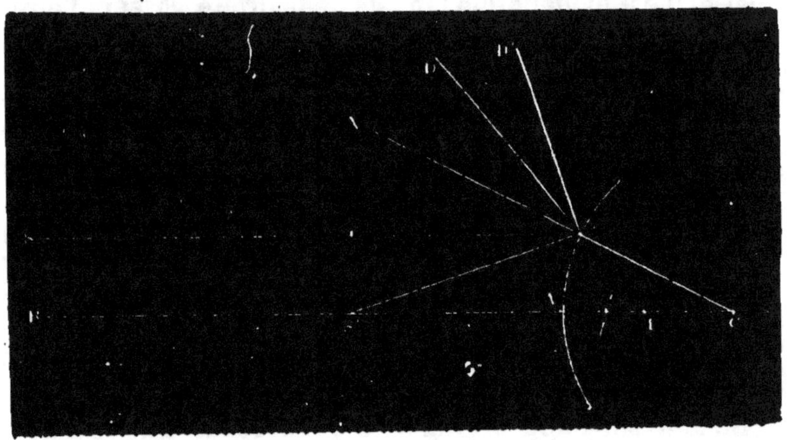

Fig. 233.

normale, c'est-à-dire la perpendiculaire élevée, au point d'incidence, à la surface qui sépare les deux milieux; AB la surface du second milieu, c'est-à-dire de l'eau. Le rayon SO, au lieu de suivre la direction SOC, se brisera au point O et prendra une nouvelle direction OD plus rapprochée de la normale; et l'angle DON', appelé *angle de réfraction*, sera plus petit que l'angle SON, appelé *angle d'incidence*.

La branche de l'optique dans laquelle on étudie les phénomènes relatifs à la réfraction a reçu le nom de *dioptrique* (du grec *dia*, à travers, *optomai*, je vois).

403. Lois de la réfraction. — Ces lois, appelées *lois de Descartes*, sont énoncées de la manière suivante par ce savant qui, d'ailleurs, ne les a pas découvertes : 1° *le rayon incident, le rayon réfracté et la normale sont dans un même plan;* 2° *pour les deux mêmes milieux, le rapport entre le sinus de l'angle d'incidence et le sinus de l'angle de réfraction est constant, quel que soit l'angle d'incidence.*

Quand le rayon incident pénètre dans certains corps cristallisés, tels que le carbonate et le sulfate de chaux, il donne naissance à deux rayons de réfraction. Le phénomène prend alors le nom de *double réfraction.*

On vérifie ces lois à l'aide de l'appareil de Soleil et de Silbermann. Deux alidades AA', Cd se meuvent autour du centre C d'un cercle gradué vertical, dont le pied porte une règle divisée RR' qu'on peut élever ou abaisser à volonté. Un miroir M dirige les rayons solaires à travers un petit trou pratiqué dans un diaphragme qui ferme un tube A dont est munie l'alidade AA'. A l'extrémité A' de cette alidade est fixée une petite aiguille perpendiculaire à son axe. L'autre alidade porte également un tube à diaphragme percé et une aiguille. Les deux alidades sont placées derrière le cercle; en avant se trouve un vase hémicylindrique en verre dont l'axe horizontal passe par le centre du cercle, et qui est rempli d'eau jusqu'à la hauteur de ce centre. Un rayon incident AC, dirigé par le miroir M, se réfracte suivant Cd en pénétrant dans le liquide, et en sort, sans se réfracter de nouveau, puisqu'il est normal, à la surface courbe du vase. On fait mouvoir l'alidade Cd de manière que le rayon réfracté traverse son diaphragme; puis on met la règle RR' en contact avec l'aiguille de cette alidade. Le sinus de l'angle de réfraction est alors mesuré par la distance *dm*. En mettant la règle en contact avec l'aiguille A', on obtient le sinus A'*m* de l'angle A'C*m*, qui est égal à l'angle d'incidence AC*v*. Si, ayant calculé le rapport de ces deux sinus, on varie l'angle

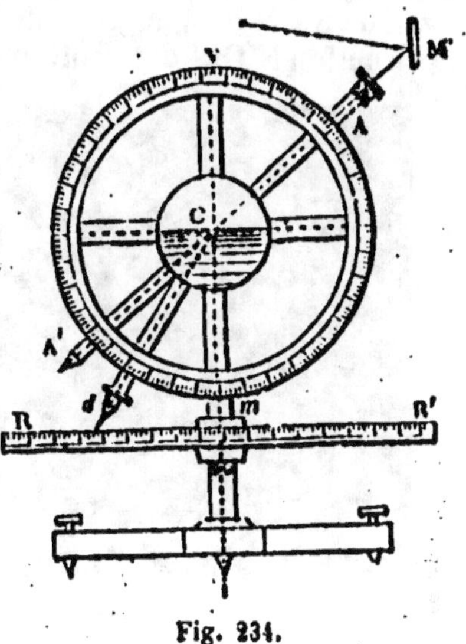

Fig. 234.

d'incidence, on trouvera toujours le même rapport, les milieux restant les mêmes. Nous remarquons, en outre, que le rayon incident et le rayon réfracté sont dans un même plan, puisqu'ils passent par les ouvertures des diaphragmes, qui sont également distantes du plan du cercle.

De deux corps transparents le plus dense est en général le plus réfringent. On ne trouve d'exceptions que pour des corps qui ont des densités peu différentes.

404. Indice de réfraction. — L'*indice* ou *rapport de réfraction absolu* d'un corps est le rapport entre les sinus des angles d'incidence et de réfraction, formés par un rayon qui passe du vide dans un milieu transparent. Le plus grand indice de réfraction absolu est celui du chromate de plomb; il est égal à 3. Celui de l'eau est 1,3; celui du verre est 1,5. L'*indice de réfraction relatif* de deux milieux pondérables est le rapport des sinus obtenu entre ces milieux; il n'est donc pas le même que l'indice absolu : ainsi, l'indice de réfraction de l'air, relativement à l'eau, est égal à $\frac{4}{3}$, et, relativement au verre, à $\frac{3}{2}$.

405. Réflexion totale. — **Angle limite.** — Si un rayon lumineux SO (fig. 235) passe d'un milieu dans un autre milieu moins réfringent, de l'eau dans l'air, par exemple, le rayon réfracté OD fait avec la normale un angle N'OD constamment plus grand que l'angle d'incidence SON. Il y a donc une valeur S'ON de l'angle d'incidence pour laquelle l'angle de réfraction N'OD' est droit, et le rayon réfracté OD' coïncide

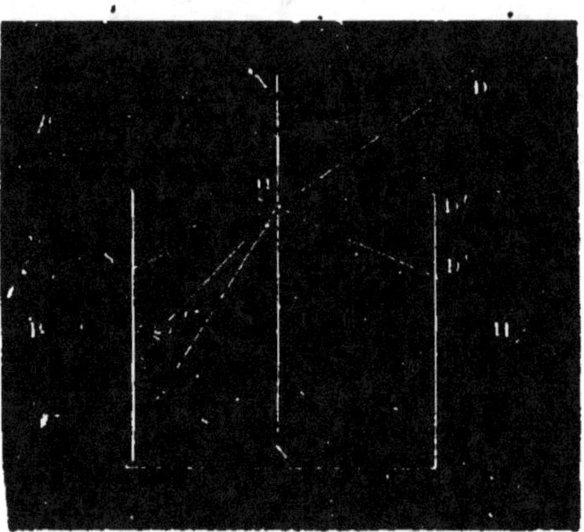

Fig. 235.

avec la surface de séparation. Si l'on augmente encore cet angle S'ON, appelé *angle limite*, le rayon réfracté ne franchit pas la surface de séparation, il se réfléchit entièrement sur cette surface et fait un angle de réflexion NOD'' égal à l'angle d'incidence NOS'', On dit alors qu'il y a *réflexion totale*.

L'angle limite, c'est-à-dire le plus grand angle d'incidence pour lequel il existe un rayon réfracté dans le milieu le moins réfringent, varie suivant l'indice de réfraction relatif des milieux considérés. De l'eau à l'air, il est de 48° 35'; et du verre à l'air, de 41° 48''.

Si un objet P est placé sur le rayon incident S''O, on pourra voir cet objet, du point H situé sur la direction OD''. L'image de P sera aperçue en *p*, par l'effet de la réflexion intérieure.

406. **Mirage.** — Le *mirage* est un phénomène d'optique qui fait apercevoir une image renversée des objets. Il se produit fréquemment dans les contrées chaudes et sablonneuses, telles que l'Egypte et l'Arabie. Monge en a donné le premier l'explication. Supposons qu'un observateur H (fig. 236) soit séparé d'un objet élevé A par une plaine de sable fortement échauffée par le soleil. Pendant qu'une image de A arrivera presque directement, suivant AH, à l'œil de l'observateur, une autre image *a* renversée et symétrique à la première arrivera au même point H, par réflexion totale. En effet les couches d'air étant de plus en plus échauffées, et conséquemment de moins en moins réfringentes qu'elles sont plus voisines du sol, un rayon A*b*, dirigé obliquement, traversant des couches de moins en moins denses, rencontrera une surface de séparation, en faisant avec la normale en *c* un angle plus grand que l'angle limite. Il éprouvera alors la

réflexion totale, se relèvera, en traversant des couches de plus en plus denses, et arrivera en H suivant *d*H. L'ob-

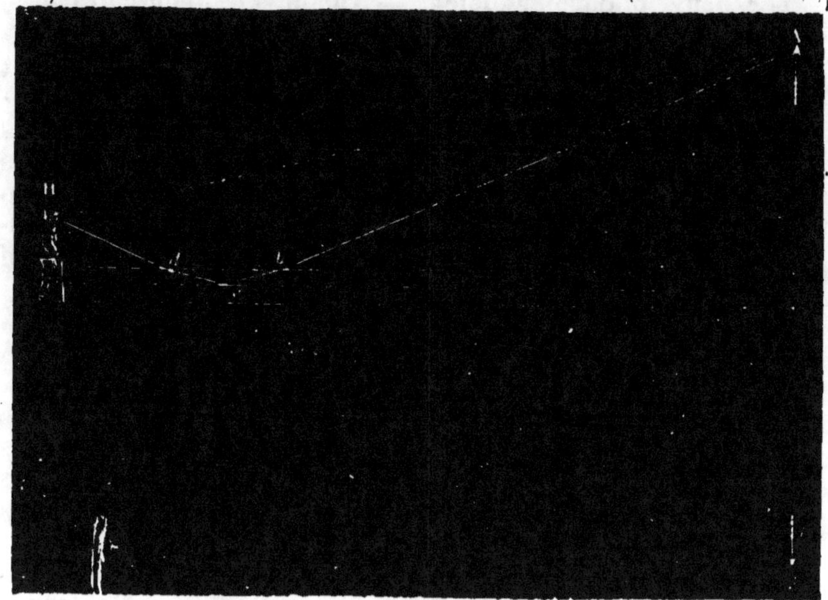

Fig. 236.

servateur verra alors une image *a* sur le prolongement de H*d*.

Il est évident que ce raisonnement s'applique à tous les points de l'objet éclairé. Les rayons de l'at-mosphère éprou-vant la même ré-flexion, le sol semble être une vaste nappe d'eau dans laquelle ap-paraissent les images des objets, en sens inverse de leur position réelle. On voit sou-vent des phéno-mènes de mirage

Fig. 237.

dans la plaine de la Crau, près des bouches du Rhône et sur la côte de Dunkerque.

407. Marche de la lumière à travers un milieu terminé par deux plans parallèles. — Quand la lumière traverse un milieu à faces parallèles, les rayons émergents sont parallèles aux rayons incidents ; ces derniers ne subissant qu'un déplacement latéral. Supposons qu'un rayon lumineux SO (fig. 237) traverse une lame de verre dont les faces opposées AB, CD soient parallèles ; je dis que l'angle d'émergence N'O'S' est égal à l'angle d'incidence NOS. En effet, les normales N, N' étant parallèles, les angles alternes-internes i', r sont égaux ; mais en désignant l'indice relatif des milieux par n' on a $\dfrac{\sin i}{\sin r} = n$; $\dfrac{\sin r'}{\sin i'} = n$; d'où $\dfrac{\sin i}{\sin r} = \dfrac{\sin r'}{\sin i'}$. Mais, $r = i'$: on a donc aussi $i = r'$.

408. Réfraction de la lumière à travers les prismes. — On appelle *prisme*, en optique, un milieu transparent compris sous deux faces inclinées l'une sur l'autre. L'intersection des deux faces est l'*arête* ou le *sommet* du prisme ; et toute section faite perpendiculairement à l'arête est la *section principale*. Cette section est triangulaire. La troisième face, opposée à l'arête, et qui forme la *base* du prisme, n'influe en rien sur la marche de la lumière ; elle pourrait être dépolie ou noircie. L'appareil, tel qu'on l'emploie, a donc la forme d'un prisme triangulaire. Il dévie vers sa base les rayons qui le traversent.

Soit ABC (fig. 238) la section principale d'un prisme. Un

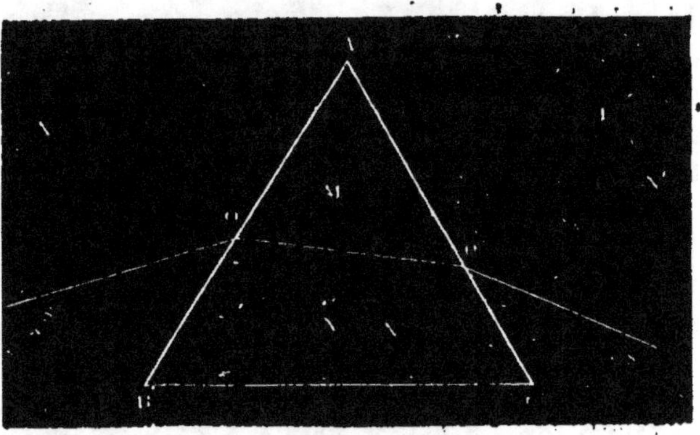

Fig. 238.

rayon incident SO, pénétrant de l'air dans le verre, se rapprochera de la normale NN, au lieu de cheminer suivant OT, et viendra émerger en O', en s'éloignant de la normale N'N'.

Nous reconnaissons qu'en effet le rayon incident est dévié vers la base du prisme; réciproquement, si, appliquant l'œil en S', on regarde le point d'émergence O', on verra l'objet S, sur le prolongement de S'O', et dévié vers le sommet A. La déviation que produit le prisme est appelée l'*angle de déviation;* elle est mesurée par l'angle OMS' que fait le rayon émergent avec le prolongement du rayon incident. La déviation d'un rayon dépend de l'angle d'incidence; elle devient *minimum,* quand les angles d'incidence et d'émergence sont égaux.

409. Lentilles. — On nomme *lentille,* en optique, un corps transparent terminé par deux surfaces sphériques. Une de ces surfaces peut être plane, et alors elle est assimilée à une surface sphérique dont le rayon est infini. Les lentilles sont généralement en verre.

On compte six espèces de lentilles : trois sont *convergentes,* c'est-à-dire ont la propriété de rapprocher les uns des autres les rayons qui les traversent; les trois autres sont *divergentes,* c'est-à-dire éloignent les rayons lumineux les uns des autres. Les lentilles convergentes sont plus épaisses au milieu que vers le contour.

La première A (fig. 239) est appelée lentille *bi-convexe* et a

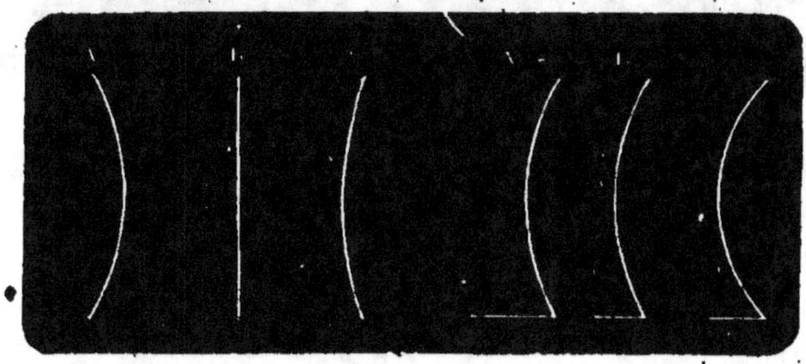

Fig. 239.

les deux faces convexes; la seconde B, appelée lentille *plan-convexe,* a une surface courbe et une surface plane; la troisième C, appelée *ménisque convergent,* a une face concave et une face convexe, la première ayant un rayon de courbure plus grand que la seconde.

Les lentilles divergentes sont plus minces au milieu que vers les bords. Les trois espèces sont : la lentille *bi-concave* A'; la lentille *plan-concave* B'; le *ménisque divergent* C', dans lequel le rayon de la surface concave est moindre que celui de la surface convexe.

L'*axe principal* d'une lentille est la droite indéfinie menée par les centres de courbure des surfaces sphériques qui la comprennent. Si l'une des faces est plane, l'axe principal est la perpendiculaire abaissée du centre de la face sphérique sur la face plane.

En assimilant une lentille bi-convexe à deux prismes dont les bases coïncident, on conçoit que tout rayon qui tombera entre l'un des sommets de la lentille et son axe principal devra se rapprocher de cet axe, et sera un rayon convergent. En assimilant une lentille bi-concave à deux prismes dont les sommets coïncident vers son milieu, les rayons lumineux qui tomberont au-dessus ou au-dessous de l'axe principal devront s'en écarter pour se rapprocher des bases des prismes supposés.

1° Lorsque des rayons lumineux, tels que Sm, S'm', tombent sur une lentille bi-convexe A (fig. 240) parallèles à son

Fig. 240.

axe principal, ils éprouvent deux déviations, l'une au point d'incidence m, m' en se rapprochant de la normale, la seconde, au point d'émergence e, e', en s'en écartant. Par ces deux réfractions successives, ces rayons, comme tous les rayons parallèles à l'axe, viennent couper l'axe en un point F, appelé *foyer principal*.

Si la source lumineuse était placée au point F, les rayons émergents seraient parallèles à l'axe principal.

Pour déterminer le foyer principal d'une lentille bi-convexe, on l'expose aux rayons solaires, en faisant en sorte que ces rayons soient parallèles à son axe principal. On reçoit le faisceau émergent sur un écran de verre dépoli. Le point où viennent concourir les rayons est le foyer cherché.

On peut obtenir la position du foyer par le calcul. Appelons d la distance focale principale lF, c'est-à-dire la distance de la lentille au foyer principal; n, l'indice de réfraction; R, R', les rayons de courbure; nous aurons la relation :

$$d = \frac{R\,R'}{(n-1)(R+R')}.$$

Il existe un foyer principal de chaque côté de la lentille.

2° Si l'objet lumineux est situé sur l'axe et au delà du foyer principal F' (fig. 241), les rayons incidents formeront un faisceau divergent, qui, après avoir traversé la lentille, ira couper l'axe en un point *f*, plus éloigné de la lentille que le point F. Le point *f* est le *foyer conjugué* du point S. Si l'objet lumineux était placé en *f*, son faisceau incident irait concourir au point S, qui serait alors le foyer conjugué de *f*.

3° Si l'objet lumineux est à une distance de la lentille double de la distance focale

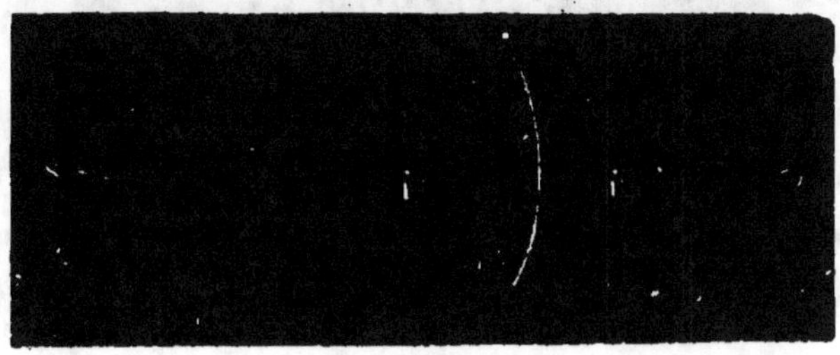

Fig. 241.

principale, le foyer se fait à une distance égale, du côté opposé.

4° Quand l'objet lumineux *s* est placé entre la lentille et le foyer principal (fig. 242), le foyer est *virtuel* et du même côté que l'objet lumineux. En effet, le rayon S*m*, émis du point lumineux S, placé entre le foyer F et la lentille *l*, for-

Fig. 242.

mera avec la normale C*m*N un angle plus grand que celui qui est formé par le rayon F*m*, émis du foyer principal. Il ne pourra donc rencontrer l'axe que par son prolongement en *f*.

Le foyer virtuel s'approche de la lentille en même temps que le point lumineux, et se confond avec lui, quand il vient toucher la lentille.

410. **Centre optique.** — Le *centre optique* d'une lentille est

un point *o* de l'axe (fig. 243) où se coupent tous les rayons qui la traversent sans éprouver de déviation angulaire. Menons deux plans tangents parallèles en *m* et *m'*. Un rayon incident *sm*, qui se réfracterait suivant *mm'*, émergerait suivant une ligne *m's'* parallèle à sa direction primitive *sm* (403). En menant les normales *c'n*, *cn'* des points d'inci-

Fig. 243.

dence et d'émergence, on observe que ces normales sont parallèles , comme étant perpendiculaires à deux lignes parallèles; on observe par suite que les deux triangles *moc'*, *m'oc* sont semblables; et l'on obtient successivement :

$$\frac{cm'}{co} = \frac{c'm}{c'o}; \quad \frac{cm' - co}{co} = \frac{c'm - c'o}{c'o}; \quad \frac{ol'}{ol} = \frac{co}{c'o} = \frac{R}{R'};$$

$$\frac{ol' + ol}{ol'} = \frac{R + R'}{R}; \quad \text{et, en appelant } e \text{ l'épaisseur } ol' + ol$$

de la lentille, $ol' = \dfrac{eR}{R + R'}.$

Dans le cas d'une lentille bi-convexe dont les rayons de courbure sont égaux, on a : $ol' = \dfrac{1}{2} e$; le centre optique se trouve au milieu de l'épaisseur de la lentille. Si les rayons de courbure sont différents, le centre optique partage l'épaisseur *e* en parties proportionnelles à ces rayons.

Si la lentille est plan-convexe, R est égal à l'infini, et l'on a la valeur $ol' = e \times \dfrac{\infty}{\infty} = e$. Le centre optique est alors situé sur la face courbe.

Si la lentille est un ménisque convergent, R est négatif et plus grande que R'; ce qui donne $ol' = \dfrac{Re}{R - R'}$. Cette valeur étant plus grande que *e*, le centre optique est hors de la lentille, du côté de la face convexe.

Dans une lentille bi-concave, R et R' changent de signes, mais *ol'* reste positif, et le centre optique est au milieu de l'épaisseur, si les deux rayons de courbure sont égaux. Pour une lentille plan-concave, R devient égal à l'infini, et l'on a $ol' = e$. Pour un ménisque divergent, R est négatif et plus petit que R'; la valeur $ol' = \dfrac{Re}{R' - R}$ est négative et plus grande que e; le centre optique est situé hors de la lentille, du côté de la face qui a le plus petit rayon.

411. Axes secondaires et formation des images dans les lentilles. — L'axe secondaire d'un point lumineux A, situé hors de l'axe principal, est une ligne droite AX (fig. 244)

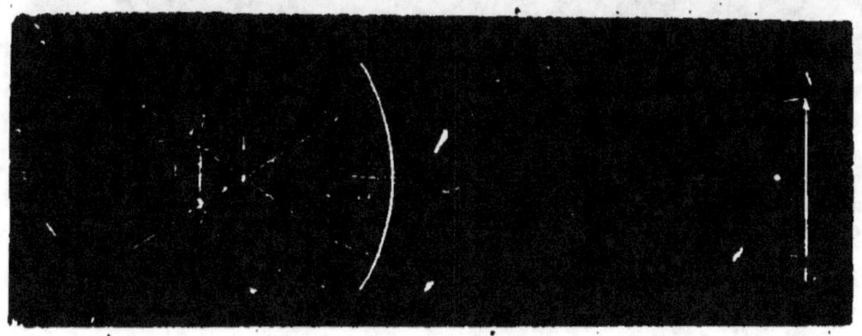

Fig. 244.

partant de ce point et passant par le centre optique de la lentille. Ce point lumineux a toujours un foyer conjugué sur son axe secondaire, en admettant toutefois que celui-ci fait un angle très-petit avec l'axe principal.

Il suffit, pour déterminer ce foyer conjugué, de mener un rayon Am parallèle à l'axe principal, et, du point d'émergence e, mener une droite qui, passant par le foyer principal F, rencontrera AX au point a, qui sera le point cherché. Si nous cherchons de la même manière le foyer conjugué du point éclairé B, et si nous supposons qu'il en soit ainsi pour tous les points qui composent la ligne AB, nous aurons en ab une image réelle et renversée de AB. Si l'objet lumineux était en ab, on aurait son image en AB. Quand on fait l'expérience, on reçoit l'image sur un écran blanc, où l'on dirige l'œil dans la direction des rayons émergents.

Le grandeur de l'image, dans ce cas où nous supposons que l'objet est placé au delà du foyer principal d'une lentille convergente, se calcule par la proportion suivante : $\dfrac{a\,b}{A\,B} = \dfrac{d'}{d}$, dans laquelle d et d' expriment les distances de l'objet et de son image à la lentille.

Il existe pour les lentilles, comme pour les miroirs sphériques, une disposition telle que les rayons, réfléchis dans le premier cas, réfractés dans le second, ne se coupent pas dans un même point, et forment une surface courbe, appelée *caustique par réfraction*. Ce phénomène est désigné sous le nom d'*aberration de sphéricité* des lentilles.

Si l'objet AB (fig. 245) est placé entre la lentille et son foyer

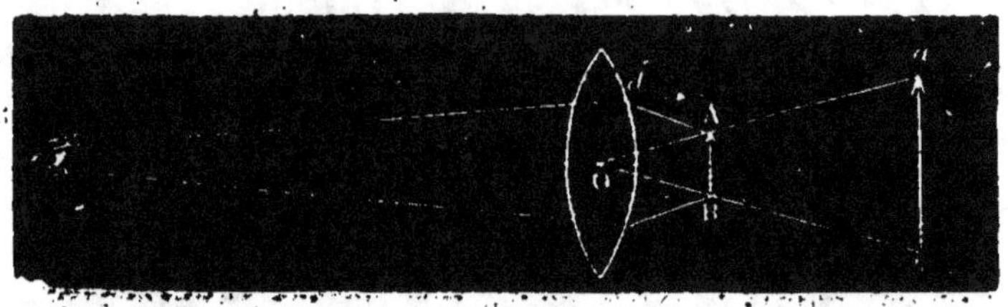

Fig. 245.

principal, son image *ab* est droite, virtuelle et agrandie. Le rayon A*d*, après avoir traversé la lentille, sort divergent par rapport à l'axe secondaire *oa*. Prolongé en sens contraire de sa direction, il va couper l'axe secondaire au point *a*, foyer virtuel de A. On obtient de même en *b* le foyer virtuel du point B.

Quand l'objet AB (fig. 246) est placé devant une lentille

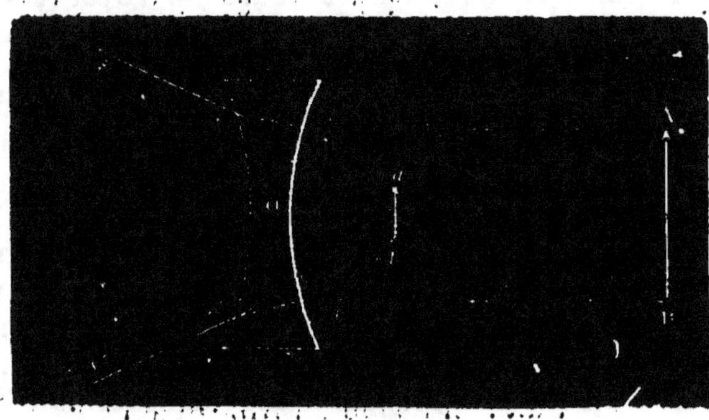

Fig. 246.

bi-concave, son image *ab* est droite, virtuelle et plus petite que l'objet. Menons les axes secondaires AO, BO des points A, B. Les rayons A*m*, B*m'* émergeront suivant les lignes *ts*, *t's'* qui s'écarteront de l'axe principal. Leurs prolongements géométriques couperont les axes secondaires en *a* et *b*, et donneront une image *ab*, du même côté que l'objet AB, non renversée et plus petite que AB.

412. Foyers dans les lentilles bi-concaves. — Un rayon lumineux S*m* (fig. 247), parallèle à l'axe principal, se brisera deux fois dans le même sens, pour s'écarter de cet axe, et n'aura pas de foyer réel; mais son prolongement, en sens inverse de son émergence tv, ira couper l'axe en un point F, qui est alors le *foyer virtuel principal* de la lentille. Tout autre rayon $S'm'$ produit un rayon émergent $t'v'$, dont le prolongement va rencontrer le même point F.

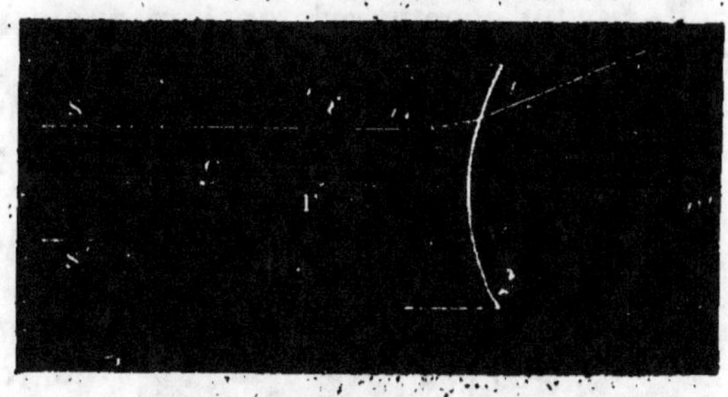

Fig. 247.

Si le rayon lumineux Sm part d'un point S (fig. 248), situé sur l'axe, le prolongement, en sens inverse, du rayon émergent tv ira rencontrer l'axe en f, où il formera un foyer virtuel conjugué, entre le foyer principal et le centre de la lentille.

Fig. 248.

413. **Décomposition et recomposition de la lumière.** — Un faisceau de lumière solaire S (fig. 249), reçu par un prisme P, se réfracte en se rapprochant de la base du prisme, et forme, perpendiculairement à l'arête de ce dernier, une image oblongue, appelée *spectre solaire*, que l'on reçoit sur un écran suffisamment éloigné. Cette image est formée de sept couleurs qui se présentent toujours dans un même ordre. En observant le spectre, à

Fig. 249.

partir de la base du prisme, on reconnaît les nuances suivantes : *violet, indigo, bleu, vert, jaune, orangé, rouge*. Si l'on reçoit sur un second prisme l'un quelconque de ces rayons élémentaires, il éprouve une déviation, sans doute, mais il reste le même, violet s'il était violet, rouge s'il était rouge.

Si l'on reçoit le spectre sur un second prisme P′ (fig. 250)

Fig. 250.

de même angle et de même substance que le premier, mais ayant son sommet tourné en sens contraire, les rayons sont ramenés au parallélisme et reproduisent de la lumière blanche.

On obtient encore facilement la *recomposition* de la lumière, en recevant les rayons dispersés *rr* (fig. 251) sur une lentille bi-convexe B. Il se forme

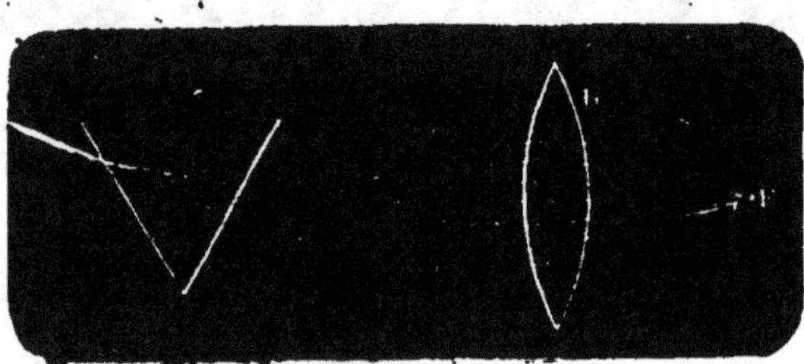

Fig. 251.

de la lumière blanche sur un écran placé à son foyer F.

Dans les leçons de physique expérimentale, on imprime un mouvement rapide de rotation à un disque ou à un cylindre de carton, portant, le premier, des secteurs, l'autre, des bandes de couleurs analogues à celles du spectre, tant par rapport à l'ordre successif de chacune d'elles que par rapport à leurs dimensions relatives. Le rayon violet est celui qui a le plus d'étendue, l'orangé est celui qui en a le moins.

Le spectre solaire présente, en réalité, une infinité de teintes, mais on les rapporte aux sept couleurs principales que nous avons énoncées.

On a compris déjà que la *dispersion* des rayons colorés a pour cause leur différence de réfrangibilité; que la déviation pour les rayons violets est plus grande que pour tous les autres; que la déviation pour les rayons rouges est la plus faible.

Pour des prismes de même substance, la longueur du spectre croît avec l'angle du prisme. On obtient un beau spectre avec un prisme en flint-glass, dont l'angle réfringent est de 60°, l'ouverture du volet de la chambre obscure n'ayant que deux à trois millimètres de diamètre.

Newton a établi, à la suite de nombreuses expériences, les trois principes suivants : 1° La lumière blanche n'est pas simple; elle est composée d'une infinité de rayons différents présentant les couleurs qu'on observe dans le spectre. 2° Ces divers rayons sont inégalement réfrangibles; ce qui fait qu'ils se séparent les uns des autres en se réfractant. La *dispersion* n'est donc autre chose que la *décomposition* de la lumière dans l'acte de la réfraction. 3° Les rayons qui composent le spectre sont *simples* et *indécomposables*.

Newton a appelé *couleurs complémentaires* celles qui forment du blanc en se réunissant.

414. Raies du spectre. — On peut observer, dans un spectre bien pur, un grand nombre de raies noires parallèles aux arêtes du prisme. Fraunhofer en a signalé 8 principales, qu'il a désignées par les premières lettres de l'alphabet, en commençant par le rayon rouge. Ces raies, bien que modifiées, quant à la distance les unes des autres, se présentent toujours dans le même ordre, quelle que soit la substance du prisme, quand la source lumineuse reste la même. Si la source lumineuse change, la distribution des raies n'est plus la même; phénomène qui fait reconnaître les unes des autres les diverses sources lumineuses, et auquel nous devons un procédé d'analyse précieux qui a reçu le nom d'*analyse spectrale*.

415. Vision. — L'appareil de la vision se compose du globe de l'œil, du nerf optique et des organes destinés à protéger le globe de l'œil et à le mouvoir. Le globe de l'œil a une forme sphéroïdale et est contenu dans une cavité osseuse appelée *orbite*, creusée dans la face et appelée à le protéger. Il est encore protégé par les paupières, les *cils* et les *sourcils*. Les paupières sont tapissées intérieurement par une membrane muqueuse, nommée *conjonctive;* elles sont mues par des muscles spéciaux. La surface de l'œil est sans cesse humectée par une glande, appelée *glande lacrymale*, placée à sa partie externe et supérieure. Six muscles enfin font mouvoir le globe de l'œil.

La coupe verticale et d'avant en arrière du globe de l'œil (fig. 252) nous montre quatre enveloppes membraneuses : la *sclérotique* ou *cornée opaque* SS, qui est blanche, opaque, fibreuse, très-résistante, et forme la plus grande partie de l'enveloppe; la *cornée transparente tt*, membrane incolore, placée en avant, semblable à un verre de montre, se continuant avec la sclérotique; la *choroïde* CC, membrane vasculaire située en dedans de la sclérotique et recouverte d'une matière noire destinée à absorber les rayons lumineux inutiles à la vision; la *rétine* RR, membrane molle et blanchâtre, formée par l'épanouissement du nerf optique, appliquée sur la face interne de la choroïde, et destinée à recevoir l'impression de la lumière.

En allant de la cornée transparente au fond de l'œil, on rencontre : l'*humeur aqueuse*, liquide incolore formé d'eau tenant en dissolution un peu d'albumine et quelques sels, occupant l'espace compris entre la cornée et la face antérieure du cristallin. Vers le milieu de cet espace se trouve

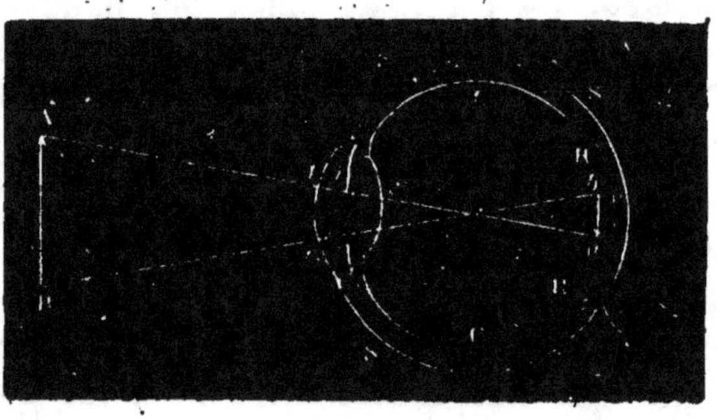

Fig. 252.

tendu verticalement un diaphragme nommé *iris ii*, coloré en bleu, en gris, en brun, en brun - marron, suivant les individus, et percé, en son milieu, d'une ouverture circulaire, appelée *pupille*, qui se resserre ou se dilate selon que la lumière devient plus intense ou plus faible. L'espace compris entre la cornée et l'iris est désigné sous le nom de *chambre antérieure* de l'œil, celui qui est compris entre l'iris et le cristallin forme la *chambre postérieure*.

Derrière l'iris est le cristallin c. C'est une lentille bi-convexe, transparente, dont la face postérieure est plus convexe que la face antérieure, soutenue, sur son contour, par une couronne radiée de petits filaments vasculaires, appelés *procès ciliaires*, qui semblent, ainsi que l'iris, se continuer avec la choroïde. La ligne droite qui passe par le centre de la pupille et le centre de figure du cristallin forme l'*axe de l'œil*.

La partie de l'œil située derrière le cristallin est remplie d'un liquide gélatineux et diaphane, appelé *humeur vitrée*, qui est plus réfringent que l'humeur aqueuse, son indice de réfraction étant 1,339. L'humeur vitrée est enveloppée par une membrane d'une ténuité et d'une transparence extrêmes, nommée *hyaloïde* (du grec *hyalos*, verre, *eidos*, apparence). Le nerf optique, dont la rétine n'est que l'épanouissement, traverse la choroïde et la sclérotique, pénètre dans le crâne par une ouverture située au fond de l'orbite, et va transmettre l'impression au cerveau, après s'être croisé avec le nerf de l'œil opposé.

Mécanisme de la vision. — Les rayons émis par le corps AB traversent les milieux réfringents de l'œil et vont former sur la rétine une image renversée *ab*. Nous aurons cette image en menant, des différents points de AB, des axes secondaires par le centre optique *c* du système lenticulaire, c'est-à-dire du système composé du cristallin et du ménisque formé par l'humeur aqueuse. Ce centre optique est situé un peu en arrière du cristallin.

Les divers points de l'image étant les foyers conjugués des divers points correspondants de l'objet, il faut que la rétine se trouve à la distance focale de l'image. Cette distance variant avec celle de l'objet, il faut admettre qu'il se produit dans l'œil un changement, un déplacement dont nous ne nous rendons pas compte, mais qui n'en est pas moins réel, puisque nous avons la faculté de voir des objets placés à des distances fort différentes.

416. Myopie. — Presbytie. — La *distance de la vision distincte* est de 25 à 30 centimètres pour les vues ordinaires. Si cette distance est moindre que 20 centimètres, la vue cesse d'être normale, et l'infirmité qui l'affecte a le nom de *myopie;* si la portée visuelle est de 50, 60 ou 80 centimètres, l'infirmité a le nom de *presbytie.*

La *myopie* (du grec *myô*, je ferme, je cligne, *ôps*, œil) est ainsi nommée parce que les individus qui en sont affectés ferment à demi les yeux, quand ils regardent les objets, qu'ils ne peuvent d'ailleurs distinguer qu'à une faible distance. Cette infirmité est due à un excès de courbure de la cornée ou du cristallin. L'image tend à se produire en avant de la rétine. En appliquant l'œil très-près des objets, on en rend les rayons plus divergents, et l'image s'éloigne du cristallin pour se rapprocher de la rétine, et rendre conséquemment la vision plus nette. On arrive plus facilement à ce résultat, en se servant de *besicles* ou *lunettes* à verres concaves qui, en dispersant la lumière, corrigent la trop grande convergence produite par la courbure excessive de la cornée ou du cristallin.

La *presbytie* (du grec *presbys*, vieillard), ainsi nommée parce qu'elle se produit d'ordinaire chez les vieillards, a pour cause l'aplatissement de la cornée ou du cristallin, aplatissement qui diminue la convergence des rayons lumineux, et a pour effet de rejeter l'image des objets en arrière de la rétine. On remédie à cette imperfection de la vue, au moyen de lunettes ou besicles à lentilles convergentes.

417. Arc-en-ciel. — L'*arc-en-ciel* est un arc formé de plusieurs bandes concentriques, qui apparaissent dans les nues avec les couleurs du spectre solaire. Ce météore, appelé aussi *iris*, n'est visible pour l'observateur qu'autant que ce dernier est placé entre lui et le soleil; et le sommet de la courbe qu'il forme est d'autant plus élevé que le soleil est plus près de l'horizon. C'est la teinte rouge qui forme la bande extérieure et le violet qui forme la bande intérieure. Ces couleurs sont loin d'être toujours parfaitement distinctes; mais elles se présentent toujours dans le même ordre, le rouge au point culminant de l'arc, et le violet au bord opposé. Toutefois, s'il arrive, ce qui est assez fréquent, qu'un second arc apparaisse, concentrique au premier, qui alors est l'*arc principal* ou *intérieur*, les couleurs prennent un ordre inverse et sont beaucoup moins vives.

Dans l'un et l'autre cas, le phénomène est dû à la réfraction et à la réflexion des rayons solaires dans les gouttes de pluie. Le faisceau incident se disperse en pénétrant dans la goutte de pluie, et arrive à l'œil de l'observateur, après une seule réflexion intérieure, dans le cas de l'arc principal, et après deux réflexions, dans celui de l'arc extérieur.

418. Chambre noire. — La *chambre noire* ou *obscure* est un appareil qui consiste en une boîte fermée de toutes parts à la lumière, excepté dans un point où une petite ouverture laisse pénétrer les rayons lumineux envoyés par les objets extérieurs, rayons qui donnent sur un écran une image de ces objets. Après avoir imaginé, en 1560, la chambre noire simple dans laquelle il observait que les rayons d'un objet AB (fig. 253), entrant par une très-petite ouverture O, venaient peindre sur un écran opposé une image renversée de cet objet, Porta imagina de remplacer la petite ouverture par une lentille convergente d'un plus grand diamètre et de recevoir l'image sur un écran placé à une distance réglée sur celle de l'objet. L'instrument prend alors le nom de *chambre noire composée*. Il est d'un emploi plus commode que le précédent et donne des images plus nettes.

La chambre noire à *tiroir*, dont se servent les paysagistes, consiste en une boîte rectangulaire, noircie à l'intérieur, composée (fig. 254) de deux parties. L'une, qui peut glisser à coulisse dans l'autre, est munie d'un tube dans lequel est adaptée une lentille convergente

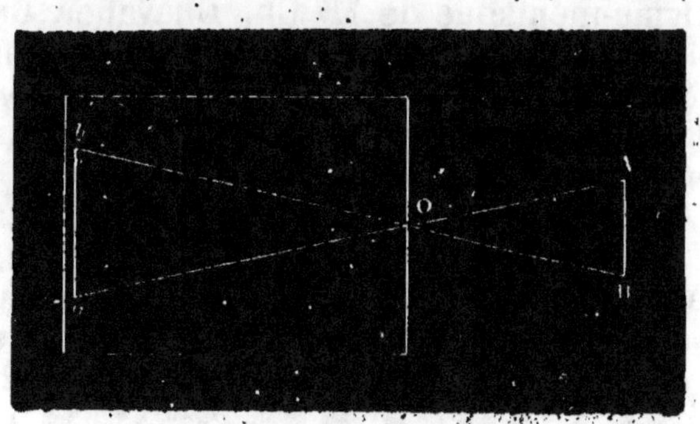

Fig. 253.

appelée *objectif*, parce qu'elle est tournée vers les objets dont on veut reproduire l'image. Les rayons lumineux envoyés du dehors traversent la lentille, se réfléchissent sur un miroir M incliné de 45 degrés, et viennent former, sur un écran de verre dépoli E, une image droite, par rapport à l'observateur placé derrière le miroir. Le paysagiste peut ainsi

Fig. 254.

recueillir sur l'écran le dessin de l'objet. Il a soin de se couvrir d'une étoffe noire qui empêche la lumière de tomber sur la surface extérieure du verre dépoli. Il faut, avant d'opérer, mettre l'instrument *au point*, c'est-à-dire régler la distance de l'écran à la lentille d'après celle du paysage.

Dans la *chambre noire verticale*, un miroir métallique renvoie verticalement sur une feuille de papier, à travers un objectif, les rayons qui viennent des objets éclairés. Le système du miroir et de l'objectif convergent peut être remplacé par le prisme-ménisque de M. Ch. Chevalier. Ce prisme sert à la fois de lentille et de réflecteur. Les rayons pénètrent par la face sphérique SS, éprouvent une *réflexion totale* sur la face plane S*t* inclinée de 45° sur l'horizon, et vont former en *ab* une image réelle de AB.

419. Lanterne magique. — Cet appareil, inventé par le P. Kircher, sert à projeter sur un écran des images amplifiées de petits objets ou de dessins peints sur une lame de verre avec des couleurs translucides. Il consiste en une boîte B (fig.

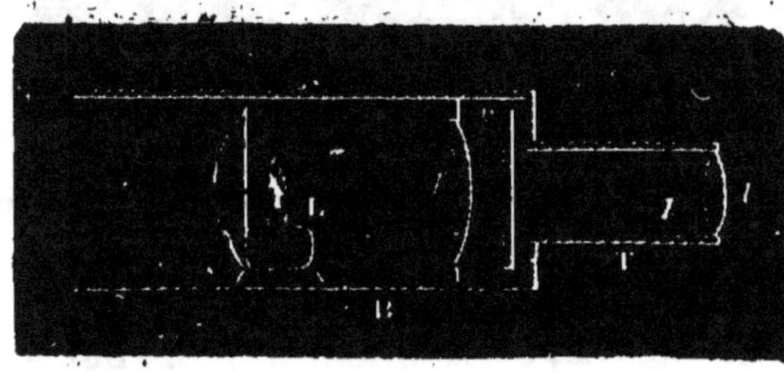

255), qui contient une lampe à réflecteur L, et sur la paroi de laquelle est un tube T qui porte deux lentilles convergentes *l, l'*. La lentille *l'* sert à éclairer fortement les figures tracées

Fig. 253.

sur la lame de verre *v*, placée devant la lentille *l*, à une distance un peu plus grande que la distance focale principale. On renverse le dessin pour que l'image soit droite.

420. Microscope solaire. — Cet appareil sert à projeter,

Fig. 256.

avec un grossissement considérable, les images d'objets extrêmement petits. La lumière, au lieu d'être fournie par une lampe, comme dans la lanterne magique, émane du soleil,

dont les rayons sont envoyés par un miroir plan suivant
l'axe du tube de l'instrument. Les rayons qui tombent sur
le miroir M (fig. 256) sont renvoyés sur la lentille convergente *l*, et de là sur une seconde lentille *l'* qu'on peut déplacer, de manière à éclairer l'objet extrêmement petit auquel il s'agit de donner un grossissement considérable. Les
rayons lancés par l'objet placé en O, sur une lame de verre,
traversent la lentille à court foyer *l''* et vont donner, sur
un écran éloigné, une image renversée et très-amplifiée.

Ce microscope ne pouvant être employé qu'à des heures
favorables, MM. Foucault et Douné ont remplacé, avec beaucoup de succès, la lumière solaire par la lumière électrique.
Il prend alors le nom de *microscope photo-électrique.* On lui
donne le nom de *microscope à gaz,* quand l'objet est éclairé
par la combustion d'un mélange d'oxygène et d'hydrogène
projeté sur un cône de chaux.

421. **Loupe ou microscope simple.** — La *loupe* est une lentille bi-concave à court foyer qui sert à grossir les objets et à
en rendre les parties plus distinctes. L'objet à examiner doit
être placé entre la lentille et son foyer principal, et très-
près de ce foyer. En approchant l'œil du côté opposé, on
aperçoit une image droite, virtuelle et amplifiée (407).

422. **Microscope composé.** — Ce microscope est formé par
deux lentilles convergentes ou deux systèmes de lentilles.
Supposons le cas le plus simple. Une lentille *l* (fig. 257), appelée *objectif*,
convergente et
à court foyer,
donne une image
réelle, renversée
et amplifiée *a'b'*
d'un objet *ab*,
placé au delà et
très-près de son

Fig. 257.

foyer principal. On obtient cette image en menant par le
centre optique de *l*, les axes *aa'*, *bb'*. La seconde lentille *l'*,
appelée *oculaire*, fait la fonction d'une loupe à travers laquelle on regarde l'image aérienne *a'b'*. Les lentilles étant
disposées de manière que cette image vienne se former
entre l'oculaire et son foyer principal, l'œil placé derrière
l'oculaire la verra virtuelle et amplifiée en AB. On obtient
donc un double grossissement.

423. **Lunette astronomique.** — On donne le nom de *télescope*

(du grec *télé*, loin, *skopeô*, je vois, je regarde) à des instruments qui servent à voir les objets éloignés. On les appelle
télescopes dioptriques ou de réfraction, ou plus particulièrement
lunettes, quand les images sont reçues à travers des lentilles,
et *télescopes catadioptriques*, ou simplement *télescopes*, quand
la réflexion est employée au moyen d'un miroir.

La *lunette astronomique* (fig. 258) se compose essentielle-

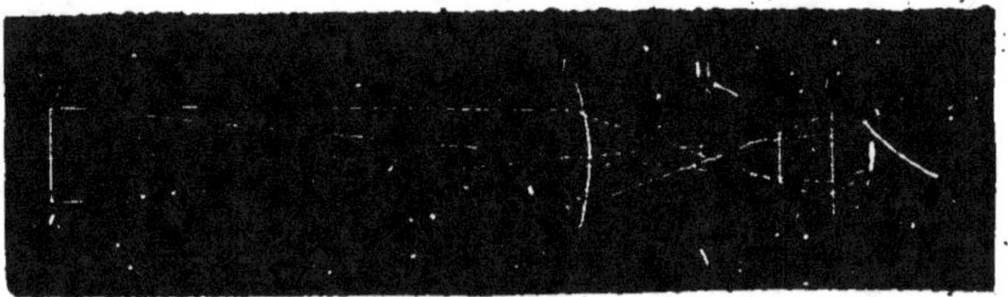

Fig. 258.

ment de deux lentilles convergentes. L'objectif *l* donne de
l'objet *ab* une image renversée *a'b'*, plus petite que l'objet
et placée entre l'oculaire *l'* et son foyer principal. En regardant, par cet oculaire, l'image aérienne *a'b'*, on aperçoit une
image AB virtuelle et renversée de l'objet *ab*. On obtient par
tâtonnement le point de distance de l'oculaire à l'objectif.
Les fortes lunettes sont très-longues et ont un objectif d'un
grand diamètre. Par ces dispositions on évite l'aberration de
sphéricité, le foyer de l'objectif étant très-éloigné, et on
reçoit une grande quantité de rayons, qui rend l'image
aérienne éclatante.

La *lunette terrestre, lunette d'approche* ou *longue-vue* ne diffère
essentiellement de la lunette astronomique que par les deux
lentilles convergentes, qui sont disposées entre l'objectif et
l'oculaire de manière à amener le redressement de l'image.

424. Lunette de Galilée. — Cette lunette se compose de
deux verres, un oculaire O (fig. 259), qui est divergent, et un *objectif* O', qui est convergent. Elle donne une image droite des objets.

Fig. 259.

Les rayons de AB vont, en tra-
versant la lentille convergente O', former en *ab* une image

réelle renversée et plus petite que l'objet; mais si une lentille divergente o est placée plus près de l'objectif que cette image, les rayons qui vont former cette dernière sont rendus divergents par l'oculaire, et donnent l'image virtuelle *a'b'*, dont les extrémités sont situées sur les axes secondaires qui passent par les points *a* et *b*.

On attribue la découverte de cette lunette à Jansen, qui aurait remarqué, en 1570, qu'on rapproche les objets en les regardant dans un tube, à travers une lentille convexe et une lentille concave. Galilée toutefois est le premier qui s'en soit servi pour observer les astres. Les *lunettes de spectacle* ou *jumelles* sont construites d'après les mêmes principes.

425. **Télescope de Newton** (fig. 260). — Un long tube en cuivre ouvert d'un côté est fermé, à son fond, par un miroir

Fig. 260.

sphérique concave M, qui donnerait de l'astre une image réelle renversée *ab*, un peu au delà du foyer principal. Un prisme rectangulaire P, placé sur le trajet des rayons convergents qui formeraient cette image, leur fait éprouver sur son hypoténuse la réflexion totale, et ils vont former en *a'b'* une image très-petite que l'on grossit au moyen de l'oculaire O.

Les télescopes sont, en général, munis d'une petite lunette, appelée *chercheur*, dont l'axe est parallèle à celui de l'instrument. Cette petite lunette, ayant un champ plus vaste que le télescope, embrasse une plus grande étendue du ciel, et permet plus facilement de rencontrer l'astre que l'on doit observer. Elle est indispensable pour les télescopes qui, comme celui de Newton, n'ont pas l'oculaire dirigé vers l'objet.

420. **Photographie.** — On sait que la lumière produit,

dans des conditions données, des actions chimiques sur les corps, actions desquelles il peut résulter des combinaisons, des décompositions et notamment des changements de couleur. Dès 1566, Fabrius, célèbre médecin, signala l'action de la lumière sur les sels d'argent. En 1765, Scheele constata que le chlorure d'argent, qu'on appelait alors *lune d'argent cornée*, avait la propriété de noircir sous les rayons solaires. Vers la fin du XVIIIᵉ siècle, Charles produisit des silhouettes dans les salles du Conservatoire de Paris, à l'aide d'un papier lavé au nitrate d'argent, placé dans une chambre noire, dans des conditions appropriées pour recevoir l'image. Ces essais furent continués par Davy et Wedgwood, qui publièrent, en 1802, une note intitulée : *Description d'un procédé pour copier des peintures sur verre et faire des silhouettes, par l'action de la lumière sur le nitrate d'argent.*

En 1827, Joseph-Nicéphore Niepce, dont les premiers travaux remontaient à 1813, parvint à reproduire sur un écran métallique, recouvert d'une couche de bitume de Judée, des images de la chambre noire, qu'il faisait apparaître et fixait au moyen de l'essence de lavande. Il s'associa bientôt avec le peintre Daguerre, avec lequel il passa, le 14 décembre 1829, un traité ayant pour base le perfectionnement de la découverte de Niepce, en « fixant par un moyen nouveau, sans avoir recours au dessinateur, les vues qu'offre la nature; ce nouveau moyen consistant dans la reproduction spontanée des images reçues dans la chambre noire. »

Le 1ᵉʳ décembre 1837, Daguerre résolut le problème de la fixation des images au foyer des lentilles, découvrit l'extrême sensibilité de l'iodure d'argent, et l'influence des vapeurs mercurielles pour rendre visible l'image latente. Le 19 août 1839, le procédé nouveau, qui bientôt reçut le nom de *daguerréotypie*, fut accueilli avec enthousiasme, à l'Institut, par suite des rapports d'Arago et de Gay-Lussac.

Le procédé de Daguerre ou la daguerréotypie est une photographie sur métal. Il consiste essentiellement dans les 5 opérations suivantes : 1° polir une plaque de cuivre argentée sur laquelle doit se produire l'image; 2° exposer cette plaque à des vapeurs d'iode, de manière à former une *couche sensible* d'iodure d'argent; 3° exposer pendant quelques minutes, la plaque, ainsi préparée, à l'action de la lumière, à l'endroit de l'image focale de l'objet; 4° exposer la plaque, sous une inclinaison de 45°, à des vapeurs mercurielles qui font paraître l'image; 5° fixer l'image, en enlevant l'iodure qui n'a pas été altéré, à l'aide d'une dissolution d'hyposulfite de soude.

Par le procédé de Daguerre, on obtient directement les images sur des plaques métalliques; par la photographie sur papier ou sur verre, on obtient d'abord une épreuve dite *négative*, qui a l'avantage de servir à tirer un grand nombre d'épreuves *positives*. Dans l'épreuve négative ou le *cliché*, les clairs sont remplacés par des ombres, tandis que dans l'épreuve positive, les ombres et les clairs sont fidèlement représentés.

Pour obtenir une épreuve négative sur verre, on recouvre la lame d'une couche légère de collodion mêlé d'iodure de potassium; et, avant que cette couche, qui prend un aspect voilé, soit sèche, on plonge dans une dissolution de nitrate d'argent; il se forme de l'iodure d'argent; on expose à la chambre noire, et l'image, retirée invisible, devient apparente par le lavage d'une solution d'acide pyrogallique, qui continue la réduction des sels d'argent, réduction qu'on achève dans un bain d'hyposulfite de soude.

L'épreuve négative obtenue est placée sur une feuille de *papier sensible*, et on expose le tout au soleil, l'épreuve étant placée en dessus. Les parties noires de l'épreuve interceptant la lumière, la feuille sensible prend des teintes opposées à celles du cliché, et donne une image positive, qui peut être reproduite un grand nombre de fois.

427. Phares. — On emploie, dans les ports, pour transmettre la lumière à de grandes distances, deux espèces d'appareils, relativement au système d'émission, les *phares à miroirs paraboliques* et les *phares dioptriques*. Dans les *phares de réflexion* ou *phares à miroirs paraboliques*, la source lumineuse est placée au foyer du miroir; et conséquemment aux propriétés de la parabole, les rayons réfléchis sont parallèles à l'axe.

Pour remédier à la perte de lumière occasionnée par les miroirs paraboliques, tant par leur principe de construction que par leur altération, Fresnel a proposé de leur substituer des systèmes de lentilles capables de rendre parallèles, c'est-à-dire de porter à une grande distance, les rayons d'un foyer lumineux. Il est parvenu aux résultats les plus satisfaisants au moyen des *lentilles à échelons*. L'éclairage des phares s'est considérablement amélioré par l'innovation de Fresnel.

FIN

TABLE DES MATIÈRES.

CHAPITRE I

NOTIONS PRÉLIMINAIRES

CHAPITRE II

PESANTEUR

CHAPITRE III

HYDROSTATIQUE

CHAPITRE IV

DES CORPS GAZEUX

CHAPITRE V

ACOUSTIQUE

CHAPITRE VI

CHALEUR

CHAPITRE VII

ÉLECTRICITÉ ET MAGNÉTISME

CHAPITRE VIII

OPTIQUE

FIN DE LA TABLE

COULOMMIERS. — Typog. A. MOUSSIN.

LIBRAIRIE AUG. BOYER ET Cie

Cours simultané de dessin linéaire et expressif, *industriel et artistique;* par L. GRIMBLOT, 10 cahiers-modèles avec blancs réservés à chaque page pour l'exécution des dessins. — Prix de chaque cahier.. . . . . 30 c.

Cours élémentaire de dessin linéaire et d'arpentage. Un volume in-12 cartonné, comprenant 70 planches avec texte en regard, par A. BOYER. Prix . . . . 1 fr. 25 c.

Récréations mathématiques, nouveau recueil de questions curieuses et utiles, extraites des auteurs anciens et modernes, par M. VINOT, professeur de mathématiques à Paris. 1 vol. in-8° broché . . . . 3 fr.

Code orthographique, monographique et grammatical, donnant la solution de toutes les difficultés de la langue française, par ALBERT HÉTREL. Joli volume in-12 accompagné d'une lettre de M. ÉMILE DE GIRARDIN. Prix, cartonné.. . . . . 3 fr.

Dictionnaire classique des Origines, Inventions et Découvertes dans les Arts, les Sciences et les Lettres, présentant une exposition sommaire des grandes conquêtes du génie de l'homme. Ouvrage destiné aux gens du monde et aux élèves des Écoles, par W. MAIGNE. Beau volume de près de 700 pages à 2 colonnes. — Prix, broché. . . . . 5 fr.
Relié en demi-chagrin, ... 6 fr. 50 c.

Ce Dictionnaire a été honoré de la souscription de M. le Ministre de l'instruction publique, au profit des bibliothèques scolaires.

Dictionnaire analogique de la langue française, répertoire complet des *mots* par les *idées* et des *idées* par les *mots;* utilité du dictionnaire plus que doublée, et adaptée à tous les besoins possibles de ceux qui lisent et écrivent, entendent parler ou parlent eux-mêmes en français; par P. BOISSIÈRE, ancien professeur. 2e édition, 1 volume grand in-8° à 2 colonnes, broché. 20 fr.
Le cartonnage en percaline se paye en sus. . 2 fr. 25 c.
La demi-reliure en chagrin. . . . . 4 fr. »

Précis de littérature classique, ou histoire raisonnée des *quatre grands siècles littéraires,* avec citations et indications de Lectures; par TH. LEPETIT, professeur à Paris. — 4 vol. in-12, correspondant aux quatres Siècles :
1er vol. *Siècle de Périclès;*
2e vol. *Siècle d'Auguste;*
3e vol. *Siècle de Léon X et François Ier;*
4e vol. *Siècle de Louis XIV.*
Prix de chaque volume, cart. : 1 fr. 50 c. — Les 4 vol. ensemble 5 fr.

Tous ces ouvrages sont expédiés FRANCO, sans augmentation de prix, en échange d'un bon de poste ou de timbres-poste.

COULOMMIERS. — TYP. A. MOUSSIN

www.ingramcontent.com/pod-product-compliance
Lightning Source LLC
LaVergne TN
LVHW050252060726
842525LV00002B/295